电路、信号与系统（下）

主　编　李　芳　吴国平

副主编　孙利华　黄翠翠　余良俊

叶　磊　邓　华　望　超

邓　晗

华中科技大学出版社

中国·武汉

内容简介

本书与《电路、信号与系统(上)》为同一个系列,系统地讨论了信号与线性系统的基本理论和方法,并利用信号与系统分析的方法来分析电路原理。本书主要介绍信号系统的基本概念、连续时间系统的时域分析、连续时间信号的分解与分析、连续时间系统的频域分析、连续时间系统的复频域分析、连续时间系统的系统函数表示及特性分析。为帮助学生理解本书的基本理论、方法,书中安排了适当的思考题和习题。本书可作为普通高等院校及高职高专院校电气信息类专业"信号与系统"课程的教材,也可供相关学科研究人员、工程技术人员参考。

图书在版编目(CIP)数据

电路、信号与系统. 下/李芳,吴国平主编. —武汉:华中科技大学出版社,2018.6
ISBN 978-7-5680-3709-9

Ⅰ. ①电… Ⅱ. ①李… ②吴… Ⅲ. ①电路理论-高等学校-教材 ②信号系统-高等学校-教材
Ⅳ. ①TM13 ②TN911.6

中国版本图书馆 CIP 数据核字(2018)第 122849 号

电路、信号与系统(下)
Dianlu、Xinhao yu Xitong (Xia)

李 芳 吴国平 主编

策划编辑:范 莹
责任编辑:汪 粲
封面设计:原色设计
责任校对:曾 婷
责任监印:周治超

出版发行:华中科技大学出版社(中国·武汉) 电话:(027)81321913
武汉市东湖新技术开发区华工科技园 邮编:430223

录 排:武汉市洪山区佳年华文印部
印 刷:武汉华工鑫宏印务有限公司
开 本:787mm×1092mm 1/16
印 张:14.5
字 数:368 千字
版 次:2018 年 6 月第 1 版第 1 次印刷
定 价:38.00 元

前　言

“电路、信号与系统(下)”课程是电子、通信、光电、计算机、电气工程及其自动化等电类专业的一门重要的专业基础课程，其基本内容、基本理论、基本方法与技术也是数字信号处理、图像处理与分析、语音处理与分析、模式识别、遥感遥测技术、智能装备技术、预测方法等的重要基础。该课程是电类、信息类本科生的主干课程和核心课程，是该类学科考研的必考专业课程之一。为了适应民办院校应用技术型教改的需求，编者所在的武汉工程科技学院(原中国地质大学江城学院)自转型以来，成立了“电路、信号与系统”课程建设教学平台，开展了适应转型需要的课程建设及教材改革。课程建设是教学取得成效的关键之一。课程内容的先进性与科学性，是课程质量的基本保证。要使教学内容既保证经典理论与方法的完整性、连续性，又保证其内容具有规范性、科学性、前沿性，以及对转型后专业教学具有适应性，必须开展自己的教材建设。借鉴已出版的同类教材，参考吴国平教授公开出版的《信号分析与处理》，以及近几年不断更新的授课电子版和纸质版教案内容，采用新的视角和思路进行了本书的编写。

根据应用型人才培养方案而编写的本教材具有不同于其他教材的鲜明特色：

(1) 教材内容具有简约性与精练性，将内容限定为确定性基本电路、信号和线性系统分析。

(2) 教材分析对象强调电路理论、信号与系统的具体物理属性分析，与同类教材过分注重数学推导和数学证明相区别。

(3) 教材体系体现应用技术型院校电类课程教学改革理念，区别于当前同类教材过于偏重理论的完整性、方法的全面性、内容的体系性的教材编写思想，注重学即为用的理念。

(4) 教材实时引进先进的信号与系统分析的新理论、新方法，从电路、信号与系统融合的角度对电路和信号进行分析。

(5) 教材添加思考题和习题，增加电路、信号与系统的工程应用、分析、开发等内容。

本书由李芳、吴国平主编。孙利华、黄翠翠、余良俊、叶磊、邓华、望超、邓晗等参加了部分章节的编写，全书由吴国平统筹、修订和定稿。

本书的编写工作离不开武汉工程科技学院机械与电子信息学院各位领导的支持，编写中得到了张友纯教授和熊年禄教授的热情关心和帮助。在本书出版过程中，华中科技大学出版社的范莹编辑给予了大力支持和帮助，作者在此一并表示衷心的感谢。在编写过程中，编者借鉴引用了有关参考资料，在此对相关文献的作者也一并表示深深的谢意。

由于作者水平有限，编写的教材不可避免地存在疏漏和不足之处，敬请读者批评指正。

本教材的先修课程为“电路、信号与系统(上)”。

编　者

2017 年 7 月

前言

目　录

第1章　绪　　论

人类社会的发展离不开人类群体的活动，为了保证群体活动的协调和有序，人们之间就必须相互交流信息。信息要用某种方式表达出来，例如，可以用语言、文字或图画来表达，也可以用收、发双方事先约定的编码来表达。这些语言、文字、图画、编码等，分别是按一定规则组织起来的，因而含有了信息的一组约定的符号，这种用约定方式组成的符号统称为消息。消息依附于某一物理量的变化上就构成信号。

在电磁现象被人类认识之前，信息的交流与传输是由直接作用于人类感觉器官的信号来实现的，例如，烽火、鼓声、旗语、书信等。以上传输的是直接作用于人耳的声信号或直接作用于人眼的光信号。这些传输信息的方式，或信息含量少，或传输速度慢，或传输距离受限，有着种种不足之处。电被人类认识之后，因其传输信息快速、便捷，用电作为信息载体的电信号的传输就得到了快速的发展。自1837年摩尔斯发明电报以来，传输使用电信号的通信方式得到了广泛运用与迅速发展，现在电话、电报、无线广播、电视已成为人们生活中不可缺少的部分。而为适应生产活动全球化的需要，人类已经实现了环绕全球的电信号通信，并正向超越地球的太阳系通信扩展。在信息传输理论中，人们也常将直接作用于人类感官的信号统称为消息。消息一般并不便于直接传输，所以要利用一些转换设备，把各种不同的消息转变成为便于传输的电信号。电信号常常是随着时间变化的电压或电流等有关电的量，这种变化是与语言的声音变化或者图画的色光变化等相对应的。这样变化着的电压或电流，分别构成了代表声音、图像和编码等消息的信号，因而信号中也就包含了消息中所含有的信息。所以，带有信息的信号是信息传输技术的工作对象。

信号的传输，需要用由许多不同功能的单元组织起来的一个复杂系统来完成。从广义上说，一切信息的传输过程都可以看成是通信，一切完成信息传输任务的系统都是通信系统，例如，电报、电话、电视、雷达、导航等系统。以一个电视系统来说，在这个系统中，所要传输的信息包含在一些配有声音的画面之中，在传输这些画面时，先要利用电视摄像机把画面的光线、色彩转变成图像信号，并利用话筒把声音转变成伴音信号，这些就是电视要传输的带有信息的原始信号。然后，把这些信号送入电视的发射机，发射机能够产生一种反映上述信号变化的便于传播的高频电信号。最后，由天线将这高频电信号转换为电磁波发射出去，在空间传播。电视接收者用接收天线截获了电磁波的一小部分能量，把它转变成为高频电信号送入电视的接收机。接收机的作用正好和发射机相反，它能从送入的高频电信号中恢复出原来的图像信号与伴音信号，并把这两种信号分别送到显像设备和发声设备，使接收者能看到传输的画面，听到传输的声音。这个过程，可以用一个简明的示意图表示，如图1-1所示。这个图表示了一般通信系统的组成，其中转换器指的是把消息转换为电信号或者反过来把电信号还原成消息的装置，如摄像、显像、话筒、喇叭等设备装置。因为这些装置同时完成了从一种形式的能量转换为另一种形式的能量的工作，所以也常称之为换能器。信道指的是信号传输的通道，在有线电话中，它就是导线；在利用电磁波传播的无线电通信系统中，它可以是电磁波传播的空间，也可以是波导或同轴电缆;在近几年发展的光通信中,它则是光导纤维。发射机和接收机也可以看成是信号通道的一部分,因此有时也称它们为信道机。所以一个通信系统的工作,主要是包括消息到信号的转换、信号的处理和信号的传输等。

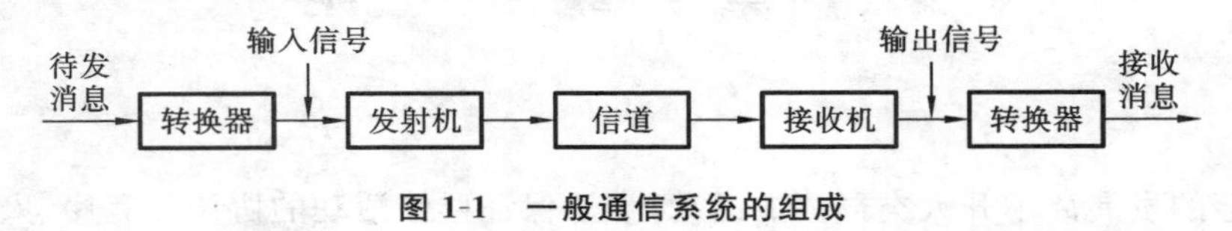

图 1-1　一般通信系统的组成

与信号传输技术同时发展起来的还有信号处理技术。信号处理的研究领域较少涉及信号的传输,而更多的是考虑信号收到以后的解释。这些信号可能是通信中所传输的信号,也可能是包含信息的某些数据,诸如生物学中的信号(如脑电、心电数据)、计算机打印的科学实验数据、商业数据、气象资料等。这里的基本问题是分析收到的信号或数据,从中提取出有用的信息,特别是在存在使信号含糊不清的噪声或干扰的情况下,提取所需要的确切信息。信号处理技术包含滤波、变换、增强、压缩、估值与识别等内容。自 20 世纪 80 年代以来,随着数字计算机的发展及大规模集成电路技术的进步,信号处理的理论与方法都有了很大的发展,并取得了广泛的运用,如多媒体通信、影碟机、高清晰电视、数码相机,以及机械振动分析、机械故障诊断等。

信号传输与信号处理是两个独立的学科,但两者又是密切相关的学科,在发展中相互影响、相互促进。如处理带有不确定性的随机信号的技术,就密切依赖于研究信息传输所发展起来的理论,而信号处理技术的运用又大大提高了信号传输的质量,扩大了通信的距离。信号传输与信号处理的共同的理论基础之一是信号分析与系统分析,即要研究信号的特性、系统的分析方法、系统各组成部分对信号产生何种影响等问题。

信号的传输与处理技术,除了应用在通信领域外,自 20 世纪 40 年代以来也广泛被应用于其他许多技术领域,如各种雷达与声呐、自动化与遥测数据的处理、全息技术、计算技术,以及天文学、地震学、生物学、经济学等领域。

第 2 章　连续时间信号与线性系统时域分析

2.1　引言

连续时间动态线性非时变系统(简称系统),通常可以用常系数微分方程来描述,在微分方程中包含表示有激励和响应的时间函数,以及它们对于时间的各阶导数的线性组合。系统分析的任务是对给定的系统模型和输入信号求系统的输出响应。系统的分析方法可分为几大类,从系统数学模型的求解方法来讲,大体上可分为时域分析法和变换域分析法。时域分析法直接分析时间变量的函数,研究系统的时间响应特性,即时域特性。变换域分析法是将信号与系统模型的时间变量函数变换成相应变换域中相应的变量函数。例如,傅里叶变换就是将时间变量变换为频率变量去进行分析。系统时域分析法可以通过微分方程的建立和求解得到系统的输出响应,也可以通过求取系统的单位冲激响应,然后将输入激励信号与该系统冲激响应进行卷积积分求出系统的输出响应。

当系统是一个线性电路时,根据电路理论以及理想电路元件的特性,可以列出一个或者一组描述电路工作的常系数微分方程。例如,如图 2-1 所示的为二阶 RLC 电路系统,根据该电路特性可列出方程

$$L\frac{\mathrm{d}i(t)}{\mathrm{d}t}+Ri(t)+\frac{1}{C}\int_{-\infty}^{t}i(\tau)\mathrm{d}\tau=e(t) \tag{2-1}$$

写成常系数微分方程为

$$L\frac{\mathrm{d}^2 i(t)}{\mathrm{d}^2 t}+R\frac{\mathrm{d}i(t)}{\mathrm{d}t}+\frac{1}{C}i(t)=\frac{\mathrm{d}e(t)}{\mathrm{d}t} \tag{2-2}$$

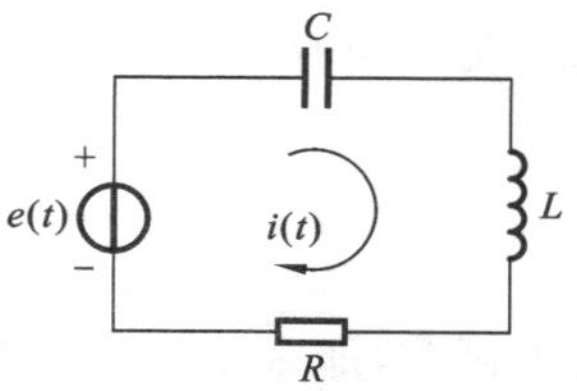

图 2-1　RLC 串联电路

由此推广到一般,对于一个 n 阶系统,设激励信号为 $e(t)$,系统响应为 $r(t)$,则该系统的 n 阶常系数微分方程描述为

$$\begin{aligned}&\frac{\mathrm{d}^n r(t)}{\mathrm{d}t^n}+a_{n-1}\frac{\mathrm{d}^{n-1}r(t)}{\mathrm{d}t^{n-1}}+\cdots+a_1\frac{\mathrm{d}r(t)}{\mathrm{d}t}+a_0 r(t)\\&=b_m\frac{\mathrm{d}^m e(t)}{\mathrm{d}t^m}+b_{m-1}\frac{\mathrm{d}^{m-1}e(t)}{\mathrm{d}t^{m-1}}+\cdots+b_1\frac{\mathrm{d}e(t)}{\mathrm{d}t}+b_0 e(t)\end{aligned} \tag{2-3}$$

根据时域经典解法,即高等数学微分方程的直接解法,式(2-3)的完全解由两部分组成:齐次解和特解。例如式(2-2),它的齐次方程为

$$L\frac{\mathrm{d}^2 i(t)}{\mathrm{d}^2 t}+R\frac{\mathrm{d}i(t)}{\mathrm{d}t}+\frac{1}{C}i(t)=0$$

它的通解为 $c_1\mathrm{e}^{\lambda_1 t}+c_2\mathrm{e}^{\lambda_2 t}$,其中 λ_1、λ_2 为该微分方程的特征根,c_1、c_2 为待定系数。若微分方程的根为复根,其齐次方程解的形式和不等实根类似。式(2-3)的特解的函数形式与激励函数形式有关。将激励 $e(t)$ 代入式(2-3)的右端,化简后,右端函数式称为自由项。通常由自由项

选择特解函数式，代入方程后求特解函数式中的待定系数，即可得出特解。

关于求解微分方程的具体方法，在“高等数学”这门课程中已经学习过，在此不再赘述。作为系统的响应来说，微分方程的全解即系统的完全响应，满足齐次方程解的这部分称为自由响应，满足非齐次方程特解的这部分称为受迫响应。

例 2-1 已知某二阶系统的动态方程

$$y''(t)+6y'(t)+8y(t)=f(t),\quad t>0$$

初始条件 $y(0)=1$，$y'(0)=2$，输入信号 $f(t)=\mathrm{e}^{-t}\varepsilon(t)$，求该系统的完全响应 $y(t)$。

解 (1) 求齐次方程 $y''(t)+6y'(t)+8y(t)=0$ 的齐次解 $y_{\mathrm{h}}(t)$。

特征方程为

$$s^2+6s+8=0$$

特征根为

$$s_1=-2,\quad s_2=-4$$

齐次解

$$y_{\mathrm{h}}(t)=c_1\mathrm{e}^{-2t}+c_2\mathrm{e}^{-4t}$$

(2) 求非齐次方程 $y''(t)+6y'(t)+8y(t)=f(t)$ 的特解 $y_{\mathrm{p}}(t)$。

由输入 $f(t)$ 的形式，设方程的特解为 $y_{\mathrm{p}}(t)=K\mathrm{e}^{-t}$，将特解代入原微分方程即可求得常数 $K=\frac{1}{3}$。

(3) 求方程

$$y(t)=y_{\mathrm{h}}(t)+y_{\mathrm{p}}(t)=c_1\mathrm{e}^{-2t}+c_2\mathrm{e}^{-4t}+\frac{1}{3}\mathrm{e}^{-t}$$

的全解。由初始条件可得

$$y(0)=c_1+c_2+\frac{1}{3}=1$$

$$y'(0)=-2c_1-4c_2-\frac{1}{3}=2$$

解得

$$c_1=\frac{5}{2},\quad c_2=-\frac{11}{6}$$

该系统的全响应为

$$y(t)=\frac{5}{2}\mathrm{e}^{-2t}-\frac{11}{6}\mathrm{e}^{-4t}+\frac{1}{3}\mathrm{e}^{-t},\quad t>0$$

对于一个可以用低阶微分方程描述的系统，如果激励信号是直流、正弦或指数之类简单形式的函数，那么用经典法求解微分方程和分析线性系统是很方便的。但是，若激励信号是某种较为复杂的函数，特别是当系统须用高阶微分方程来描述时，利用经典法求解的工作将十分困难。并且，当激励信号或初始条件发生变化时，其微分方程须全部重新求解。经典法只是一种纯数学方法，它无法突出系统响应的物理概念。为了克服这些不足之处，人们找到了利用变换域的方法去求解微分方程并分析系统。早期对于较为复杂的系统的分析，几乎无一例外地采用后续章节将要讨论的拉普拉斯变换法。然而，应用拉普拉斯变换法以避免应用经典法时所遇到的困难，必须付出进行正反两次变换的代价。

系统的响应并不一定要划分为自然响应和受迫响应，也可以把它划分为零输入响应和零状态响应。零输入响应是系统在无输入激励的情况下，仅由初始条件引起的响应；零状态响应是系统在无初始储能或称为状态为零的情况下，仅由外加激励源引起的响应。根据叠加原理，在分别求得了这两个响应分量后再进行叠加，就可得系统的全响应。

在求零输入响应时，只要解出上述齐次方程并利用初始条件确定解中的待定系数。而在求零状态响应时，则需求解含有激励函数且初始条件为零的非齐次方程。对于复杂信号激励下的线性系统，为求解该系统的非齐次方程，除用直接解方程法和变换域法，还可以在时域中运用卷积法。卷积法是将信号分解成许多冲激响应之和，借助系统的冲激响应，将输入信号和冲激响应进行卷积积分，从而求解系统的零状态响应。对于线性非时变系统，无论是时域分析还是变换域分析，卷积运算都是重要的方法，它是联系时间域和变换域两种方法的纽带。使用卷积法的优点是物理概念明确、运算过程方便，因此，卷积法成为近代计算分析系统的工具之一。为了求系统的全响应，需要讨论在时域中求系统方程的零输入响应和利用卷积运算求系统的零状态响应的方法。

2.2 用算子符号表示微分方程

在连续系统时域分析方法中，求解的是一个高阶微分方程或一组联立微分方程。如果把经常出现的微分或积分用算子符号 p 表示，即

$$\frac{\mathrm{d}}{\mathrm{d}t}=p,\quad \frac{\mathrm{d}^n}{\mathrm{d}t^n}=p^n \tag{2-4}$$

$$\int_{-\infty}^{t}(\ )\mathrm{d}\tau=\frac{1}{p}(\ ) \tag{2-5}$$

则高阶微分方程(式(2-3))可表示为

$$\begin{aligned}&p^n r(t)+a_{n-1}p^{n-1}r(t)+\cdots+a_1 pr(t)+a_0 r(t)\\&=b_m p^m e(t)+b_{m-1}p^{m-1}e(t)+\cdots+b_1 pe(t)+b_0 e(t)\end{aligned} \tag{2-6}$$

或简化为

$$(p^n+a_{n-1}p^{n-1}+\cdots+a_1 p+a_0)r(t)=(b_m p^m+b_{m-1}p^{m-1}+\cdots+b_1 p+b_0)e(t) \tag{2-7}$$

若进一步令

$$D(p)=p^n+a_{n-1}p^{n-1}+\cdots+a_1 p+a_0$$

$$N(p)=b_m p^m+b_{m-1}p^{m-1}+\cdots+b_1 p+b_0$$

分别表示为两个算子多项式，则式(2-7)可简化为

$$D(p)r(t)=N(p)e(t) \tag{2-8}$$

这是高阶微分方程的算子符号表示，$D(p)$和 $N(p)$算子多项式仅仅是一种运算符号，代数方程式中的运算规则有些适用于算子多项式，有些却不适用，基本规则有如下几点。

(1) 算子多项式可以进行因式分解，但不能进行公因子相消。

例如：

$$\begin{aligned}(p+3)(p+4)x&=\left(\frac{\mathrm{d}}{\mathrm{d}t}+3\right)\left(\frac{\mathrm{d}}{\mathrm{d}t}x+4x\right)=\frac{\mathrm{d}}{\mathrm{d}t}\left(\frac{\mathrm{d}x}{\mathrm{d}t}+4x\right)+3\left(\frac{\mathrm{d}x}{\mathrm{d}t}+4x\right)\\&=\frac{\mathrm{d}^2x}{\mathrm{d}t^2}+7\frac{\mathrm{d}x}{\mathrm{d}t}+12x=(p^2+7p+12)x\end{aligned}$$

因此有

$$(p+3)(p+4)=p^2+7p+12$$

如果把这一结论推广到一般情况，则由算子符号 p 的多项式所组成的运算符号可以像代数式

那样相乘和因式分解。

若

$$\frac{\mathrm{d}x}{\mathrm{d}t}=\frac{\mathrm{d}y}{\mathrm{d}t}$$

两边积分后有

$$x=y+c$$

其中 c 为积分常数。由此可见,对于算子方程

$$px=py$$

其左右两端的算子符号不能消去。推广到一般情况:对算子符号 p 的多项式组成的等式两端公因子不能随意消去。

(2) 算子的乘除顺序不可随意颠倒。

即

$$p\,\frac{1}{p}x\neq\frac{1}{p}px$$

因为

$$p\,\frac{1}{p}x=\frac{\mathrm{d}}{\mathrm{d}t}\int_{-\infty}^{t}x\mathrm{d}\tau=x$$

而

$$\frac{1}{p}px=\int_{-\infty}^{t}\left(\frac{\mathrm{d}x}{\mathrm{d}t}\right)_{t=\tau}\mathrm{d}\tau=x(t)-x(-\infty)\neq x$$

这表明“先乘后除”(先微分后积分)的算子运算不能相消,而“先除后乘”(先积分后微分)的算子运算可以相消,即有

$$p\,\frac{1}{p}=1,\quad \frac{1}{p}p\neq 1$$

以上规则说明,代数量的运算规则对于算子符号一般可应用,只是在分子分母中或等式两边相同的算子符号,不能随便消去。

根据以上所述,式(2-8)可进一步写成

$$r(t)=\frac{N(p)}{D(p)}e(t)\tag{2-9}$$

式中:$D(p)=\sum_{i=0}^{n}a_{n-i}p^{n-i}$,$N(p)=\sum_{j=0}^{m}b_{m-j}p^{m-j}$,则定义$\frac{N(p)}{D(p)}$为系统的转移算子 $H(p)$,即

$$H(p)=\frac{N(p)}{D(p)}\tag{2-10}$$

因此,在时域中响应函数和激励函数之间的关系可以表示为

$$r(t)=H(p)e(t)\tag{2-11}$$

若把算子符号 p 看成代数量,则定义代数方程 $D(p)=\sum_{i=0}^{n}a_{n-i}p^{n-i}=0$ 为系统的特征方程。若特征方程的根均为不同的单根值,且记为 $-\lambda_i$,根据零输入响应的定义,求系统的零输入响应,即解齐次方程

$$D(p)r(t)=0\tag{2-12}$$

把此式写成因式相乘的形式为

$$(p+\lambda_1)(p+\lambda_2)\cdots(p+\lambda_n)r(t)=0 \tag{2-13}$$

则该方程的解即系统的零输入响应，为

$$r(t)=\sum_{j=1}^{n}c_j\mathrm{e}^{-\lambda_j t},\quad t>0 \tag{2-14}$$

其中，$-\lambda_j$ 为响应中的自由频率，c_j 是由初始条件确定的常数。设初始条件为 $t=0$ 时，$r(t)$ 及其 $n-1$ 阶的各阶导数值为 $r(0),r'(0),r''(0),\cdots,r^{(n-1)}(0)$，把这些初始值带入式(2-14)及其各阶导数式，可得到由各 λ 值构成的系数矩阵，即

$$\begin{bmatrix} r(0)\\ r'(0)\\ r''(0)\\ \vdots\\ r^{(n-1)}(0)\end{bmatrix}=\begin{bmatrix} 1 & 1 & 1 & \cdots & 1\\ -\lambda_1 & -\lambda_2 & -\lambda_3 & \cdots & -\lambda_n\\ (-\lambda_1)^2 & (-\lambda_2)^2 & (-\lambda_3)^2 & \cdots & (-\lambda_n)^2\\ \vdots & \vdots & \vdots & & \vdots\\ (-\lambda_1)^{n-1} & (-\lambda_2)^{n-1} & (-\lambda_3)^{n-1} & \cdots & (-\lambda_n)^{n-1}\end{bmatrix}\begin{bmatrix} c_1\\ c_2\\ c_3\\ \vdots\\ c_n\end{bmatrix} \tag{2-15}$$

该矩阵称为范德蒙德矩阵。

如果特征方程 $D(p)=0$ 的根有重根，那么求零输入响应方程的解是不同于式(2-14)所示的简单形式的。当特征方程中有 n 阶重根 $-\lambda$ 时，即

$$(p+\lambda)^n=0 \tag{2-16}$$

则系统的零输入响应为

$$r(t)=\sum_{j=1}^{n}c_j t^{j-1}\mathrm{e}^{-\lambda t},\quad t>0 \tag{2-17}$$

例 2-2 图 2-1 所示的 RLC 串联电路中，设 $L=1$ H，$C=1$ F，$R=2$ Ω。若激励电压源 $e(t)$ 为零，且电路的初始条件为：① $i(0)=0$ A，$i'(0)=1$ A/s；② $i(0)=0$ A，$u_C(0)=10$ V。这里压降 u_C 的正方向设与电流 i 的正方向一致。分别求上述两种初始条件下电路的电流。

解 如图 2-1 所示，RLC 串联电路的微分方程为

$$L\frac{\mathrm{d}^2 i(t)}{\mathrm{d}^2 t}+R\frac{\mathrm{d}i(t)}{\mathrm{d}t}+\frac{1}{C}i(t)=\frac{\mathrm{d}e(t)}{\mathrm{d}t}$$

将元件值代入，已知 $e(t)=0$，即求给定电路系统的零输入响应。将描述系统的微分方程写为

$$(p^2+2p+1)i=0$$

即

$$(p+1)^2 i=0$$

对于特征方程 $(p+1)^2=0$，有一为 $p=-1$ 的二重根。按照式(2-17)，零输入响应为

$$i(t)=c_1\mathrm{e}^{-t}+c_2 t\mathrm{e}^{-t},\quad t>0$$

(1) 对 $i(t)$ 求导有

$$i'(t)=-c_1\mathrm{e}^{-t}+c_2\mathrm{e}^{-t}-c_2 t\mathrm{e}^{-t}$$

将初始条件代入 $i(t)$ 和 $i'(t)$ 的表达式，解得常数

$$c_1=0,\quad c_2=1$$

故得零输入响应电流为

$$i(t)=t\mathrm{e}^{-t},\quad t>0$$

(2) 当初始条件为 $i(0)=0$ A 和 $u_C(0)=10$ V 时，由此可导出初始条件 $i'(0)$。电路的微分方程可由式(2-1)写成

$$L\frac{\mathrm{d}i(t)}{\mathrm{d}t}+Ri(t)+u_C(t)=e(t)$$

代入元件值可得

$$i'(t)+2i(t)+u_C(t)=0$$

再令 $t=0$ 并代入初始值可得

$$i'(0)=-10\ \text{A/s}$$

则可由 $i(0)$ 和 $i'(0)$ 求得常数为

$$c_1=0,\quad c_2=-10$$

最后得零输入响应电流为

$$i(t)=-10te^{-t},\quad t>0$$

这里 $i(t)$ 为负值,表示电容放电电流的实际方向和图示方向相反。

例 2-3 上题(例 2-2)中如将电路电阻改为 1 Ω,初始条件仍为 $i(0)=0$ A,$i'(0)=1$ A/s,求零输入响应电流。

解 在此情况下,系统的微分方程为

$$(p^2+p+1)i=0$$

方程

$$p^2+p+1=0$$

即

$$\left(p+\frac{1}{2}-\mathrm{j}\frac{\sqrt{3}}{2}\right)\left(p+\frac{1}{2}+\mathrm{j}\frac{\sqrt{3}}{2}\right)=0$$

有一对共轭根

$$p=-\frac{1}{2}\pm\mathrm{j}\frac{\sqrt{3}}{2}$$

由电路理论可知,这属于欠阻尼的情况。按照式(2-14),微分方程的解为

$$i(t)=c_1e^{\lambda_1 t}+c_2e^{\lambda_2 t}$$

系数 c_1、c_2 可参考式(2-15)来求得,即

$$\begin{bmatrix}c_1\\c_2\end{bmatrix}=\begin{bmatrix}1 & 1\\ \lambda_1 & \lambda_2\end{bmatrix}^{-1}\begin{bmatrix}i(0)\\i'(0)\end{bmatrix}=\frac{1}{\lambda_1-\lambda_2}\begin{bmatrix}\lambda_2 & -1\\ -\lambda_1 & 1\end{bmatrix}\begin{bmatrix}i(0)\\i'(0)\end{bmatrix}$$

将 λ_1、λ_2 以及 $i(0)$ 和 $i'(0)$ 的值代入上式得

$$\begin{bmatrix}c_1\\c_2\end{bmatrix}=\frac{\mathrm{j}}{\sqrt{3}}\begin{bmatrix}-\frac{1}{2}-\mathrm{j}\frac{\sqrt{3}}{2} & -1\\ \frac{1}{2}-\mathrm{j}\frac{\sqrt{3}}{2} & 1\end{bmatrix}\begin{bmatrix}0\\1\end{bmatrix}=\begin{bmatrix}-\frac{\mathrm{j}}{\sqrt{3}}\\ \frac{\mathrm{j}}{\sqrt{3}}\end{bmatrix}$$

于是得零输入响应电流为

$$i(t)=-\frac{\mathrm{j}}{\sqrt{3}}e^{\left(-\frac{1}{2}+\mathrm{j}\frac{\sqrt{3}}{2}\right)t}+\frac{\mathrm{j}}{\sqrt{3}}e^{\left(-\frac{1}{2}-\mathrm{j}\frac{\sqrt{3}}{2}\right)t}=\frac{2}{\sqrt{3}}e^{-\frac{1}{2}t}\sin\left(\frac{\sqrt{3}}{2}t\right),\quad t>0$$

2.3 冲激响应和零状态响应

冲激响应是指系统在单位冲激函数激励下引起的零状态响应,统一以符号 $h(t)$ 表示。当系统的激励函数 $e(t)$ 为单位冲激函数 $\delta(t)$ 时,响应函数 $r(t)$ 即为系统的冲激响应 $h(t)$,于是有

$$h(t)=H(p)\delta(t)\tag{2-18}$$

即

$$h(t)=\frac{b_m p^m+b_{m-1}p^{m-1}+\cdots+b_1 p+b_0}{p^n+a_{n-1}p^{n-1}+\cdots+a_1 p+a_0}\delta(t) \tag{2-19}$$

对于一阶线性系统

$$\frac{\mathrm{d}h(t)}{\mathrm{d}t}+ah(t)=b\delta(t) \tag{2-20}$$

其转移算子为

$$H(p)=\frac{b}{p+a}$$

根据冲激响应是零状态响应，可知其响应为

$$h(t)=0,\quad t<0$$

同样，当 $t>\infty$ 时，$h(t)=0$，说明冲激响应的稳定性。当 $t>0$ 时，因 $\delta(t)=0$，式(2-20)成为齐次方程，故有解

$$h(t)=K\mathrm{e}^{-at},\quad t>0$$

或写为

$$h(t)=K\mathrm{e}^{-at}\varepsilon(t) \tag{2-21}$$

其中，$\varepsilon(t)$为单位阶跃函数。显然 K 不可由初始条件为零来确定，这是因为系统毕竟施加了一个冲激为 $\delta(t)$的激励，为了确定系数 K，需要将描述系统方程的解（式(2-21)）代入式(2-20)来确定系数。故将式(2-21)代入微分方程（式(2-20)）解得

$$K=b$$

即可确定系数 K，从而得出一阶线性系统的冲激响应为

$$h(t)=b\mathrm{e}^{-at}\varepsilon(t) \tag{2-22}$$

观察式(2-22)和式(2-20)对应的转移算子，可以发现：一阶系统的冲激响应，可以方便地由其转移算子得到。

如对于二阶线性系统

$$\frac{\mathrm{d}^2h(t)}{\mathrm{d}t}+a_1\frac{\mathrm{d}h(t)}{\mathrm{d}t}+a_0h(t)=b_1\frac{\mathrm{d}\delta(t)}{\mathrm{d}t}+b_0\delta(t) \tag{2-23}$$

其转移算子为

$$H(p)=\frac{b_0+b_1p}{p^2+a_1p+a_0} \tag{2-24}$$

如果特征方程的解为两个不同单根$-\lambda_1$，$-\lambda_2$，那么将转移算子写成分式和为

$$H(p)=\frac{K_1}{p+\lambda_1}+\frac{K_2}{p+\lambda_2} \tag{2-25}$$

其中 K_1，K_2 为常系数。根据一阶系统冲激响应的求解，得到该二阶系统的冲激响应为

$$h(t)=K_1\mathrm{e}^{-\lambda_1 t}\varepsilon(t)+K_2\mathrm{e}^{-\lambda_2 t}\varepsilon(t) \tag{2-26}$$

这与运用经典法求解微分方程（式(2-23)）得到的结果是一样的。

一般情况下，可得出如式(2-19)所示的 n 阶线性系统的冲激响应（其中 $n>m$，且特征方程的根均为单根），其转移算子为

$$H(p)=\frac{N(p)}{D(p)}=\frac{b_m p^m+b_{m-1}p^{m-1}+\cdots+b_1 p+b_0}{p^n+a_{n-1}p^{n-1}+\cdots+a_1 p+a_0} \tag{2-27}$$

将其分解为

$$H(p)=\frac{N(p)}{(p+\lambda_1)(p+\lambda_2)\cdots(p+\lambda_n)}=\frac{K_1}{p+\lambda_1}+\frac{K_2}{p+\lambda_2}+\cdots+\frac{K_n}{p+\lambda_n} \tag{2-28}$$

则冲激响应为

$$h(t)=\sum_{i=1}^{n}K_i\mathrm{e}^{-\lambda_i t}\varepsilon(t) \tag{2-29}$$

其中 K_i 为系数，可由部分分式展开法求得，将式(2-28)两边乘 $p+\lambda_1$ 得

$$(p+\lambda_1)H(p)=K_1+\frac{p+\lambda_1}{p+\lambda_2}K_2+\cdots+\frac{p+\lambda_1}{p+\lambda_n}K_n \tag{2-30}$$

令式(2-30)中 $p=-\lambda_1$，等式的右边只剩下 K_1 项。因此

$$(p+\lambda_1)H(p)\big|_{p=-\lambda_1}=K_1$$

那么，一般情况下

$$K_i=(p+\lambda_i)H(p)\big|_{p=-\lambda_i} \tag{2-31}$$

上式称为海维赛德定理。

当系统微分方程转移算子对应特征方程出现重根时，如二重根，类如 $H(p)=\frac{p}{(p+\lambda)^2}$ 的形式，则根据海维赛德定理将其展开为

$$H(p)=\frac{p}{(p+\lambda)^2}=\frac{K_2}{(p+\lambda)^2}+\frac{K_1}{p+\lambda}$$

$$K_2=(p+\lambda)^2H(p)\big|_{p=-\lambda}$$

$$K_1=\frac{\mathrm{d}}{\mathrm{d}p}(p+\lambda)^2H(p)\big|_{p=-\lambda}$$

$$h(t)=K_1\mathrm{e}^{-\lambda t}\varepsilon(t)+K_2t\mathrm{e}^{-\lambda t}\varepsilon(t)$$

当特征方程中有 n 阶重根 $-\lambda$ 时，有

$$H(p)=\frac{p}{(p+\lambda)^n}=\frac{K_n}{(p+\lambda)^n}+\frac{K_{n-1}}{(p+\lambda)^{n-1}}+\cdots+\frac{K_1}{p+\lambda}$$

则

$$K_i=\frac{1}{(n-i)!}\frac{\mathrm{d}^{n-i}}{\mathrm{d}p^{n-i}}(p+\lambda)^nH(p)\big|_{p=-\lambda}$$

$$h(t)=\sum_{i=1}^{n}K_it^{i-1}\mathrm{e}^{-\lambda t}\varepsilon(t)$$

冲激响应解的形式与零输入响应相似，只是在零输入响应中，各项系数 c_j 由初始条件确定，而这里各项系数 K_i 是转移算子展开为部分分式时的各系数。

在讨论这种相似性的原因之前，先介绍关于 $t=0$ 的几个概念。在系统分析中，$t=0$ 是指开始施加激励，即接通电路的瞬间。当激励源是奇异信号时，在电路接通的瞬间会发生电压或电流的突变，从而可能会导致系统储能状态的突变。在这种情况下，定义 $t=0^-$ 为施加激励前一瞬间的起始时刻，定义 $t=0^+$ 为刚刚施加激励后的起始时刻。相应地，各种初始量的值亦可以分别表示。例如，将代表初始状态的电感电流表示为 $i_L(0^-)$ 或 $i_L(0^+)$，将电容电压表示为 $u_C(0^-)$ 或 $u_C(0^+)$。这里 $t=0^-$ 时的值是激励施加前一瞬间的初始状态，$t=0^+$ 时的值是激励施加后一瞬间的初始状态，后者包括前者以及因施加激励而产生状态突变两部分的和。在没有突变状态时，两者相等。

现在，回到冲激响应和零输入响应解的相似性问题。零状态系统在输入冲激函数作为激

励信号时，该信号只在 $t=0$ 时刻存在。这时，系统在一瞬间输入了若干能量，储存在系统的元件里。这就相当于系统在 $t=0^+$ 时具有某种初始状态，在 $t>0$ 时，系统不再有输入信号，所以响应就由上述储能状态唯一确定。在 $t<0$ 时，冲激响应及其各阶导数的值均为零，即

$$h(0^-)=h'(0^-)=\cdots=h^{(n-1)}(0^-)=0$$

如果能确定 $t=0^+$ 时的初始条件，冲激响应可用求零输入响应的方法来求取。具体做法将在下面例 2-5 中说明。

冲激响应完全由系统本身的特性所决定，与系统的激励源无关，是用时间函数表示系统特性的一种常用方式。在实际工程中，用一个持续时间很短，但幅度很大的电压脉冲通过一个电阻给电容器充电，这时，电路中的电流或电容器两端的电压变化就近似于这个系统的冲激响应。同样，系统在单位阶跃函数激励下引起的零状态响应称为阶跃响应。利用阶跃函数与冲激函数之间的关系

$$\frac{\mathrm{d}\varepsilon(t)}{\mathrm{d}t}=\delta(t)$$

或

$$\int_{-\infty}^{t}\delta(\tau)\mathrm{d}\tau=\varepsilon(t)$$

可看出，对于一个线性非时变系统而言，阶跃响应是冲激响应的积分。又因为当 $t<0$ 时，函数值均为零，考虑到在 $t=0$ 处可能有冲激响应或其导数存在，所以积分下限取 0^-，那么阶跃响应应为

$$r_\varepsilon(t)=\int_{0^-}^{t}h(\tau)\mathrm{d}\tau \tag{2-32}$$

由以上讨论可见，阶跃响应和冲激响应之间存在着简单的取导数或取积分的互求关系，两者中只要知道一个，就可以求另一个。上述关系当然不仅适用于阶跃响应和冲激响应的互求，它们同样可以用来求系统对其他奇异函数（如斜变函数和冲激偶函数等）的响应，但这些响应一般较少应用。

例 2-4 已知某线性非时变系统的微分方程为

$$\frac{\mathrm{d}^2}{\mathrm{d}t^2}r(t)+5\frac{\mathrm{d}}{\mathrm{d}t}r(t)+6r(t)=\frac{\mathrm{d}}{\mathrm{d}t}e(t)+4e(t),\quad t\geqslant 0$$

试求此系统的冲激响应。

解 当求系统的冲激响应时，上述方程为

$$\frac{\mathrm{d}^2}{\mathrm{d}t^2}h(t)+5\frac{\mathrm{d}}{\mathrm{d}t}h(t)+6h(t)=\frac{\mathrm{d}}{\mathrm{d}t}\delta(t)+4\delta(t)$$

转移算子为

$$H(p)=\frac{p+4}{p^2+5p+6}$$

此系统的特征方程的根为 $\lambda_1=-2$，$\lambda_2=-3$，则转移算子的部分分式展开为

$$H(p)=\frac{K_1}{p+2}+\frac{K_2}{p+3}$$

根据海维赛德定理求得

$$K_1=(p+2)H(p)\big|_{p=-2}=(p+2)\frac{p+4}{p^2+5p+6}\bigg|_{p=-2}=2$$

$$K_2=(p+3)H(p)\big|_{p=-3}=(p+3)\frac{p+4}{p^2+5p+6}\bigg|_{p=-3}=-1$$

即

$$H(p)=\frac{2}{p+2}-\frac{1}{p+3}$$

根据式(2-29)可得系统的冲激响应为

$$h(t)=(2\mathrm{e}^{-2t}-\mathrm{e}^{-3t})\varepsilon(t)$$

例 2-5 设系统的微分方程为

$$\frac{\mathrm{d}^2}{\mathrm{d}t^2}r(t)+4\frac{\mathrm{d}}{\mathrm{d}t}r(t)+4r(t)=e(t),\quad t\geqslant 0$$

试求此系统的冲激响应。

解 当求系统的冲激响应时，上述方程为

$$\frac{\mathrm{d}^2}{\mathrm{d}t^2}h(t)+4\frac{\mathrm{d}}{\mathrm{d}t}h(t)+4h(t)=\delta(t) \tag{2-33}$$

此系统的特征方程有一个二重根 $\lambda_{1,2}=-2(n>m)$，为使等式双方同阶奇异函数项的系数相等，$h(t)$中不包含有 $\delta(t)$及其导数，考虑其在 $t=0^+$ 时的响应，故可设

$$h(t)=(K_1+K_2t)\mathrm{e}^{-2t}\varepsilon(t) \tag{2-34}$$

把冲激激励的影响视为系统 $t=0^+$ 时的初始条件，可用求零输入响应的方法来求解冲激响应。

先确定系统 $t=0^+$ 时的初始条件如下。

对式(2-33)两边取 0^- 到 0^+ 的定积分，则有

$$\int_{0^-}^{0^+}\frac{\mathrm{d}^2}{\mathrm{d}t^2}h(t)\mathrm{d}t+4\int_{0^-}^{0^+}\frac{\mathrm{d}}{\mathrm{d}t}h(t)\mathrm{d}t+4\int_{0^-}^{0^+}h(t)\mathrm{d}t=\int_{0^-}^{0^+}\delta(t)\mathrm{d}t \tag{2-35}$$

为保证式(2-33)两边对应项的系数平衡，则式(2-33)左边应有冲激函数项，且此冲激函数项只能出现在第一项$\frac{\mathrm{d}^2}{\mathrm{d}t^2}h(t)$之中。因此，式(2-35)中只有第一项因被积函数中包含冲激函数，其积分结果在 $t=0$ 处不连续，而其他各积分所得结果在 $t=0$ 处都是连续的，则

$$h(0^+)=h(0^-)=0$$

$$h'(0^+)-h'(0^-)=1$$

而由因果性知，在冲激激励未加前不会有响应，即 $h'(0^-)=0$，故在 $t=0^+$ 时的初始条件为

$$h'(0^+)=1,\quad h(0^+)=0$$

将初始条件代入式(2-34)以及其一阶导得到

$$K_2=1,\quad K_1=0$$

由此可得系统的冲激响应为

$$h(t)=t\mathrm{e}^{-2t}\varepsilon(t)$$

由上述可推广到一般情况，当系统的特征方程有二重根时，假设其转移算子为

$$H(p)=\frac{K}{(p+\lambda)^2}$$

其中 K 为常量，那么该系统的冲激响应为

$$h(t)=Kt\mathrm{e}^{-\lambda t}\varepsilon(t) \tag{2-36}$$

当然，这个例子是在相对比较简单的情况下，通过求零输入响应的方法来求系统的冲激响应。对于更复杂的情况，例如，系统函数等式右边除去冲激函数外，还有冲激函数的导数，这时

要求得系统在 $t=0^+$ 时的初始条件也会变得比较困难。此时就可以通过用之前讨论的部分分式展开法来求解系统的冲激响应。

例 2-6 设系统的微分方程为

$$\frac{d^3}{dt^3}r(t)+5\frac{d^2}{dt^2}r(t)+8\frac{d}{dt}r(t)+4r(t)=2\frac{d^2}{dt^2}e(t)+9\frac{d}{dt}e(t)+8e(t),\quad t\geqslant 0$$

试求此系统的冲激响应。

解 该系统的微分方程用算子方程形式表示为

$$(p^3+5p^2+8p+4)r(t)=(2p^2+9p+8)e(t)$$

当 $e(t)$ 为 $\delta(t)$ 时，$r(t)$ 即为 $h(t)$，系统的转移算子为

$$H(p)=\frac{2p^2+9p+8}{p^3+5p^2+8p+4}$$

则转移算子的部分分式展开为

$$H(p)=\frac{2p^2+9p+8}{(p+2)^2(p+1)}=\frac{K_2}{(p+2)^2}+\frac{K_1}{p+2}+\frac{K_3}{p+1}$$

根据海维赛德定理求得

$$K_2=(p+2)^2H(p)\big|_{p=-2}=\frac{2p^2+9p+8}{p+1}\bigg|_{p=-2}=2$$

$$K_1=\frac{d}{dp}\left(\frac{2p^2+9p+8}{p+1}\right)\bigg|_{p=-2}=\frac{2p^2+4p+1}{(p+1)^2}\bigg|_{p=-2}=1$$

$$K_3=(p+1)H(p)\big|_{p=-1}=\frac{2p^2+9p+8}{(p+2)^2}\bigg|_{p=-1}=1$$

则有

$$H(p)=\frac{2}{(p+2)^2}+\frac{1}{p+2}+\frac{1}{p+1}$$

根据式(2-29)和式(2-36)可得冲激响应为

$$h(t)=(2te^{-2t}+e^{-2t}+e^{-t})\varepsilon(t)$$

上述具体讨论了如何求得系统的冲激响应，现在来讨论如何通过冲激响应来求解系统的零状态响应。在时域中求解线性系统的零状态响应时，外加的激励信号可先分解为一系列单元激励信号，然后分别计算各单元信号通过系统的响应，最后在输出处叠加得到总的零状态响应函数。信号在时域中的分解，就是把信号的时间函数用若干个奇异函数的和来表示。任意函数可以表示为冲激函数的积分，如图 2-2(a)所示以脉冲函数相叠加来近似表示 $f(t)$，即

$$f_1(t)\approx f(0)[\varepsilon(t)-\varepsilon(t-\Delta t)]$$

$$f_2(t)\approx f(\Delta t)[\varepsilon(t-\Delta t)-\varepsilon(t-\Delta t-\Delta t)]$$

$$\vdots$$

$$f_k(t)\approx f(k\Delta t)[\varepsilon(t-k\Delta t)-\varepsilon(t-k\Delta t-\Delta t)]$$

如此有

$$f(t)\approx\sum_{k=0}^{n}f(k\Delta t)[\varepsilon(t-k\Delta t)-\varepsilon(t-k\Delta t-\Delta t)]$$

或

$$f(t)\approx f_b(t)\approx\sum_{k=0}^{n}f(k\Delta t)\delta(t-k\Delta t)\Delta t$$

显然，n 个脉冲函数之和 $f_b(t)$ 近似地表示了函数 $f(t)$，而 n 个冲激函数之和又近似地表示了 $f_b(t)$。如图 2-2(b)所示的冲激序列近似地表示了连续函数 $f(t)$。

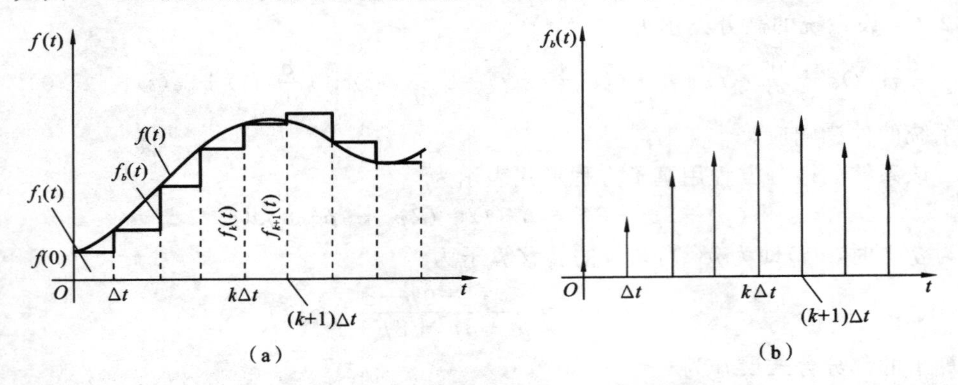

图 2-2　用冲激函数之和近似地表示一任意函数

(a) 用脉冲函数之和近似地表示一任意函数；(b) 再用冲激函数近似地表示脉冲函数

利用线性非时变系统特性，求解任意输入下的零状态响应，可以转换为求解系统对一系列不同延时冲激响应的叠加。若用 $e(t)$ 代表激励函数，则把该激励函数表示成一系列的冲激函数为

$$e(t) \approx e_a(t) \approx \sum_{k=0}^{n} e(k\Delta t) \cdot \Delta t \cdot \delta(t - k\Delta t) \tag{2-37}$$

设系统的单位冲激响应为 $h(t)$，则系统在 $t=k\Delta t$ 处的激励函数及其响应的对应关系为

$$e(k\Delta t) \cdot \Delta t \cdot \delta(t-k\Delta t) \rightarrow e(k\Delta t) \cdot \Delta t \cdot h(t-k\Delta t)$$

所以，系统对该激励函数的总响应可近似写为

$$r(t) \approx r_a(t) \approx \sum_{k=0}^{n} e(k\Delta t) \cdot \Delta t \cdot h(t - k\Delta t) \tag{2-38}$$

当 $n \rightarrow \infty$ 而 Δt 无限趋小时，Δt 成为 $\mathrm{d}\tau$，$k\Delta t$ 成为 τ，对各项取和变成了取积分。于是式(2-38)转变为系统对激励函数的响应，即

$$r(t) = \int_0^t e(\tau) h(t - \tau) \mathrm{d}\tau \tag{2-39}$$

上式也可写为

$$r(t) = \int_0^t h(\tau) e(t - \tau) \mathrm{d}\tau \tag{2-40}$$

式(2-39)和式(2-40)均称为卷积积分，简称卷积，即

$$r(t) = e(t) * h(t) = h(t) * e(t) \tag{2-41}$$

它们是在时域中利用卷积法由冲激响应求解系统对于激励函数 $e(t)$ 的零状态响应的积分公式。图 2-3 为卷积积分示意图。其中图 2-3(a)表示为将激励信号分解为若干个脉冲函数；图 2-3(b)为系统对第 k 个脉冲的冲激响应，由于系统的非时变性质，这些响应每个形状都一样，它对应的函数值则与激励的脉冲面积 $e(k\Delta t) \cdot \Delta t$ 成正比；图 2-3(c)中所标注的 $r(t)$ 为这些冲激响应叠加后所得的总响应曲线。

应用卷积积分是时域分析的基本手段，卷积积分公式（式(2-39)）中含有 3 个与时间有关的物理量：t 表示观察响应的时刻，τ 表示信号的激励时间，$t-\tau$ 表示系统的记忆时间或系统响

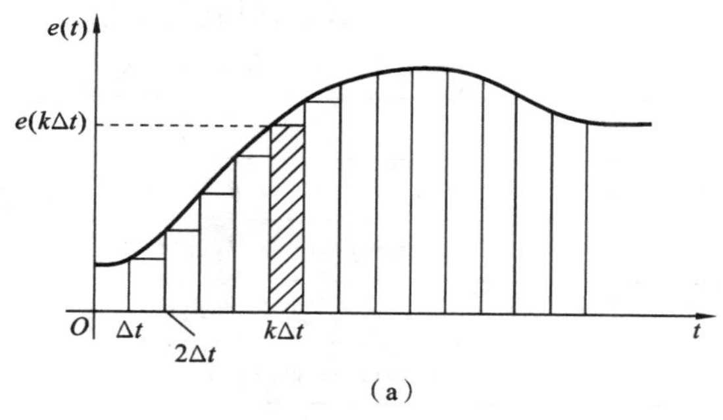

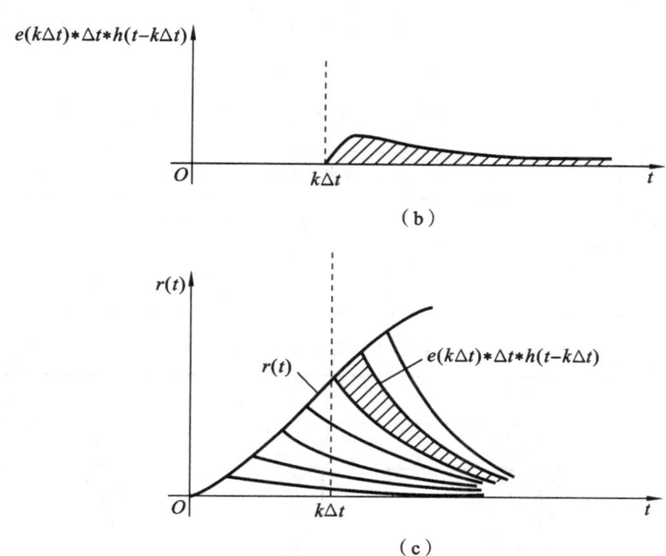

图 2-3　卷积积分示意图

(a) 激励函数；(b) 第 k 个脉冲的冲激响应；(c) 冲激响应叠加后的总响应

应的时间。在任意时刻 t 对任意激励的零状态响应，等于从激励函数开始作用的时刻($\tau=0$)到指定时刻($\tau=t$)区间内，无穷多个幅度不同、连续出现的冲激响应的总和。这就是说，激励信号 $e(t)$ 从 0 到 t 这段时间内对电路的连续作用可以用一系列冲激信号对电路的激励来等效，且每个冲激信号的强度为 $e(\tau)$，相应的响应为 $e(\tau)h(t-\tau)$，而 t 可以理解为观察这个激励函数作用引起响应的瞬间。因为 τ 时刻作用的信号到 t 时刻观察点得到输出，这之间的时间差值即为 $t-\tau\geqslant0$，即 $t-\tau$ 可以理解为电路对输入作用的记忆时间。因为 $t-\tau$ 不能为负，所以积分上限只能取到 t 而不能到 ∞。上述为卷积积分的物理意义。

卷积积分的一般表示形式为

$$g(t)=f_1(t)*f_2(t)=\int_{-\infty}^{\infty}f_1(\tau)f_2(t-\tau)\mathrm{d}\tau \tag{2-42}$$

由于函数 $f_1(t)$ 和 $f_2(t)$ 没有求解零状态响应时的诸多限制，因此，这里的积分上下限为 $-\infty$ 到 ∞。卷积积分是一种数学运算，它具有一些有用的数学性质。这些性质在高等数学中已有详细介绍，在此不作具体讨论和相关证明。表 2-1 只简要地给出了卷积积分的性质。

利用卷积积分来求响应，同样会遇到积分上的困难。为了便于应用，把某些函数相卷积的关系制成卷积积分表，如表 2-2 所示，以便查看。当然，这样简单的表是不敷应用的，特别是有一些激励函数和冲激响应无法用解析式表示，这时就必须借助于数值计算。

表 2-1 卷积积分的性质

特性		公式
代数特性	交换律	$f_1(t)*f_2(t)=f_2(t)*f_1(t)$
	分配律	$[f_1(t)+f_2(t)]*f_3(t)=f_1(t)*f_3(t)+f_2(t)*f_3(t)$
	结合律	$[f_1(t)*f_2(t)]*f_3(t)=f_1(t)*[f_2(t)*f_3(t)]$
时移特性		$f_1(t)*f_2(t)=y(t)\Rightarrow f_1(t-t_1)*f_2(t-t_2)=y(t-t_1-t_2)$
函数卷积的微分和积分	微分特性	$\frac{\mathrm{d}}{\mathrm{d}t}[f_1(t)*f_2(t)]=\frac{\mathrm{d}f_1(t)}{\mathrm{d}t}*f_2(t)=f_1(t)*\frac{\mathrm{d}f_2(t)}{\mathrm{d}t}$
	积分特性	$\int_{-\infty}^{t}[f_1(\tau)*f_2(\tau)]\mathrm{d}\tau=f_1(t)*\int_{-\infty}^{t}f_2(\tau)\mathrm{d}\tau=\int_{-\infty}^{t}f_1(\tau)\mathrm{d}\tau*f_2(t)$
奇异信号	延时特性	$f(t)*\delta(t-T)=f(t-T)$
	微分特性	$f(t)*\delta'(t)=f'(t)$
	积分特性	$f(t)*u(t)=\int_{-\infty}^{t}f(\tau)\mathrm{d}\tau$

表 2-2 卷积积分表

序号	$f_1(t)$	$f_2(t)$	$f_1(t)*f_2(t)=f_2(t)*f_1(t)$
1	$f(t)$	$\delta(t)$	$f(t)$
2	$f(t)$	$\delta'(t)$	$\frac{\mathrm{d}f(t)}{\mathrm{d}t}$
3	$f(t)$	$\varepsilon(t)$	$\int_{-\infty}^{t}f(\tau)\mathrm{d}\tau$
4	$\frac{\mathrm{d}f(t)}{\mathrm{d}t}$	$\int_{-\infty}^{t}g(\tau)\mathrm{d}\tau$	$f(t)*g(t)$
5	$\mathrm{e}^{\lambda t}\varepsilon(t)$	$\varepsilon(t)$	$\frac{-1}{\lambda}(1-\mathrm{e}^{\lambda t})\varepsilon(t)$
6	$\varepsilon(t)$	$\varepsilon(t)$	$t\varepsilon(t)$
7	$\varepsilon(t)-\varepsilon(t-t_1)$	$\varepsilon(t)-\varepsilon(t-t_2)$	$t\varepsilon(t)-(t-t_1)\varepsilon(t-t_1)-(t-t_2)\varepsilon(t-t_2)+(t-t_1-t_2)\varepsilon(t-t_1-t_2)$
8	$\mathrm{e}^{\lambda_1 t}\varepsilon(t)$	$\mathrm{e}^{\lambda_2 t}\varepsilon(t)$	$\frac{1}{\lambda_2-\lambda_1}(\mathrm{e}^{\lambda_2 t}-\mathrm{e}^{\lambda_1 t})\varepsilon(t),\lambda_1\neq\lambda_2$
9	$\mathrm{e}^{\lambda t}\varepsilon(t)$	$\mathrm{e}^{\lambda t}\varepsilon(t)$	$t\mathrm{e}^{\lambda t}\varepsilon(t)$
10	$\varepsilon(t)-\varepsilon(t-t_1)$	$\mathrm{e}^{\lambda t}\varepsilon(t)$	$-\frac{1}{\lambda}(1-\mathrm{e}^{\lambda t})[\varepsilon(t)-\varepsilon(t-t_1)]-\frac{1}{\lambda}(\mathrm{e}^{-\lambda t_1}-1)\mathrm{e}^{\lambda t}\varepsilon(t-t_1)$
11	$t^n\varepsilon(t)$	$\mathrm{e}^{\lambda t}\varepsilon(t)$	$\frac{n!}{\lambda^{n+1}}\mathrm{e}^{\lambda t}\varepsilon(t)-\sum_{j=0}^{n}\frac{n!}{\lambda^{j+1}(n-j)!}\cdot t^{n-j}\varepsilon(t)$

续表

序号	$f_1(t)$	$f_2(t)$	$f_1(t)*f_2(t)=f_2(t)*f_1(t)$
12	$t^m\varepsilon(t)$	$t^n\varepsilon(t)$	$\dfrac{m!\ n!}{(m+n+1)!}t^{m+n+1}\varepsilon(t)$
13	$t^m e^{\lambda_1 t}\varepsilon(t)$	$t^n e^{\lambda_2 t}\varepsilon(t)$	$\sum\limits_{j=0}^{m} j!\dfrac{(-1)^j m!(n+j)!}{(m-j)!(\lambda_1-\lambda_2)^{n+j+1}}\cdot t^{m-j}e^{\lambda_1 t}\varepsilon(t) + \sum\limits_{k=0}^{n}\dfrac{(-1)^k n!(m+k)!}{k!(n-k)!(\lambda_2-\lambda_1)^{m+k+1}}\cdot t^{n-k}e^{\lambda_2 t}\varepsilon(t),\lambda_1\neq\lambda_2$
14	$e^{-\alpha t}\cos(\beta t+\theta)\varepsilon(t)$	$e^{\lambda t}\varepsilon(t)$	$\left[\dfrac{\cos(\theta-\varphi)}{\sqrt{(\alpha+\lambda)^2+\beta^2}}e^{\lambda t}-\dfrac{e^{-\alpha t}\cos(\beta t+\theta-\varphi)}{\sqrt{(\alpha+\lambda)^2+\beta^2}}\right]\varepsilon(t)$，$\varphi=\arctan\left(\dfrac{-\beta}{\alpha+\lambda}\right)$

2.4 线性系统全响应时域求解

在前面几节中已经详细地研究了线性系统的时域分析法，即如何求系统对某一激励函数的响应，它由零输入响应和零状态响应这两部分组成。零输入响应由系统的特征和开始计算时间 $t=0$ 时系统的初始储能决定，它可以由解齐次方程得到。零状态响应则由系统的特性和外加激励函数决定，它可由激励函数和系统的单位冲激响应相卷积得到。

对于线性系统，设其特征方程无重根，那么由式(2-14)得系统的零输入响应为

$$r_{zi}(t)=\sum_{j=1}^{n}c_j e^{-\lambda_j t}\varepsilon(t)$$

式中 $-\lambda_j$ 为特征方程根值，c_j 是由初始状态确定的各项系数。由式(2-29)和式(2-41)得系统的零状态响应为

$$r_{zs}(t)=h(t)*e(t)=\sum_{j=1}^{n}K_j e^{-\lambda_j t}\varepsilon(t)*e(t)$$

式中：K_j 是转移算子展开为部分分式后的相应项的系数。于是系统的全响应为

$$\begin{aligned}r(t)&=r_{zi}(t)+r_{zs}(t)=\sum_{j=1}^{n}c_j e^{-\lambda_j t}\varepsilon(t)+\sum_{j=1}^{n}K_j e^{-\lambda_j t}\varepsilon(t)*e(t)\\&=\left[\sum_{j=1}^{n}c_j e^{-\lambda_j t}+\sum_{j=1}^{n}K_j e^{-\lambda_j t}*e(t)\right]\varepsilon(t)\end{aligned}\tag{2-43}$$

设激励信号为 $e(t)=e^{st}\varepsilon(t)$，代入式(2-43)得

$$\begin{aligned}r(t)&=\left[\sum_{j=1}^{n}c_j e^{-\lambda_j t}+\sum_{j=1}^{n}K_j(e^{-\lambda_j t}*e^{st})\right]\varepsilon(t)=\left[\sum_{j=1}^{n}c_j e^{-\lambda_j t}+\sum_{j=1}^{n}\frac{K_j}{s+\lambda_j}(e^{st}-e^{-\lambda_j t})\right]\varepsilon(t)\\&=\left[\sum_{j=1}^{n}(c_j-\frac{K_j}{s+\lambda_j})e^{-\lambda_j t}+\sum_{j=1}^{n}\frac{K_j}{s+\lambda_j}(e^{st})\right]=\left[\sum_{j=1}^{n}a_j e^{-\lambda_j t}+H(s)e^{st}\right]\varepsilon(t)\end{aligned}\tag{2-44}$$

式(2-44)中前一部分包含所有只含自然频率的项，称为系统的自然响应分量。其中 a_j 为自然响应各项的系数，且 $a_j=c_j-\dfrac{K_j}{s+\lambda_j}$。自然响应分量反映了系统本身的特性，与外加激励形式无关，取决于系统的特征根。式(2-44)中后一部分包含所有只含外加激励频率 s 的项，称为受

迫响应分量。它只与激励函数的形式有关。对一个线性系统,当受指数形式的信号激励时,受迫响应分量仍然是同形式的指数函数。而受迫响应分量中的因子 $H(s)$ 为

$$H(s)=\sum_{j=1}^{n}\frac{k_j}{s+\lambda_j}$$

它是将转移算子 $H(p)$ 中的算子符号 p 换成激励频率 s 后所得的函数,函数 $H(s)$ 在特定激励频率的值,即为受迫响应中该频率分量在 $t=0$ 时的值。

系统的全响应也可分解为稳态响应分量和瞬态响应分量。当 $t\to\infty$ 时,响应趋于零的那部分响应分量为瞬态响应;当 $t\to\infty$ 时,保留下来的那部分分量则为稳态响应。

由此可见,系统的全响应可以分成零输入响应和零状态响应两种分量,也可以分成自然响应和受迫响应两种分量,还可以分为瞬态响应和稳态响应两种分量。在一些系统中,不同的划分方法所得到的分量可能是相同的,例如,一个分量既是自然响应又是瞬态响应,另一个分量既是受迫响应又是稳态响应等,但这并不说明它们的概念是可混淆的。

例 2-7 RC 电路如图 2-4 所示,设 $R=1\ \Omega$, $C=1$ F。电源电压 $e(t)=(1+\mathrm{e}^{-3t})\varepsilon(t)$,电容上初始电压为 $u_C(0^-)=1$ V,求电容上响应电压 $u_C(t)$。

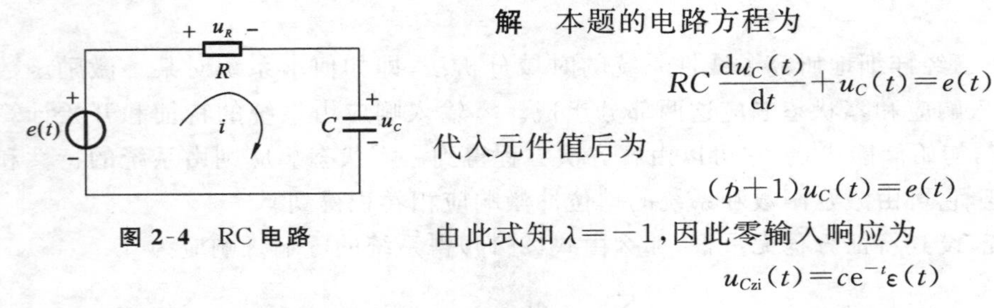

图 2-4 RC 电路

解 本题的电路方程为

$$RC\frac{\mathrm{d}u_C(t)}{\mathrm{d}t}+u_C(t)=e(t)$$

代入元件值后为

$$(p+1)u_C(t)=e(t)$$

由此式知 $\lambda=-1$,因此零输入响应为

$$u_{Czi}(t)=c\mathrm{e}^{-t}\varepsilon(t)$$

代入初始电压,求得 $c=1$,故有

$$u_{Czi}(t)=\mathrm{e}^{-t}\varepsilon(t)$$

由式(2-29)可知本电路的冲激响应为

$$h(t)=\frac{1}{RC}\mathrm{e}^{-\frac{t}{RC}}\varepsilon(t)=\mathrm{e}^{-t}\varepsilon(t)$$

因此,零状态响应为

$$u_{Czs}(t)=e(t)*h(t)=\int_0^t(1+\mathrm{e}^{-3\tau})\mathrm{e}^{-(t-\tau)}\mathrm{d}\tau=\left(1-\frac{1}{2}\mathrm{e}^{-t}-\frac{1}{2}\mathrm{e}^{-3t}\right)\varepsilon(t)$$

全响应电容电压为

$$u_C(t)=\underbrace{\mathrm{e}^{-t}\varepsilon(t)}_{\text{零输入响应}}+\underbrace{\left(1-\frac{1}{2}\mathrm{e}^{-t}-\frac{1}{2}\mathrm{e}^{-3t}\right)\varepsilon(t)}_{\text{零状态响应}}=\underbrace{\frac{1}{2}\mathrm{e}^{-t}\varepsilon(t)}_{\text{自然响应}}+\underbrace{\left(1-\frac{1}{2}\mathrm{e}^{-3t}\right)\varepsilon(t)}_{\text{受迫响应}}$$

$$=\underbrace{\left(\frac{1}{2}\mathrm{e}^{-t}-\frac{1}{2}\mathrm{e}^{-3t}\right)\varepsilon(t)}_{\text{瞬态响应}}+\underbrace{\varepsilon(t)}_{\text{稳态响应}}$$

由这个例子可以看出,对于一个稳定的系统,系统的零输入响应是自然响应的一部分,当系统初始状态为 0 时,外部激励也可产生自然响应。零状态响应中又可分为自然响应和受迫响应两部分。零输入响应和零状态响应中的两部分自然响应分量结合起来构成总的自然响应,对真实系统而言,它必定随着时间的增长而逐渐趋于零,必然是瞬态响应。受迫响应中随着时间增长而衰减消失的部分也是瞬态响应中的一部分,随着时间增长仍继续存在并趋于稳

定响应的部分则是稳态响应。

根据以上讨论，可以总结得出自然响应和零输入响应都满足齐次方程之解，但它们的系数是不同的。零输入响应的系数仅由起始状态和激励信号决定，而自然响应的系数要同时由起始储能情况和系统外部激励来决定。自然响应由两部分组成，一部分由起始状态决定，另一部分由激励信号决定，二者都与系统自身参数有关。若系统起始无储能，即 0^- 条件为 0，则零输入响应为 0，但自然响应可以不为 0，由激励信号和系统参数共同决定。零输入响应由 0^- 时刻到 0^+ 时刻不发生跳变，若在此时刻发生跳变，则只可能出现在零状态响应之中。

2.5 MATLAB 软件简介

MATLAB 是 Matrix Laboratory 的缩写，意为矩阵实验室，是当今美国很流行的科学计算软件。信息技术、计算机技术发展到今天，科学计算在各个领域得到了广泛的应用。在诸如控制论、时间序列分析、系统仿真、图像信号处理等方面产生了大量的矩阵及其相应的计算问题。自己去编写大量的、繁复的计算程序，不仅会消耗大量的时间和精力，减缓工作进程，而且往往质量不高。美国 MathWorks 软件公司推出的 MATLAB 软件就是为了给人们提供一个方便的数值计算平台而设计的。

MATLAB 是一个交互式的系统，它的基本运算单元是不需指定维数的矩阵，按照 IEEE 的数值计算标准(能正确处理无穷数 Inf(Infinity)、无定义数 NaN(notanumber)及其运算)进行计算。系统提供了大量的矩阵及其他运算函数，可以方便地进行一些很复杂的计算，而且运算效率极高。MATLAB 命令和数学中的符号、公式非常接近，可读性强、容易掌握，还可利用它所提供的编程语言进行编程，完成特定的工作。除基本部分外，MATLAB 还根据各专门领域中的特殊需要提供了许多可选的工具箱，如应用于控制系统领域的 Control System 工具箱和神经网络中 Neural Network 工具箱等。

2.5.1 MATLAB 的安装及使用

1. MATLAB 的安装

MATLAB 有各种版本，早期有 MATLAB 1.0 for 386 的 DOS 版本，后来逐步发展。这里介绍的版本是 MATLAB 6.x for Windows。因为它使用方便、界面美观，我们选择它作为主要讲解版本。MATLAB 还有许多附加的部分，最常见的部分称为 Simulink，是一个用作系统仿真的软件包，它可以让用户定义各种部件，定义各自对某种信号的反应方式及与其他部件的连接方式。最后选择输入信号，系统会仿真运行整个模拟系统，并给出统计数据。Simulink 有时是作为 MATLAB 的一部分提供的，称为 MATLAB with Simulink 版本。MATLAB 还有许多工具箱，它们是根据各个特殊领域的需要，用 MATLAB 自身语言编写的程序集，使用起来非常方便。用户可以视工作性质和需要来购买相应的工具箱。常见的工具箱如表 2-3 所示。

2. MATLAB 基本用法

从 Windows 中双击 MATLAB 图标，会出现 MATLAB 命令窗口(command window)，

表 2-3 常见的工具箱

工具箱	说明	工具箱	说明
Signal Processing	信号处理	System Identification	系统辨识
Optimization	优化	Neural Network	神经网络
Control System	控制系统	Spline	样条
Symbolic Math	符号代数	Image Processing	图像处理
Nonlinear Control	非线性控制	Statistics	统计

在一段提示信息后,出现系统提示符“≫”。MATLAB 是一个交互系统,用户可以在提示符后键入各种命令,通过上下箭头可以调出以前打入的命令,用滚动条可以查看以前的命令及其输出信息。

如果对一条命令的用法有疑问,则可以用 Help 菜单中的相应选项查询有关信息,也可以用 help 命令在命令行上查询。试一下 help、help help 和 help eig(求特征值的函数)命令吧!

下面我们先从输入简单的矩阵开始掌握 MATLAB 的功能。

1) 输入简单的矩阵

输入一个小矩阵最简单的方法是用直接排列的形式。矩阵用方括号括起,元素之间用空格或逗号分隔,矩阵行与行之间用分号分开。例如输入:

```
A=[1 2 3; 4 5 6; 7 8 0]
```

系统会回答

```
A =
    1  2  3
    4  5  6
    7  8  0
```

表示系统已经接收并处理了命令,在当前工作区内建立了矩阵 A[①]。

大矩阵可以分行输入,用回车键代替分号,例如:

```
A=[ 1  2  3
    4  5  6
    7  8  0]
```

结果和上式一样,也是

```
A =
    1  2  3
    4  5  6
    7  8  0
```

2) 矩阵元素

MATLAB 的矩阵元素可以是任何数值表达式,例如:

① 此处涉及计算机程序,叙述时不再区分正斜体、黑白体,均用正体、白体。

```
x= [ - 1.3 sqrt(3) (1+ 2+ 3)* 4/5]
```

结果：

```
x =
    - 1.3000 1.7321 4.8000
```

在括号中加注下标，可取出单独的矩阵元素，例如：

```
x(5)= abs(x(1))
```

结果：

```
x =
    - 1.3000   1.7321   4.8000   0   1.3000
```

注：结果中自动产生了向量的第 5 个元素，中间未定义的元素自动初始化为零。

大矩阵可把小矩阵作为其元素来完成，例如：

```
A= [A; [10 11 12]]
```

结果：

```
A =
    1    2    3
    4    5    6
    7    8    0
    10   11   12
```

小矩阵可用“:”，从大矩阵中抽取出来，例如：

```
A= A(1:3,:);
```

即从 A 中取前三行和所有的列，重新组成原来的 A。

3）语句和变量

MATLAB 的表述语句、变量的类型说明由 MATLAB 系统解释和判断。MATLAB 语句通常形式为

```
变量= 表达式
```

或者使用其简单形式为

```
表达式
```

表达式由操作符或其他特殊字符、函数和变量名组成。表达式的结果为一个矩阵，显示在屏幕上，同时保存在变量中以留用。如果变量名和“=”省略，则具有 ans 名（意思指回答）的变量将自动建立，例如：

```
键入 1900/81
```

结果为

```
ans =
      23.4568
```

需注意的问题有以下几点：

(1) 语句结束键入回车键，若语句的最后一个字符是分号，即“;”，则表明不输出当前命令的结果。

(2) 如果表达式很长，一行放不下，可以先键入“…”(三个点，但前面必须有个空格，目的是避免将形如“数 2…”理解为“数 2.”与“..”的连接，从而导致错误)，然后回车。

(3) 变量和函数名由字母加数字组成，但最多不能超过 63 个字符，否则系统只承认前 63 个字符。

(4) MATLAB 对变量字母区分大小写，如 A 和 a 不是同一个变量，函数名一般使用小写字母，如 inv(A)不能写成 INV(A)，否则系统将其认作未定义函数。

4) who 和系统预定义变量

输入 who 命令可检查工作空间中建立的变量，键入

```
who
```

系统输出为

```
Your variables are:
      A ans x
```

这里表明 3 个变量已由前面的例子产生了。

但 command 窗口返回的变量不是系统全部的变量，系统还有 eps、pi、Inf、NaN 等内部变量。

变量 eps 在决定诸如矩阵的奇异性时，可作为一个容许差，容许差的初值为 1.0 到 1.0 以后计算机所能表示的下一个最大浮点数，IEEE 在各种计算机、工作站和个人计算机上使用这个算法。用户可将此值置为任何其他值(包括 0 值)。MATLAB 的内部函数 pinc 和 rank 以 eps 为缺省的容许差。

变量 pi 是 π，它是用 imag(log(−1))建立的。

Inf 表示无穷大。如果用户想计算 1/0，即

```
S= 1/0
```

则结果会是

```
Warning:Divide by zero
    S= Inf
```

具有 IEEE 规则的机器，被零除后，并不引出出错条件或终止程序的运行，而产生一个警告信息和一个特殊值在计算方程中列出来。

变量 NaN 表示它是个不定值。由 Inf/Inf 或 0/0 运算产生。

要了解当前变量的信息请键入 whos，屏幕将显示：

```
  Name    Size    Bytes    Class
   A      4x3     96       double array
   S      1x1     8        double array
  ans     1x1     8        double array
  x       1x5     40       double array
```

```
Grand total is 19 elements using 152 bytes
```

从 Size 及 Bytes 项目可以看出，每一个矩阵实元素需 8 个字节的内存。4×3 的矩阵使用 96 个字节，全部变量使用的内存总数为 152 个字节。自由空间的大小决定了系统变量的多少，如果计算机上有虚拟内存，则其可定义的变量个数会大大增加。

5）数和算术表达式

MATLAB 中数的表示方法和一般的编程语言没有区别，例如：

```
3           - 99          0.0001
9.63972     1.6021E- 20   6.02252e23
```

在计算中使用 IEEE 浮点算法，其舍入误差是 eps。浮点数表示范围是 10^{-308}～10^{308}。数学运算符有

+	加
−	减
*	乘
/	右除
\	左除
^	幂

这里 1/4 和 4\1 有相同的值都等于 0.25（注意比较 1\4=4）。只有在矩阵的除法时，左除和右除才有区别。

6）复数与矩阵

在 MATLAB 中输入复数首先应该建立复数单位，如

```
i= sqrt(- 1)
    j= sqrt(- 1)
```

之后复数可由下面语句给出

```
Z= 3+ 4i
```

注意：在 4 与 i 之间不要留有任何空间。

输入复数矩阵有两个方便的方法，如

```
A= [12; 34]+ i *[56; 78]
A= [1+5i 2+6i; 3+7i 4+8i]
```

两式具有相等的结果。但当复数作为矩阵的元素输入时，不要留有任何空间，比如 1+5i，如果在“+”号左右两边留有空格，就会被认为是两个分开的数。

不过实际使用复数时并没有这么麻烦，系统有一个名为 startup.m 的 MATLAB 命令文件，建立复数单位的语句也放在其中。当 MATLAB 启动时，此文件自动执行，i 和 j 将自动建立。

7）输出格式

任何 MATLAB 语句执行结果都可在屏幕上显示，同时赋给指定变量，没有指定变量时，赋给 ans。数字显示格式可由 format 命令来控制（Windows 系统下的 MATLAB 系统的数字显示格式可以由 Option 菜单中的 Numerical Format 菜单改变）。format 仅影响矩阵的显示，

不影响矩阵的计算与存储。(MATLAB以双精度执行所有的运算)。

首先,如果矩阵元素是整数,则矩阵显示就没有小数,如 x=[-1 0 1],结果为

```
x=
    -1 0 1
```

如果矩阵元素不是整数,则输出形式(用命令 format 格式进行切换)如表 2-4 所示。

表 2-4 MATLAB format 命令格式

格　　式	中文解释	说　　明
format	短格式(缺省格式)	默认。与 SHORT 指令相同
format short	短格式(缺省格式)	只显示 5 位十进制数
format long	长格式	显示 15 位十进制数
format short e	短格式 e 方式	5 位浮点型数
format long e	长格式 e 方式	15 位浮点型数
format short g	短格式 g 方式	浮点型或科学记数法的 5 位数
format long g	长格式 g 方式	浮点型或科学记数法的 15 位数
format hex	十六进制格式	十六进制
format +	+格式	符号格式+、-和空格分别代表正、负和忽略虚数部分
format bank	银行格式	货币格式,小数点后 2 位
format rat	有理数格式	分数形式
format compact	压缩格式	控制多余的空行,让屏幕上显示出更多的输出
format loose	自由格式	添加空行以使输出更具可读性

例如:

```
x= [4/3 1.2345e- 6]
```

在不同的输出格式下的结果为

短格式	1.3333	0.0000
短格式 e 方式	1.3333e+ 000	1.234e- 006
长格式	1.33333333333333	0.000001234500000
长格式 e 方式	1.333333333333333e- 000	1.23450000000000e- 006
有理数格式	4/3	1/810045
十六进制格式	3ff5555555555555	3eb4b6231abfd271
+ 格式	+	+

对于短格式,如果矩阵的最大元素比数 999999999 大,或者比数 0.0001 小,则在打印时,将加入一个普通的长度因数。如 y=1.e20 * x,意为 x 被 10^{20} 乘,结果为

```
y=
    1.0e+ 020 *
       1.3333 0.0000
```

+格式是显示大矩阵的一种紧凑方法,“+”“-”和空格分别显示正数、负数和零元素。最后,format compact 命令压缩显示的矩阵,以允许更多的信息显示在屏幕上。

8) help 求助命令和联机帮助

help 求助命令很有用,它对 MATLAB 大部分命令提供了联机求助信息。用户可以从 Help 菜单中选择相应的菜单,打开求助信息窗口查询某条命令,也可以直接用 help 命令。

键入 help 得到 help 列表文件,键入 help 指定项目,如键入 help eig,则提供特征值函数的使用信息。键入 help [,则显示如何使用方括号等。

键入 help help,则显示如何利用 help 本身的功能。还有,键入 lookfor <关键字>,则可以从. m 文件的 help 中查找有关的关键字。

9) 退出和存入工作空间

退出 MATLAB 可键入 quit、exit 或选择相应的菜单。中止 MATLAB 运行会引起工作空间中变量的丢失,因此在退出前,应键入 save 命令,保存工作空间中的变量以便以后使用。

键入 save,则将所有变量作为文件存入磁盘 MATLAB. mat 中,下次 MATLAB 启动时,键入 load,将变量从 MATLAB. mat 中重新调出。

save 和 load 后边可以跟文件名或指定的变量名,如仅有 save 时,则只能存入 MATLAB. mat 中。如是 save temp 命令,则将当前系统中的变量存入 temp. mat 中去,命令格式为

```
save temp x
```

仅仅存入 x 变量。

```
save temp X Y Z
```

则存入 X、Y、Z 变量。

load temp 可重新从 temp. mat 文件中提出变量,load 也可读 ASCII 数据文件。详细语法见联机帮助。

2.5.2 MATLAB 中的图形

1. 二维作图

绘图命令 plot 绘制 x-y 坐标图;loglog 命令绘制对数坐标图;semilogx 和 semilogy 命令绘制半对数坐标图;polor 命令绘制极坐标图。

1) 基本形式

如果 y 是一个向量,那么 plot(y)绘制一个 y 中元素的线性图。假设我们希望画出

```
y= [0.0, 0.48, 0.84, 1.0, 0.91, 6.14 ]
```

则用命令:plot(y)。

它相当于命令:plot(x, y),其中 x=[1,2,…,n]或 x=[1;2;…;n],即向量 y 的下标编号,n 为向量 y 的长度。

MATLAB 会产生一个图形窗口,显示如图 2-5 所示的图形。请注意:坐标 x 和 y 是由计算机自动绘出的。

上面的图形没有加上 x 轴和 y 轴的标注,也没有标题。用 xlabel、ylabel、title 命令可以加

上。MATLAB 作图时,通常利用表 2-5 中的几个 MATLAB 图形命令来完成。

表 2-5 MATLAB 图形命令

title	图形标题
xlabel	x 坐标轴标注
ylabel	y 坐标轴标注
text	标注数据点
grid	给图形加上网格
hold	保持图形窗口的图形

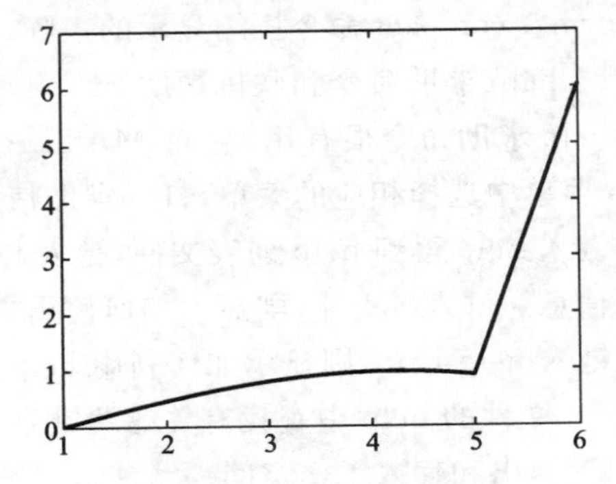

图 2-5 plot([0.0,0.48,0.84,1.0,0.91,6.14])

如果 x、y 是同样长度的向量,plot(x,y)命令可画出相应的 x 元素与 y 元素的 x-y 坐标图。例如

```
x= 0:0.05:4*pi;  y= sin(x);  plot(x,y)
grid on, title(' y= sin( x ) 曲线图')
xlabel(' x= 0 : 0.05 : 4pi ')
```

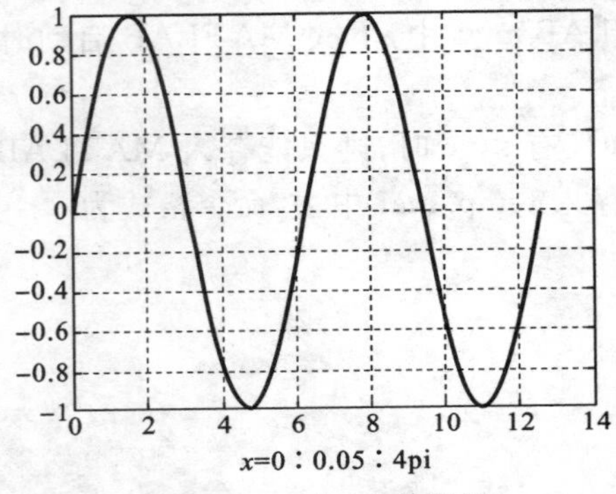

图 2-6 y=sin(x)的图形

结果如图 2-6 所示。

2) 多重线

在一个单线图上,绘制多重线有三种方法。

第一种方法是利用 plot 的多变量方式绘制,如

```
plot(x1,y1,x2,y2,…,xn,yn)
```

x1,y1,x2,y2,…,xn,yn 是成对的向量,每一对 x, y 在图上产生如图 2-6 所示方式的单线。多变量方式绘图允许不同长度的向量显示在同一图形上。

第二种方法也是利用 plot 绘制,但加上 hold on/off 命令的配合,如

```
plot(x1,y1)
hold on
plot(x2,y2)
hold off
```

第三种方法还是利用 plot 绘制,但代入矩阵。

如果 plot 用于两个变量 plot(x,y),并且 x、y 是矩阵,则有以下情况。

(1) 如果 y 是矩阵,x 是向量,plot(x,y)用不同的画线形式绘出 y 的行或列及相应的 x 向量,y 的行或列的方向与 x 向量元素的值选择是相同的。

(2) 如果 x 是矩阵,y 是向量,则除了 x 矩阵的线族及相应的 y 向量外,以上的规则也适用。

(3) 如果 x、y 是同样大小的矩阵,plot(x,y)绘制 x 的列及 y 相应的列。

还有其他一些情况,请参见 MATLAB 的帮助系统。

3) 线型和颜色的控制

如果不指定划线方式和颜色,MATLAB 会自动为用户选择点的表示方式及颜色。用户也可以用不同的符号指定不同的曲线绘制方式。例如:

```
plot(x,y,'*')                    用'*'作为点绘制的图形
plot(x1,y1,':',x2,y2,'+')        用':'画第一条线,用'+'画第二条线
```

线型、点标记和颜色的取值有以下几种(见表 2-6)。

表 2-6 线型和颜色控制符

线型		点标记		颜色	
—	实线	.	点	y	黄
:	虚线	o	小圆圈	m	棕色
—.	点划线	x	叉子符	c	青色
——	间断线	+	加号	r	红色
		*	星号	g	绿色
		s	方格	b	蓝色
		d	菱形	w	白色
		∧	朝上三角	k	黑色
		∨	朝下三角		
		>	朝右三角		
		<	朝左三角		
		p	五角星		
		h	六角星		

如果用户的计算机系统不支持彩色显示,MATLAB 将把颜色符号解释为线型符号,用不同的线型表示不同的颜色。颜色与线型也可以一起给出,即同时指定曲线的颜色和线型。例如:

```
t= - 3.14:0.2:3.14;
x= sin(t); y= cos(t);
plot(t,x, '+ r',t,y, '- b')
```

图 2-7 所示为不同线型、颜色的 sin 与 cos 函数图形。

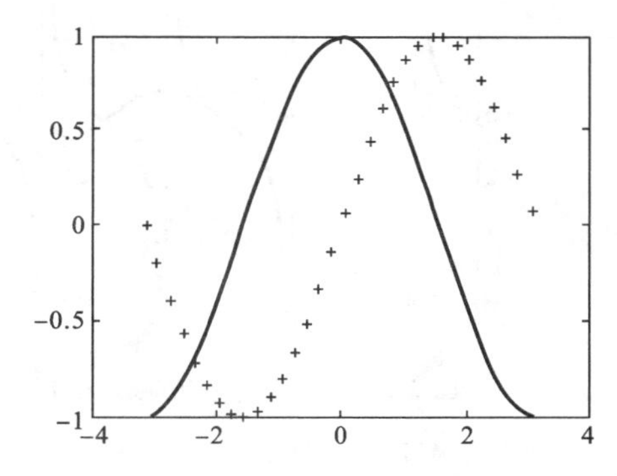

图 2-7 不同线型、颜色的 sin 与 cos 函数图形[①]

4) 对数图、极坐标图及条形图

loglog、semilogx、semilogy 和 polar 的用法和 plot 相似。这些命令允许数据在不同的 graph paper 上绘制,例如在不同的坐标系统中绘制。先介绍的 fplot 是经扩展的,可用于符号作图的函数。

(1) fplot(fname,lims) 绘制 fname 指定的函数的图形。

(2) polar(theta,rho) 使用相角 theta 为极坐标形式绘图,相应半径为 rho,也可使用 grid 命令画出极坐标网格。

① 此处只是为了显示线型的变化,可以不加横纵坐标。文中有些图作相似处理。

(3) loglog 用 log10-log10 标度绘图。

(4) semilogx 用半对数坐标绘图,x 轴是 log10,y 是线性的。

(5) semilogy 用半对数坐标绘图,y 轴是 log10,x 是线性的。

(6) bar(x)显示 x 向量元素的条形图,bar 不接受多变量。

(7) hist 绘制统计频率直方图。

(8) histfit(data,nbins) 绘制统计直方图与其正态分布拟合曲线。

fplot 函数的绘制区域为 lims=[xmin,xmax],也可以用 lims=[xmin,xmax,ymin,ymax]指定 y 轴的区域。函数表达式可以是一个函数名,如 sin、tan 等;也可以是带上参数 x 的函数表达式,如 sin(x)、diric(x,10);还可以是一个用方括号括起来的函数组,如[sin, cos]。

例如:

```
fplot('sin',[0 4*pi])
fplot('sin(1 ./ x)', [0.01 0.1])
fplot('abs(exp(- j*x*(0:9))*ones(10,1))',[0 2*pi],'- o')
fplot('[sin(x), cos(x) , tan(x)]',[- 2*pi 2*pi - 2*pi 2*pi])     % (见图 2-8)
```

下面介绍的是其他几个作图函数的应用。

例如:半对数坐标绘图。

```
t= 0.001:0.002:20;
y= 5+ log(t)+ t;
semilogx(t,y, 'b')
hold on
semilogx(t,t+ 5, 'r')    % (见图 2-9)
```

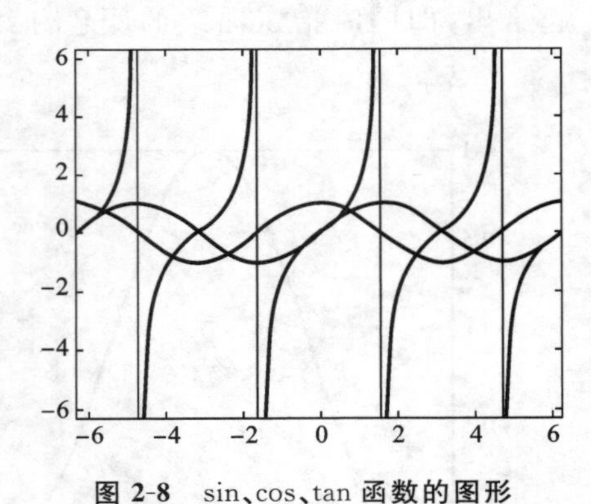

图 2-8 sin、cos、tan 函数的图形

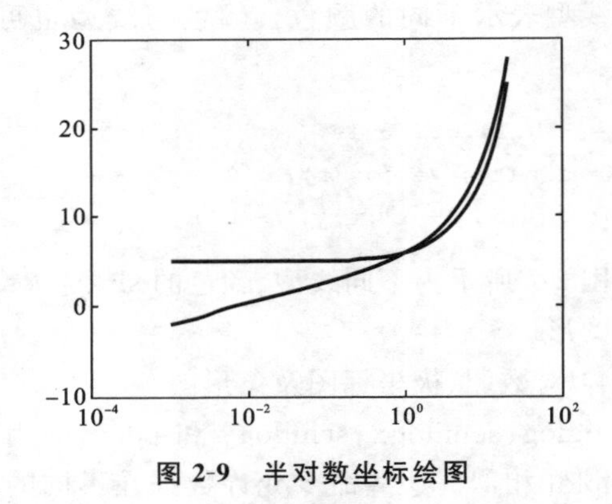

图 2-9 半对数坐标绘图

例如:极坐标绘图。

```
t= 0:0.01:2*pi;
polar(t,sin(6*t))    % (见图 2-10)
```

例如:正态分布图。

我们可以用命令 normrnd 生成符合正态分布的随机数。

```
normrnd(u,v,m,n)
```

其中,u 表示生成随机数的期望,v 代表随机数的方差。

运行

```
a= normrnd(10,2,10000,1);
histfit(a)    %
```

我们可以得到正态分布的统计直方图与其正态分布拟合曲线(见图 2-11)。

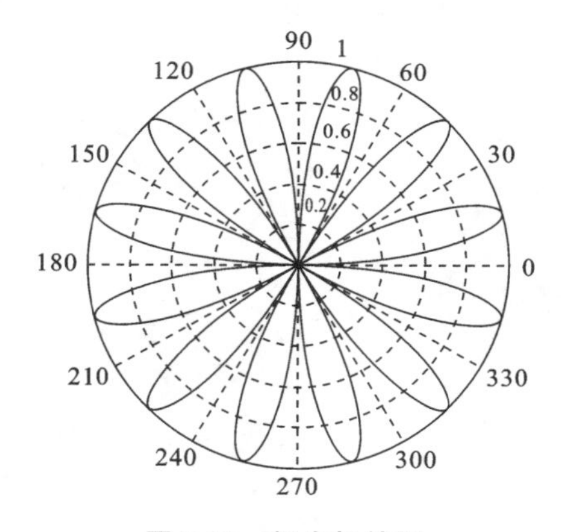

图 2-10　极坐标绘图

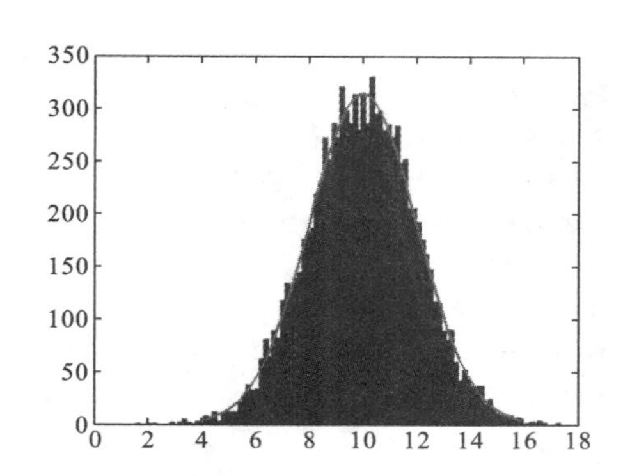

图 2-11　正态分布的统计直方图与其正态分布拟合曲线

例如:比较正态分布(见图 2-12(a))与平均分布(见图 2-12(b))的分布图。

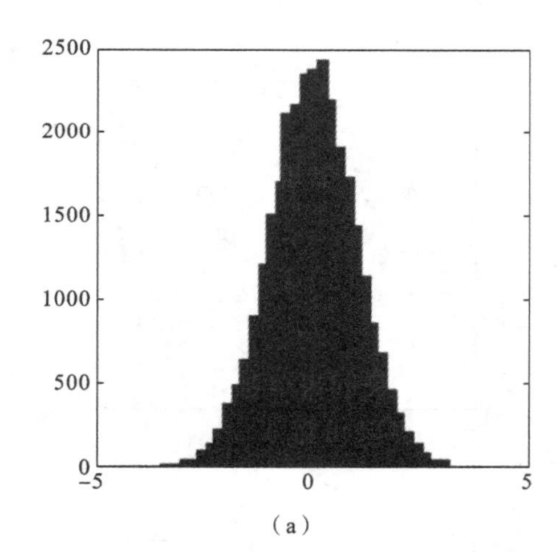

(a)

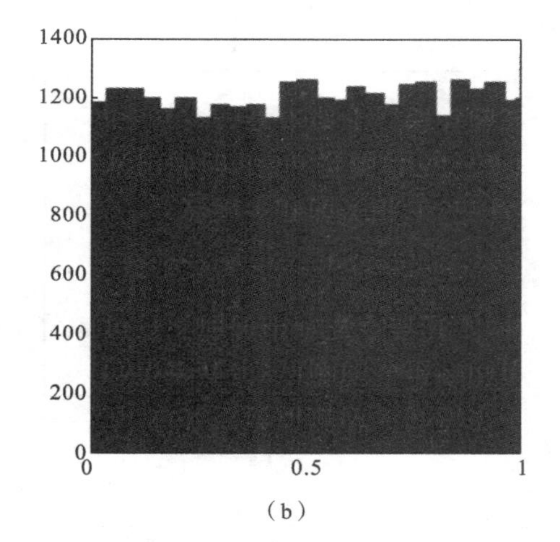

(b)

图 2-12　正态分布与平均分布的分布图

```
yn= randn(30000,1);              % 正态分布
x= min(yn) : 0.2 : max(yn);
subplot(121)
hist(yn, x)
yu= rand(30000,1);               % 平均分布
subplot(122)
hist(yu, 25)
```

5) 子图

在绘图过程中,经常要把几个图形在同一个图形窗口中表现出来,而不是简单地叠加(例如上面的比较正态分布与平均分布的例子)。这就用到函数 subplot。其调用格式如下:

```
subplot(m,n,p)
```

subplot 函数把一个图形窗口分割成 m×n 个子区域，用户可以通过参数 p 调用各子绘图区域进行操作。子绘图区域的编号为按行从左至右编号。

例如：绘制子图。

```
x= 0:0.1*pi:2*pi;
subplot(2,2,1)
plot(x,sin(x),'- * ');
title('sin(x)');
subplot(2,2,2)
plot(x,cos(x),'- - o');
title('cos(x)');
subplot(2,2,3)
plot(x,sin(2*x),'- .* ');
title('sin(2x)');
subplot(2,2,4);
plot(x,cos(3*x),':d')
title('cos(3x)')
```

得到图形如图 2-13 所示。

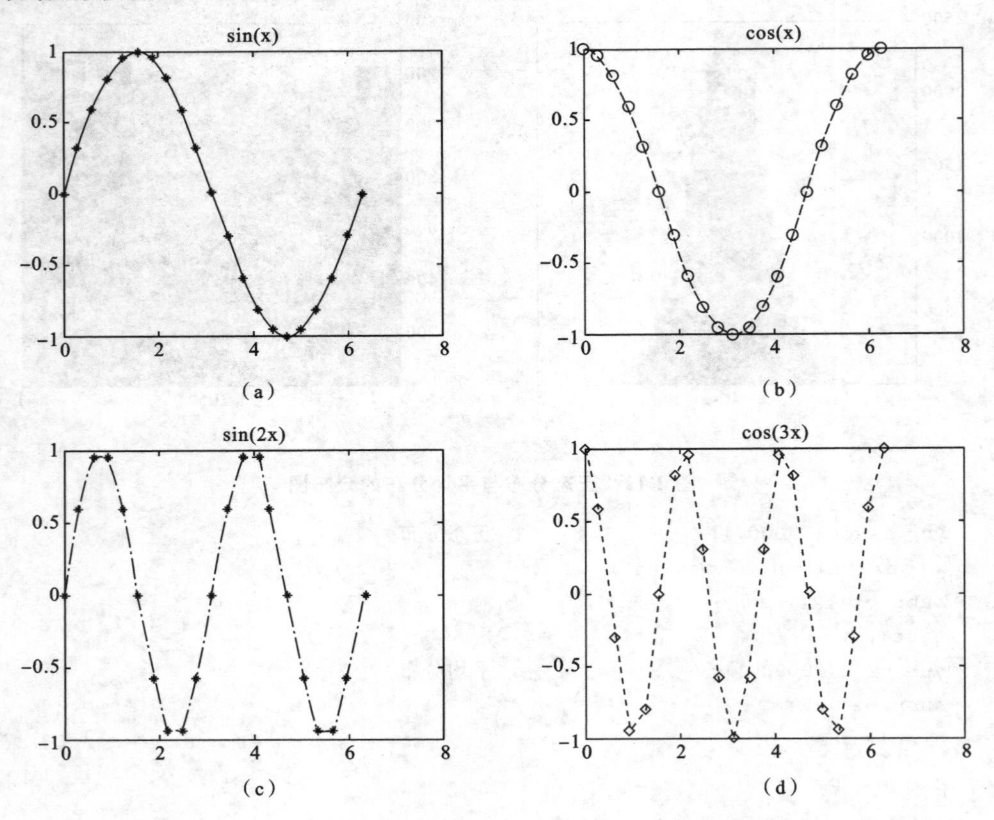

图 2-13　子图

6）填充图

利用二维绘图函数 patch，我们可绘制填充图。绘制填充图的另一个函数为 fill。

下面的例子绘出了函数 humps（一个 MATLAB 演示函数）在指定区域内的函数图形。例如：用函数 patch 绘制填充图。

```
fplot('humps',[0,2],'b')
hold on
patch([0.5 0.5:0.02:1 1],[0 humps(0.5:0.02:1) 0],'r');
hold off
title('A region under an interesting function.')
grid
```

得到图形如图 2-14 所示。

我们还可以用函数 fill 来绘制类似的填充图。

例如：用函数 fill 绘制填充图。

```
x= 0:pi/60:2*pi;
y= sin(x);
x1= 0:pi/60:1;
y1= sin(x1);
plot(x,y,'r');
hold on
fill([x1 1],[y1 0],'g')
```

得到图形如图 2-15 所示。

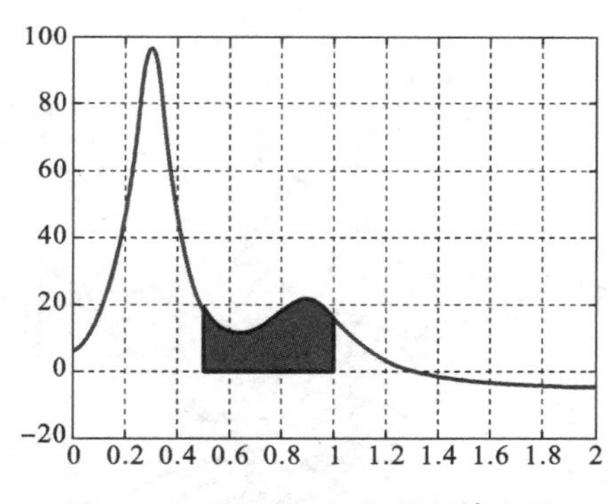

图 2-14 用函数 patch 绘制填充图

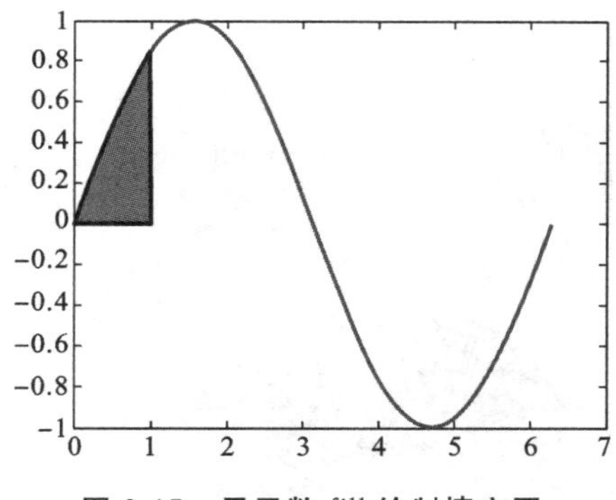

图 2-15 用函数 fill 绘制填充图

2. 三维作图

1）mesh(z)语句

mesh(z)语句可以给出矩阵 z 元素的三维消隐图，网络表面由 z 坐标点定义，与前面叙述的 x-y 平面的线格相同，图形由邻近的点连接而成。它可以用来显示用其他方式难以输出的包含大量数据的大型矩阵，也可用来绘制 z 变量函数。

显示两变量的函数 $z=f(x,y)$，第一步需产生特定的行和列的 x-y 矩阵。然后计算函数在各网格点上的值。最后用 mesh 函数输出。

下面我们绘制 sin(r)/r 函数的图形。建立图形用以下方法：

```
x= - 8:.5:8;
y= x';
x= ones(size(y))* x;
y= y* ones(size(y))';
R= sqrt(x.^2+ y.^2)+ eps;
z= sin(R)./R;
mesh(z)                    % 试运行 mesh(x,y,z),看看与 mesh(z)有什么不同之处
```

各语句的意义为：首先建立行向量 x、列向量 y；然后按向量的长度建立 1-矩阵；用向量乘以产生的 1-矩阵，生成网格矩阵，它们的值对应于 x-y 坐标平面；接下来计算各网格点的半径；最后计算函数值矩阵 z。用 mesh 函数即可得到图形，如图 2-16 所示。

第一条语句 x 的赋值为定义域，在其上估计函数；第三条语句建立一个重复行的 x 矩阵；第四条语句产生 y 的响应；第五条语句产生矩阵 R(其元素为各网格点到原点的距离)。

另外，上述命令系列中的前 4 行可用以下一条命令替代：

```
[x, y]= meshgrid(- 8:0.5:8)
```

2）与 mesh 相关的几个函数

(1) meshc 与函数 mesh 的调用方式相同，只是该函数在 mesh 的基础上又增加了绘制相应等高线的功能。下面来看一个 meshc 的例子：

```
[x,y]= meshgrid([- 4:.5:4]);
z= sqrt(x.^2+ y.^2);
meshc(z)                   % 试运行 meshc(x,y,z),看看与 meshc(z)有什么不同之处
```

我们可以得到图形，如图 2-17 所示。

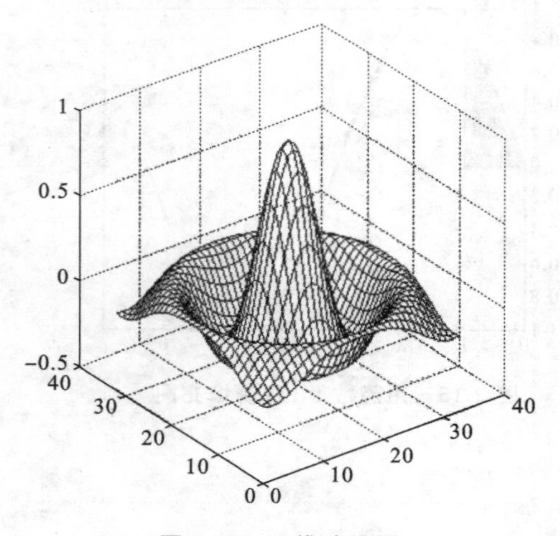

图 2-16　三维消隐图

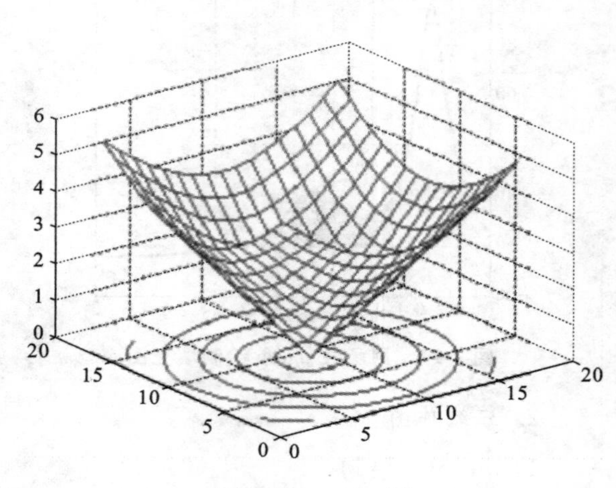

图 2-17　meshc 图

底面上的圆圈就是上面图形的等高线。(见图 2-17)

(2) 函数 meshz 与 mesh 的调用方式也相同，不同的是该函数在 mesh 函数的作用之上增加了屏蔽作用，即增加了边界面屏蔽。例如：

```
[x,y]= meshgrid([- 4:.5:4]);
z= sqrt(x.^2+ y.^2);
```

```
meshz(z)                % 试运行 meshz(x,y,z),看看与 meshz(z)有什么不同之处
```

我们得到图形,如图 2-18 所示。

3) 其他的三维绘图函数

(1) 在 MATLAB 中有一个专门绘制圆球体的函数 sphere,其调用格式如下:

```
[x,y,z]= sphere(n)
```

此函数生成三个(n+1)×(n+1)阶的矩阵,再利用函数 surf(x,y,z)可生成单位球面。[x,y,z]=sphere,此形式使用了默认值 n=20;sphere(n),只绘制球面图,不返回值。

运行如下程序:

```
sphere(30);
axis square;
```

我们得到球体图形,如图 2-19 所示。

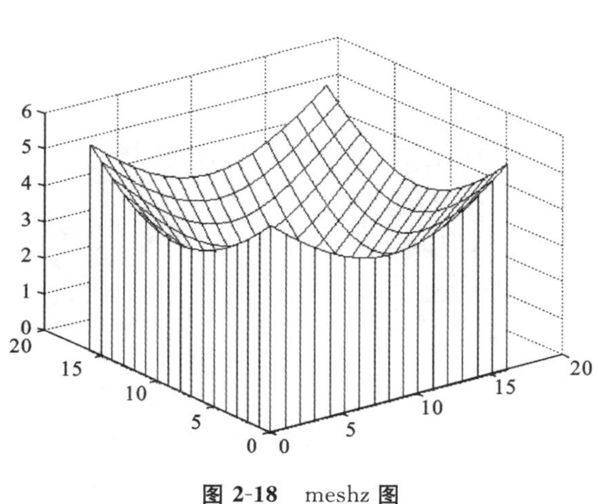

图 2-18 meshz 图

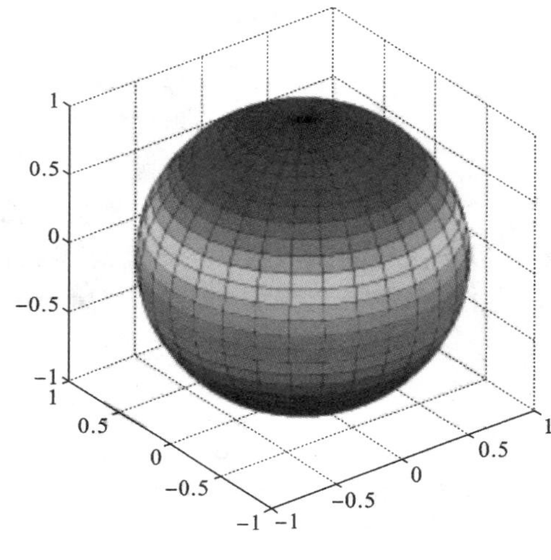

图 2-19 球体图

若只输入 sphere 画图,则是默认了 n=20 的情况。

(2) surf 函数也是 MATLAB 中常用的三维绘图函数。其调用格式如下:

```
surf(x,y,z,c)
```

输入参数的设置与 mesh 相同,不同的是 mesh 函数绘制的是一网格图,而 surf 绘制的是着色的三维表面。MATLAB 语言对表面进行着色的方法是,在得到相应网格后,对每一网格依据该网格所代表的节点的色值(由变量 c 控制),来定义这一网格的颜色。若不输入 c,则默认为 c=z。

我们看下面的例子。

```
% 绘制地球表面的等温线
[a,b,c]= sphere(40);
t= abs(c);              % 求绝对值
surf(a,b,c,t);
axis equal
```

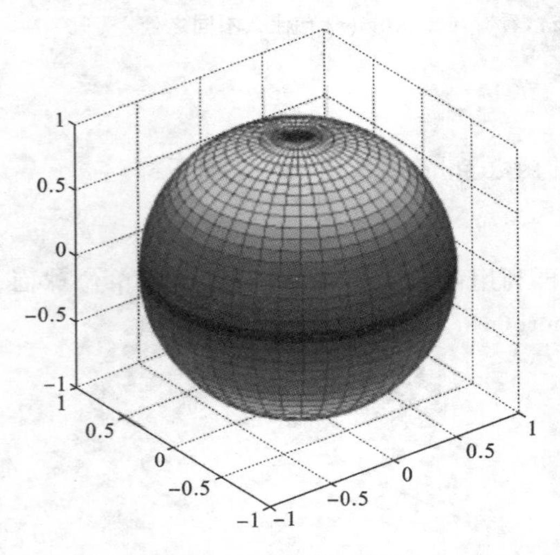

图 2-20　等温线示意图

```
colormap('hot')
```

我们可以得到图形,如图 2-20 所示。

4) 图形的控制与修饰

(1) 坐标轴的控制函数 axis,调用格式如下:

```
axis ([xmin, xmax, ymin, ymax, zmin, zmax])
```

用此命令可以控制坐标轴的范围。

与 axis 相关的几条常用命令如下。

axis auto:自动模式,使得图形的坐标范围满足图中一切图元素。

axis equal:严格控制各坐标的分度,使其相等。

axis square:使绘图区为正方形。

axis on:恢复对坐标轴的一切设置。

axis off:取消对坐标轴的一切设置。

axis manual:以当前的坐标限制图形的绘制。

(2) grid on:在图形中绘制坐标网格。grid off:取消坐标网格。

(3) xlabel、ylabel、zlabel 分别为 x 轴、y 轴、z 轴添加标注。title 为图形添加标题。

以上函数的调用格式大同小异,我们以 xlabel 为例进行介绍。

xlabel('标注文本','属性 1','属性值 1','属性 2','属性值 2',…)

这里的属性是标注文本的属性,包括字体大小、字体名、字体粗细等。

例如:

```
[x, y]= meshgrid(- 4:.2:4);
R= sqrt(x.^2+ y.^2);
z= - cos(R);
mesh(x,y,z)
xlabel('x\in[- 4,4]','fontweight','bold');
ylabel('y\in[- 4,4]','fontweight','bold');
zlabel('z= - cos(sqrt(x^2+ y^2))','fontweight','bold');
title('旋转曲面','fontsize',15,'fontweight','bold','fontname','隶书');
```

得到图形,如图 2-21 所示。

以上各种绘图方法的详细用法,请看联机信息。

3. 统计回归图

对平面上 n 个点:(x_1,y_1),(x_2,y_2),…,(x_n,y_n),在平面直线族$\{y=a+bx \mid a,b$ 为实数$\}$中寻求一条直线 $y=a_0+b_0x$,使得散点到与散点相对应的在直线上的点之间的纵坐标的误差的平方和最小,用微积分的方法可得

$$b_0=\frac{n\sum x_iy_i-\left(\sum x_i\right)\left(\sum y_i\right)}{n\sum x_i^2-\left(\sum x_i\right)^2}=\frac{\frac{\sum x_i}{n}\frac{\sum y_i}{n}-\frac{\sum x_iy_i}{n}}{\left(\frac{\sum x_i}{n}\right)^2-\frac{\sum x_i^2}{n}}$$

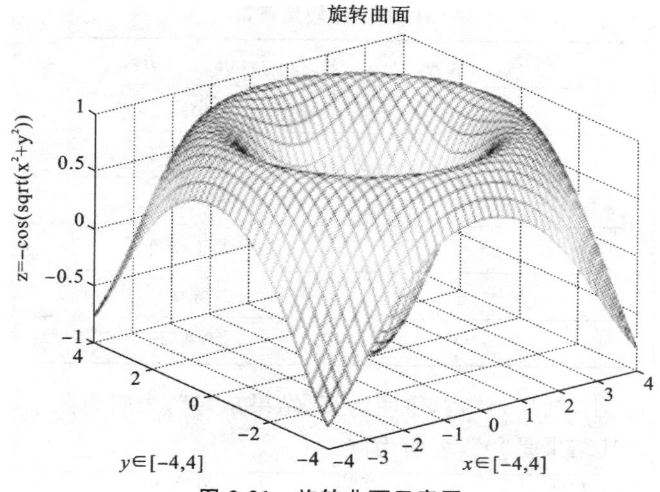

图 2-21 旋转曲面示意图

$$a_0=\frac{\sum y_i}{n}-b_0\frac{\sum x_i}{n}=\bar{y}-b_0\bar{x}$$

所求得的这条直线：$y=a_0+b_0x$ 称为回归直线。

例如：已知如下点列(见表 2-7)，求其回归直线，并计算最小误差平方和。

表 2-7 点列

x	0.1	0.11	0.12	0.13	0.14	0.15	0.16	0.17	0.18	0.2	0.21	0.23
y	42	43.5	45	45.5	45	47.5	49	53	50	55	55	60

参考的程序如下：

```
x= [0.1 0.11 0.12 0.13 0.14 0.15 0.16 0.17 0.18 0.2 0.21 0.23];
y= [42 43.5 45 45.5 45 47.5 49 53 50 55 55 60];
n= length(x);
xb= mean(x);
yb= mean(y);
x2b= sum(x.^2)/n;
xyb= x*y'/n;
b= (xb*yb- xyb)/(xb^2- x2b);
a= yb- b*xb;
y1= a+ b.*x;
plot(x,y,'*',x,y1);
serror= sum((y- y1).^2)
```

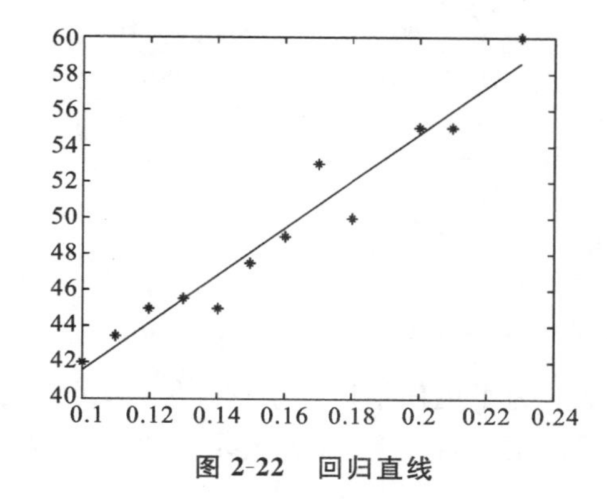

图 2-22 回归直线

得到的回归直线，如图 2-22 所示。

2.5.3 MATLAB 编程

1. 关系运算

1) 比较运算

比较运算符(见表 2-8)可用于比较两个同阶矩阵。

表 2-8　比较运算符

符　　号	说　　明
＜	小于
＜＝	小于等于
＞	大于
＞＝	大于等于
＝＝	等于
～＝	不等于

比较两个元素的大小,结果是“1”,表明为真,结果是“0”,表明为假。

例如:2＋2～＝4,其结果是“0”,表明为假。

例如:一个 6 阶魔术方阵,矩阵元素计算满足以下各种条件。

```
A= magic(6)
ans =
      35     1     6    26    19    24
       3    32     7    21    23    25
      31     9     2    22    27    20
       8    28    33    17    10    15
      30     5    34    12    14    16
       4    36    29    13    18    11
```

阶数为 n 的魔术方阵,即 n×n 矩阵,由 1～n^2 的整数组成(n=6)。仔细观察这个矩阵,我们会发现任何行和、任何列和都相等。另外,每个 3×3 子行列式的对角线元素和,都可被 3 整除。为了显示这一特性,键入:

```
p= (rem(A,3)= = 0)
p =
     0     0     1     0     0     1
     1     0     0     1     0     0
     0     1     0     0     1     0
     0     0     1     0     0     1
     1     0     0     1     0     0
     0     1     0     0     1     0
```

为了更仔细地观察这个模式,可以用 format＋格式画出矩阵的压缩格式。此格式用“＋”代表正元素,“－”代表负元素,空格代表 0。

```
format +
p =
  +   +
+   +
  +   +
   +   +
+   +
```

+ +

find 函数在关系运算中很有用，它可以在 0-1 矩阵中找非零元素的下标。

若 y 是一个向量，例如：y=[1 3 2 4 3.5 2.9]，则 find(y<3.0)，将指出 y 的分量在哪些位置上小于 3.0。

```
ans =      1     3     6
```

即向量 y 的第 1、3、6 位置上的元素小于 3.0。

当输入 x==NaN 时，结果为 NaN，因为 IEEE 算法规定，任何具有 NaN 的操作，结果都是 NaN。调试 NaN 很有用，例如测试 x，输入 isnan(x)函数，如果 x 元素是不定值，则得 1，否则得 0。isfinite(x)更有用，如 $-\infty<x<\infty$ 时，则得 1。

2）逻辑运算

逻辑运算符如表 2-9 所示，其中 & 和|操作符可比较两个标量或两个同阶矩阵。对于矩阵来说必须符合规则，如果 A 和 B 都是 0-1 矩阵，则 A&B 或 A|B 也都是 0-1 矩阵，这个 0-1 矩阵的元素是 A 和 B 对应元素之间逻辑运算的结果。逻辑操作符认定任何非零元素都为真，给出 1；任何零元素都为假，给出 0。

表 2-9 逻辑运算符

&	与
|	或
～	非

非(或逻辑非)是一元操作符，即～A：当 A 是非零时，结果为 0；当 A 为 0 时，结果为 1。因此，p | (～p)结果为 1，p & (～p)结果为 0。

any 和 all 函数在连接操作时很有用，设 x 是 0-1 向量，如果 x 中任意有一元素非零时，any(x)返回 1，否则返回 0；all(x)函数中，当 x 的所有元素非零时，返回 1，否则也返回 0。这些函数在 if 语句中经常被用到。如：

```
if all(A< 5)
     do something
end
```

2. 控制流

MATLAB 与其他计算机语言一样，也有控制流语句。控制流语句可使原本简单地在命令行中运行的一系列命令或函数，组合成为一个整体——程序，从而提高工作效率。

1）for 循环

MATLAB 与其他计算机语言一样有 for 循环，完成一个语句或一组语句在一定时间内反复运行的功能。例如：

```
for  i= 1:n , x( i )= 0, end
```

x 的第一个元素赋 0 值，如果 n<1，结构上合法，但内部语句不运行，如果 x 不存在或比 n 元素小，额外的空间将会自动分配。

多重循环写成锯齿形是为了增加可读性。例如：

```
m= 9;n= 9;
for i= 1:m
    for j= 1:n
        A( i, j )= 1/( i+ j- 1);
    end
end
A
```

程序的说明如下。

(1) 事实上,上述程序给出了 Hilbert 矩阵的构造过程,可参见函数 hilb(n)。

(2) 语句内部使用分号,表示计算过程不输出中间结果。

(3) 循环后的 A 命令表示显示矩阵 A 的结果。

(4) 每个 for 语句必须以 end 语句结束,否则是错误的。

for 循环的通用形式为

```
for v= expression
statements
end
```

其中 expression 表达式是一个矩阵,因为 MATLAB 中矩阵的列被一个接一个的赋值到变量 v,然后运行 statements 语句。

通常 expression 是一些 m:n 或 m:k:n 仅有一行的矩阵,并且它的列是个简单的标量。但如注意到 expression 可以为矩阵,即 v 可以为向量,对某些问题的处理将大大简化。

2) while 循环

MATLAB 中的 while 循环语句用于实现一个语句或一组语句在一个逻辑条件的控制下重复未知的次数。

它的一般形式为

```
while   expression
    statements
end
```

当 expression 的所有运算为非零值时,statements 语句组将被执行。如果判断条件是向量或矩阵,则可能需要 all 或 any 函数作为判断条件。

例如:计算 expm(A),在 A 并不是太大时,直接计算 expm(A)是可行的。

expm(A)=I+A+A^2/2! +A^3/3! +… (注意:这里的 I 表示单位矩阵)。

程序为

```
E= 0*A; F= E+ eye(size(E)); N= 1;
while norm(F,1) >  0,
    F= A*F/N;
    E= E+ F;
    N= N+ 1;
end
```

3. if 和 break 语句

下面介绍 if 语句的两个例子。

(1) 一个计算如何被分成三个部分,用符号校验:

```
if n< 0
      A= negative(n)
elseif mod(n,2)= = 0
      A= even(n)
else
      A= odd(n)
end
```

其中的三个函数 negative(n)、even(n)、odd(n)是自编的输出函数。参见下面的函数文件。

(2) 这个例子涉及数论中一个很有趣的问题。取任何的正整数。如果是偶数,用 2 除;如果是奇数,用 3 乘,并加上 1。反复这个过程,直到你的整数成为 1。这个极有趣且不可解的问题是,有使这个过程不中止的整数吗?

```
% 数论中经典的“3n+ 1”问题
while 1
n= input('Enter n, negative quits: ');
if n< = 0 break,end
    while n> 1
        if rem(n,2) = =  0            % 是 2 个等号
            n= n/2
        else
            n= 3 * n+ 1
        end;
    end
end
```

这个过程能永远进行吗?

程序的说明如下。

(1) 本程序用到了 if 语句与 while 语句,过程比较复杂。

(2) 使用 input 函数,可使程序在执行过程中,从键盘输入一个数(矩阵)。

(3) break 语句提供了程序跳出死循环的途径。

4. m 文件、命令文件及函数文件

1) m 文件

MATLAB 通常使用命令驱动方式,当单行命令输入时,MATLAB 立即处理并显示结果,同时将运行说明或命令存入文件。

MATLAB 语句的磁盘文件称作 m 文件,因为这些文件名的末尾是.m 形式。例如一个文件名为 bessel.m,提供 bessel 函数语句。

一个 m 文件包含一系列的 MATLAB 语句,一个 m 文件可以循环地调用它自己。

m 文件有如下两种类型。

第一种类型的 m 文件称为命令文件，它是一系列命令、语句的简单组合。

第二种类型的 m 文件称为函数文件，它提供了 MATLAB 的外部函数。用户为解决一个特定问题而编写的大量的外部函数可放在 MATLAB 工具箱中，这样的一组外部函数形成一个专用的软件包。

这两种类型的 m 文件，无论是命令文件，还是函数文件，都是普通的 ASCⅡ 文本文件，可选择编辑或字处理文件来建立。

2）命令文件

当一个命令文件被调用时，MATLAB 运行文件中出现命令而不是交互地等待键盘输入，命令文件的语句在工作空间中运算全局数据，对于进行分析解决问题及做设计中所需的一长串繁杂的命令和解释是很有用的。

例如：一个自编的命令文件 fibo. m，用于计算 Fibonnaci 数列。

```
% 计算 Fibonnaci 序列的 m 文件
f= [1, 1]; i= 1;
while f(i)+ f(i+ 1)< 1000
    f(i+ 2)= f(i)+ f(i+ 1);
    i= i+ 1;
end
plot(f)
```

在 MATLAB 命令窗口中键入 fibo 命令，并回车执行，将计算出所有小于 1000 的 Fibonnaci 数，并绘出图形。

要注意的是，文件执行后，f 和 i 变量仍然留在工作空间。

3）函数文件

如果 m 文件的第一行包含 function，这个文件就是函数文件，它与命令文件不同，所定义变量和运算都在文件内部，而不在工作空间。函数被调用完毕后，所定义变量和运算将全部释放。函数文件对扩展 MATLAB 函数非常有用。

例如：一个自编的函数文件 mean. m，用于求向量的（或矩阵按列的）平均值。

```
function y= mean(x)
% mean 代表平均或者均值，适用于数列
% mean(x)返回均值
% 对于矩阵的均值 mean(x)是一个行向量
% 包含每一列的平均值
[m,n]= size(x);
if m= = 1
      m= n;
end
y= sum(x)/m;
```

磁盘文件中定义的新函数称为 mean 函数，它与 MATLAB 函数一样使用，例如 z 为从 1 到 99 的实数向量：

```
z= 1:99;
计算均值：mean(z)
```

```
ans=
    50
```

mean.m 程序的说明如下。

(1) 第一行的内容:函数名、输入变量、输出变量,没有这行,这个文件就是命令文件,而不是函数文件。

(2) %:表明%右边的行是说明性的内容注释。前一小部分行来确定 m 文件的注释,并在键入 help mean 后显示出来。显示内容为连续的若干个%右边的文字。

(3) 变量 m、n 和 y 是 mean 的局部变量,在 mean 运行结束后,它们将不在工作空间 z 中存在。如果在调用函数之前有同名变量,先前存在的变量及其当前值将不会改变。

再例如,一个计算标准差的函数文件 stat.m。

```
function [mean,stdev]= stat(x)
[m,n]= size(x);
if m= = 1
    m= n
end
mean= sum(x)/m;
stdev= sqrt(sum(x.^2)/m- mean.^2);
```

stat 表明返回多输出变量是可能的。

又如,使用多输入变量计算矩阵秩函数。

```
function r= rank(x,tol)
% 矩阵的秩
s= svd(x);
if(nargin= = 1)
    tol= max(size(x))*s(1)*eps;
end
r= sum(s> tol);
```

这个变量说明利用永久变量 nargin 确定输入变量的个数,虽然这里没有使用变量 nargout,但它包含有输出变量的个数。

一些有用的说明如下。

当 m 函数文件第一次在 MATLAB 运行时,它被编译并放入内存,以后使用时不用重新编译即可得到。

what 命令:显示磁盘当前目录中的 m 文件。

dir 命令:列出所有文件。

一般而言,输入一个名字到 MATLAB,例如键入 whoopie 命令,MATLAB 用以下步骤解释。

(1) 看 whoopie 是否为变量。

(2) 检验 whoopie 是否为在线函数。

(3) 检验 whoopie 文件的当前目录。

(4) 将 whoopie 看成 MATLAB 的 PATH 中的一个文件,在 MATLAB PATH 目录中

搜索。

如果 whoopie 存在,MATLAB 首先将其作为变量而不是作为函数。

5. 字符串、输入及输出

1) echo、input、pause、keyboard

一般来说,当一个 m 文件运行时,文件的命令不在屏幕上显示,而 echo 命令则使 m 文件运行时,命令在屏幕上显示,这对于调试、演示相当有用。

input 功能:输入 input('How many apples')给用户一个提示串,等待,然后显示用户通过键盘输入的大量表达式。可以用 input 命令建立驱动 m 文件的菜单。

与 input 功能相同,但功能更强的 keyboard 命令将计算机作为一个命令文件来调用,放入 m 文件中,此特性对调试或正在运行期间修改变量很有用。

pause 命令:使用户暂停运行一个程序,当再按任一键时,恢复执行,pause(n)用于实现等待 n 秒钟后再继续执行。

2) 串和宏串

字符串用单个引号输入 MATLAB 中,例如:

```
s= 'Hello'
```

结果显示为

```
s =
        Hello
```

字符存在向量中,每个元素就是一个字符,如:

```
size(s)
ans =
     1     5
```

表明 s 为一个 1×5 的矩阵,有五个元素。字符以 ASCⅡ值存入,abs 函数或 double 函数将显示以下值(即 Hello 的 ASCⅡ值):

```
abs(s)
ans =
72   101   108   108   111
```

getstr 函数使向量作为字符显示,而不显示 ASCⅡ值。disp 可在变量中显示字符。sprintf、num2str 和 int2str 可以将数字转换成串。

字符变量通过括号连成大串。例如:

```
s= 'hello';
s= [s,' world']
s =
    hello world
```

eval 是与字符变量一起工作的函数,执行简单字符宏调用。eval(t)执行包含在 t 内的字符。如果 t 是任何 MATLAB 表达式或语句的源字符,则字符串被解释执行。例如:

```
t= 'eye(2)', eval(t)
```

结果为

```
ans=
     1   0
     0   1
```

又例如，给矩阵元素赋值：

```
t= '1/(i+ j- 1)';
for i= 1:n
      for j= 1:n
            a( i, j)= eval(t);
      end
end
```

这里有一个例子，介绍如何一起使用 eval 与 load 命令，装入十个具有顺序文件名的文件中的数据：

```
fname= 'mydata';
for i= 1:10
      eval([ 'load ', fname, int2str( i )])
end
```

3）外部程序

MATLAB 与外部独立程序的通信方式可以是多种多样的，下面介绍其中的一个办法。

(1) 将变量存入磁盘。

(2) 运行外部程序(读数据文件后进行处理)，将结果写到磁盘上。

(3) 将处理后的文件装回到工作空间中。

例如：用外部程序 gareqn 找 garfield 方程的结果。

```
function y= garfield(a,b,q,r)
save gardata a,b,q,r
! gareqn
load gardata
```

使用 FORTRAN 或其他语言写 gareqn 程序，使其可以读 gardata. mat，进行处理，将结果存入文件中。

这个程序可将计算机的“连接码”提供给 MATLAB，在许多系统中使用它将新的目标码连接到程序中，比使用物理连接要方便得多。

4）输入及输出数据

可使用各种方法将其他程序和外部世界的数据送入 MATLAB，同样可把 MATLAB 数据输送到外部世界，使用户的程序以 MATLAB 使用的文件形式直接计算数据。

使用什么方法取决于数据多少、数据是否可读、采用什么形式等。

(1) 清晰的元素表输入。如果用户有少量数据，比如说 10～15 个元素，使用方括号[ ]输入。

(2) 使用文本编辑建立命令文件,将数据列为清晰的元素表输入。如果数据不是可读形式,又不得不以一种方法键入,可以重复运行 m 文件,重复修改数据。

(3) 如果数据以 ASCⅡ形式存储,并有固定长度,行尾有回车符,各数间有空格的文件称为 flat file(ASCⅡ的 flat file 可由普通文本来编辑),flat file 通过 load 命令直接读进 MATLAB,导入结果为文件名对应的变量。

(4) 将数据文件译成 MATLAB 文件形式,使用 load 命令,translate 程序由 MATLAB 中的应用程序库支持,translate 程序将 ASCⅡ文件、二进制文件、FORTRAN 非格式文件和 DIF 文件转换为 MATLAB 使用的特定的 MAT 文件。当磁盘文件中存有大量数据时,用这个方法输入最好。

MATLAB 数据输出到外部的方法如下。

(1) 当数据为小矩阵时,使用 diary 命令建立日志文件,在文件中列出变量,用文本编辑处理日志文件,日志的输出包括运行中的 MATLAB 命令。

(2) 使用 save 命令存入变量,退出 MATLAB,用 translate 程序将 MAT 文件转换成任一种其他文件形式。

2.5.4 MATLAB 符号运算

MATLAB 本身并没有符号计算功能,1993 年通过购买 Maple 的使用权后,开始具备符号运算的功能。符号运算的类型有很多,几乎涉及数学的所有分支。

1. MATLAB 符号运算的工作流程

1) 工作过程

工作过程如图 2-23 所示。

2) 核心工具

(1) sym 函数:构造符号变量和表达式。

```
a= sym('a')
```

(2) syms 语句:构造符号对象的简捷方式。

3) 符号变量确定原则

(1) 除了 i 和 j 之外,与 x 越接近的字母(例如 z、y 等);若距离相等,则取 ASCⅡ码大的。

(2) 若没有除了 i 与 j 以外的字母,则视 x 为默认的符号变量。

(3) 可利用函数 findsym(string,N)来询问在众多符号中,哪 N 个为符号变量。例如,键入 findsym(3 * a * b+y^2,1),即可得到答案 y。更多的例子如表 2-10 所示。

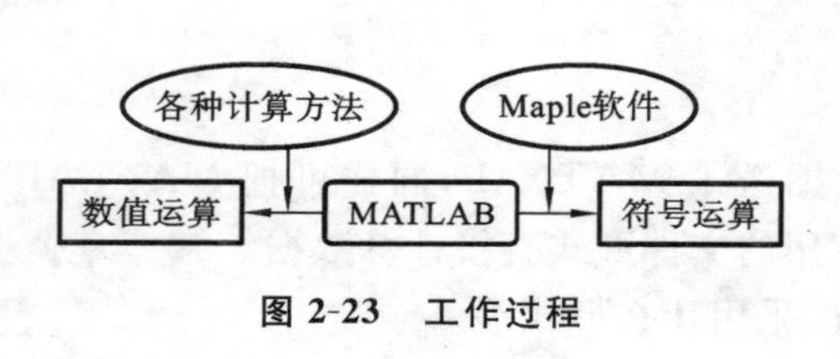

图 2-23 工作过程

2-10 例子

符号表达式	默认符号变量
a * x^2+b * x+c	x
1/(4+cos(t))	t
4 * x/y	x
2 * a+b	b
2 * i	x

2. MATLAB 的六大常见符号运算

1）因式分解

```
syms x
f= x^6+ 1;
s= factor(f)
```

结果为

```
s= (x^2+ 1)*(x^4- x^2+ 1)
```

2）计算极限

求极限：

(1) $L=\lim\limits_{h\to 0}\dfrac{\ln(x+h)-\ln(x)}{h}$；

(2) $M=\lim\limits_{n\to\infty}\left(1-\dfrac{x}{n}\right)^n$

```
syms h n x
L= limit('(log(x+ h)- log(x))/h',h,0)          % 单引号可省略掉
M= limit('(1- x/n)^n',n,inf)
```

结果为

```
L = 1/x
M = exp(- x)
```

3）计算导数

若 $y=\sin ax$，求 $A=\dfrac{\mathrm{d}y}{\mathrm{d}x},B=\dfrac{\mathrm{d}y}{\mathrm{d}a},C=\dfrac{\mathrm{d}^2y}{\mathrm{d}x^2}$。

```
syms a x;       y= sin(a*x);
A= diff(y,x)
B= diff(y,a)
C= diff(y,x,2)
```

结果为

```
A= cos(a*x)*a
B= cos(a*x)*x
C= - sin(a*x)*a^2
```

4）计算不定积分、定积分、反常积分

求 $I=\displaystyle\int\frac{x^2+1}{(x^2-2x+2)^2}\mathrm{d}x,J=\int_0^{\frac{\pi}{2}}\frac{\cos x}{\sin x+\cos x}\mathrm{d}x,K=\int_0^{+\infty}\mathrm{e}^{-x^2}\mathrm{d}x$。

```
syms x
f= (x^2+ 1)/(x^2- 2*x+ 2)^2;
g= cos(x)/(sin(x)+ cos(x));
h= exp(- x^2);
I= int(f)
```

```
J= int(g,0,pi/2)
K= int(h,0,inf)
```

结果为

```
I = 1/4*(2*x- 6)/(x^2- 2*x+ 2)+ 3/2*atan(x- 1)
J = 1/4*pi
K = 1/2*pi^(1/2)
```

5）符号求和

求级数 $\sum_{n=1}^{\infty}\frac{1}{n^2}$ 的和 S，以及前十项的部分和 S1。

```
syms n
S= symsum(1/n^2, 1, inf)
S1= symsum(1/n^2,1,10)
```

结果为

```
S = 1/6*pi^2
S1 = 1968329/1270080
```

重要说明：当求函数项级数 $\sum_{n=1}^{\infty}\frac{x}{n^2}$ 的和 S2 时，可用命令：

```
  syms n x
  S2= symsum(x/n^2, n, 1, inf)
S2 = 1/6*x*pi^2
```

两点说明如下。

(1) 注意观察 S2 与 S1 的细微区别。

(2) 当通项公式的 MATLAB 表达式较长时，表达式要加上单引号。后面的练习中会遇到此问题。

6）解代数方程和常微分方程

利用符号表达式解代数方程所需要的函数为 solve(f)，即解符号方程式 f。

例如：求一元二次方程 a＊x^2＋b＊x＋c＝0 的根。

```
    f= sym('a*x^2+ b*x+ c')                或   f= 'a*x^2+ b*x+ c'
    solve(f)
  ans=
    [1/2/a*(- b+ (b^2- 4*c*a)^(1/2))]
    [1/2/a*(- b- (b^2- 4*c*a)^(1/2))]
  solve(f, a)
ans=
    - (b*x+ c)/x^2
```

利用符号表达式可求解微分方程的解析解，所需要的函数为 dsolve(f)，使用格式：

```
dsolve('equation1', ' equation2', …)
```

其中:equation 为方程或条件。写方程或条件时,用 Dy 表示 y 关于自变量的一阶导数,用 D2y 表示 y 关于自变量的二阶导数,依此类推。

(1) 求微分方程 $y'=x$ 的通解。

```
syms x y                        % 定义 x,y 为符号
dsolve('Dy= x','x')
ans =
     1/2*x^2+ C1
```

试比较,若写成

```
syms x y            % 定义 x,y 为符号
dsolve('Dy= x')
```

结果将是什么?是否正确?为什么?

(2) 求微分方程 $\begin{cases} y''=x+y' \\ y(0)=1, y'(0)=0 \end{cases}$ 的特解。

```
syms x y
dsolve('D2y= x+ Dy', 'y(0)= 1', 'Dy(0)= 0', 'x')
ans =
     - 1/2*x^2+ exp(x)- x
```

试比较,若写成

```
syms x y
dsolve('D2y= x+ Dy', 'y(0)= 1', 'Dy(0)= 0')
```

结果将是什么?是否正确?为什么?

(3) 求微分方程组 $\begin{cases} x'=y+x \\ y'=2x \end{cases}$ 的通解。

```
syms x y
[x,y]= dsolve('Dx= y+ x, Dy= 2*x')
x =
   1/3*C1*exp(- t)+ 2/3*C1*exp(2*t)+ 1/3*C2*exp(2*t)- 1/3*C2*exp(- t)
y =
   2/3*C1*exp(2*t)- 2/3*C1*exp(- t)+ 2/3*C2*exp(- t)+ 1/3*C2*exp(2*t)
```

试比较,若写成

① dsolve('Dx= y+ x, Dy= 2*x')

结果将是

```
ans=
      x: [1x1 sym]
      y: [1x1 sym]
```

试解释此结果的含义。

若写成

②
```
[x,y]= dsolve('Dx= y+ x, Dy= 2x')
```

结果将是

```
x =
exp(t)*C1+ C2*exp(t)- C2- 2- 2*t
y =
C2+ 2*t
```

是否正确？为什么？

思 考 题

1. 为什么要用算子方程来表示微分方程？

2. 算子方程与冲激响应有何关系？对于一个连续非时变线性系统而言，转移算子 $H(p)$ 是否唯一？

3. 系统的零输入响应会随着激励信号的改变而改变吗？为什么？

4. 冲激响应和阶跃响应有何关系？

5. 系统有 0^+ 初始状态和 0^- 初始状态之分，请说明它们的区别以及实际物理意义。

6. 系统与信号是相辅相成的，所以当激励信号不同时，系统的特性也将改变。你认为这种说法是正确的吗？为什么？

7. 卷积有哪些特性？卷积物理意义本质就是系统在时域对信号进行滤波处理，你认为这种说法是正确的吗？为什么？

8. 系统的全响应有哪些分解模式？说说不同的分解模式具有的物理意义是什么？如何区分系统的自然响应分量和受迫响应分量？

习 题 2

1. 写出图题 1 中输入 $i(t)$ 和输出 $u_1(t)$ 及 $u_2(t)$ 之间关系的线性微分方程并求转移算子。

2. 写出图题 2 中输入 $e(t)$ 和输出 $i_1(t)$ 之间关系的线性微分方程并求转移算子 $H(p)$。

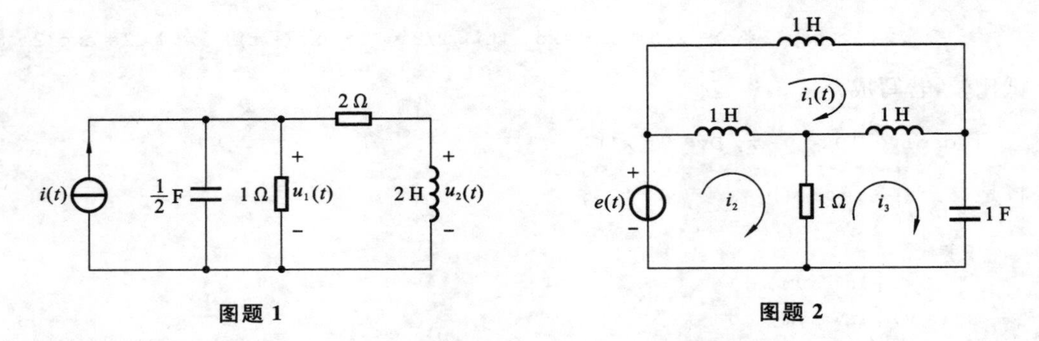

图题 1　　图题 2

3. 分别求图题 3(a)、图题 3(b)、图题 3(c)所示网络的下列转移算子。

(1) i_1 对 $f(t)$；　(2) i_2 对 $f(t)$；　(3) u_o 对 $f(t)$。

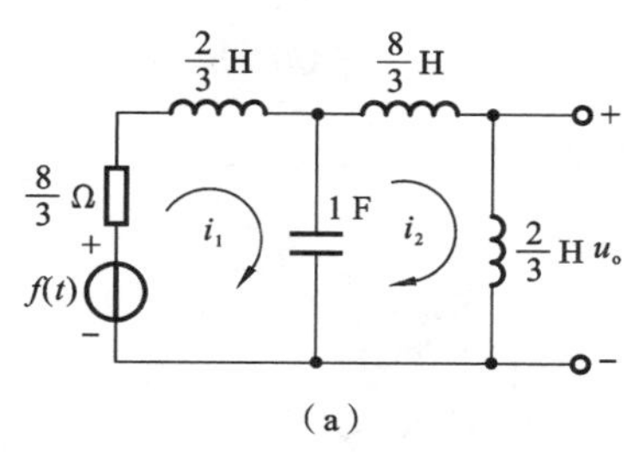

(a)

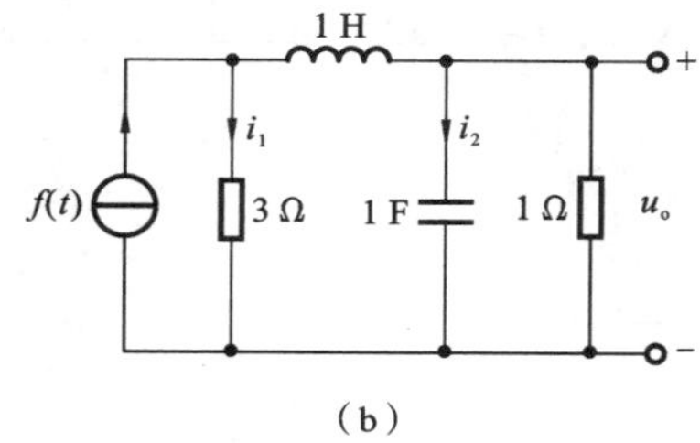

(b)

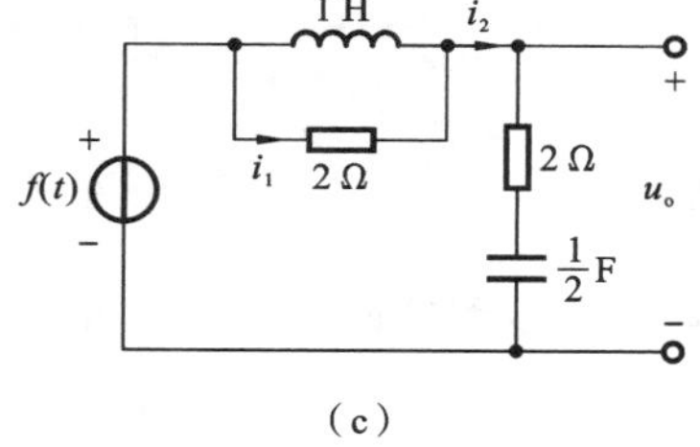

(c)

图题 3

4. 已知系统的转移算子及未加激励时的初始条件分别为

(1) $H(p)=\dfrac{p+3}{p^2+3p+2}$，$r(0)=1$，$r'(0)=2$；

(2) $H(p)=\dfrac{p+3}{p^2+2p+2}$，$r(0)=1$，$r'(0)=2$；

(3) $H(p)=\dfrac{p+3}{p^2+2p+1}$，$r(0)=1$，$r'(0)=2$。

求各系统的零输入响应并指出各自的自然频率。

5. 已知系统的微分方程与未加激励时的初始条件分别为

(1) $\dfrac{d^3}{dt^3}r(t)+2\dfrac{d^2}{dt^2}r(t)+\dfrac{d}{dt}r(t)=3\dfrac{d}{dt}e(t)+e(t)$，$r(0)=r'(0)=0$，$r''(0)=1$；

(2) $\dfrac{d^3}{dt^3}r(t)+3\dfrac{d^2}{dt^2}r(t)+2\dfrac{d}{dt}r(t)=2\dfrac{d}{dt}e(t)$，$r(0)=1$，$r'(0)=r''(0)=0$。

求其零输入响应并指出各自的自然频率。

6. 已知电路如图题 6 所示，电路未加激励的初始条件为

(1) $i_1(0)=2$ A，$i'_1(0)=1$ A/s；(2) $i_1(0)=1$ A，$i_2(0)=2$ A。

求上述两种情况下电流 $i_1(t)$ 及 $i_2(t)$ 的零输入响应。

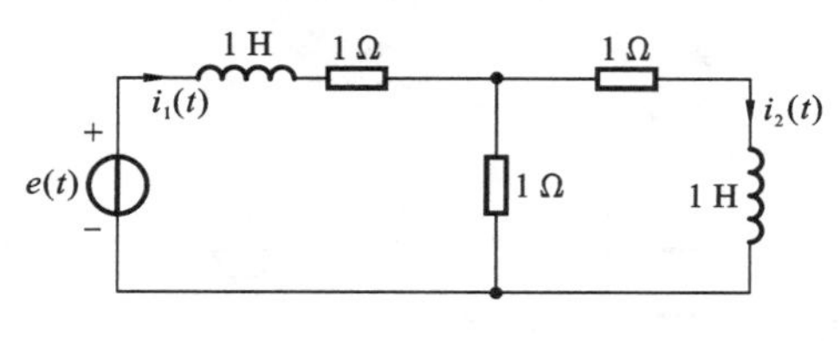

图题 6

7. 利用冲激函数的取样性求下列积分值。

(1) $\int_{-\infty}^{\infty}\delta(t-2)\sin t\,dt$； (2) $\int_{-\infty}^{\infty}\dfrac{\sin 2t}{t}\delta(t)\,dt$；

(3) $\int_{-\infty}^{\infty}\delta(t+3)\mathrm{e}^{-t}\mathrm{d}t$；　　(4) $\int_{-\infty}^{\infty}(t^3+4)\delta(1-t)\mathrm{d}t$。

8. 写出图题 8 所示的各波形信号的函数表达式。

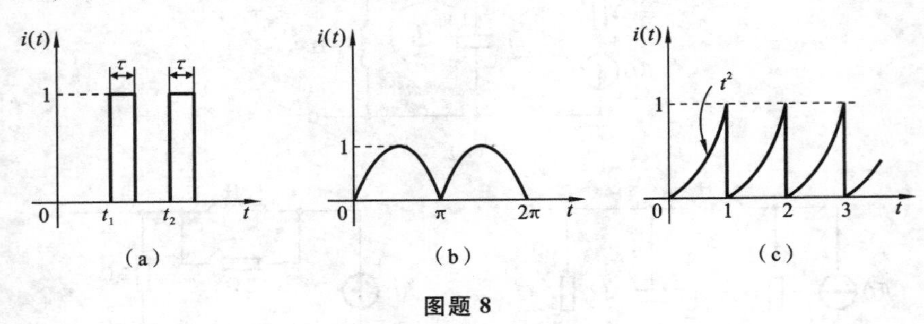

图题 8

9. 求图题 9 所示电路的冲激响应 $u(t)$(图中 $r=2\ \Omega$)。

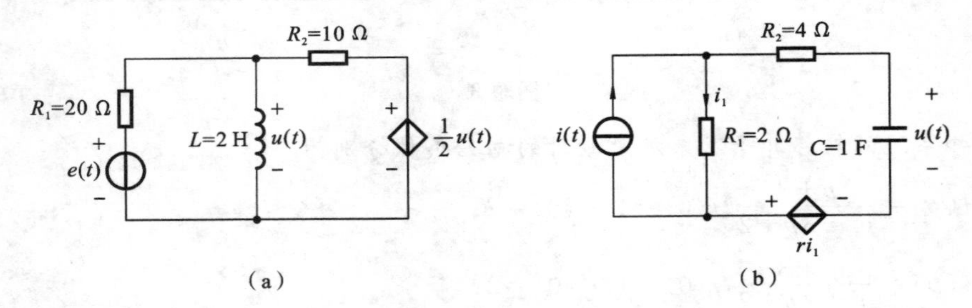

图题 9

10. 求取下列微分方程所描述系统的冲激响应。

(1) $\frac{\mathrm{d}}{\mathrm{d}t}r(t)+2r(t)=e(t)$；

(2) $2\frac{\mathrm{d}}{\mathrm{d}t}r(t)+8r(t)=e(t)$；

(3) $\frac{\mathrm{d}^3}{\mathrm{d}t^3}r(t)+\frac{\mathrm{d}^2}{\mathrm{d}t^2}r(t)+2\frac{\mathrm{d}}{\mathrm{d}t}r(t)+2r(t)=\frac{\mathrm{d}^2}{\mathrm{d}t^2}e(t)+2e(t)$；

(4) $\frac{\mathrm{d}}{\mathrm{d}t}r(t)+3r(t)=2\frac{\mathrm{d}}{\mathrm{d}t}e(t)$；

(5) $\frac{\mathrm{d}^2}{\mathrm{d}t^2}r(t)+3\frac{\mathrm{d}}{\mathrm{d}t}r(t)+2r(t)=\frac{\mathrm{d}^3}{\mathrm{d}t^3}e(t)+4\frac{\mathrm{d}^2}{\mathrm{d}t^2}e(t)-5e(t)$。

11. 线性系统由图题 11 的子系统组合而成。设子系统的冲激响应分别为 $h_1(t)=\delta(t-1)$，$h_2(t)=\varepsilon(t)-\varepsilon(t-3)$。求组合系统的冲激响应。

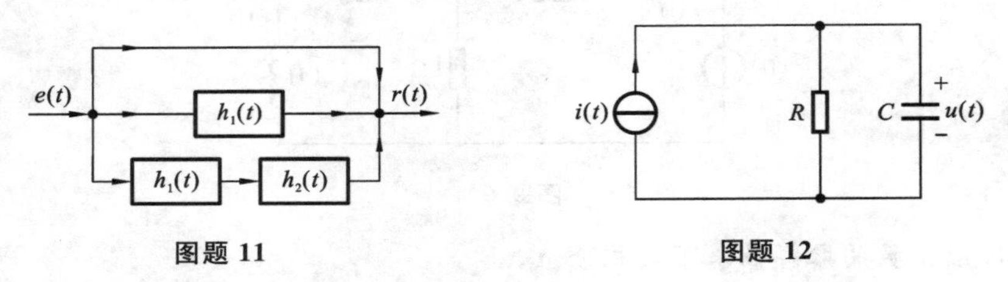

图题 11　　图题 12

12. 图题 12 所示电路设定初始状态为零。

(1) 如电路参数 $R=2\ \Omega$，$C=5\ \mathrm{F}$ 时，测得响应电压 $u(t)=2\mathrm{e}^{-0.1t}\varepsilon(t)$，求激励电流 $i(t)$；

(2) 如激励电流 $i(t)=10\varepsilon(t)$时，测得响应电压 $u(t)=25(1-e^{-0.1t})\varepsilon(t)$，求电路元件参数 R 和 C。

13. 有一线性系统，当激励为 $\varepsilon(t)$时，全响应为 $r_1(t)=2e^{-t}\varepsilon(t)$，当激励为 $\delta(t)$时，全响应为 $r_2(t)=\delta(t)$，求：

(1) 系统的零输入响应；

(2) 当激励为 $e^{-t}\varepsilon(t)$时的全响应。

第 3 章 连续时间信号的分解与分析

3.1 引言

从信号的时域分析可以看出，为了求解一个信号作用于线性系统后的响应，可以把这个信号分解成许多组成此信号的分量，各个分量都用同样形式的单元函数表示，如阶跃函数、冲激函数。求系统的响应时，将这些简单的信号分量分别施加于系统并分别求出其解，然后再利用叠加原理求得总响应。信号分析就是要研究信号如何表示为各分量的叠加，并从信号分量的组成情况去考察信号的特性。现在的问题是根据什么原则来选择这种作为信号分量的单元函数，以及怎样的一个函数集才能完全地表示各种各样的复杂信号。

信号的分解，在某种意义上与矢量的分解有相似之处。一个矢量可以在某一坐标系统中沿着各坐标轴分解其各分量；一组坐标轴构成一个矢量空间。坐标系统可以有多种，其中最常用的是坐标轴互相正交的系统。一个信号也可以对于某一函数集找出此信号在各函数中的分量；一个函数集可构成一个信号空间。用来表示信号分量的函数集也有多种选取方法，而其中常用的则是正交函数集。

大家熟悉的正交函数集是三角函数集，即傅里叶级数。任一信号，只要符合一定的条件，都可以分解为一系列不同频率的正弦分量。每一个特定频率的正弦分量，都有它相应的振幅和相位。因此，对于一个信号，它的各分量的振幅和相位分别是频率的函数；或者合起来，它的复数振幅是频率的函数。

这样，信号一方面可用一时间函数来表示，另一方面又可用一频率函数来表示，前者称为该信号在时域中的表示，后者称为在频域中的表示。不论在时域中或者在频域中，都可以全面地描述一个信号。所以，信号分析总要涉及把信号的表述从时域变换到另一域，以及两个域之间的关系问题。

3.2 信号分解

信号分解与矢量分解具有类似之处，本节先回顾矢量分解，然后类比于矢量分解引出如何将信号用正交信号集来线性地表示。

1. 矢量分解

一个矢量 $\boldsymbol{V}_1$ 在另一个矢量 $\boldsymbol{V}_2$ 的分量是 $\boldsymbol{V}_1$ 在 $\boldsymbol{V}_2$ 上的投影，如图 3-1 所示的 $c_{12}\boldsymbol{V}_2$，这里 $c_{12}\boldsymbol{V}_2$ 的末端指向 $\boldsymbol{V}_1$ 末端的矢量 $\boldsymbol{V}_e$，即投影误差矢量。当且仅当 $\boldsymbol{V}_e$ 与 $\boldsymbol{V}_2$ 垂直的时候，误差与

$\boldsymbol{V}_2$ 不相关，并且 $\boldsymbol{V}_e$ 的长度最短。

$$\boldsymbol{V}_e = \boldsymbol{V}_1 - c_{12}\boldsymbol{V}_2 \tag{3-1}$$

对于其他情况下的投影 $c_{12}\boldsymbol{V}_2$，这时产生的误差矢量 $\boldsymbol{V}_e$ 均有 $\boldsymbol{V}_2$ 方向上的分量，误差矢量 $\boldsymbol{V}_e$ 不是独立于 $\boldsymbol{V}_2$ 的。

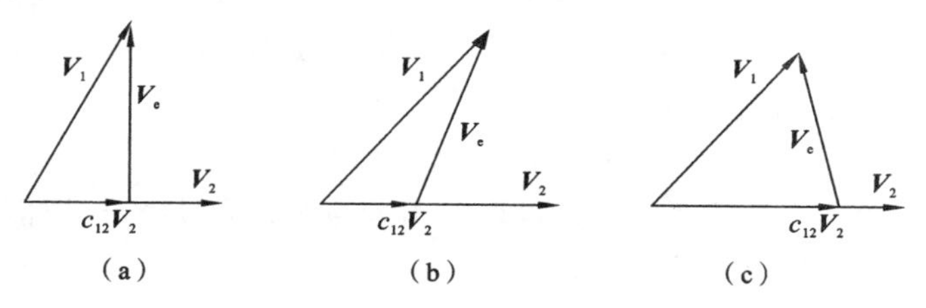

图 3-1　矢量 $\boldsymbol{V}_1$ 在矢量 $\boldsymbol{V}_2$ 上的分量

我们需要求解当误差 $\boldsymbol{V}_e$ 模最小的时候，系数 c_{12} 的值。

$$|\boldsymbol{V}_e| = |\boldsymbol{V}_1 - c_{12}\boldsymbol{V}_2| \tag{3-2}$$

只需令 $|\boldsymbol{V}_1 - c_{12}\boldsymbol{V}_2|^2$ 最小，即有

$$\frac{\partial}{\partial c_{12}} |\boldsymbol{V}_1 - c_{12}\boldsymbol{V}_2|^2 = 0 \tag{3-3}$$

若 $c_{12}=0$，即 $\boldsymbol{V}_1$ 与 $\boldsymbol{V}_2$ 正交，两两正交的矢量组成的集合称为正交矢量集。

如图 3-2 所示，一个二维矢量 $\boldsymbol{V}$ 在直角坐标系中可以表达为两个相互正交的分量 V_x 和 V_y 的和，即

$$\boldsymbol{V} = V_x + V_y$$

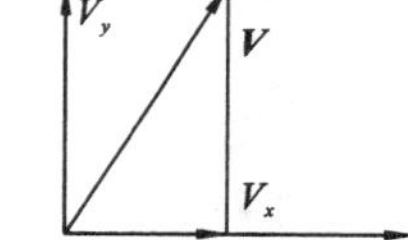

图 3-2　平面矢量分解

一个平面矢量可以用一个二维正交矢量集来表示。如果分别令 $\boldsymbol{U}_x$、$\boldsymbol{U}_y$ 为 x 轴和 y 轴的单位矢量，则 $\boldsymbol{V}$ 的两个正交分量的模可以简单计算如下：

$$\left.\begin{array}{l} \boldsymbol{U}_x = \boldsymbol{V} \cdot \boldsymbol{U}_x \\ \boldsymbol{U}_y = \boldsymbol{V} \cdot \boldsymbol{U}_y \end{array}\right\} \tag{3-4}$$

其中单位正交矢量 $\boldsymbol{U}_x$、$\boldsymbol{U}_y$ 满足如下等式：

$$\left.\begin{array}{l} \boldsymbol{U}_x \cdot \boldsymbol{U}_x = \boldsymbol{U}_y \cdot \boldsymbol{U}_y = 1 \\ \boldsymbol{U}_x \cdot \boldsymbol{U}_y = 0 \end{array}\right\} \tag{3-5}$$

同样的，对于一个三维空间中的矢量 $\boldsymbol{V}$，可以用一个三维正交矢量集来线性地表示，即

$$\boldsymbol{V} = V_x + V_y + V_z$$

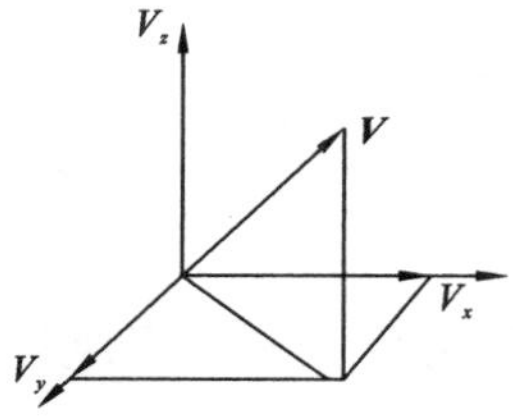

如图 3-3 所示，在正交矢量集下各分量的模分别是

$$\left.\begin{array}{l} \boldsymbol{U}_x = \boldsymbol{V} \cdot \boldsymbol{U}_x \\ \boldsymbol{U}_y = \boldsymbol{V} \cdot \boldsymbol{U}_y \\ \boldsymbol{U}_z = \boldsymbol{V} \cdot \boldsymbol{U}_z \end{array}\right\} \tag{3-6}$$

图 3-3　三维空间中矢量正交分解

三个正交矢量之间存在如下关系：

$$\left.\begin{array}{l} \boldsymbol{U}_x \cdot \boldsymbol{U}_x = \boldsymbol{U}_y \cdot \boldsymbol{U}_y = \boldsymbol{U}_z \cdot \boldsymbol{U}_z = 1 \\ \boldsymbol{U}_x \cdot \boldsymbol{U}_y = \boldsymbol{U}_x \cdot \boldsymbol{U}_z = \boldsymbol{U}_y \cdot \boldsymbol{U}_z = 0 \end{array}\right\} \tag{3-7}$$

这里应该注意，在三维矢量空间中的任意矢量，如果要无误差表示，那么至少需要三个矢量。

2. 信号分析

一维连续信号常常用时间的函数进行表示，所谓信号的分量即函数的分量。类比于矢量的分解来研究信号的分量以及信号分解。

一个矢量 $\boldsymbol{V}_1$ 在另一个矢量 $\boldsymbol{V}_2$ 的分量 $c_{12}\boldsymbol{V}_2$ 可以近似地替代 $\boldsymbol{V}_1$，但是有误差$\boldsymbol{V}_e$。在区间 $t_1\leqslant t\leqslant t_2$ 上，用函数 $f_1(t)$在另一函数 $f_2(t)$上的分量 $c_{12}f_2(t)$来近似地替代原函数 $f_1(t)$，这样的替代会有一定的误差函数 $\varepsilon(t)$。

$$\varepsilon(t)=f_1(t)-c_{12}f_2(t) \tag{3-8}$$

我们需要找到一个合适的系数 c_{12}，使得误差函数的均方值最小，即使信号 $c_{12}f_2(t)$与信号 $f_1(t)$尽可能接近。误差函数的均方值为

$$\bar{\varepsilon}^2(t)=\frac{1}{t_2-t_1}\int_{t_1}^{t_2}\varepsilon^2(t)\mathrm{d}t=\frac{1}{t_2-t_1}\int_{t_1}^{t_2}\left[f_1(t)-c_{12}f_2(t)\right]^2\mathrm{d}t \tag{3-9}$$

若求此函数最小值时的 c_{12}，只需令

$$\frac{\partial\bar{\varepsilon}^2}{\partial c_{12}}=\frac{\partial}{\partial c_{12}}\int_{t_1}^{t_2}\left[f_1(t)-c_{12}f_2(t)\right]^2\mathrm{d}t=0 \tag{3-10}$$

易知

$$c_{12}=\frac{\int_{t_1}^{t_2}f_1(t)f_2(t)\mathrm{d}t}{\int_{t_1}^{t_2}f_2^2(t)\mathrm{d}t} \tag{3-11}$$

此时的 c_{12} 就是均方意义下的最佳值，表示两个信号 $f_1(t)$与 $f_2(t)$之间的相关程度。当 $c_{12}=0$ 时，由式(3-11)可知

$$\int_{t_1}^{t_2}f_1(t)f_2(t)\mathrm{d}t=0 \tag{3-12}$$

如果两个信号满足这个条件，类比于矢量的正交来定义信号的正交。此时称信号 $f_1(t)$与 $f_2(t)$在区间(t_1,t_2)上正交，此时函数 $f_1(t)$与 $f_2(t)$构成了正交函数集。信号 $c_{12}f_2(t)$是信号 $f_1(t)$在 $f_2(t)$上的分量。

由于矢量和函数本身具有一定的差异性，仅仅利用分量系数 c_{12}来表示 $f_1(t)$和 $f_2(t)$两函数间的相似性还不够，因此，为了更好地说明两个信号间相似的程度，从功率的角度出发，引入一个称为相关系数的量。定义如下：

$$\rho_{12}=\frac{\int_{t_1}^{t_2}f_1(t)f_2(t)\mathrm{d}t}{\left[\int_{t_1}^{t_2}f_1^2(t)\mathrm{d}t\int_{t_1}^{t_2}f_2^2(t)\mathrm{d}t\right]^{\frac{1}{2}}} \tag{3-13a}$$

不难看出相关系数还可以表示为

$$\rho_{12}=\sqrt{c_{12}c_{21}} \tag{3-13b}$$

式中：c_{12}是 $f_1(t)$在 $f_2(t)$上的分量系数；c_{21}是 $f_2(t)$在 $f_1(t)$上的分量系数。相关系数为此二分量系数的几何中值。

一个信号可以在另一个信号中具有分量，这和矢量的情况相似，因此可以将信号表示为正交函数集各分量之和。在区间(t_1,t_2)上互相正交的 n 个函数 $g_1(t)$，$g_2(t)$，…，$g_n(t)$组成一个 n 维正交信号空间。在(t_1,t_2)区间，信号满足如下关系：

$$\left.\begin{aligned}&\int_{t_1}^{t_2} g_m^2(t)\mathrm{d}t = k_m \neq 0\\&\int_{t_1}^{t_2} g_m(t)g_n(t)\mathrm{d}t = 0,\quad m \neq n\end{aligned}\right\}\tag{3-14}$$

式中:k_m 为一非零常数。若 $k_m=1$,则该函数集称为归一化正交函数集。任意一个信号在区间 (t_1,t_2) 中用这 n 个正交函数线性表示为

$$f(t)\approx c_1g_1(t)+c_2g_2(t)+\cdots+c_ng_n(t)\tag{3-15}$$

可以导出为了使信号的均方误差最小,系数 c_m 应该满足如下条件:

$$c_m = \frac{\int_{t_1}^{t_2} f(t)g_m(t)\mathrm{d}t}{\int_{t_1}^{t_2} g_m^2(t)\mathrm{d}t} = \frac{1}{k_m}\int_{t_1}^{t_2} f(t)g_m(t)\mathrm{d}t\tag{3-16}$$

此式与式(3-6)有类似之处,只是将矢量的点积换成了函数的乘积的积分。如果任意信号可以用一个正交函数集无误差地线性表示,那么这个正交函数集是完备的。

3.3 信号的傅里叶级数

在高等数学中学过周期信号可以表示为三角级数或傅里叶级数。其实三角函数只是正交函数集的一个特例,我们可以使用其他正交函数集将信号进行分解。傅里叶级数在我们所学过的正交函数集中既方便又有用,因此我们这里主要学习研究傅里叶级数。

1. 三角傅里叶级数

正弦函数和余弦函数在一个周期内满足如下关系:

$$\left.\begin{aligned}&\int_{t_1}^{t_1+T}\cos^2 n\Omega t\,\mathrm{d}t = \int_{t_1}^{t_1+T}\sin^2 n\Omega t\,\mathrm{d}t = \frac{T}{2}\\&\int_{t_1}^{t_1+T}\cos n\Omega t\cos m\Omega t\,\mathrm{d}t = \int_{t_1}^{t_1+T}\sin n\Omega t\sin m\Omega t\,\mathrm{d}t = 0,\quad m\neq n\\&\int_{t_1}^{t_1+T}\sin n\Omega t\cos m\Omega t\,\mathrm{d}t = 0\end{aligned}\right\}\tag{3-17}$$

其中 $T=\frac{2\pi}{\Omega}$ 是正弦、余弦函数的公共周期,m、n 均为正整数。所以 $1,\cos\Omega t,\sin\Omega t,\cos2\Omega t,\sin2\Omega t,\cdots,\cos n\Omega t,\sin n\Omega t,\cdots$ 构成一个正交函数集。任意信号 $f(t)$ 在区间 (t_1,t_1+T) 表示成三角函数的和的形式为

$$\begin{aligned}f(t) &= \frac{a_0}{2}+a_1\cos\Omega t+a_2\cos2\Omega t+\cdots+a_n\cos n\Omega t+\cdots\\&\quad+b_1\sin\Omega t+b_2\sin2\Omega t+\cdots+b_n\sin n\Omega t+\cdots\\&=\frac{a_0}{2}+\sum_{n=1}^{\infty}(a_n\cos n\Omega t+b_n\sin n\Omega t)\end{aligned}\tag{3-18}$$

式中系数 $\frac{a_0}{2}$ 和各 a_n、b_n 都是分量系数。$\frac{a_0}{2}$ 实际上是信号 $f(t)$ 在区间上的平均值,即直流分量。当 $n=1$ 时,$a_1\cos\Omega t$、$b_1\sin\Omega t$ 合成一角频率为 Ω 的正弦信号,称为基波分量,Ω 称为基波频率。

当 $n>1$ 时，$a_n\cos n\Omega t$、$b_n\sin n\Omega t$ 合成一频率为 $n\Omega$ 的正弦分量，称为 n 次谐波分量，$n\Omega$ 称为次谐波频率。由(3-16)式可知分量系数为

$$\left.\begin{aligned} a_n &= \frac{\int_{t_1}^{t_1+T} f(t)\cos n\Omega\,\mathrm{d}t}{\int_{t_1}^{t_1+T}\cos^2 n\Omega\,\mathrm{d}t} = \frac{2}{T}\int_{t_1}^{t_1+T} f(t)\cos n\Omega\,\mathrm{d}t \\ b_n &= \frac{\int_{t_1}^{t_1+T} f(t)\sin n\Omega\,\mathrm{d}t}{\int_{t_1}^{t_1+T}\sin^2 n\Omega\,\mathrm{d}t} = \frac{2}{T}\int_{t_1}^{t_1+T} f(t)\sin n\Omega\,\mathrm{d}t \end{aligned}\right\} \tag{3-19a}$$

式中：$n>0$。当 $n=0$ 时，

$$a_0 = \frac{2}{T}\int_{t_1}^{t_2+T} f(t)\,\mathrm{d}t \tag{3-19b}$$

而直流分量为

$$\overline{f(t)} = \frac{1}{T}\int_{t_1}^{t_1+T} f(t)\,\mathrm{d}t = \frac{a_0}{2} \tag{3-20}$$

将 $a_n\cos n\Omega t$、$b_n\sin n\Omega t$ 合成一正弦分量

$$a_n\cos n\Omega t + b_n\sin n\Omega t = A_n\cos(n\Omega t - \varphi_n) \tag{3-21}$$

代入式(3-18)可得

$$f(t) = \frac{a_0}{2} + \sum_{n=1}^{\infty} A_n\cos(n\Omega t - \varphi_n) \tag{3-22a}$$

系数 a_n、b_n 与振幅 A_n、相位 φ_n 之间的关系如下：

$$A_n = \sqrt{a_n^2 + b_n^2}, \quad \varphi_n = \arctan\frac{b_n}{a_n} \tag{3-22b}$$

通过式(3-22a)可以看出，在一段时间内，任意信号可以表示为一个直流分量和一系列谐波分量之和的形式。各分量的系数由式(3-19a)和式(3-19b)共同决定。

需要指出的是，并非任意信号 $f(t)$ 在区间 (t_1, t_1+T) 都可以展开为傅里叶级数。如果满足如下三个条件，那么一定可以展为傅里叶级数。

(1) 信号 $f(t)$ 在该区间绝对可积，即

$$\int_{t_1}^{t_1+T} |f(t)|\,\mathrm{d}t < \infty$$

(2) 信号 $f(t)$ 在该区间内极值点数目有限。

(3) 信号 $f(t)$ 在该区间具有有限个第一类间断点。

上述条件称为狄利克雷条件，这是信号在区间 (t_1, t_1+T) 可以展开为傅里叶级数的充分条件。

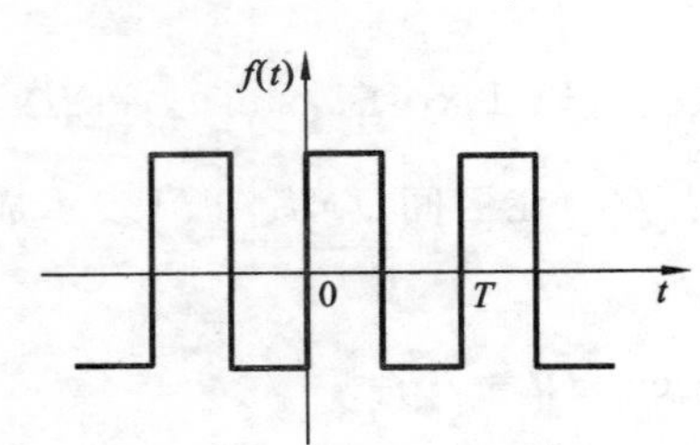

图 3-4　周期及对称方波

用傅里叶级数表示如图 3-4 所示的信号，该信号称为方波信号，它在正半周期和负半周期都是形状完全相同的矩形。

把这个周期方波信号展开为傅里叶级数，即求出各个分量系数 a 和 b。利用式(3-19a)和(3-19b)可知

$$a_0 = \frac{2}{T}\int_0^T f(t)\,\mathrm{d}t = \frac{2}{T}\left(\int_0^{\frac{T}{2}}\mathrm{d}t - \int_{\frac{T}{2}}^{T}\mathrm{d}t\right) = 0$$

$$a_n = \frac{2}{T}\int_0^T f(t)\cos n\Omega t\,\mathrm{d}t = \frac{2}{T}\left(\int_0^{\frac{T}{2}}\cos n\Omega t\,\mathrm{d}t - \int_{\frac{T}{2}}^{T}\cos n\Omega t\,\mathrm{d}t\right) = 0$$

$$b_n = \frac{2}{T}\int_0^T f(t)\sin n\Omega t\,\mathrm{d}t = \frac{2}{T}\left(\int_0^{\frac{T}{2}}\sin n\Omega t\,\mathrm{d}t - \int_{\frac{T}{2}}^{T}\sin n\Omega t\,\mathrm{d}t\right) = \begin{cases}\dfrac{4}{n\pi}, & n\text{ 为奇数}\\ 0, & n\text{ 为偶数}\end{cases}$$

因此,该方波信号可以在区间$(0,T)$上表示为

$$f(t) = \frac{4}{\pi}\left(\sin\Omega t + \frac{1}{3}\sin 3\Omega t + \frac{1}{5}\sin 5\Omega t + \cdots\right) = \frac{4}{\pi}\sum_{n=0}^{\infty}\frac{1}{2n+1}\sin(2n+1)\Omega t \tag{3-23}$$

如果信号用三角级数完全逼近,需要无穷多项。

如果只取 $2N+1$ 项逼近,则

$$f(t) \approx S_N(t) = a_0 + \sum_{n=1}^{N}(a_n\cos n\Omega t + b_n\sin n\Omega t) \tag{3-24}$$

在实际应用中 N 取有限值。在式(3-24)中 N 越大,其均方误差越小,即

$$\lim_{N\to\infty} S_N = f(t) \tag{3-25}$$

快变信号、高频分量,主要影响跳变沿;慢变信号、低频分量,主要影响顶部。任一分量的幅度或相位发生相对变化时,波形将会失真。在跃变点附近的波形,总是不可避免地存在有起伏震荡,从而使跃变点附近某些点的函数值超过期望值而形成过冲。随着三角级数所取项数增多,这种起伏震荡存在的时间也将变短,但是过冲现象依然存在,这种现象称为吉布斯现象或吉布斯效应。

2. 指数傅里叶级数

不难验证,指数函数具有如下关系:

$$\left.\begin{aligned}&\int_{t_1}^{t_1+T}(\mathrm{e}^{\mathrm{j}n\Omega t})(\mathrm{e}^{\mathrm{j}n\Omega t})^*\,\mathrm{d}t = T\\ &\int_{t_1}^{t_1+T}(\mathrm{e}^{\mathrm{j}m\Omega t})(\mathrm{e}^{\mathrm{j}n\Omega t})^*\,\mathrm{d}t = 0,\quad m\neq n\end{aligned}\right\} \tag{3-26}$$

式中:$T=\dfrac{2\pi}{\Omega}$为复指数函数的公共周期;m、n 为整数;$(\ )^*$表示共轭复数。上式满足式(3-14),因此函数集$\{\mathrm{e}^{\mathrm{j}n\Omega t}\,|\,n\in\mathbf{Z}\}$是一正交函数集。仿照三角傅里叶级数,我们可以将信号在区间(t_1,t_1+T)展开为一系列复指数函数的和:

$$\begin{aligned}f(t) &= c_0 + c_1\mathrm{e}^{\mathrm{j}\Omega t} + c_2\mathrm{e}^{\mathrm{j}2\Omega t} + \cdots + c_n\mathrm{e}^{\mathrm{j}n\Omega t} + \cdots + c_{-1}\mathrm{e}^{-\mathrm{j}\Omega t} + c_{-2}\mathrm{e}^{-\mathrm{j}2\Omega t} + \cdots + c_{-n}\mathrm{e}^{-\mathrm{j}n\Omega t} + \cdots\\ &= \sum_{n=-\infty}^{\infty} c_n\mathrm{e}^{\mathrm{j}n\Omega t}\end{aligned} \tag{3-27}$$

式中:分量系数 c_n 可以用式(3-16)和式(3-26)求出,即

$$c_n = \frac{\int_{t_1}^{t_1+T} f(t)\mathrm{e}^{-\mathrm{j}n\Omega t}\,\mathrm{d}t}{\int_{t_1}^{t_1+T}\mathrm{e}^{\mathrm{j}n\Omega t}\mathrm{e}^{-\mathrm{j}n\Omega t}\,\mathrm{d}t} = \frac{1}{T}\int_{t_1}^{t_1+T} f(t)\mathrm{e}^{-\mathrm{j}n\Omega t}\,\mathrm{d}t \tag{3-28}$$

在指数级数中,虽然引入了$-n$而出现了$-n\Omega$,但这并不意味着存在负频率,而仅仅是将 n 次谐波写为两个复指数函数的和的形式,有欧拉公式:

$$\left.\begin{aligned}\cos\theta &= \frac{\mathrm{e}^{\mathrm{j}\theta}+\mathrm{e}^{-\mathrm{j}\theta}}{2}\\ \sin\theta &= \frac{\mathrm{e}^{\mathrm{j}\theta}-\mathrm{e}^{-\mathrm{j}\theta}}{2\mathrm{j}}\end{aligned}\right\} \tag{3-29}$$

将式(3-29)代入式(3-22a)中，并考虑到 A_n 是 n 的偶函数，而 φ_n 是 n 的奇函数，即

$$A_n = A_{-n}, \quad \varphi_n = -\varphi_{-n}$$

又因为 $a_0 = A_0$，故式(3-22a)可以化为

$$\begin{aligned} f(t) &= \frac{a_0}{2} + \frac{1}{2}\sum_{n=1}^{\infty}\left[A_n \mathrm{e}^{\mathrm{j}(n\Omega t-\varphi_n)} + A_n \mathrm{e}^{-\mathrm{j}(n\Omega t-\varphi_n)}\right] \\ &= \frac{1}{2}\sum_{n=-\infty}^{\infty} A_n \mathrm{e}^{\mathrm{j}(n\Omega t-\varphi_n)} = \frac{1}{2}\sum_{n=-\infty}^{\infty} \dot{A}_n \mathrm{e}^{\mathrm{j}n\Omega t} \end{aligned} \tag{3-30}$$

式中：$\dot{A}_n = A_n \mathrm{e}^{-\mathrm{j}\varphi_n}$。再由式(3-26)和式(3-27)可知

$$\left.\begin{aligned} c_n &= \frac{1}{2}\dot{A}_n \\ \dot{A}_n &= \frac{2}{T}\int_{t_1}^{t_1+T} f(t)\mathrm{e}^{-\mathrm{j}n\Omega t}\,\mathrm{d}t \end{aligned}\right\} \tag{3-31}$$

由此可见，虽然三角傅里叶级数和指数傅里叶级数在形式上不同，但是实质上它们是同一性质的级数。

3. 信号奇偶与谐波含量的关系

当表示信号的函数 $f(t)$ 满足 $f(t)=f(-t)$ 时，称信号 $f(t)$ 是时间 t 的偶信号；若满足 $f(t)=-f(-t)$ 时，称信号 $f(t)$ 是时间 t 的奇信号。

如图 3-5 所示的信号为周期偶三角波信号。

考察其三角级数的系数特点，其系数如下：

$$a_n = \frac{2}{T}\int_{-\frac{T}{2}}^{\frac{T}{2}} f(t)\cos n\Omega t\,\mathrm{d}t$$

$$b_n = \frac{2}{T}\int_{-\frac{T}{2}}^{\frac{T}{2}} f(t)\sin n\Omega t\,\mathrm{d}t$$

因为 $f(t)$ 为偶函数，所以 $f(t)\cos n\Omega t$ 为偶函数，$f(t)\sin n\Omega t$ 为奇函数。因此当 $b_n=0$，且把周期性偶函数表示为各次谐波分量之和时，其中只包含余弦谐波分量 $a_n\cos n\Omega t$，不含正弦谐波分量 $b_n\sin n\Omega t$。

其三角傅里叶级数为

$$f(t) = \frac{E}{2} + \frac{4E}{\pi^2}\left(\cos\omega t + \frac{1}{9}\cos 3\omega t + \frac{1}{25}\cos 5\omega t + \cdots\right)$$

如图 3-6 所示的信号是周期锯齿波奇信号。

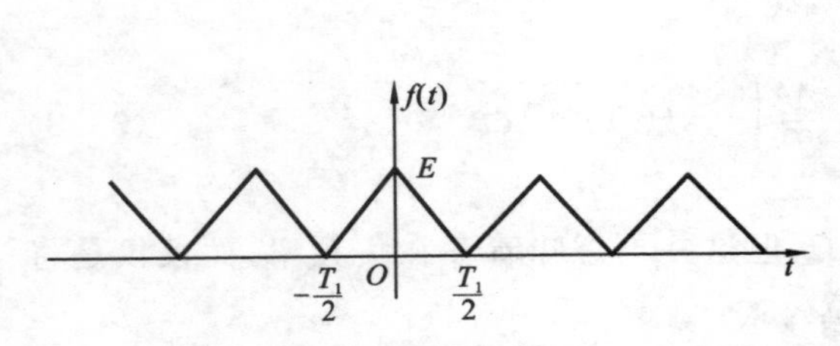

图 3-5 周期偶三角脉冲

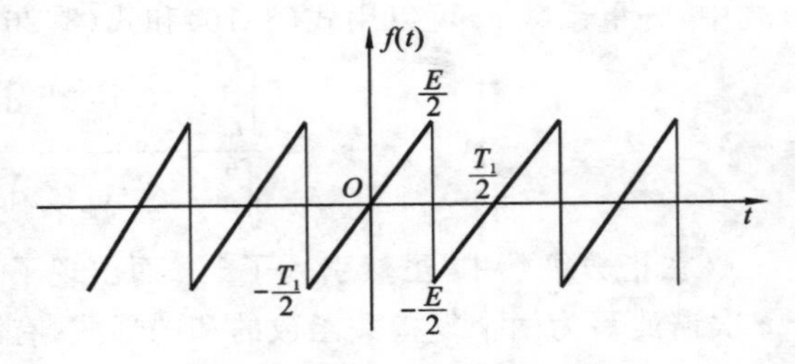

图 3-6 周期锯齿波奇信号

因为周期锯齿波信号 $f(t)$ 是奇函数，$f(t)\cos n\Omega t$ 为奇函数，$a_n=0$，所以各次谐波只含正弦分量 $b_n\sin n\Omega t$，不含余弦分量。

其三角傅里叶级数为

$$f(t)=\frac{E}{\pi}\left(\sin\omega t-\frac{1}{2}\sin 2\omega t+\frac{1}{3}\sin 3\omega t-\cdots\right)$$

3.4 周期信号的频谱

由3.3节的讨论可知，周期信号均可以用傅里叶级数表示。无论是式(3-22a)还是式(3-30)，都要求得各次谐波分量的振幅与相位。这样的数学表达式虽然详尽准确地表示了一个周期信号的分解，但是还不够直观明了。为了能够既方便又明白地表示一个信号包含哪些频率分量，各频率分量所占的比重如何，就采用了称为频谱图的表示方法。有信号

$$f(t)=\frac{4}{\pi}\left(\sin\Omega t+\frac{1}{3}\sin 3\Omega t+\frac{1}{5}\sin 5\Omega t+\cdots\right)=\frac{4}{\pi}\sum_{n=0}^{\infty}\frac{1}{2n+1}\sin(2n+1)\Omega t$$

由此表达式可以看出，信号中不含偶次谐波分量，各奇次谐波幅度为$\frac{1}{n}\cdot\frac{4}{\pi}$，现在用一些长度不同的线段分别表示基波、三次谐波、五次谐波等的振幅，然后将这些线段按照频率从低到高依次排列起来，其形状如图3-7所示。

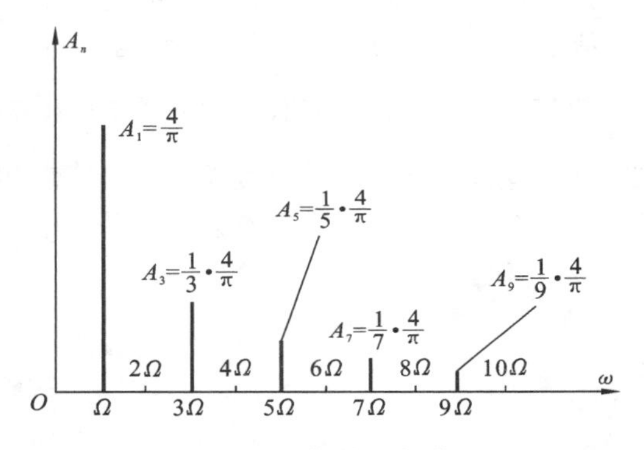

图3-7 周期信号频谱图

这种图称为频谱图，图中纵线表示基波或者谐波分量，谱线的高度代表该谐波分量的振幅，谱线所在的位置，即横坐标的数值代表了该谐波分量的角频率。从周期信号的频谱图中可以一目了然地看出，该信号包含哪些频率的正弦分量、它们的幅度以及它们所占的比重。由于这种图仅表示了各分量的振幅，所以又称为振幅频谱。有些情况下，可以把各次谐波分量用一个个线段表示并且排列成谱，这样所形成的依频率变化的谱称为相位频谱。一般情况下，我们所说的频谱是指振幅频谱。

从图3-7所示的频谱中可以发现该周期信号的频谱有如下特点。

(1) 该谱线是由一系列孤立的不连续的线条组成的，每一个线条表示一个正弦分量，因此这种频谱又称为离散频谱。

(2) 谱线出现的位置只能在基波频率Ω的整数倍频率上，频谱中不可能存在非基波频率整数倍的分量。

(3) 各谱线的高度，即各次谐波的振幅，总的趋势是随着谐波次数的增大而逐渐减小的。当谐波次数无限增大时，谐波分量的振幅趋于零。

周期信号的频谱特性可以概括为离散性、谐波性、收敛性。这三个特性虽然是从一个特殊的周期信号的频谱图中观察出来，但是今后可以看到其他周期信号也都具有这些特性。

傅里叶级数的收敛速度与波形的间断点密切相关，如图3-4所示的方波和图3-5所示的三角波，周期三角波信号谐波幅度按照$\frac{1}{n^2}$规律收敛，而周期方波信号谐波幅度按照$\frac{1}{n}$规律收敛。可见，没有跃变的三角波谐波幅度比有跃变的周期方波收敛快，也就是三角波拥有较窄的

频带。这反映了信号的时间特性和频率特性的重要联系，即时间函数变化快的信号必定具有较宽的频带。

3.5　非周期信号的频谱

当周期信号的周期无限增大时，信号就转化为非周期信号。如周期脉冲信号，当周期无限大的时候，相邻的脉冲会出现在±∞处，所以信号只包含一个单独脉冲。这说明在一定条件下，周期信号可以转化成非周期信号。当周期 T 趋于无穷的时候，这样信号变成了严格数学上的非周期信号，数学表达是从客观信号中抽象出来的，这里所谓的周期无限大是指在这个脉冲来临之前，上一个脉冲信号的作用已经消失，并且这个脉冲不会影响到下一个脉冲的作用。同样，也不存在严格意义上的直流信号、正弦信号，因为在实际中总会有一些扰动，但是不能认为它们不是数学意义上的某种信号，那么它们与理论分析就有本质的差别。相反，在某些条件下，信号中某种成分起着主导作用，信号的主要性质也由该成分决定。

下面来考察当周期信号的周期趋于无穷时，式(3-31)的变化，谱线间隔 $\Omega=\frac{2\pi}{T}$ 趋于零，谱线无限密集，于是离散频谱变为连续频谱。由于周期无限增大，式(3-31)中复振幅模量趋于零，但是不同频率之间依然有差别。为了表明这种振幅间的相对区别，我们有必要引入新的量来度量它们。

在式(3-31)中，复振幅

$$\dot{A}_n=\frac{2}{T}\int_{t_1}^{t_1+T}f(t)\mathrm{e}^{-\mathrm{j}n\Omega t}\mathrm{d}t$$

如果在等式两边同时乘以 $\frac{T}{2}$，这个量在 T 趋于无穷时可以不趋于零，这个极限用 $F(\mathrm{j}\omega)$ 表示。考虑到当 $T\to\infty$ 时，频率间隔 $\Omega=\frac{2\pi}{T}\to\mathrm{d}\omega$，不连续变量 $n\Omega\to\omega$，则

$$F(\mathrm{j}\omega)=\lim_{T\to\infty}\frac{T\dot{A}_n}{2}=\lim_{T\to\infty}\int_{-\frac{T}{2}}^{\frac{T}{2}}f(t)\mathrm{e}^{-\mathrm{j}n\Omega t}\mathrm{d}t=\int_{-\infty}^{\infty}f(t)\mathrm{e}^{-\mathrm{j}\omega t}\mathrm{d}t \tag{3-32}$$

新的变量 $F(\mathrm{j}\omega)$ 称为原始信号 $f(t)$ 的频率密度谱，简称频谱函数。频谱函数是一个复函数，可以写为 $F(\mathrm{j}\omega)=|F(\mathrm{j}\omega)|\mathrm{e}^{-\mathrm{j}\varphi(\omega)}$。它的模量 $|F(\mathrm{j}\omega)|$ 是频率的函数，代表信号中各频率分量的相对大小；相位 $\varphi(\omega)$ 也是频率的函数，代表该频率分量的相位。这里 $|F(\mathrm{j}\omega)|$ 是频率 ω 的偶函数，$\varphi(\omega)$ 是频率 ω 的奇函数。

由式(3-30)可知，一个信号可以展开为复指数傅里叶级数，即

$$f(t)=\frac{1}{2}\sum_{n=-\infty}^{\infty}\dot{A}_n\mathrm{e}^{\mathrm{j}n\Omega t}$$

式中：

$$\dot{A}_n=\frac{2}{T}\int_{-\frac{T}{2}}^{\frac{T}{2}}f(t)\mathrm{e}^{-\mathrm{j}n\Omega t}\mathrm{d}t$$

将 $\dot{A}_n$ 代入，可得

$$f(t)=\frac{1}{2}\sum_{n=-\infty}^{\infty}\frac{2}{T}\left[\int_{-\frac{T}{2}}^{\frac{T}{2}}f(t)\mathrm{e}^{-\mathrm{j}n\Omega t}\mathrm{d}t\right]\mathrm{e}^{\mathrm{j}n\Omega t}$$

当周期 T 无限增大时

$$\Omega \to \mathrm{d}\omega, \quad n\Omega \to \omega, \quad T=\frac{2\pi}{\Omega} \to \frac{2\pi}{\mathrm{d}\omega}$$

在这种极限情况下，上式求和运算转化为积分运算，即

$$f(t) = \frac{1}{2\pi}\int_{-\infty}^{\infty}\left[\int_{-\infty}^{\infty} f(t)\mathrm{e}^{-\mathrm{j}\omega t}\,\mathrm{d}t\right]\mathrm{e}^{\mathrm{j}\omega t}\,\mathrm{d}\omega$$

由式(3-32)可知，上式可化简为

$$f(t) = \frac{1}{2\pi}\int_{-\infty}^{\infty} F(\mathrm{j}\omega)\mathrm{e}^{\mathrm{j}\omega t}\,\mathrm{d}\omega \tag{3-33}$$

这就是非周期信号的傅里叶积分，它与周期信号的傅里叶级数意义相当。

下面将式(3-32)与式(3-33)写作一对傅里叶变换式，即

$$\left.\begin{aligned} F(\mathrm{j}\omega) &= \int_{-\infty}^{\infty} f(t)\mathrm{e}^{-\mathrm{j}\omega t}\,\mathrm{d}t \\ f(t) &= \frac{1}{2\pi}\int_{-\infty}^{\infty} F(\mathrm{j}\omega)\mathrm{e}^{\mathrm{j}\omega t}\,\mathrm{d}\omega \end{aligned}\right\} \tag{3-34a}$$

式(3-34a)中前者称为傅里叶正变换式，后者称为傅里叶反变换式或傅里叶逆变换式，记为

$$\left.\begin{aligned} F(\mathrm{j}\omega) &= \mathscr{F}[f(t)] \\ f(t) &= \mathscr{F}^{-1}[F(\mathrm{j}\omega)] \end{aligned}\right\} \tag{3-34b}$$

或者更简单一些，把函数 $f(t)$ 与 $F(\mathrm{j}\omega)$ 的变换关系记为

$$f(t) \leftrightarrow F(\mathrm{j}\omega) \tag{3-34c}$$

这表示 $F(\mathrm{j}\omega)$ 是 $f(t)$ 的傅里叶变换，$f(t)$ 是 $F(\mathrm{j}\omega)$ 的傅里叶逆变换。

与周期函数展开为傅里叶级数的条件一样，对于非周期信号 $f(t)$ 进行傅里叶变换也要满足狄利克雷条件，这时，绝对可积表现为 $\int_{-\infty}^{\infty} |f(t)|\,\mathrm{d}t < \infty$。顺便要指出，狄利克雷条件是信号可以进行傅里叶变换的充分条件而非必要条件。以后可以看到有些信号虽然不满足狄利克雷条件，但是其傅里叶变换存在。

对于非周期信号分析做了如上介绍后，下面再研究如图 3-8 所示单矩形脉冲信号的频谱。

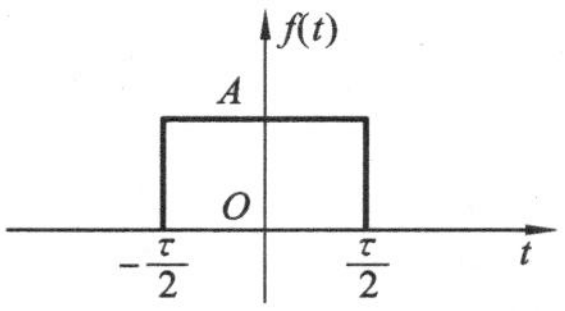

图 3-8　单矩形脉冲信号的频谱

如图 3-8 所示的非周期信号，其表达式为

$$\left.\begin{aligned} f(t) &= A, \quad -\frac{\tau}{2}<t<\frac{\tau}{2} \\ f(t) &= 0, \quad t<-\frac{\tau}{2} \text{或} t>\frac{\tau}{2} \end{aligned}\right\} \tag{3-35}$$

这种形状的信号称为门函数，常记为 $G_\tau(t)$，其中 τ 表示门的宽度。

根据傅里叶变换式，可得单矩形脉冲的频谱函数为

$$\begin{aligned} F(\mathrm{j}\omega) &= \int_{-\infty}^{\infty} f(t)\mathrm{e}^{-\mathrm{j}\omega t}\,\mathrm{d}t = A\int_{-\frac{\tau}{2}}^{\frac{\tau}{2}} \mathrm{e}^{-\mathrm{j}\omega t}\,\mathrm{d}t = A\left(\frac{1}{-\mathrm{j}\omega}\mathrm{e}^{-\mathrm{j}\omega t}\right)\Bigg|_{t=-\frac{\tau}{2}}^{t=\frac{\tau}{2}} \\ &= \frac{2A}{\omega}\sin\frac{\omega\tau}{2} = A\tau\left(\frac{\sin\frac{\omega\tau}{2}}{\frac{\omega\tau}{2}}\right) = A\tau\,\mathrm{Sa}\left(\frac{\omega\tau}{2}\right) \end{aligned} \tag{3-36}$$

其中 $\mathrm{Sa}(t)$定义为 $\mathrm{Sa}(t)=\lim\limits_{x\to t}\dfrac{\sin x}{x}$，称为取样函数。

式中的模量和相位分别是

$$|F(\mathrm{j}\omega)|=A\tau\left|\frac{\sin\left(\frac{\omega\tau}{2}\right)}{\frac{\omega\tau}{2}}\right|=A\tau\left|\mathrm{Sa}\left(\frac{\omega\tau}{2}\right)\right| \tag{3-37}$$

$$\left.\begin{aligned}&\varphi(\omega)=0,\text{当}\frac{4n\pi}{\tau}<\omega<\frac{2(2n+1)\pi}{\tau}\\&\varphi(\omega)=\pi,\text{当}\frac{2(2n+1)\pi}{\tau}<\omega<\frac{2(2n+2)\pi}{\tau}\end{aligned}\right\} \tag{3-38}$$

其中，$n=0,1,2,3,\cdots$。

如图 3-9 所示的是单矩形脉冲的频谱，其中：图 3-9(a)表示频谱函数的模量，即幅度谱；图 3-9(b)表示相位谱；图 3-9(c)是把 $F(\mathrm{j}\omega)$用一条曲线表示出来，即用正负来表示相位。这里可以看出，幅度谱是频率 ω 的偶函数；相位谱是频率 ω 的奇函数。单脉冲信号的频谱具有收敛性，信号的大部分能量主要集中在低频段。所以这种信号也只占有一个有限的信号频带，它的频带宽度定义为频谱函数的第一个零点，即$\dfrac{2\pi}{\tau}$。当脉冲的持续时间 τ 减小时，频谱的过零点频率也随之变大，频谱的收敛速度变慢，这表明脉冲的频带宽度和脉冲的持续时间成反比。

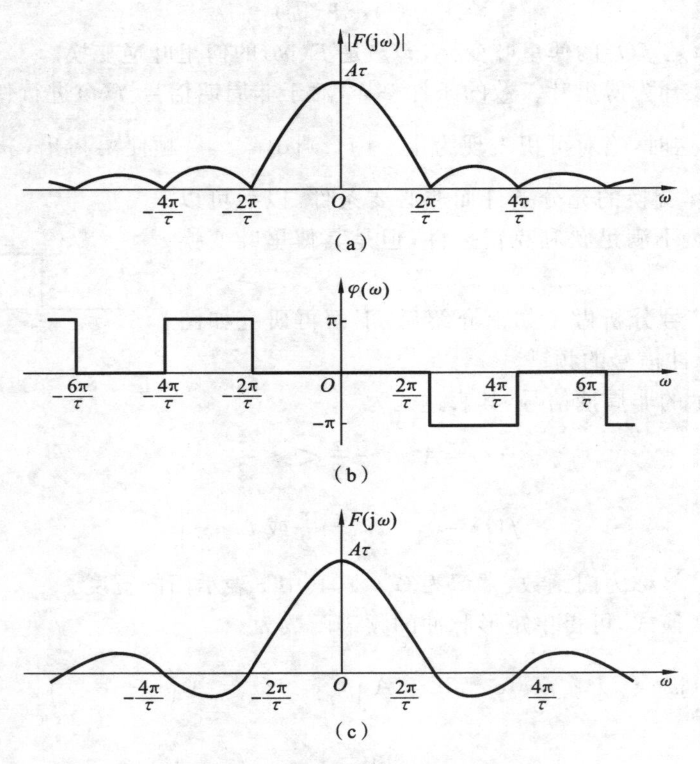

图 3-9　单矩形脉冲的频谱

(a) 频谱函数的模量；(b) 频谱函数的相位谱；(c) 频谱图

若门函数的幅度 $A=\frac{1}{\tau}$，那么门函数的面积为1。当 τ 趋于0时，门函数趋于冲激函数 $\delta(t)$，其傅里叶变换 $F(\mathrm{j}\omega)=\mathrm{Sa}\left(\frac{\omega\tau}{2}\right)$ 趋于 $\mathrm{Sa}(0)=1$。由此可得傅里叶变换对

$$\delta(t)\leftrightarrow 1 \tag{3-39}$$

3.6 一些典型信号的频谱

这一节讨论一些常用信号的频谱函数。对于时域和频域都满足绝对可积条件的信号，按照式(3-34a)计算时间信号的频谱。

例 3-1 求单边指数信号 $f(t)=\mathrm{e}^{-at}\varepsilon(t)$ 的频谱函数。

解 利用式(3-34a)，可求此信号的频谱函数为

$$F(\mathrm{j}\omega)=\mathscr{F}[f(t)]=\int_{-\infty}^{\infty}f(t)\mathrm{e}^{-\mathrm{j}\omega t}\mathrm{d}t=\int_{0}^{\infty}\mathrm{e}^{-(a+\mathrm{j}\omega)t}\mathrm{d}t=\frac{1}{a+\mathrm{j}\omega}$$

即

$$\mathrm{e}^{-at}\varepsilon(t)\leftrightarrow\frac{1}{a+\mathrm{j}\omega} \tag{3-40}$$

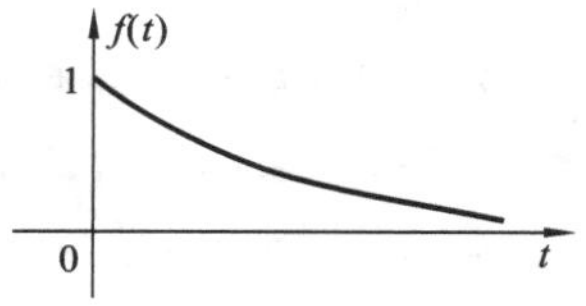

由此可得单边指数信号的幅度谱 $|F(\mathrm{j}\omega)|=\frac{1}{\sqrt{a^2+\omega^2}}$

相位谱 $\varphi(\omega)=\arctan\left(\frac{\omega}{a}\right)$

图 3-10 单边指数信号的波形

相应的信号波形如图3-10所示，频谱如图3-11所示。

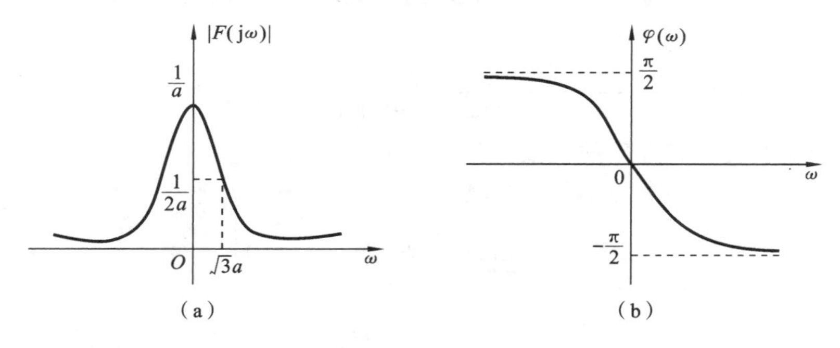

图 3-11 单边指数信号的频谱

例 3-2 求双边指数信号 $f(t)=\mathrm{e}^{-a|t|}$ 的频谱函数。

解 利用式(3-34a)，可求此信号的频谱函数为

$$\begin{aligned}F(\mathrm{j}\omega)&=\mathscr{F}[\mathrm{e}^{-a|t|}]=\int_{-\infty}^{\infty}\mathrm{e}^{-a|t|}\mathrm{e}^{-\mathrm{j}\omega t}\mathrm{d}t=\int_{-\infty}^{0}\mathrm{e}^{at}\mathrm{e}^{-\mathrm{j}\omega t}\mathrm{d}t+\int_{0}^{\infty}\mathrm{e}^{-at}\mathrm{e}^{-\mathrm{j}\omega t}\mathrm{d}t\\&=\frac{1}{a+\mathrm{j}\omega}+\frac{1}{a-\mathrm{j}\omega}=\frac{2a}{a^2+\omega^2}\end{aligned}$$

即

$$\mathrm{e}^{-a|t|}\leftrightarrow\frac{2a}{a^2+\omega^2} \tag{3-41}$$

由于频谱函数是实函数，所以其相位恒为0。

相应的信号波形及频谱如图 3-12 所示。

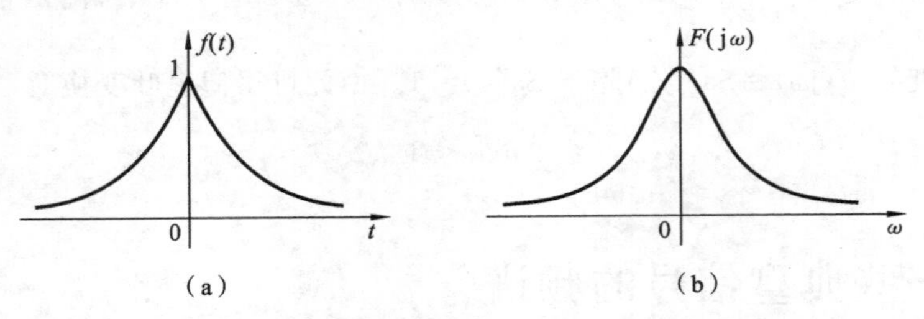

图 3-12　双边指数信号的波形及频谱

(a) 双边指数信号;(b) 双边指数信号的频谱

例 3-3　求单位冲击信号 $\delta(t)$ 的频谱函数。

解　利用式(3-34a),可求此信号的频谱函数为

$$F(\mathrm{j}\omega)=\mathscr{F}[\delta(t)]=\int_{-\infty}^{\infty}\delta(t)\mathrm{e}^{-\mathrm{j}\omega t}\mathrm{d}t=\mathrm{e}^{-\mathrm{j}\omega\cdot 0}=1$$

即

$$\delta(t)\leftrightarrow 1 \tag{3-42}$$

这表明冲激信号中所有频谱分量的强度均相等,因而频带具有无限的宽度。

例 3-4　求单位阶跃信号的频谱函数。

解　根据定义,单位阶跃信号的频谱函数为

$$F(\mathrm{j}\omega)=\mathscr{F}[\varepsilon(t)]=\int_{-\infty}^{\infty}\varepsilon(t)\mathrm{e}^{-\mathrm{j}\omega t}\mathrm{d}t=\int_{0}^{\infty}\mathrm{e}^{-\mathrm{j}\omega t}\mathrm{d}t$$

因为 $\varepsilon(t)$ 不满足绝对可积条件,不能直接应用傅里叶变换式进行变换。为解决这一问题,可以用单边指数信号的极限进行逼近,即

$$F_{\mathrm{e}}(\mathrm{j}\omega)=\frac{1}{a+\mathrm{j}\omega}=\frac{a}{a^2+\omega^2}-\mathrm{j}\,\frac{\omega}{a^2+\omega^2}=A_{\mathrm{e}}(\omega)+\mathrm{j}B_{\mathrm{e}}(\omega)$$

令 $a\to 0$,分别求实部和虚部的极限 $A(\omega)$ 和 $B(\omega)$,得

$$\left.\begin{aligned}A(\omega)&=\lim_{a\to 0}A_{\mathrm{e}}(\omega)=0,\quad \omega\neq 0\\ B(\omega)&=\lim_{a\to 0}A_{\mathrm{e}}(\omega)\to\infty,\quad \omega=0\end{aligned}\right\}$$

并且

$$\lim_{a\to 0}\int_{-\infty}^{\infty}A_{\mathrm{e}}(\omega)\mathrm{d}\omega=\lim_{a\to 0}\int_{-\infty}^{\infty}\frac{1}{1+\left(\dfrac{\omega}{a}\right)^2}\mathrm{d}\left(\frac{\omega}{a}\right)=\lim_{a\to 0}\arctan\left(\frac{\omega}{a}\right)\Big|_{-\infty}^{\infty}=\pi$$

由此可见,$A(\omega)$ 是一冲激函数,其冲激强度为 π,则

$$A(\omega)=\pi\delta(\omega)$$

当 $a\to 0$ 时,

$$B(\omega)=\lim_{a\to 0}B_{\mathrm{e}}(\omega)=-\frac{1}{\omega}$$

由此可得单位阶跃函数的频谱函数为

$$F(\mathrm{j}\omega)=A(\omega)+\mathrm{j}B(\omega)=\pi\delta(\omega)-\mathrm{j}\,\frac{1}{\omega}=\pi\delta(\omega)+\frac{1}{\omega}\mathrm{e}^{-\mathrm{j}\frac{\pi}{2}}$$

即

$$\varepsilon(t)\leftrightarrow\pi\delta(\omega)+\frac{1}{\omega}\mathrm{e}^{-\mathrm{j}\frac{\pi}{2}} \tag{3-43}$$

图 3-13 所示的为单位阶跃信号的波形及其频谱。

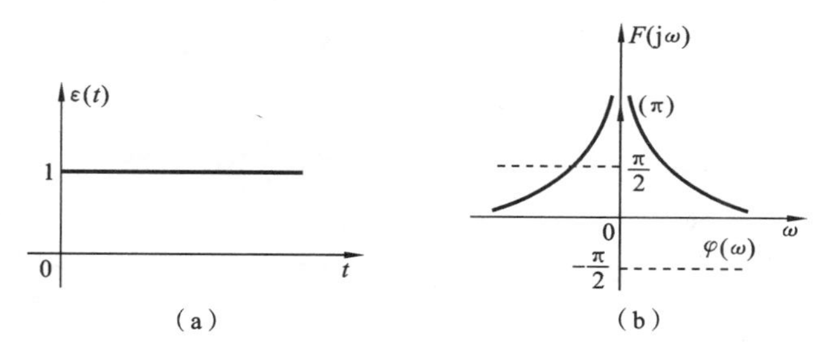

图 3-13　单位阶跃信号及其频谱

(a) 单位阶跃信号;(b) 单位阶跃信号的频谱

下面列出一些常用信号的傅里叶变换及其频谱,如表 3-1 所示。

表 3-1　傅里叶变换表(几种常用信号及其频谱)

信号名称	时间函数	波形	频谱函数 $F(\mathrm{j}\omega)$	幅度 $\lvert F(\mathrm{j}\omega)\rvert$
单位冲激	$\delta(t)$		1	
单位阶跃	$\varepsilon(t)$		$\pi\delta(\omega)+\frac{1}{\mathrm{j}\omega}$	
符号函数	$\mathrm{sgn}t=\varepsilon(t)-\varepsilon(-t)$		$\frac{2}{\mathrm{j}\omega}$	
单位直流	1		$2\pi\delta(\omega)$	

续表

信号名称	时间函数	波形	频谱函数 $F(j\omega)$	幅度 $\lvert F(j\omega)\rvert$
单边指数	$e^{-at}\varepsilon(t)$	$f(t)$ 1 0 t	$\dfrac{1}{a+j\omega}$	$\lvert F(j\omega)\rvert$ $\frac{1}{a}$ $\frac{\pi}{2}$ 0 ω $\varphi(\omega)$ $-\frac{\pi}{2}$
双边指数	$e^{-a\lvert t\rvert}$	$f(t)$ 1 0 t	$\dfrac{2a}{a^2+\omega^2}$	$\lvert F(j\omega)\rvert$ $\frac{2}{a}$ 0 ω
指数脉冲	$te^{-at}\varepsilon(t)$	$f(t)$ 0 t	$\dfrac{1}{(a+j\omega)^2}$	$\lvert F(j\omega)\rvert$ $\frac{1}{a^2}$ π 0 ω $\varphi(\omega)$ $-\pi$
单位余弦	$\cos\omega_0 t$	$f(t)$ 1 0 −1 t	$\pi[\delta(\omega+\omega_0)+\delta(\omega-\omega_0)]$	$\lvert F(j\omega)\rvert$ (π) (π) $-\omega_0$ 0 ω_0 ω
单位正弦	$\sin\omega_0 t$	$f(t)$ 1 0 −1 t	$j\pi[\delta(\omega+\omega_0)-\delta(\omega-\omega_0)]$	$\lvert F(j\omega)\rvert$ (π) $-\omega_0$ 0 ω_0 ω $(-\pi)$
减幅正弦	$e^{-at}\sin(\omega_0 t)\varepsilon(t)$	$f(t)$ 1 0 −1 t	$\dfrac{\omega_0}{(a+j\omega)^2+\omega_0^2}$	$\lvert F(j\omega)\rvert$ $\frac{1}{2a}$ π $-\sqrt{\omega_0^2-a^2}$ 0 $\sqrt{\omega_0^2-a^2}$ ω $\varphi(\omega)$ $-\pi$

续表

信号名称	时间函数	波形	频谱函数 $F(\mathrm{j}\omega)$	幅度 $\lvert F(\mathrm{j}\omega)\rvert$
阶跃正弦	$\sin(\omega_0 t)\varepsilon(t)$		$\frac{\pi}{2\mathrm{j}}[\delta(\omega+\omega_0)-\delta(\omega-\omega_0)]+\frac{\omega_0}{\omega_0^2-\omega^2}$	
阶跃余弦	$\cos(\omega_0 t)\varepsilon(t)$		$\frac{\pi}{2}[\delta(\omega-\omega_0)+\delta(\omega+\omega_0)]+\frac{\mathrm{j}\omega}{\omega_0^2-\omega^2}$	

3.7 傅里叶变换的性质

前面已经讨论了信号的时间函数和频谱函数之间用傅里叶变换和傅里叶逆变换互求的一般关系。这对变换式说明信号的特性可以在时域中用时间函数 $f(t)$ 完整地表示，也可以用频谱函数 $F(\mathrm{j}\omega)$ 完整地表示，而且两者之间存在着密切的联系，只要其中一个确定就可以通过式(3-34a)求出另外一个。所以傅里叶变换给出了信号时域特性与频域特性之间的一般关系。这些关系揭示了信号时域特性和频域特性之间某些方面的重要联系，它们通常表示为在一个域中进行某种运算后，在另一个域中产生什么样的结果。下面介绍几个较为常用的性质。

1. 线性性质

若 $\mathscr{F}[f_1(t)]=F_1(\mathrm{j}\omega)$，$\mathscr{F}[f_2(t)]=F_2(\mathrm{j}\omega)$，则信号 $f(t)=f_1(t)+f_2(t)$ 的频谱函数为

$$F(\mathrm{j}\omega)=\mathscr{F}[f(t)]=\mathscr{F}[f_1(t)+f_2(t)]=\mathscr{F}[f_1(t)]+\mathscr{F}[f_2(t)]$$
$$=F_1(\mathrm{j}\omega)+F_2(\mathrm{j}\omega)$$

此式说明，几个信号之和的频谱函数等于其频谱函数之和。同样，很容易证明：对于任意常数 a：

$$f(t)=af_1(t)$$

则

$$F(\mathrm{j}\omega)=\mathscr{F}[af_1(t)]=aF_1(\mathrm{j}\omega)$$

将上述两个性质叠加起来可以表述为

若

$$\mathscr{F}[f_1(t)]=F_1(\mathrm{j}\omega),\quad \mathscr{F}[f_2(t)]=F_2(\mathrm{j}\omega)$$

则

$$a_1f_1(t)+a_2f_2(t)\leftrightarrow a_1F_1(\mathrm{j}\omega)+a_2F_2(\mathrm{j}\omega) \tag{3-44}$$

2. 延时性质

若 $\mathscr{F}[f_1(t)]=F_1(\mathrm{j}\omega)$,则函数 $f(t)=f_1(t-t_0)$ 的频谱函数为

$$F(\mathrm{j}\omega)=\mathscr{F}[f_1(t)]=\int_{-\infty}^{\infty}f_1(t-t_0)\mathrm{e}^{-\mathrm{j}\omega t}\mathrm{d}t=F_1(\mathrm{j}\omega)\mathrm{e}^{-\mathrm{j}\omega t_0}$$

这一关系可以更简单地表示,若 $f(t)\leftrightarrow F(\mathrm{j}\omega)$,则

$$f(t-t_0)\leftrightarrow F(\mathrm{j}\omega)\mathrm{e}^{-\mathrm{j}\omega t_0} \tag{3-45}$$

式(3-45)说明,一个信号在时域中延迟一个时间 t_0,则在频域中每个频率分量都滞后一个 ωt_0 的相位。这个性质说明,信号在时域中的延时与在频域中的相移相对应。

3. 频移性质

若 $\mathscr{F}[f_1(t)]=F_1(\mathrm{j}\omega)$,则函数 $f(t)=f_1(t)\mathrm{e}^{\mathrm{j}\omega_c t}$ 的频谱函数为

$$F(\mathrm{j}\omega)=\mathscr{F}[f(t)]=\int_{-\infty}^{\infty}f_1(t)\mathrm{e}^{\mathrm{j}\omega_c t}\mathrm{e}^{-\mathrm{j}\omega t}\mathrm{d}t=\int_{-\infty}^{\infty}f_1(t)\mathrm{e}^{\mathrm{j}(\omega-\omega_c)t}\mathrm{d}t=F_1(\mathrm{j}\omega-\mathrm{j}\omega_c)$$

这一关系可以用符号表示,若 $f(t)\leftrightarrow F(\mathrm{j}\omega)$,则

$$f(t)\mathrm{e}^{\mathrm{j}\omega_c t}\leftrightarrow F(\mathrm{j}\omega-\mathrm{j}\omega_c) \tag{3-46}$$

式(3-46)说明,一个信号在时域中与因子 $\mathrm{e}^{\mathrm{j}\omega_c t}$ 相乘,等效于在频域中将整个频谱向频率增加方向搬移 ω_c。

在实际应用中不会把一个时间函数乘以复指数函数 $\mathrm{e}^{\mathrm{j}\omega_c t}$,而是把时间函数与正弦函数相乘。但正弦函数总可以表示为复指数函数之和,如

$$\cos\theta=\frac{\mathrm{e}^{\mathrm{j}\theta}+\mathrm{e}^{-\mathrm{j}\theta}}{2}$$

因此,函数 $f_1(t)\cos\omega_c t$ 的频谱函数为

$$\begin{aligned}F(\mathrm{j}\omega)&=\mathscr{F}[f_1(t)\cos\omega_c t]=\frac{1}{2}\mathscr{F}[f_1(t)\mathrm{e}^{\mathrm{j}\omega_c t}]+\frac{1}{2}\mathscr{F}[f_1(t)\mathrm{e}^{-\mathrm{j}\omega_c t}]\\&=\frac{1}{2}[F_1(\mathrm{j}\omega+\mathrm{j}\omega_c)+F_1(\mathrm{j}\omega-\mathrm{j}\omega_c)]\end{aligned}$$

即

$$f(t)\cos\omega_c t\leftrightarrow\frac{1}{2}[F(\mathrm{j}\omega+\mathrm{j}\omega_c)+F(\mathrm{j}\omega-\mathrm{j}\omega_c)] \tag{3-47}$$

这说明,在时域中,一个信号与频率为 ω_c 的正弦函数相乘,等效于在频域中将频谱同时向正负方向搬移 ω_c。如图 3-14 所示,其中图 3-14(a)所示的为原始时间函数 $f(t)$ 的波形,图 3-14(b)所示的为原始时间函数乘以频率为 ω_c 的余弦函数的波形,即 $f(t)\cos\omega_c t$ 的波形,图 3-14(c)所示的为原始时间函数 $f(t)$ 的频谱函数 $F(\mathrm{j}\omega)$ 的波形,图 3-14(d)所示的为 $f(t)\cos\omega_c t$ 的频谱函数 $\frac{1}{2}[F(\mathrm{j}\omega+\mathrm{j}\omega_c)+F(\mathrm{j}\omega-\mathrm{j}\omega_c)]$ 的波形。

上述频率搬移的过程,在电子技术中,就是调幅的过程。这里,$f(t)$ 是调制信号,$f(t)\cos\omega_c t$ 是已调高频信号。所以调幅的过程,反映在时域中是高频正弦信号与调制信号相乘,反映在频域中是把调制信号的频谱向左、右各移动了一个频率 ω_c。在搬移的过程中,信号频谱函数的相对大小保持不变,即形状不发生变化。这样就把信号调制到高频段,有利于信号的发送。对于解调过程,再用一个相同频率的正弦信号与已调高频信号相乘,这相当于再把信号频谱搬回了原来的位置,通过一个低通滤波器就可以获得原始信号 $f(t)$。

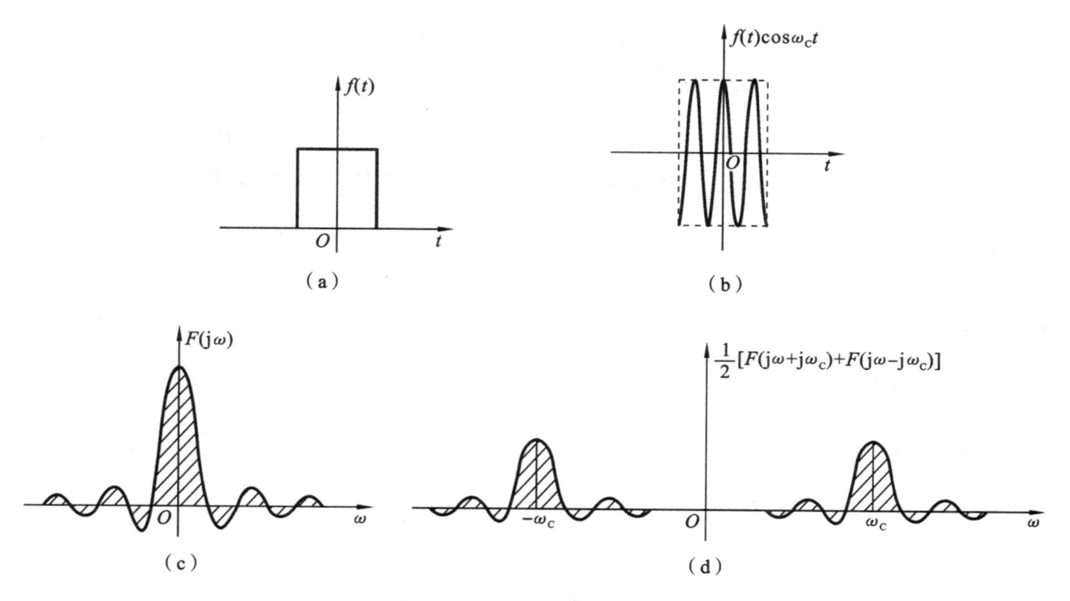

图 3-14　信号的频移性质

4. 尺度变换性质

在第 3.5 节中得到，脉冲的频带宽度和脉冲的持续时间成反比。下面看一个信号 $f(t)$ 经过缩放变成 $f(at)$（其中 $a\in\mathbf{R}, a\neq 0$），其对应频谱函数的变化。

假设 $\mathscr{F}[f_1(t)]=F_1(\mathrm{j}\omega)$，经过放缩之后的信号 $f(t)=f_1(at)$ 的频谱函数为

$$F(\mathrm{j}\omega)=\mathscr{F}[f_1(at)]=\int_{-\infty}^{\infty} f_1(at)\mathrm{e}^{-\mathrm{j}\omega t}\mathrm{d}t=\frac{1}{|a|}F_1(\mathrm{j}\,\frac{\omega}{a})$$

这一关系可以用更简洁的符号表示，若 $f(t)\leftrightarrow F(\mathrm{j}\omega)$，则

$$f(at)\leftrightarrow\frac{1}{a}F\left(\mathrm{j}\,\frac{\omega}{a}\right) \tag{3-48}$$

此式说明，若信号的时域持续时间缩短，则频域分量对应增加；反之亦然。

5. 奇偶性质

通常讨论的信号是时间 t 的实值函数，现在讨论信号 $f(t)$ 的奇偶性对频谱函数的影响。根据频谱函数定义（见式(3-32)）得

$$F(\mathrm{j}\omega)=\int_{-\infty}^{\infty} f(t)\mathrm{e}^{-\mathrm{j}\omega t}\mathrm{d}t$$

由欧拉公式 $\mathrm{e}^{-\mathrm{j}\omega t}=\cos\omega t-\mathrm{j}\sin\omega t$，代入上式可得

$$\begin{aligned}F(\mathrm{j}\omega)&=\int_{-\infty}^{\infty} f(t)\cos\omega t\,\mathrm{d}t-\mathrm{j}\int_{-\infty}^{\infty} f(t)\sin\omega t\,\mathrm{d}t\\&=R(\omega)-\mathrm{j}X(\omega)=|F(\mathrm{j}\omega)|\mathrm{e}^{-\mathrm{j}\varphi(\omega)}\end{aligned} \tag{3-49}$$

其中

$$\left.\begin{aligned}R(\omega)&=\int_{-\infty}^{\infty} f(t)\cos\omega t\,\mathrm{d}t\\X(\omega)&=\int_{-\infty}^{\infty} f(t)\sin\omega t\,\mathrm{d}t\end{aligned}\right\} \tag{3-50}$$

$$\left.\begin{aligned}|F(\mathrm{j}\omega)| &= \sqrt{R^2(\omega)+X^2(\omega)}\\ \varphi(\omega) &= \arctan\frac{X(\omega)}{R(\omega)}\end{aligned}\right\}\tag{3-51}$$

由以上两个式子看出，频谱函数的实部与模量是频率 ω 的偶函数，虚部与相位是频率 ω 的奇函数。如果 $f(t)$ 是时间 t 的偶函数，则式(3-47)中虚部为零，频谱函数为实偶函数，即

$$F(\mathrm{j}\omega)=R(\omega)=\int_{-\infty}^{\infty}f(t)\cos\omega t\,\mathrm{d}t=2\int_{0}^{\infty}f(t)\cos\omega t\,\mathrm{d}t$$

同样的，若信号 $f(t)$ 是时间 t 的奇函数，则由式(3-47)可知，频谱函数仅有虚部，是频率 ω 的虚奇函数，即

$$F(\mathrm{j}\omega)=-\mathrm{j}X(\omega)=-\mathrm{j}\int_{-\infty}^{\infty}f(t)\sin\omega t\,\mathrm{d}t=-2\mathrm{j}\int_{0}^{\infty}f(t)\sin\omega t\,\mathrm{d}t$$

6. 对称性质

设函数 $f(t)\leftrightarrow F(\mathrm{j}\omega)$，即

$$f(t)=\frac{1}{2\pi}\int_{-\infty}^{\infty}F(\mathrm{j}\omega)\mathrm{e}^{\mathrm{j}\omega t}\mathrm{d}\omega$$

于是

$$f(-t)=\frac{1}{2\pi}\int_{-\infty}^{\infty}F(\mathrm{j}\omega)\mathrm{e}^{-\mathrm{j}\omega t}\mathrm{d}\omega$$

将上式中积分变量 ω 与变量 t 互换，积分结果不变，上式可以写为

$$2\pi f(-\omega)=\int_{-\infty}^{\infty}F(\mathrm{j}t)\mathrm{e}^{-\mathrm{j}\omega t}\mathrm{d}t=\mathscr{F}[F(\mathrm{j}t)]\tag{3-52a}$$

所以，若 $f(t)\leftrightarrow F(\mathrm{j}\omega)$，则

$$F(\mathrm{j}\omega)\leftrightarrow 2\pi f(-\omega)$$

如果 $f(t)$ 是时间 t 的实偶函数，则其频谱函数是 ω 的实偶函数，即

$$f(t)\leftrightarrow F(\mathrm{j}\omega)=R(\omega)$$

考虑到 $f(\omega)=f(-\omega)$，式(3-52a)可写为

$$R(t)\leftrightarrow 2\pi f(\omega)\tag{3-52b}$$

这说明，如果偶函数 $f(t)$ 的频谱函数是 $R(\omega)$，则与 $R(\omega)$ 形式相同的时间函数 $R(t)$ 的频谱函数与 $f(t)$ 具有相同的形式，只不过相差一个 2π 的比例。

傅里叶变换的对称性质如图 3-15 所示。

7. 微分性质

若 $\mathscr{F}[f(t)]=F(\mathrm{j}\omega)$，下面给出 $f(t)$ 的导数 $\frac{\mathrm{d}}{\mathrm{d}t}f(t)$ 的频谱函数为

$$\mathscr{F}\left[\frac{\mathrm{d}}{\mathrm{d}t}f(t)\right]=\mathrm{j}\omega F(\mathrm{j}\omega)\tag{3-53a}$$

这说明，信号在时域中对时间取导数，相当于在频谱中用因子 $\mathrm{j}\omega$ 去乘以它的频谱函数。

这一结论很容易推广为

$$\mathscr{F}\left[\frac{\mathrm{d}^n}{\mathrm{d}t^n}f(t)\right]=(\mathrm{j}\omega)^nF(\mathrm{j}\omega)\tag{3-53b}$$

8. 积分性质

若 $\mathscr{F}[f(t)]=F(\mathrm{j}\omega)$，则

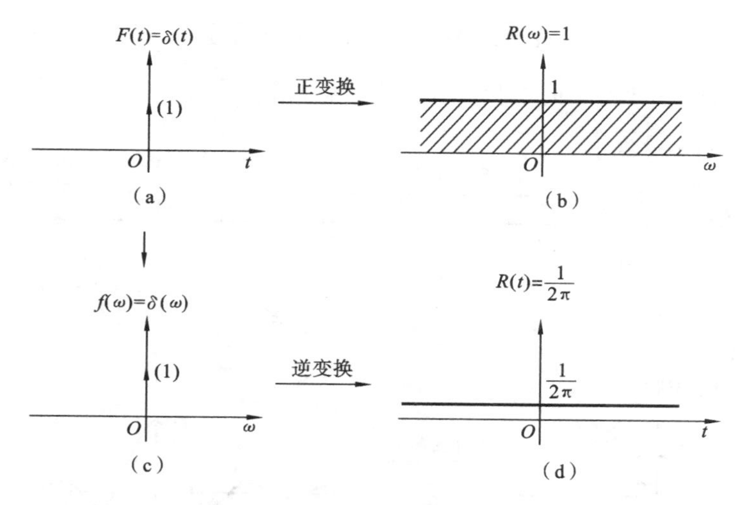

图 3-15　傅里叶变换的对称性质

$$\int_{-\infty}^{t} f(\tau)\mathrm{d}\tau \leftrightarrow \pi F(0)\delta(\omega)+\frac{1}{\mathrm{j}\omega}F(\mathrm{j}\omega) \tag{3-54a}$$

如果 $F(0)=0$，则

$$\int_{-\infty}^{t} f(\tau)\mathrm{d}\tau \leftrightarrow \frac{1}{\mathrm{j}\omega}F(\mathrm{j}\omega) \tag{3-54b}$$

这表明，信号在时域中对时间积分，相当于频域中的频谱函数除以 $\mathrm{j}\omega$。

9. 频域中的微分、积分性质

若 $\mathscr{F}[f(t)]=F(\mathrm{j}\omega)$，则

$$-\mathrm{j}tf(t)\leftrightarrow \frac{\mathrm{d}}{\mathrm{d}\omega}F(\mathrm{j}\omega) \tag{3-55}$$

$$\pi f(0)\delta(t)+\mathrm{j}\,\frac{f(t)}{t}\leftrightarrow \int_{-\infty}^{\omega} F(\mathrm{j}\Omega)\mathrm{d}\Omega \tag{3-56}$$

式(3-55)表示频域微分性质，式(3-56)表示频域积分性质。

10. 卷积定理

卷积定理是讨论一个域中的卷积运算对应于另一个域中的何种运算。设有两个时间信号 $f_1(t)$ 和 $f_2(t)$，它们的频谱函数分别是 $F_1(\mathrm{j}\omega)$ 和 $F_2(\mathrm{j}\omega)$，则 $f_1(t)$ 与 $f_2(t)$ 卷积后所得时间函数的频谱函数为

$$\mathscr{F}[f_1(t)*f_2(t)]=F_1(\mathrm{j}\omega)F_2(\mathrm{j}\omega)$$

或写为

$$f_1(t)*f_2(t)\leftrightarrow F_1(\mathrm{j}\omega)F_2(\mathrm{j}\omega) \tag{3-57}$$

上式说明，时域中两个信号的卷积运算对应于频域中是两个频谱函数的乘法运算，这就是时域卷积定理。与之类似，两个信号在频域中的卷积运算对应于时域中的乘法运算，这是频域卷积定理。

如果有

$$f_1(t)\leftrightarrow F_1(\mathrm{j}\omega),\quad f_2(t)\leftrightarrow F_2(\mathrm{j}\omega)$$

则

$$f_1(t)f_2(t)\leftrightarrow\frac{1}{2\pi}[F_1(\mathrm{j}\omega)*F_2(\mathrm{j}\omega)] \tag{3-58}$$

例 3-5 求如图 3-16 所示的单脉冲余弦信号的频谱。

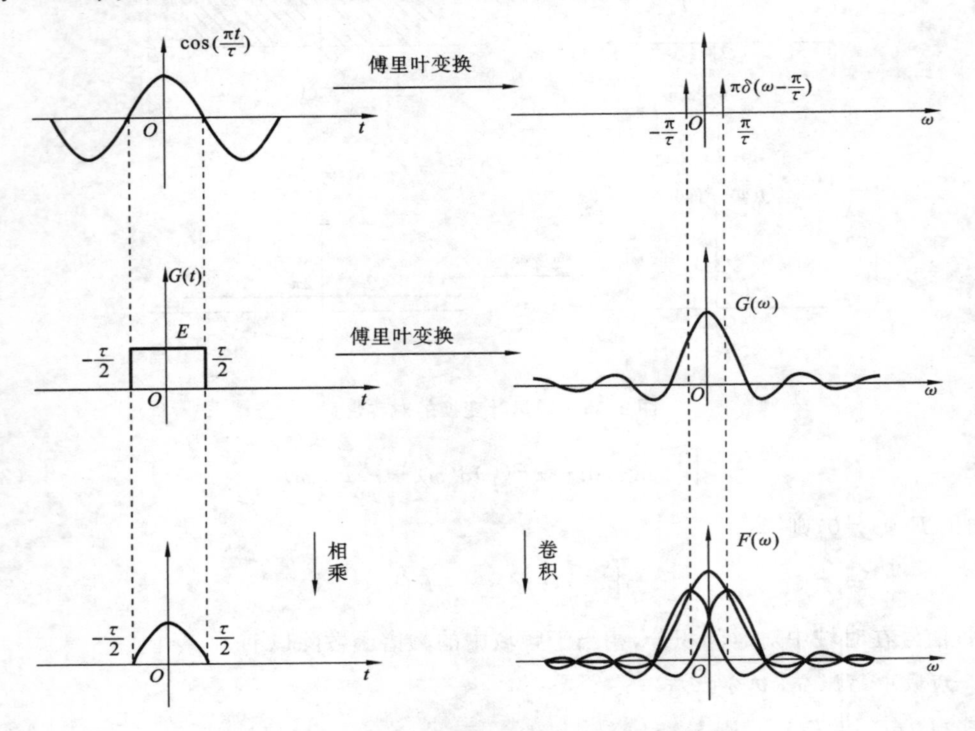

图 3-16 单脉冲余弦信号频谱函数求解示意图

解 如图 3-16 所示,单脉冲余弦信号可以看作是时域信号 $\cos\frac{\pi t}{\tau}$ 与信号 $G(t)$ 在时域的乘积,它们的频谱函数为

$$\cos\frac{\pi t}{\tau}\leftrightarrow\pi\left[\delta\left(\omega-\frac{\pi}{\tau}\right)+\delta\left(\omega+\frac{\pi}{\tau}\right)\right]$$

$$G(t)\leftrightarrow E\tau\mathrm{Sa}\left(\frac{\omega\tau}{2}\right)=E\tau\frac{\sin\left(\frac{\omega\tau}{2}\right)}{\frac{\omega\tau}{2}}$$

应用频域卷积定理得

$$\cos\frac{\pi t}{\tau}G(t)\leftrightarrow\frac{1}{2\pi}\left\{\pi\left[\delta\left(\omega-\frac{\pi}{\tau}\right)+\delta\left(\omega+\frac{\pi}{\tau}\right)\right]*E\tau\mathrm{Sa}\left(\frac{\omega\tau}{2}\right)\right\}$$

右式可以化简为

$$\frac{1}{2\pi}\left\{\pi\left[\delta\left(\omega-\frac{\pi}{\tau}\right)+\delta\left(\omega+\frac{\pi}{\tau}\right)\right]*E\tau\mathrm{Sa}\left(\frac{\omega\tau}{2}\right)\right\}=\frac{E\tau}{2}\left[\mathrm{Sa}\left(\frac{\omega\tau}{2}-\frac{\pi}{\tau}\right)+\mathrm{Sa}\left(\frac{\omega\tau}{2}+\frac{\pi}{\tau}\right)\right]$$

例 3-6 求如图 3-17 所示的三角形脉冲信号的频谱。

解 如图 3-17 所示,三角形脉冲信号可以视为两个时域中完全相同的矩形信号卷积而形成的。因此,三角形脉冲信号的频谱函数应该是两个矩形信号频谱函数的乘积。

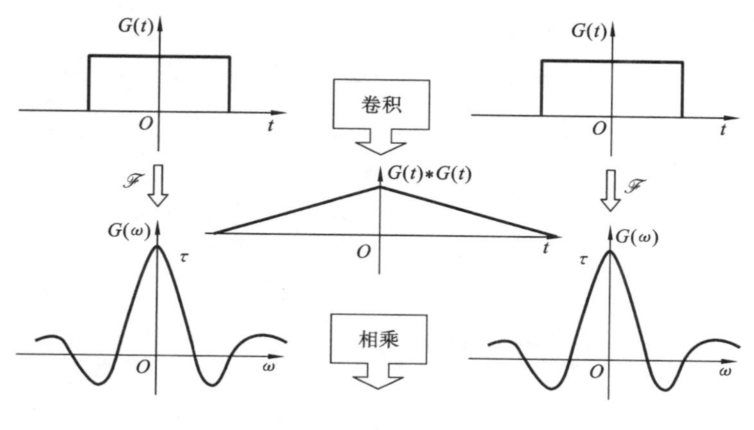

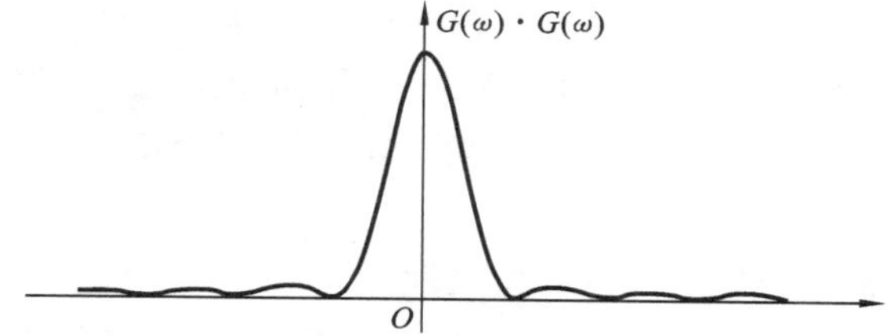

图 3-17 三角形脉冲频谱求解示意图

$$f(t)=G(t)*G(t)=\begin{cases}E^2\tau-E^2|t|, & |t|<\tau\\ 0, & |t|\geqslant\tau\end{cases}$$

$$G(t)\leftrightarrow E\tau\mathrm{Sa}\left(\frac{\omega\tau}{2}\right)$$

根据时域卷积定理有

$$f(t)=G(t)*G(t)\leftrightarrow E\tau\mathrm{Sa}\left(\frac{\omega\tau}{2}\right)\cdot E\tau\mathrm{Sa}\left(\frac{\omega\tau}{2}\right)=E^2\tau^2\mathrm{Sa}^2\left(\frac{\omega\tau}{2}\right)$$

可以得到三角形脉冲的频谱函数。

11. 帕斯瓦尔定理

若 $f(t)\leftrightarrow F(\mathrm{j}\omega)$，则

$$\int_{-\infty}^{\infty}|f(t)|^2\mathrm{d}t=\frac{1}{2\pi}\int_{-\infty}^{\infty}|F(\mathrm{j}\omega)|^2\mathrm{d}\omega=\frac{1}{\pi}\int_{0}^{\infty}|F(\mathrm{j}\omega)|^2\mathrm{d}\omega \tag{3-59}$$

式(3-59)称为帕斯瓦尔定理。因此可以看出，信号的能量可以从时域中求得，也可以通过频谱函数求得。因此，$|F(\mathrm{j}\omega)|^2$ 称为信号 $f(t)$ 的能量谱密度。

例 3-7 求信号 $f(t)=2\cos997t\cdot\dfrac{\sin5t}{\pi t}$ 的能量。

解 已知 $\dfrac{1}{\pi}\cos997t\leftrightarrow\delta(\omega-997)+\delta(\omega+997)$，$G_\tau(t)\leftrightarrow\tau\mathrm{Sa}\left(\dfrac{\omega\tau}{2}\right)$

根据对偶性质可知 $\tau\mathrm{Sa}\left(\dfrac{t\tau}{2}\right)\leftrightarrow2\pi G_\tau(\omega)$

令 $\tau=10$，从而 $10\mathrm{Sa}(5t)\leftrightarrow2\pi G_{10}(\omega)$，所以

$$f(t)=2\cos997t\cdot\frac{\sin5t}{\pi t}=\frac{1}{\pi}\cos997t\cdot10\mathrm{Sa}(5t)$$

根据频域卷积定理可知

$$F(\mathrm{j}\omega)=\frac{1}{2\pi}\cdot 2\pi G_{10}(\omega)*[\delta(\omega-997)+\delta(\omega+997)]$$
$$=G_{10}(\omega-997)+G_{10}(\omega+997)$$

由帕斯瓦尔定理可知,该信号的能量为

$$E=\int_{-\infty}^{\infty}[f(t)]^2\mathrm{d}t=\frac{1}{2\pi}\int_{-\infty}^{\infty}|F(\mathrm{j}\omega)|^2\mathrm{d}\omega=\frac{1}{\pi}\int_{0}^{\infty}|F(\mathrm{j}\omega)|^2\mathrm{d}\omega=\frac{10}{\pi}$$

3.8 周期信号的傅里叶变换

我们在前面的分析中,可知周期信号采用傅里叶级数实施离散频谱分析,非周期信号采用傅里叶变换实施连续频谱分析。从数学上来说,当周期趋于无穷大时,周期信号变成非周期信号。反之,将非周期信号按照一定的时间间隔在时间轴上不断延拓,非周期信号就变成周期信号。

在实际工程中,通常将傅里叶级数和傅里叶变换通称傅里叶分析,由于周期信号和非周期信号之间在一定的条件下可以相互转化,因此,虽然周期信号不满足绝对可积条件,但是在允许冲激函数存在并认为它是有意义的前提下,绝对可积条件就成为不必要的限制了,从这种意义上说,周期信号的傅里叶变换是存在的。这样,把周期信号与非周期信号的分析方法统一起来,使傅里叶分析得到更广泛的应用,使我们对信号频谱的理解更加深入全面。

1. 正弦、余弦信号的傅里叶变换

若
$$\mathscr{F}[f_0(t)]=F_0(\mathrm{j}\omega)$$
根据傅里叶变换的频移性质可知
$$\mathscr{F}[f_0(t)\mathrm{e}^{\mathrm{j}\omega_1 t}]=F_0[\mathrm{j}(\omega-\omega_1)] \tag{3-60}$$
在上式中,令 $f_0(t)=1$,可知 $f_0(t)$的傅里叶变换为
$$F_0(\mathrm{j}\omega)=\mathscr{F}[1]=2\pi\delta(\omega)$$
这样,式(3-60)变成
$$\mathscr{F}[\mathrm{e}^{\mathrm{j}n\omega_1 t}]=2\pi\delta(\omega-n\omega_1) \tag{3-61}$$
同理
$$\mathscr{F}[\mathrm{e}^{-\mathrm{j}\omega_1 t}]=2\pi\delta(\omega+\omega_1) \tag{3-62}$$
根据式(3-61)、式(3-62)及欧拉公式,可以得到
$$\left.\begin{aligned}\mathscr{F}[\cos\omega_1 t]&=\pi[\delta(\omega+\omega_1)+\delta(\omega-\omega_1)]\\ \mathscr{F}[\sin\omega_1 t]&=\mathrm{j}\pi[\delta(\omega+\omega_1)-\delta(\omega-\omega_1)]\end{aligned}\right\} \tag{3-63}$$
在上式中,t 为任意值,式(3-61)、式(3-62)和式(3-63)分别表示指数、余弦和正弦函数的傅里叶变换。这类信号的频谱只包含位于$\pm\omega_1$ 处的冲激函数,如图 3-18 所示。

2. 一般周期信号的傅里叶变换

令周期信号 $f(t)$的周期为 T,角频率为 $\Omega\left(\Omega=2\pi f=\frac{2\pi}{T}\right)$,可以将 $f(t)$展成傅里叶级数,即

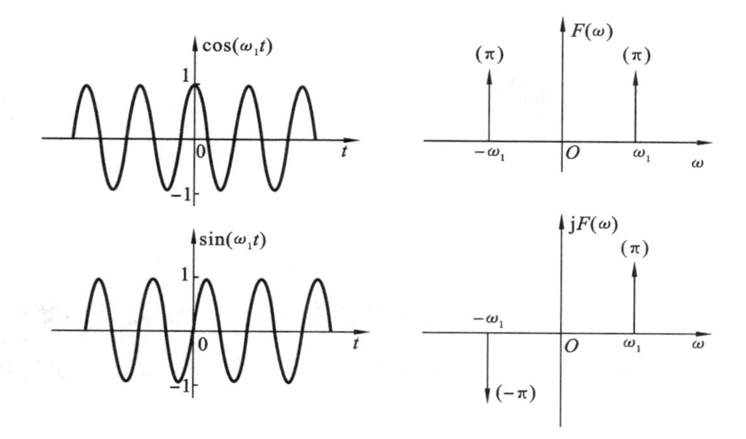

图 3-18　余弦和正弦信号的频谱

$$f(t)=\sum_{n=-\infty}^{\infty}A_n\mathrm{e}^{\mathrm{j}n\Omega t}$$

将上式两边取傅里叶变换为

$$\mathscr{F}[f(t)]=\mathscr{F}\Big[\sum_{n=-\infty}^{\infty}A_n\mathrm{e}^{-\mathrm{j}n\Omega t}\Big]=\sum_{n=-\infty}^{\infty}A_n\mathscr{F}[\mathrm{e}^{-\mathrm{j}n\Omega t}] \tag{3-64}$$

由式(3-61)知

$$\mathscr{F}[\mathrm{e}^{\mathrm{j}n\omega_1 t}]=2\pi\delta(\omega-n\omega_1)$$

把它代到式(3-64)，便可得到周期信号 $f(t)$ 的傅里叶变换为

$$\mathscr{F}[f(t)]=2\pi\sum_{n=-\infty}^{\infty}A_n\delta(\omega-n\Omega) \tag{3-65}$$

其中 A_n 是 $f(t)$ 的傅里叶级数的系数，已经知道它等于

$$A_n=\frac{2}{T}\int_{-\frac{T}{2}}^{\frac{T}{2}}f(t)\mathrm{e}^{-\mathrm{j}n\Omega t}\mathrm{d}t \tag{3-66}$$

式(3-65)表明：周期信号 $f(t)$ 的傅里叶变换是由一些冲激函数组成的，这些冲激位于信号的谐频（如 $0,\pm\Omega,\pm2\Omega,\cdots$）处。每个冲激强度等于 $f(t)$ 的傅里叶级数相应系数 A_n 的 2π 倍。显然，周期信号的频谱是离散的。然而，由于傅里叶变换是反映频谱密度的概念，因此周期信号的傅里叶变换不同于傅里叶级数，这里不是有限值，而是冲激函数，它表明在无穷小的频带范围内（即谐频点）取得了无限大的频谱值。

下面再来讨论周期性脉冲序列的傅里叶级数与单脉冲的傅里叶变换的关系。已知周期信号 $f(t)$ 的傅里叶级数是

$$f(t)=\sum_{n=-\infty}^{\infty}A_n\mathrm{e}^{\mathrm{j}n\Omega t}$$

其中，傅里叶系数为

$$A_n=\frac{2}{T}\int_{-\frac{T}{2}}^{\frac{T}{2}}f(t)\mathrm{e}^{-\mathrm{j}n\Omega t}\mathrm{d}t \tag{3-67}$$

从周期性脉冲序列 $f(t)$ 中截取一个周期，得到所谓的单脉冲信号。它的傅里叶变换 $F_0(\mathrm{j}\omega)$ 为

$$F_0(\mathrm{j}\omega)=\int_{-\frac{T}{2}}^{\frac{T}{2}} f(t)\mathrm{e}^{-\mathrm{j}\omega t}\mathrm{d}t \tag{3-68}$$

比较式(3-67)和式(3-68),显然可以得到

$$A_n=\frac{1}{T}F_0(\mathrm{j}\omega)\big|_{\omega=n\Omega} \tag{3-69}$$

或写作

$$A_n=\frac{1}{T}\left[\int_{-\frac{T}{2}}^{\frac{T}{2}} f(t)\mathrm{e}^{-\mathrm{j}\omega t}\mathrm{d}t\right]\bigg|_{\omega=n\Omega} \tag{3-70}$$

式(3-70)表明:周期性脉冲序列的傅里叶级数的系数 A_n 等于单脉冲的傅里叶变换 $F_0(\mathrm{j}\omega)$ 在 $n\Omega$ 频率点的值乘以 $\frac{1}{T}$。利用单脉冲的傅里叶变换式可以很方便地求出周期性脉冲序列的傅里叶系数。

例 3-8 若单位脉冲函数的间隔为 T,用符号 $\delta_T(t)$ 表示周期单位脉冲序列,即

$$\delta_T(t)=\sum_{n=-\infty}^{\infty}\delta(t-nT)$$

如图 3-19(a)所示,求周期单位脉冲序列的傅里叶级数与傅里叶变换。

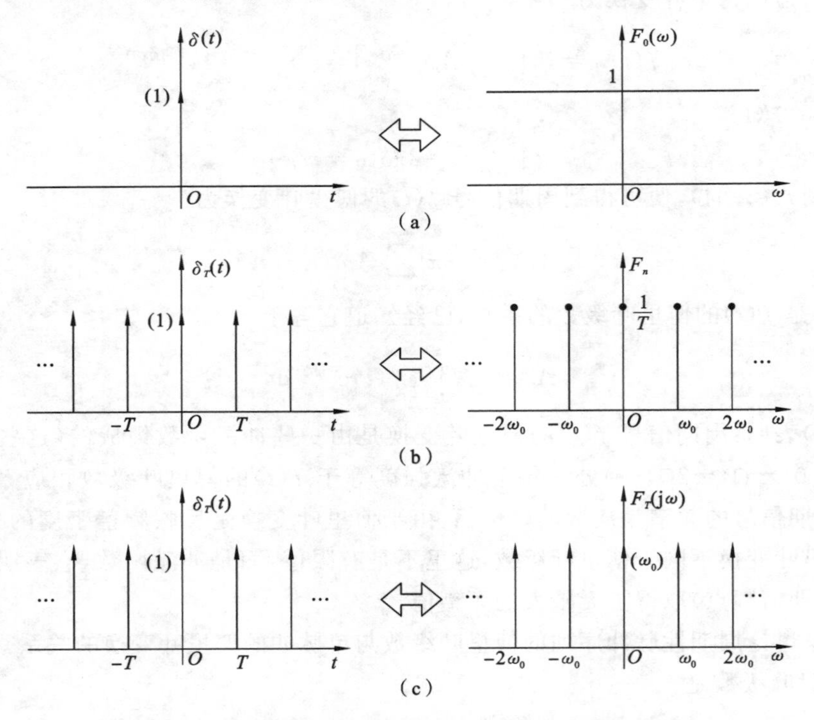

图 3-19 周期单位脉冲序列的傅里叶级数与傅里叶变换

解 因为 $\delta_T(t)$ 是周期函数,所以可以把它展成傅里叶级数,即

$$\delta_T(t)=\sum_{n=-\infty}^{\infty}A_n\mathrm{e}^{\mathrm{j}n\Omega t}$$

其中
$$\Omega=\frac{2\pi}{T}$$

$$A_n=\frac{1}{T}\int_{-\frac{T}{2}}^{\frac{T}{2}}\delta_T(t)\mathrm{e}^{-\mathrm{j}n\Omega t}\mathrm{d}t=\frac{1}{T}\int_{-\frac{T}{2}}^{\frac{T}{2}}\delta(t)\mathrm{e}^{-\mathrm{j}n\Omega t}\mathrm{d}t=\frac{1}{T}$$

这样，得到

$$\delta_T(t)=\frac{1}{T}\sum_{n=-\infty}^{\infty}\mathrm{e}^{-\mathrm{j}n\Omega t} \tag{3-71}$$

可见，在周期单位脉冲序列的傅里叶级数中只包含位于 $\omega=0,\pm\Omega,\pm2\Omega,\cdots,\pm n\Omega,\cdots$ 的频率分量，每个频率分量的大小是相等的，均等于 $\frac{1}{T}$。

下面求 $\delta_T(t)$ 的傅里叶变换。由式(3-65)可知

$$\mathscr{F}[f(t)]=2\pi\sum_{n=-\infty}^{\infty}A_n\delta(\omega-n\Omega) \tag{3-72}$$

因为 $A_n=\frac{1}{T}$，所以 $\delta_T(t)$ 的傅里叶变换为

$$F(\mathrm{j}\omega)=\mathscr{F}[\delta_T(t)]=\Omega\sum_{n=-\infty}^{\infty}\delta(\omega-n\Omega) \tag{3-73}$$

可见，在周期单位脉冲序列的傅里叶变换中，同样也包含位于 $\omega=0,\pm\Omega,\pm2\Omega,\cdots,\pm n\Omega,\cdots$ 的频率处的冲激函数，其强度是相等的且均等于 Ω，如图 3-19(b)与图 3-19(c)所示。

例 3-9 已知周期矩形脉冲信号 $f(t)$ 的幅度为 E，脉宽为 τ，周期为 T，角频域为 $\Omega=\frac{2\pi}{T}$，如图 3-20(a)所示，求周期矩形脉冲信号的傅里叶级数与傅里叶变换。

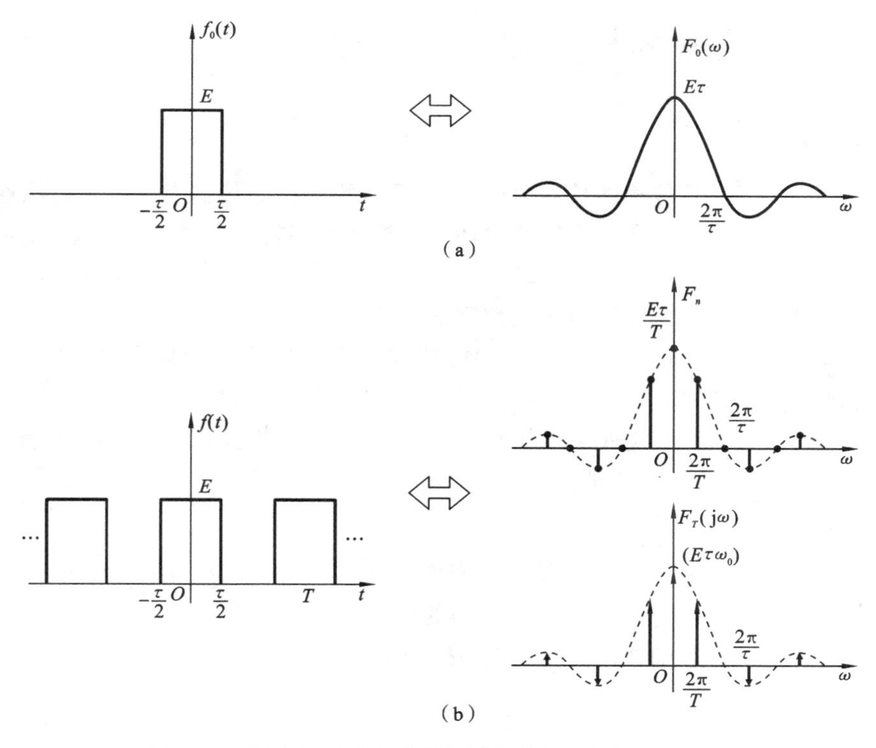

图 3-20 周期矩形脉冲信号的傅里叶级数与傅里叶变换

解 利用本节所给出的方法可以很方便地求出傅里叶级数与傅里叶变换。从熟悉的单脉冲入手,已知矩形脉冲 $f_0(t)$ 的傅里叶变换 $F_0(\mathrm{j}\omega)$ 为

$$F_0(\mathrm{j}\omega)=E\tau\cdot\mathrm{Sa}\left(\frac{\omega\pi}{2}\right)$$

由式(3-69)可以求出周期矩形脉冲信号的傅里叶系数 A_n 为

$$A_n=\frac{1}{T}F_0(\mathrm{j}\omega)\big|_{\omega=n\Omega}=\frac{E\tau}{T}\mathrm{Sa}\left(\frac{n\Omega\tau}{2}\right)$$

这样,$f(t)$ 的傅里叶级数为

$$f(t)=\frac{E\tau}{T}\sum_{n=-\infty}^{\infty}\mathrm{Sa}\left(\frac{n\Omega\tau}{2}\right)\mathrm{e}^{-\mathrm{j}n\Omega t}$$

再由式(3-65)便可得到 $f(t)$ 的傅里叶变换 $F(\omega)$,它是

$$\mathscr{F}[f(t)]=2\pi\sum_{n=-\infty}^{\infty}A_n\delta(\omega-n\Omega) \tag{3-74}$$

如图 3-20(b)所示。

单脉冲的频谱是连续函数,而周期信号的频谱是离散函数。对于 $F(\mathrm{j}\omega)$ 来说,它包含间隔为 Ω 的冲激序列,其强度的包络线的形状与单脉冲频谱的形状相同。显然,当脉冲数目增多时,频谱更加向 $n\Omega\left(\Omega=\frac{2\pi}{T}\right)$ 处聚集;当脉冲数目为无限多时,$F(\mathrm{j}\omega)$ 将变成周期脉冲信号,此时频谱在 $n\Omega$ 处聚集成冲激函数。

3.9 抽样信号的分析和抽样定理

1. 抽样的概念

在早期的通信工程中,传输的是连续信号,而现在更多的是传输数字信号。从连续信号到数字信号需要经过抽样、量化和编码等技术环节。抽样是将连续信号 $f(t)$ 变成抽样信号 $f_s(t)$ 的一个技术过程,如图 3-21(a)和图 3-21(b)所示。其中,$p(t)$ 是抽样脉冲序列。在完成后续的量化和编码以后,就实现了连续信号向数字信号的转变。

这里需要说明:将连续信号 $f(t)$ 经过抽样变成抽样信号 $f_s(t)$,其频谱发生了哪些变化;$f_s(t)$ 是否包含了 $f(t)$ 的原有信息;如果将 $f_s(t)$ 重新变换成为 $f^*(t)$,$f^*(t)$ 是否和 $f(t)$ 完全一样,具有相同的信息;在 $f(t)$ 抽样成为 $f_s(t)$,以及在 $f_s(t)$ 恢复成 $f(t)$ 的过程中,应该遵循哪些原则。这些问题是本节关心的问题。

2. 时域抽样

为讨论方便,令连续信号 $f(t)$ 的傅里叶变换为 $F(\mathrm{j}\omega)=\mathscr{F}[f(t)]$,抽样脉冲序列 $p(t)$ 的傅里叶变换为 $P(\mathrm{j}\omega)=\mathscr{F}[p(t)]$,抽样信号 $f_s(t)$ 的傅里叶变换为 $F_s(\mathrm{j}\omega)=\mathscr{F}[f_s(t)]$。

如果采用均匀抽样,其抽样周期为 T_s,抽样频率为

$$\omega_s=2\pi f_s=\frac{2\pi}{T_s} \tag{3-75}$$

在实际工程中,抽样过程是通过抽样脉冲序列 $p(t)$ 与连续信号 $f(t)$ 相乘来完成的,即

$$f_s(t)=f(t)p(t) \tag{3-76}$$

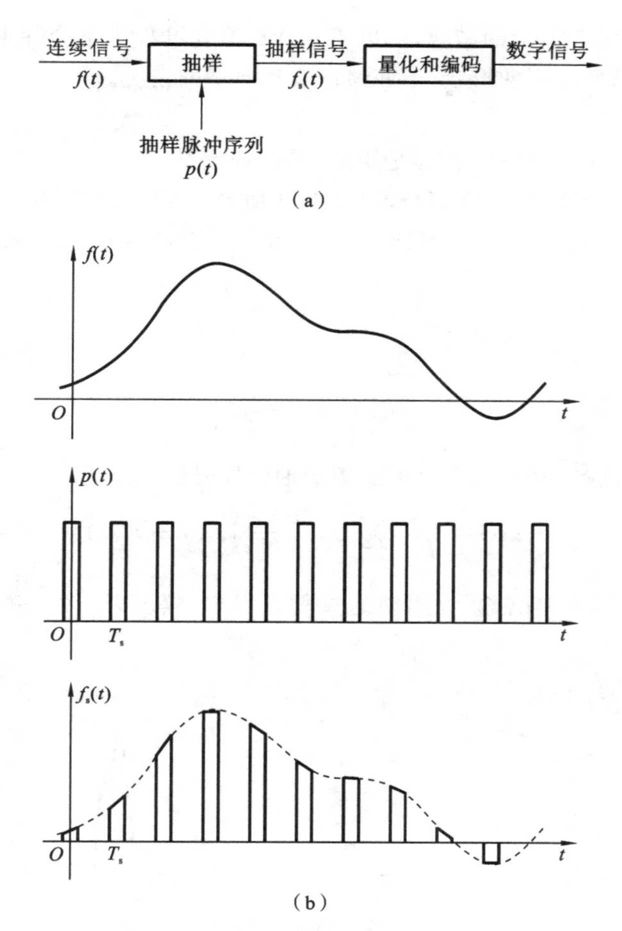

图 3-21 抽样过程及抽样信号的波形

(a) 抽样过程;(b) 抽样信号的波形

由于 $p(t)$为周期信号,$p(t)$的傅里叶变换可以表示为

$$P(\mathrm{j}\omega) = 2\pi \sum_{n=-\infty}^{\infty} P_n \delta(\omega - n\Omega_s) \tag{3-77}$$

其中

$$P_n = \frac{1}{T_s} \int_{-\frac{T_s}{2}}^{\frac{T_s}{2}} p(t) \mathrm{e}^{-\mathrm{j}n\Omega_s t} \mathrm{d}t \tag{3-78}$$

P_n 是 $p(t)$的傅里叶级数的系数。

根据频域的卷积定理可知

$$F_s(\mathrm{j}\omega) = \frac{1}{2\pi} F(\mathrm{j}\omega) * P(\mathrm{j}\omega) \tag{3-79}$$

将式(3-77)代入上式,化简后得到抽样信号 $f_s(t)$的傅里叶变换为

$$F_s(\mathrm{j}\omega) = \sum_{n=-\infty}^{\infty} P_n F(\omega - n\Omega_s) \tag{3-80}$$

上式表明:在时域抽样后,抽样信号 $f_s(t)$的频谱 $F_s(\mathrm{j}\omega)$是连续信号 $f(t)$的频谱 $F(\mathrm{j}\omega)$的形状以抽样频率 Ω_s 为间隔,重复而得到,在重复的过程中,幅度被 $p(t)$的傅里叶系数 P_n 所加

权。因为 P_n 只是 n(而不是 ω)的函数,所以 $F(\mathrm{j}\omega)$ 的重复过程中不会使形状发生变化。加权系数 P_n 取决于抽样脉冲序列的形状,下面讨论 2 种典型的情况。

1) 矩形脉冲抽样

在这种情况下,抽样脉冲序列 $p(t)$ 是矩形,其脉冲幅度为 E,脉宽为 τ,抽样间隔为 T_s,抽样角频率为 Ω_s。由于 $f_s(t)=f(t)p(t)$,因此抽样信号 $f_s(t)$ 在抽样期间的脉冲顶部不是平的,而是随 $f(t)$ 变化而变化,如图 3-21(a)、(b)所示。对于自然抽样,由式(3-78)可求出

$$P_n=\frac{1}{T_s}\int_{-\frac{T_s}{2}}^{\frac{T_s}{2}}p(t)\mathrm{e}^{-\mathrm{j}n\Omega_s t}\mathrm{d}t=\frac{1}{T_s}\int_{-\frac{T_s}{2}}^{\frac{T_s}{2}}E\mathrm{e}^{-\mathrm{j}n\Omega_s t}\mathrm{d}t$$

积分后得到

$$P_n=\frac{E\tau}{T_s}\mathrm{Sa}\left(\frac{n\Omega_s\tau}{2}\right) \tag{3-81}$$

将式(3-77)代入式(3-79)中,便可得到矩形抽样信号的频谱为

$$F_s(\omega)=\frac{E\tau}{T_s}\sum_{n=-\infty}^{\infty}\mathrm{Sa}\left(\frac{n\Omega_s\tau}{2}\right)F(\omega-n\Omega_s) \tag{3-82}$$

在这种情况下,$F(\mathrm{j}\omega)$ 在以 Ω_s 为周期的重复过程中,幅度以 $\mathrm{Sa}\left(\frac{n\Omega_s\tau}{2}\right)$ 的规律变化,如图 3-22 所示。

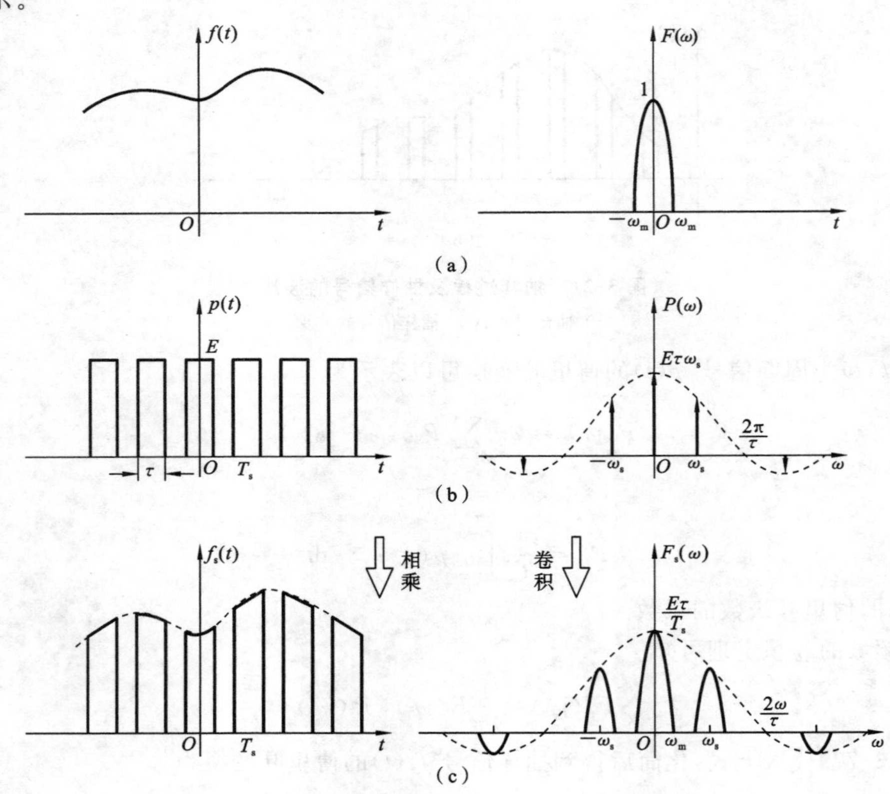

图 3-22 矩形抽样信号的频谱

2) 冲激抽样

当抽样脉冲 $p(t)$ 为冲激序列 $\delta_T(t)$ 时,有

$$\left.\begin{aligned} p(t) &= \delta_T(t) = \sum_{n=-\infty}^{\infty} \delta(t-nT_s) \\ f_s(t) &= f(t)\delta_T(t) = f(t)\sum_{n=-\infty}^{\infty} \delta(t-nT_s) \end{aligned}\right\} \tag{3-83}$$

在这种情况下，抽样信号 $f_s(t)$ 是由一系列冲激函数构成的，每个冲激的间隔为 T_s，而强度等于连续信号的抽样值 $f(nT_s)$，其时域抽样信号 $f_s(t)$ 及其频谱如图 3-23 所示。

由式(3-78)且根据傅里叶系数的定义，可以求出 $\delta_T(t)$ 的傅里叶系数为

$$P_n = \frac{1}{T_s}\int_{-\frac{T_s}{2}}^{\frac{T_s}{2}} \delta_T(t)\mathrm{e}^{-\mathrm{j}n\omega_s t}\mathrm{d}t = \frac{1}{T_s}\int_{-\frac{T_s}{2}}^{\frac{T_s}{2}} \delta(t)\mathrm{e}^{-\mathrm{j}n\omega_s t}\mathrm{d}t = \frac{1}{T_s}$$

把上式代入式(3-80)中，可以得到冲激抽样信号的频谱为

$$F_s(\omega) = \frac{1}{T_s}\sum_{n=-\infty}^{\infty} F(\omega - n\omega_s)$$

上式表明：由于冲激序列的傅里叶系数 P_n 为常数，因此 $F_s(\omega)$ 是以 ω_s 为周期等幅地重复，如图 3-23 所示。

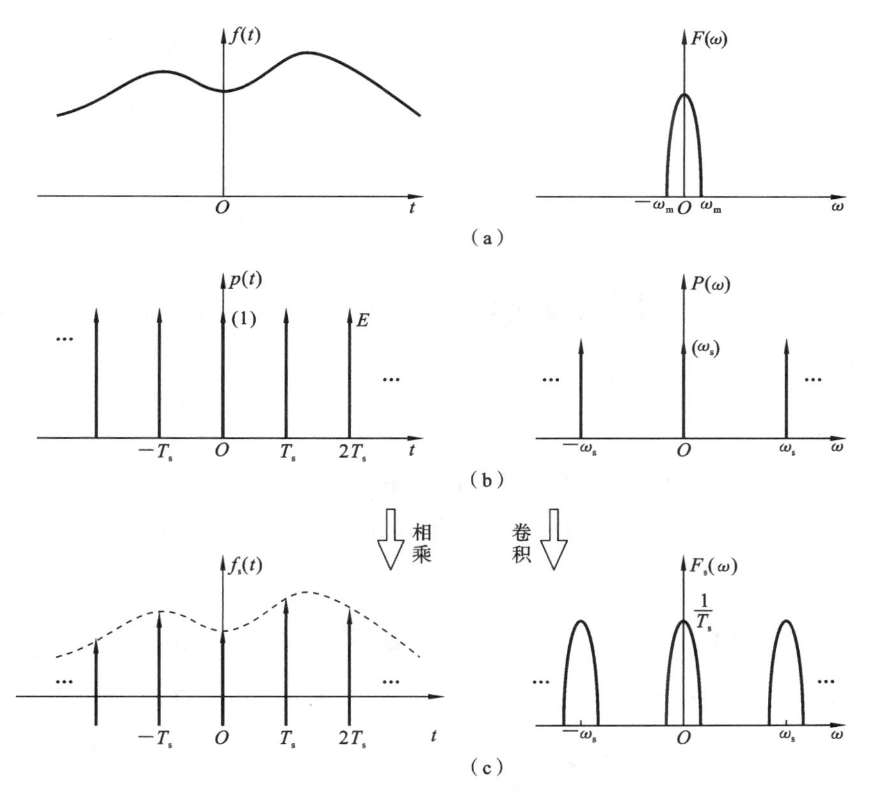

图 3-23 冲激抽样信号的频谱

3. 频域抽样

已知连续频谱函数 $F(\mathrm{j}\omega)$，对应的时间函数为 $f(t)$。若 $F(\mathrm{j}\omega)$ 在频域中被间隔为 Ω_s 的冲激序列 $\delta_\Omega(\omega)$ 抽样，那么抽样后的频谱函数 $F_s(\mathrm{j}\omega)$ 所对应的时间函数 $f_s(t)$ 与 $f(t)$ 具有什么样的关系？

已知

$$F(\mathrm{j}\omega)=\mathscr{F}[f(t)]$$

若频域抽样过程满足

$$F_s(\mathrm{j}\omega)=F(\mathrm{j}\omega)\delta_\omega(\omega) \tag{3-84}$$

其中

$$\delta_\omega(\omega)=\sum_{n=-\infty}^{\infty}\delta(\omega-n\Omega)$$

由冲激序列的频谱可知

$$\mathscr{F}\Big[\sum_{n=-\infty}^{\infty}\delta(t-nT)\Big]=\Omega\sum_{n=-\infty}^{\infty}\delta(\omega-n\Omega),\quad \Omega=\frac{2\pi}{T}$$

于是上式可写为逆变换形式,即

$$\mathscr{F}^{-1}[\delta_\Omega(\omega)]=\mathscr{F}^{-1}\Big[\sum_{n=-\infty}^{\infty}\delta(\omega-n\Omega)\Big]=\frac{1}{\Omega}\sum_{n=-\infty}^{\infty}\delta(t-nT)=\frac{1}{\Omega}\delta_\Omega(t) \tag{3-85}$$

由式(3-84)、式(3-85),根据时域的卷积定理,可知

$$\mathscr{F}^{-1}[F_s(\mathrm{j}\omega)]=\mathscr{F}^{-1}[F(\mathrm{j}\omega)]*\mathscr{F}^{-1}[\delta_\Omega(\omega)]$$

即

$$f_s(t)=f(t)*\frac{1}{\Omega}\sum_{n=-\infty}^{\infty}\delta(t-nT)$$

这样,可得到 $F(\mathrm{j}\omega)$被抽样后 $F_s(\mathrm{j}\omega)$所对应的时间函数为

$$f_1(t)=\frac{1}{\Omega}\sum_{n=-\infty}^{\infty}f(t-nT) \tag{3-86}$$

式(3-86)表明:若 $f(t)$的频谱 $F(\mathrm{j}\omega)$被间隔为 Ω 的冲激序列在频域中抽样,则在时域中等效于 $f(t)$以 $T\left(\frac{2\pi}{\Omega}\right)$为周期而重复(见图 3-24)。

4. 时域抽样定理

一个频谱受限的非周期信号 $f(t)$,其频谱分布在 $-\omega_m\sim+\omega_m$ 的范围,其中 ω_m 是 $f(t)$所包含的最高频率。如果信号 $f(t)$用等间隔的抽样序列 $f_s(t)$值唯一表示,那么抽样间隔必须不大于$\frac{1}{2f_m}$(其中 $\omega_m=2\pi f_m$)。或者说,最低抽样频率为 $2f_m$。这就是时域抽样定理。

连续信号 $f(t)$的频谱 $F(\mathrm{j}\omega)$限制在$-\omega_m\sim+\omega_m$ 的范围内,若以间隔 T_s(或重复频率 $\Omega_s=\frac{2\pi}{T_s}$)对 $f(t)$进行抽样,抽样后信号 $f_s(t)$的频谱 $F_s(\mathrm{j}\omega)$是 $F(\mathrm{j}\omega)$以 Ω_s 为周期重复。若抽样过程满足式(3-71)(如冲激抽样),则 $F(\mathrm{j}\omega)$频谱在重复过程中是不产生失真的。在此情况下,只有满足 $\Omega_s\geqslant2\omega_m$ 的条件,$F_s(\mathrm{j}\omega)$才不会产生频谱的混叠。这样,抽样信号 $f_s(t)$保留了原连续信号 $f(t)$的全部信息,完全可以用 $f_s(t)$唯一地表示 $f(t)$。或者说,完全可以由 $f_s(t)$恢复出 $f(t)$。图 3-25 画出了当抽样率 $\Omega_s\geqslant2\omega_m$(不混叠时)及 $\Omega_s\leqslant2\omega_m$(混叠时)两种情况下冲激抽样信号的频谱。

从上面的分析可知,为了保留这一频率分量的全部信息,一个周期的间隔内至少抽样两次,即必须满足 $\Omega_s\geqslant2\omega_m$ 或 $f_s\geqslant2f_m$。工程上把最低允许的抽样率 $f_s=2f_m$ 称为奈奎斯特频

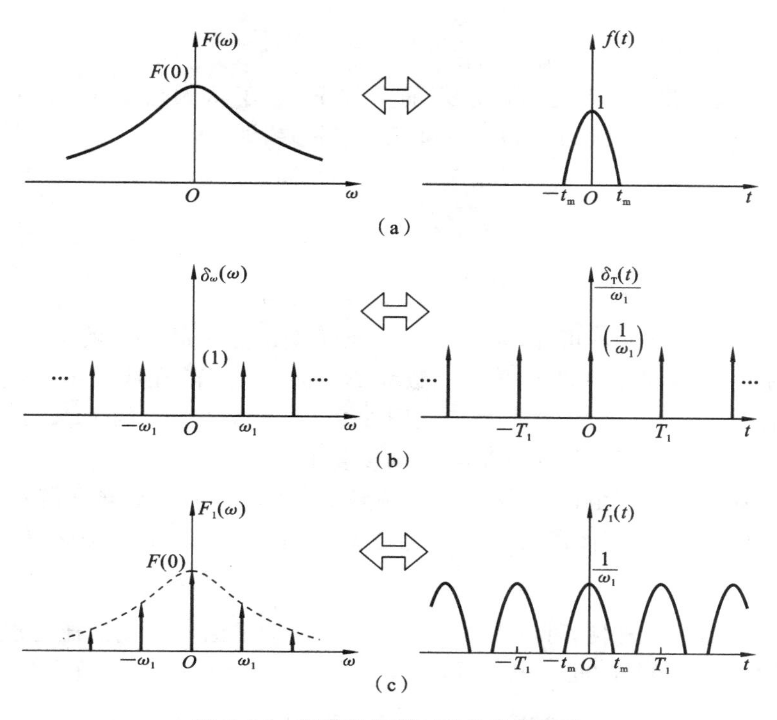

图 3-24 频谱抽样所对应的信号波形

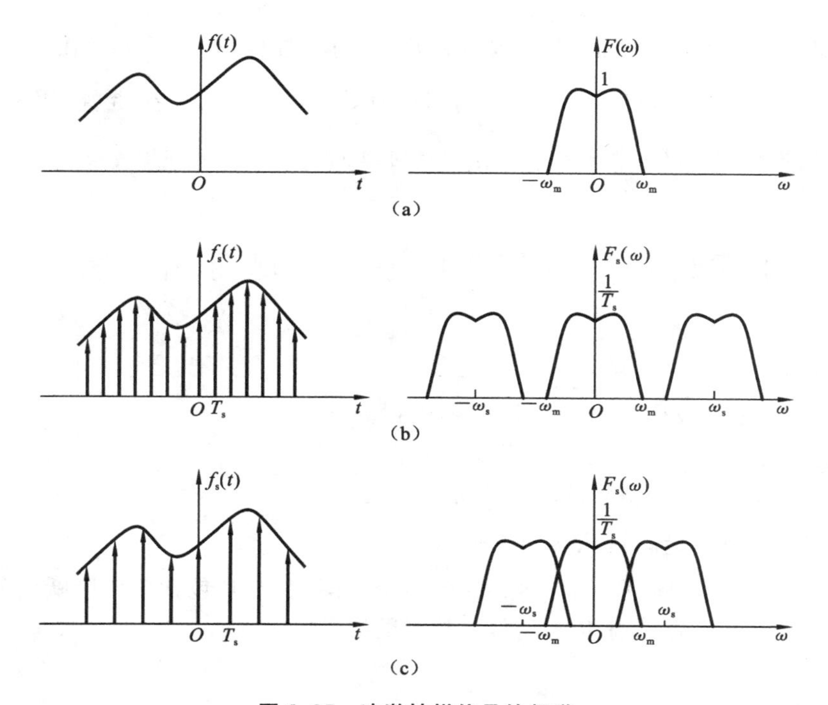

图 3-25 冲激抽样信号的频谱

(a) 连续信号的频谱;(b) 高抽样率时的抽样信号及频谱(不混叠);(c) 高抽样率时的抽样信号及频谱(混叠)

率，把最大允许的抽样间隔 $T_s=\frac{\pi}{\omega_m}=\frac{1}{2f_m}$ 称为奈奎斯特间隔。

从图 3-25 可以看出，在满足抽样定理的条件下，为了从频谱 $F_s(j\omega)$ 中无失真地选出 $F(j\omega)$，可以用如下的矩形系统函数 $H(j\omega)$ 和 $F_s(j\omega)$ 相乘，即

$$F(j\omega)=F_s(j\omega)H(j\omega)$$

其中

$$H(j\omega)=\begin{cases}T_s, & |\omega|<\omega_m \\ 0, & |\omega|>\omega_m\end{cases}$$

我们根据后续章节的学习可知，实现 $F_s(j\omega)$ 与 $H(j\omega)$ 相乘的方法就是将抽样信号 $f_s(t)$ 施加于理想低通滤波器(此滤波器的传输函数为 $H(j\omega)$)。这样，在滤波器的输出端可以得到频谱为 $F(j\omega)$ 的连续信号 $f(t)$。这相当于从图 3-25 不混叠情况下的 $F_s(j\omega)$ 频谱中，只取出 $|\omega|<\omega_m$ 的部分，当然，这就恢复了 $F(j\omega)$，也即恢复了 $f(t)$。

上述分析从频域解释了由抽样信号 $f_s(t)$ 的频谱函数 $F(j\omega)$ 恢复连续信号 $f(t)$ 频谱函数 $F_s(j\omega)$ 的原理，也可从时域直接说明由 $f_s(t)$ 经理想低通滤波器产生 $f(t)$ 的原理。

5. 频域抽样定理

根据时域与频域的对称性，可以由时域抽样定理直接推论出频域抽样定理。频域抽样定理的内容为：若信号 $f(t)$ 是时间受限信号，它集中在 $-t_m\sim+t_m$ 的时间范围内，若在频域中以不大于 $\frac{1}{2t_m}$ 的频域间隔对 $f(t)$ 的频谱 $F(j\omega)$ 进行抽样，则抽样后的频谱 $F_s(j\omega)$ 可以唯一地表示原信号。

从物理概念上不难理解，因为在频域中对 $F(j\omega)$ 进行抽样，等效于 $f(t)$ 在时域中重复形成周期信号 $f_T(t)$。只要抽样间隔不大于 $\frac{1}{2t_m}$，则在时域中波形不会产生混叠，用矩形脉冲作为选通信号，从周期信号 $f_T(t)$ 中选出单个脉冲就可以无失真地恢复原信号 $f(t)$。

3.10 连续时间信号与线性系统时域分析实验

1. 实验目的

(1) 了解一些常见波形的程序产生及函数特性。

(2) 对卷积有一定的认识，了解卷积的波形图。

(3) 深入理解连续时间信号的时域分解。

2. 常用连续时间信号的时域波形

连续信号又称为模拟信号，其信号存在于整个时间范围内，包括单位阶跃信号、单位冲激信号、正弦信号、实指数信号、虚指数信号和复指数信号。

1) 单位阶跃信号

单位阶跃信号的定义如下：

$$u(t)=\begin{cases}0, & t<0 \\ 1, & t>0\end{cases}$$

单位阶跃信号的信号图如图 3-26 所示。

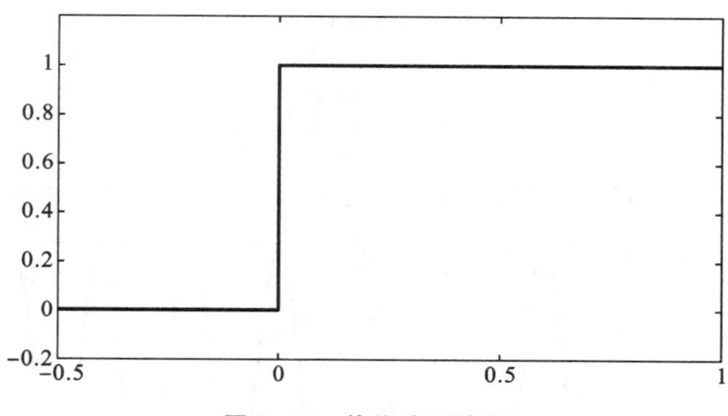

图 3-26 单位阶跃信号

2）单位冲激信号

在连续时间系统中，单位冲激信号是一种重要的信号。任何一种模拟信号都能通过冲激给予近似，通过系统对冲激输入的响应可以求得所有其他输入信号的响应。

单位冲激信号 $\delta(t)$ 也称为狄拉克(Dirac)分布，定义如下：

$$\begin{cases}\int_{-\infty}^{\infty}\delta(t)=1 & ① \\ \delta(t)=1,\quad t\neq 0 & ②\end{cases}$$

式②表明 $\delta(t)$ 在所有 t 不为 0 时取值为 0；式①表示冲激下的面积为 1，因此 $\delta(t)$ 信号具有单位面积的特性。

需要特别指出的是，$\delta(t)$ 在 $t=0$ 点的值 $\delta(0)$ 是没有定义的，$\delta(0)$ 并不等于无穷。冲激信号 $\delta(t)$ 可以近似地用一个位于原点、幅度为 A、持续时间为 $\frac{1}{A}$ 的脉冲来表示，这里 A 是一个很大的正值。

当 $t=\frac{1}{A}=\frac{1}{50}$ s，单位脉冲 $\delta(t)$ 的信号图如图 3-27 所示。

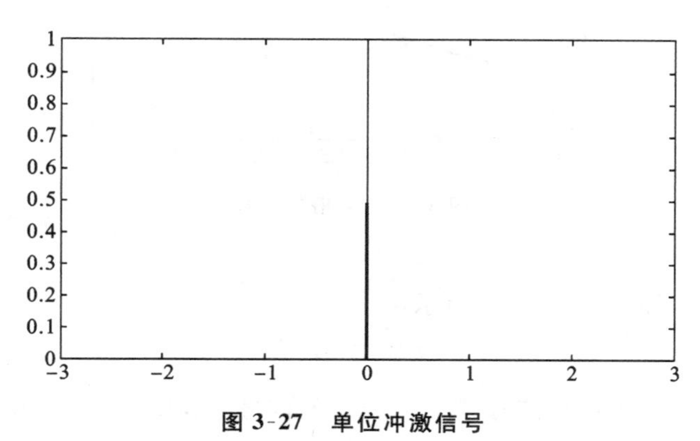

图 3-27 单位冲激信号

3）正弦信号

正弦信号和余弦信号两者仅在相位上相差 $\frac{\pi}{2}$，经常统称为正弦信号，一般写作

$$f(t)=A\cos(2\pi ft+\varphi)$$

或

$$f(t)=A\cos(\omega t+\varphi)$$

或

$$f(t)=A\cos\left(\frac{2\pi t}{T}+\varphi\right)$$

幅度 $A=3$、频率 $f=5$ Hz、相移 $\varphi=1$ 的正弦信号的信号图如图 3-28 所示。

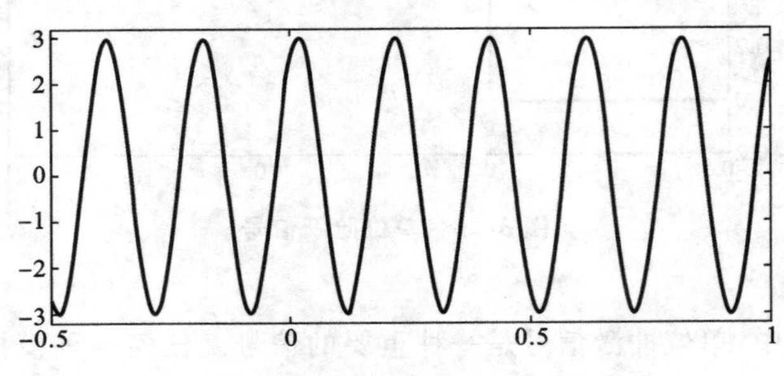

图 3-28　正弦信号

4) 实指数信号

实指数信号可由下面的表达式来表示：

$$f(t)=Ae^{at}$$

式中：e 是自然常数 2.718……；a 和 A 是实数。若 $a>0$，信号将随时间增长；若 $a<0$，信号将随时间衰减；若 $a=0$，信号不随时间变化而变化，成为直流信号。实数 A 表示指数信号在 $t=0$ 点的初始值。

当 $A=3$、$a=0.5$ 时的实指数信号 $f(t)=3e^{0.5t}$ 的信号图如图 3-29 所示。

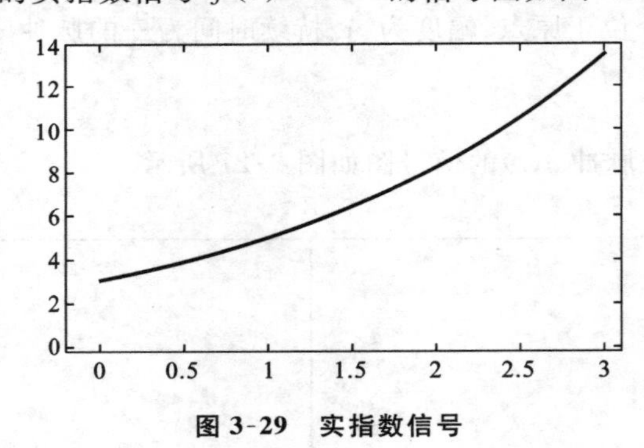

图 3-29　实指数信号

5) 虚指数信号

虚指数信号可由下面的表达式来表示：

$$f(t)=Ae^{i\omega t}$$

当 $A=2$、$\omega=\frac{\pi}{4}$ 时的虚指数信号 $f(t)=2e^{i\frac{\pi}{4}t}$ 的信号图如图 3-30 所示。

6) 复指数信号

复指数信号可由下面的表达式来表示：

$$f(t)=Ae^{(a+i\omega)t}$$

当 $A=1$、$a=-1$、$\omega=10$ 时的复指数信号 $f(t)=e^{(-1+i_{10})t}$ 的信号图如图 3-31 所示。

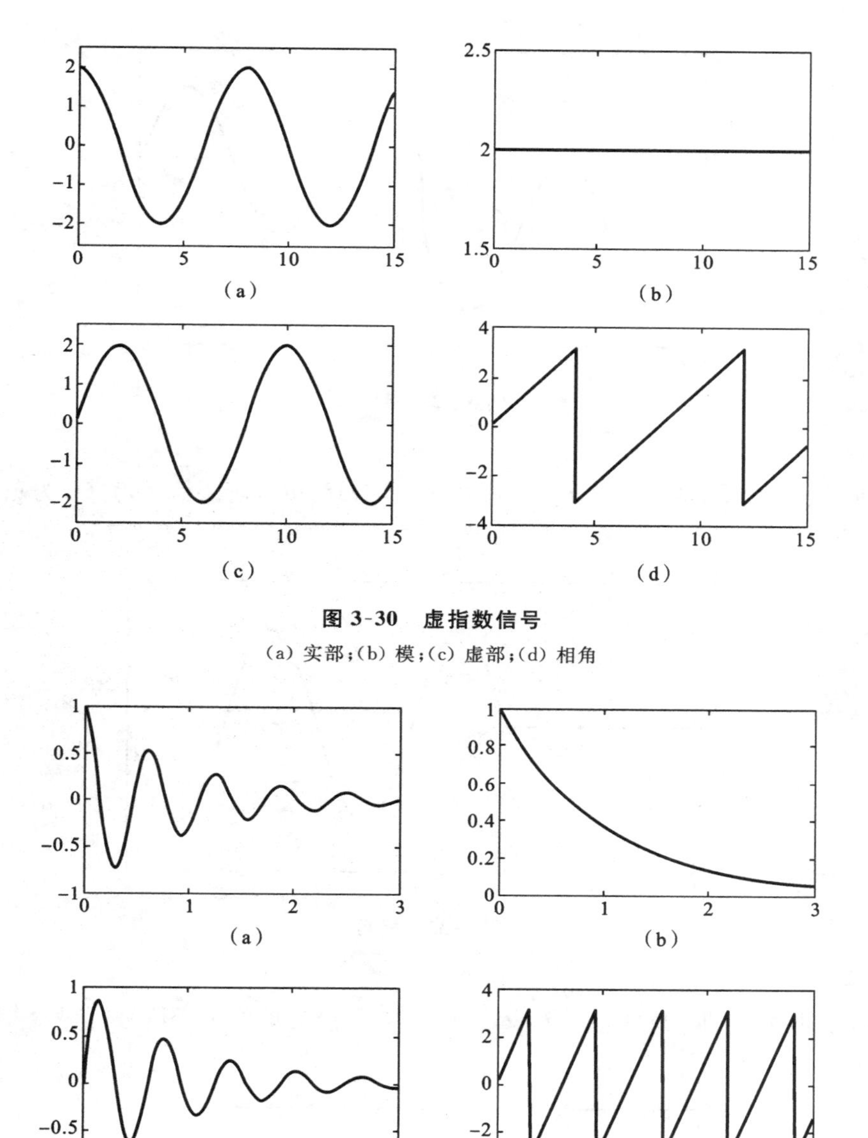

图 3-30　虚指数信号

(a) 实部；(b) 模；(c) 虚部；(d) 相角

图 3-31　复指数信号

(a) 实部；(b) 模；(c) 虚部；(d) 相角

3．连续时间信号的时域运算

在信号的传输和处理过程中往往需要进行信号的运算，它包括信号的相加、相乘、数乘、微分、积分。

1）相加

实现两信号的相加，即 $f(t)=f_1(t)+f_2(t)$。$f_1(t)$为单位阶跃信号，$f_2(t)$为正弦信号，两信号相加的信号图如图 3-32 所示。

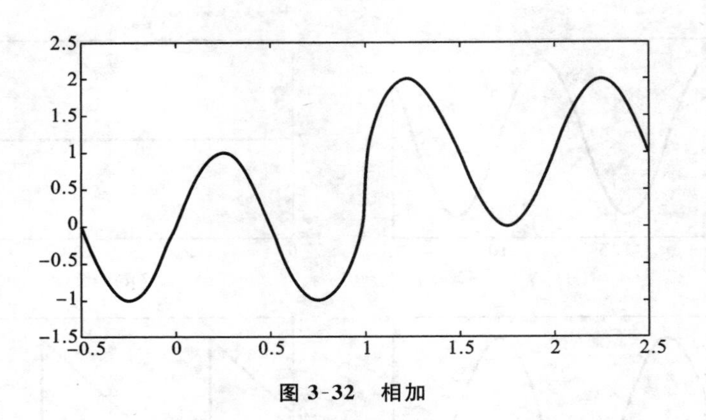

图 3-32 相加

2）相乘

实现两信号的相乘，即 $f(t)=f_1(t)*f_2(t)$。$f_1(t)$为单位阶跃信号，$f_2(t)$为正弦信号，两信号相乘的信号图如图 3-33 所示。

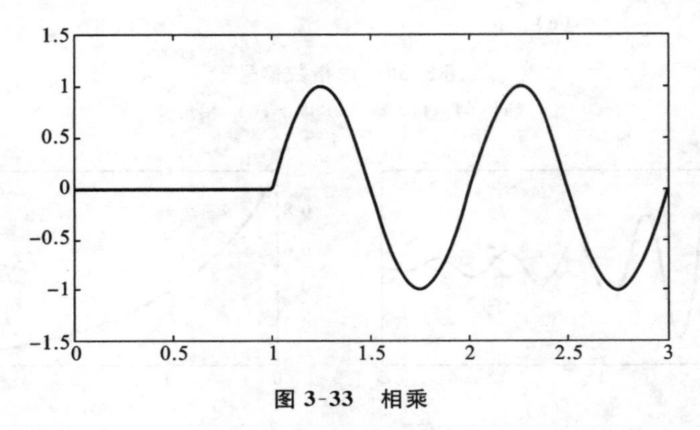

图 3-33 相乘

3）数乘

实现信号的数乘，即 $f(t)=A*f_1(t)$。$A=2$，$f_1(t)$为单位阶跃信号，信号数乘的信号图如图 3-34 所示。

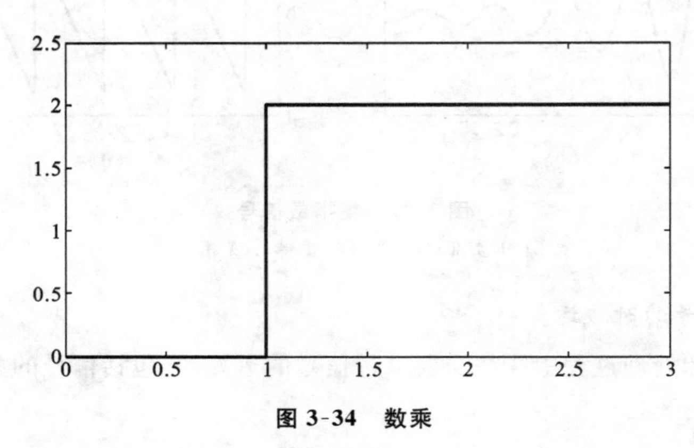

图 3-34 数乘

4）微分

微分即求信号的导数。

对函数 $f(t)=t^2$ 求一阶微分的信号图如图 3-35 所示。

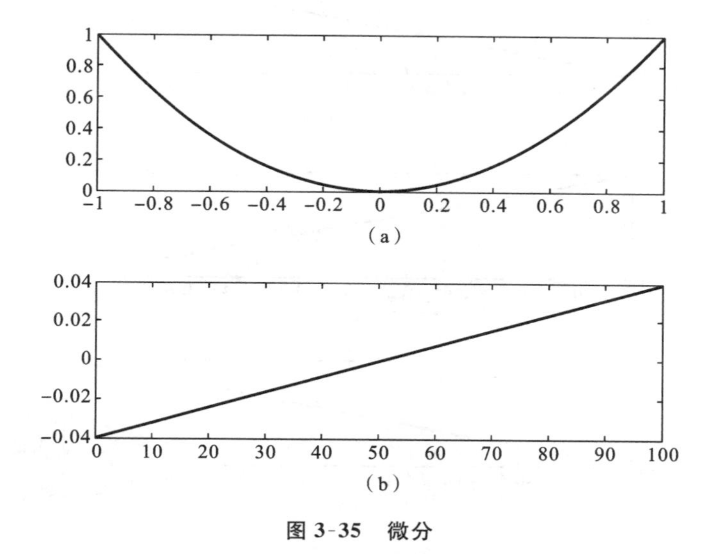

图 3-35　微分

5）积分

对 $f(t)=t^2$ 函数的一次积分的信号图如图 3-36 所示。

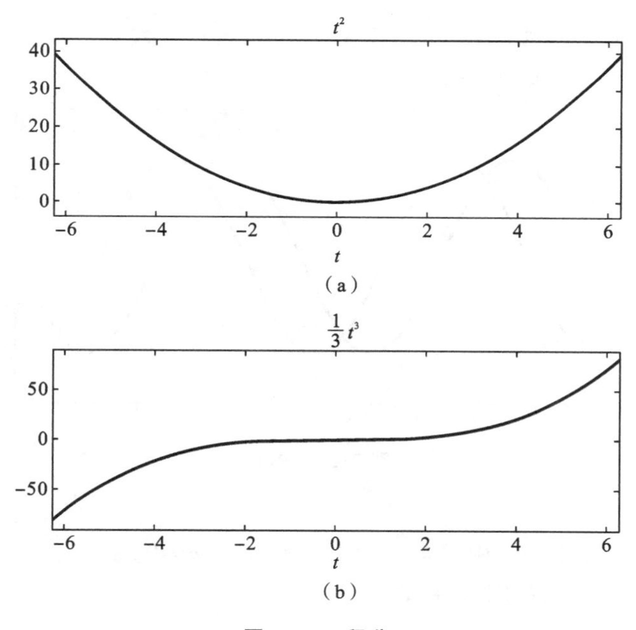

图 3-36　积分

4. 连续时间信号的时域变换

1）反转

信号的反转就是将信号的波形以某轴为对称轴翻转 180°，将信号 $f(t)$ 中的自变量 t 替换成 $-t$，即可得到其反转信号。

信号 $f(t)=t$ 的反转信号图如图 3-37 所示。

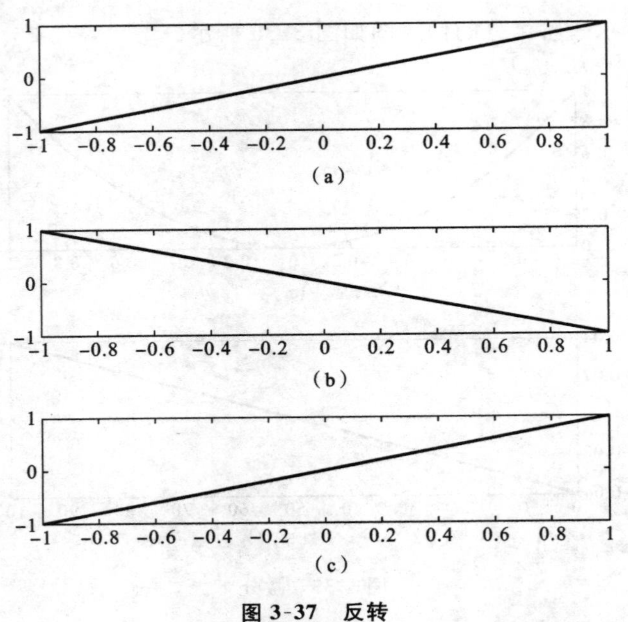

图 3-37 反转

(a) 原函数;(b) 左右反转;(c) 上下反转

2) 时移

实现连续时间信号的时移,即 $f(t-t_0)$或者 $f(t+t_0)$,常数 $t_0>0$。

正弦信号的时移信号图如图 3-38 所示。

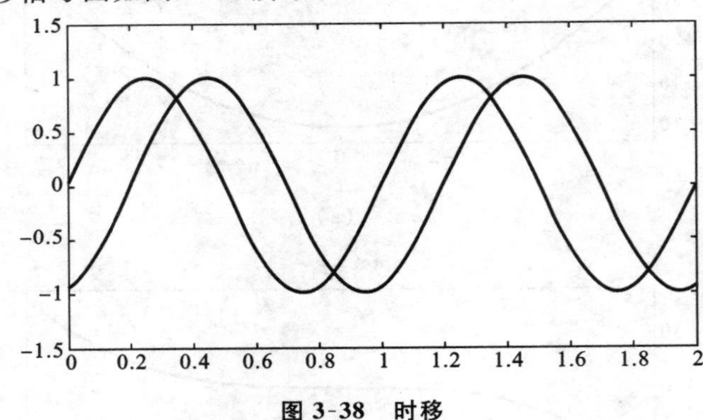

图 3-38 时移

3) 展缩

信号的展缩,即将信号 $f(t)$中的自变量 t 替换为 at,$a\neq0$。

正弦信号的展缩信号图如图 3-39 所示。

4) 倒相

连续信号的倒相是指将信号 $f(t)$以横轴为对称轴对折,得到 $-f(t)$。

正弦信号的倒相信号图如图 3-40 所示。

5) 综合变化

将 $f(t)=\frac{\sin t}{t}$通过反转、移位、尺度变换由 $f(t)$的波形得到 $f(-2t+3)$的波形。该变化的信号图如图 3-41 所示。

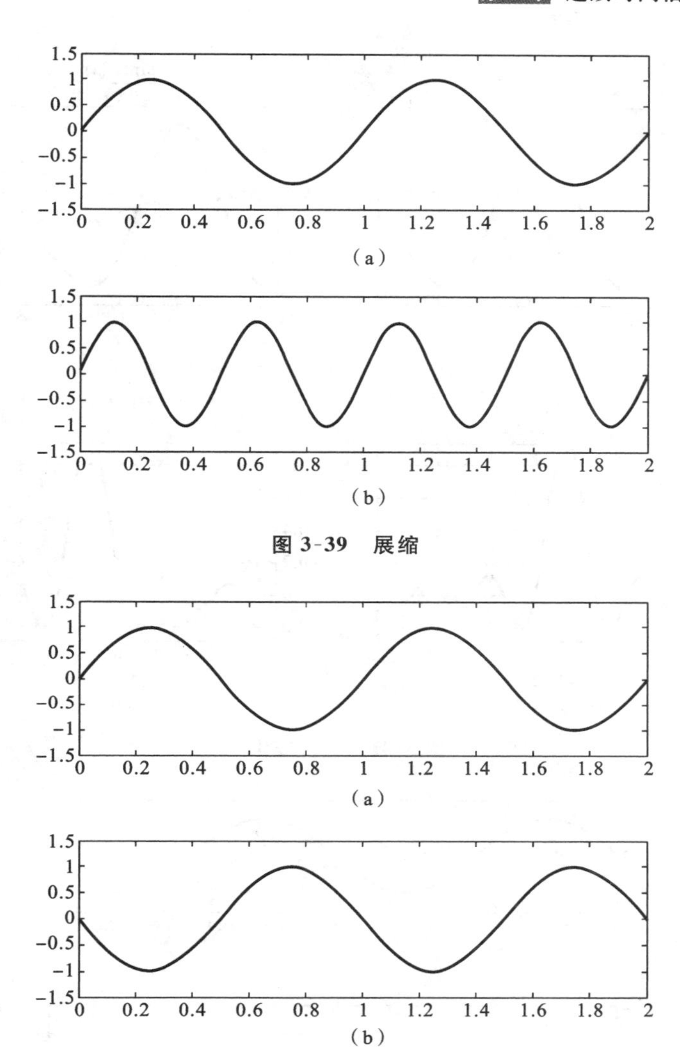

图 3-39 展缩

(a)

(b)

图 3-40 倒相

5. 连续时间信号简单的时域分解

1) 信号的交直流分解

信号的交直流分解，即将信号分解成直流分量和交流分量两部分之和，其中直流分量定义为

$$f_{\mathrm{D}}(t)=\int \frac{f(t)}{t}$$

交流分量定义为

$$f_{\mathrm{A}}(t)=f(t)-f_{\mathrm{D}}(t)$$

例如，对函数 $f(t)=\sin t+2$ 进行交直流分解。

分解波形图如图 3-42 所示。

2) 信号的奇偶分解

信号的奇偶分解，即将信号分解成偶分量和奇分量两部分之和，偶分量定义为

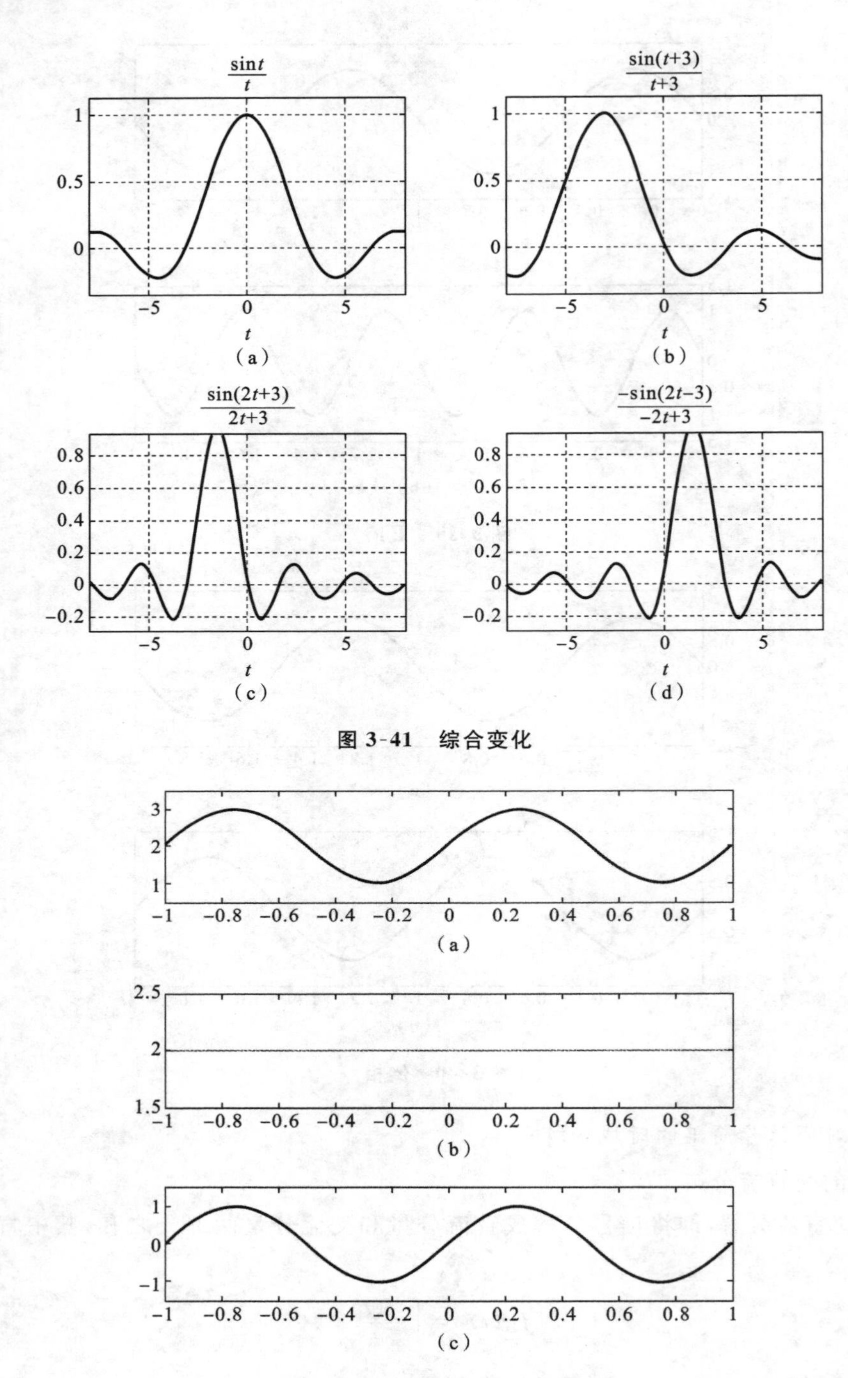

图 3-41 综合变化

图 3-42 信号的交直流分解

$$f_e(t)=f_e(-t)$$

奇分量定义为

$$f_o(t)=-f_o(-t)$$

则任意信号 $f(t)$ 可写成

$$f(t)=\frac{1}{2}[f(t)+f(-t)]+\frac{1}{2}[f(t)-f(-t)]$$

上式第一部分是偶分量，第二部分是奇分量，即

$$f_e(t)=\frac{1}{2}[f(t)+f(-t)]$$

$$f_o(t)=\frac{1}{2}[f(t)-f(-t)]$$

例如，对函数 $f(t)=\sin(t-0.1)+t$ 进行奇偶分解。

分解波形图如图 3-43 所示。

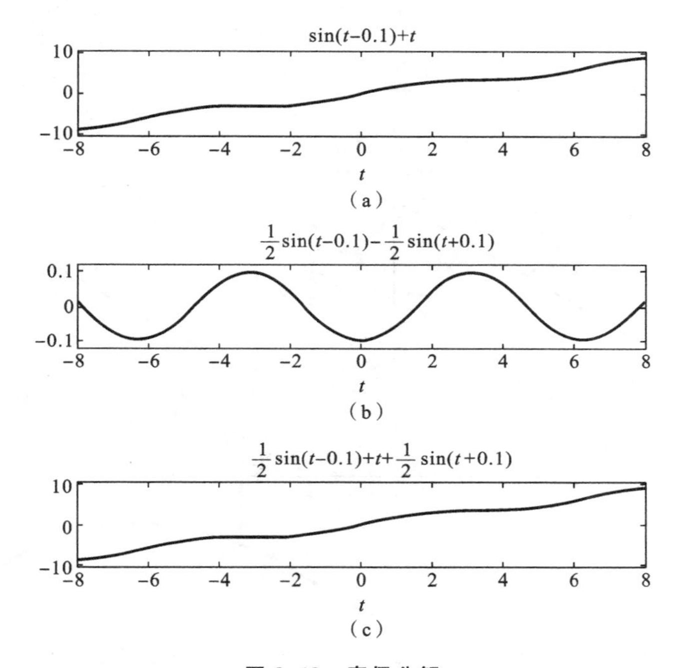

图 3-43 奇偶分解

6. 连续时间系统的卷积积分的仿真波形

卷积积分在信号与线性系统分析中具有非常重要的意义，是信号与系统分析的基本方法之一。

连续时间信号 $f_1(t)$和 $f_2(t)$的卷积积分（简称为卷积）$f(t)$的定义为

$$f(t)=f_1(t)*f_2(t)=\int_{-\infty}^{\infty}f_1(t)f_2(t-\tau)\mathrm{d}\tau$$

由此可得到两个与卷积相关的重要结论，即

(1) $f(t)=f_1(t)*\delta(t)$，即连续信号可分解为一系列幅度由 $f(t)$决定的冲激信号 $\delta(t)$及其平移信号之和；

(2) 线性时不变连续系统，设其输入信号为 $f(t)$，单位响应为 $h(t)$，其零状态响应为$y(t)$，则有：$y(t)=f(t)*h(t)$。

用 MATLAB 实现连续信号 $f_1(t)$与 $f_2(t)$卷积的过程如下：

(1) 将连续信号 $f_1(t)$与 $f_2(t)$以时间间隔 Δ 进行取样，得到离散序列 $f_1(k\Delta)$和$f_2(k\Delta)$；

（2）构造与 $f_1(k\Delta)$ 和 $f_2(k\Delta)$ 相对应的时间相量 k_1 和 k_2；

（3）调用 conv( )函数计算卷积积分 $f(t)$ 的近似相量 $f(n\Delta)$；

（4）构造 $f(n\Delta)$ 对应的时间相量 k。

例一：

实现程序如下。

```
p= 0.1;
k1= 0:p:2;
f1= 0.5*k1;
k2= k1;
f2= f1;
[f,k]= sconv(f1,f2,k1,k2,p)
```

程序的运行结果如图 3-44 所示。

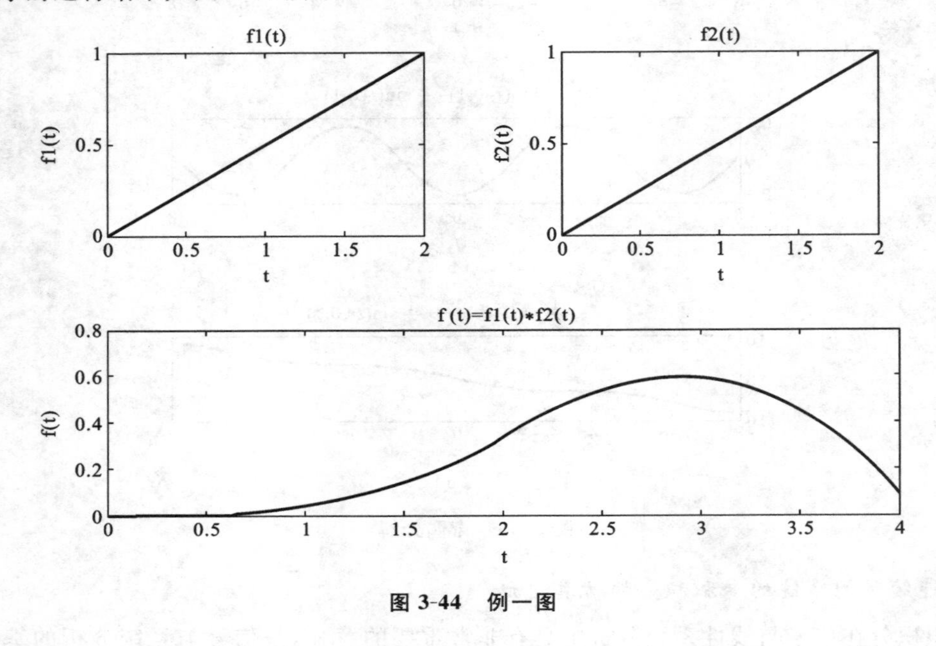

图 3-44　例一图

例二：

实现程序如下。

```
p= 0.1;
k1= 0:p:2;
f1= rectpuls(k1- 1,length(k1));
k2= k1;
f2= f1;
[f,k]= sconv(f1,f2,k1,k2,p)
```

程序的运行结果如图 3-45 所示。

7．连续时间系统的冲激响应、阶跃响应的仿真波形

对于连续时间系统，求解系统的冲激响应 $h(t)$ 和阶跃响应 $g(t)$ 对我们进行连续系统的分

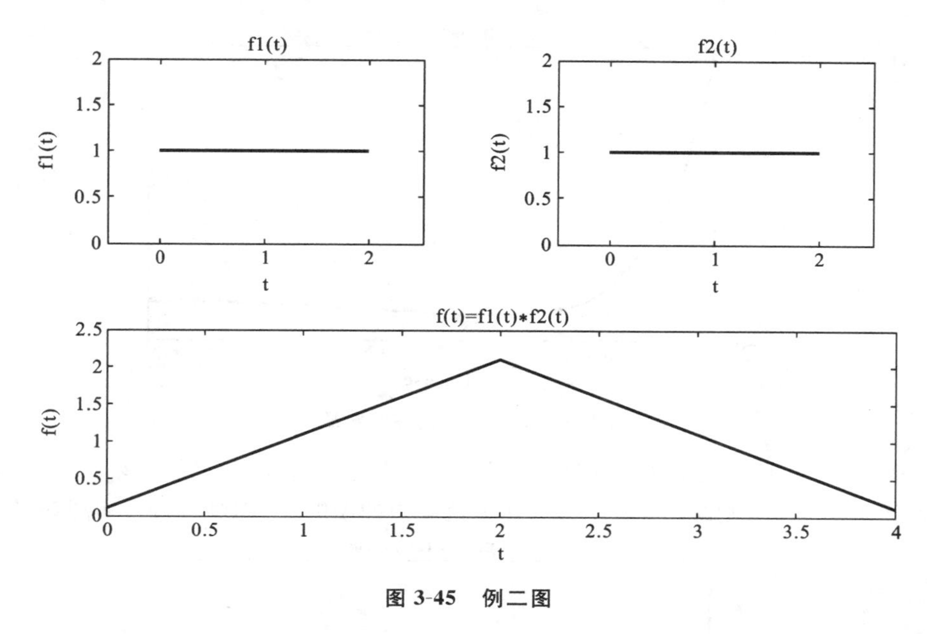

图 3-45 例二图

析具有非常重要的意义。MATLAB 为用户提供了专门用于求连续系统冲激响应和阶跃响应并绘制其时域波形的函数 impulse( )和 step( )。

在调用 impulse( )和 step( )函数时，我们需要用相量来对连续时间系统进行分析。

设描述连续系统的微分方程为

$$\sum_{i=0}^{n} A_i y^{(i)}(t) = \sum_{j=0}^{n} B_j x^{(j)}(t)$$

则我们可用向量 **A** 和 **B** 来表示该系统，即

$$\boldsymbol{A}=[A_N \quad A_{N-1} \quad \cdots \quad A_1 \quad A_0]$$
$$\boldsymbol{B}=[B_N \quad B_{N-1} \quad \cdots \quad B_1 \quad B_0]$$

注意，向量 **A** 和向量 **B** 的元素一定要以微分方程中时间求导的降幂次序来排列，且缺项要用 0 来补齐。例如，对微分方程 $y''(t)+3y'(t)+2y(t)=f''(t)+f(t)$，则表示该系统的对应向量应为 $\boldsymbol{A}=[1\ 3\ 2]$，$\boldsymbol{B}=[1\ 0\ 1]$。

1) impulse( )函数

函数 impulse( )将绘出由向量 a 和 b 表示的连续系统在指定时间范围内的冲激响应 $h(t)$ 的时域波形图，并能求出指定时间范围内冲激响应的数值解。

impulse( )函数有如下 4 种调用格式。

(1) impulse(b,a)：该调用格式以默认方式绘出向量 **A** 和 **B** 定义的连续系统的冲激响应的时域波形。例如，描述连续系统的微分方程为

$$y''(t)+5y'(t)+6y(t)=3f'(t)+2f(t)$$

运行如下 MATLAB 命令：

```
a= [1 5 6];
b= [3 2];
impulse(b,a);
```

绘出系统的冲激响应波形，如图 3-46 所示。

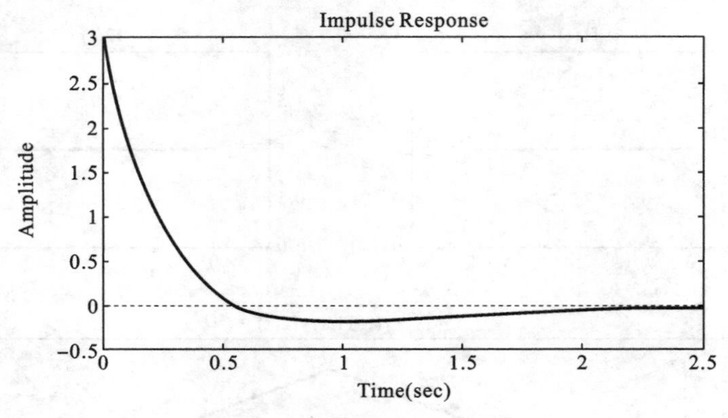

图 3-46　连续系统的冲激响应 1

(2) impulse(b,a,t):绘出系统在 0～t 时间范围内冲激响应的时域波形。对上例,若运行函数 impulse(b,a,10),则绘出系统在 0～10 s 范围内冲激响应的时域波形,如图 3-47 所示。

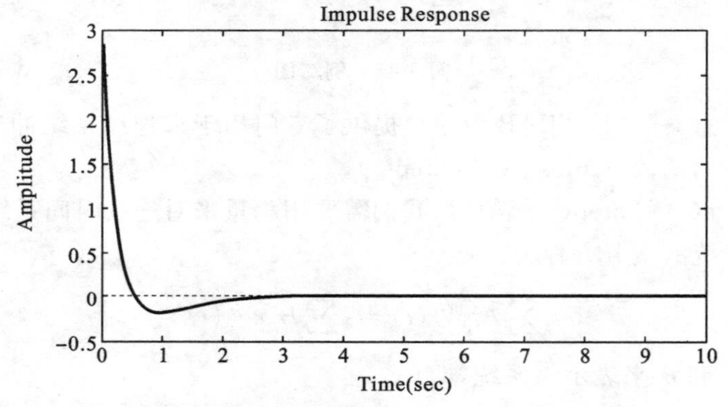

图 3-47　连续系统的冲激响应 2

(3) impulse(b,a,t₁:p:t₂):绘出在 t_1～t_2 时间范围内,且以时间间隔 p 均匀取样的冲激响应波形。对上例,若运行函数 impulse(b,a,1:0.1:2),则绘出 1～2 s 内,每隔 0.1 s 取样的冲激响应的时域波形,如图 3-48 所示。

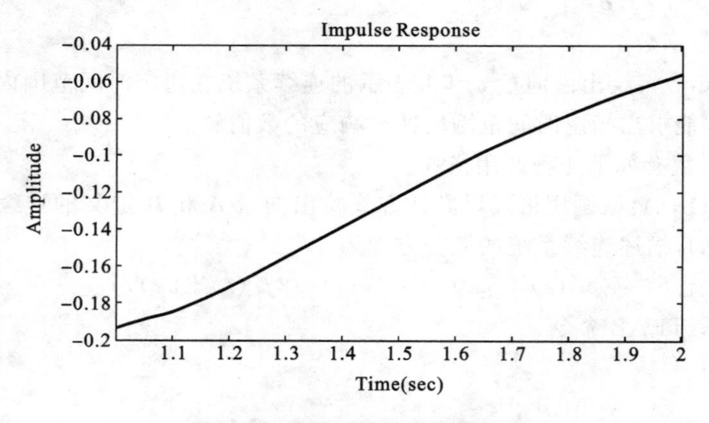

图 3-48　连续系统的冲激响应 3

(4) y=impulse(b,a,t_1:p:t_2):不绘出波形,而是求出系统冲激响应的数值解。对上例,

若运行函数 y=impulse(b,a,0:0.2:2)，则运行结果为

```
y= 3.0000      1.1604      0.3110      - 0.0477      - 0.1726      - 0.1928
    - 0.1716      - 0.1383      - 0.1054      - 0.0777      - 0.0559
```

2) step( )函数

step( )函数可绘出连续系统的阶跃响应 $g(t)$ 在指定时间范围的时域波形，并能求出其数值解，和 impulse( )函数一样也有 4 种调用格式。

(1) step(b,a)：该调用格式以默认方式绘出向量 **A** 和 **B** 定义的连续系统的阶跃响应的时域波形。例如，描述连续系统的微分方程为

$$y''(t)+5y'(t)+6y(t)=3f'(t)+2f(t)$$

运行如下 MATLAB 程序：

```
a= [1 5 6];
b= [3 2];
step(b,a);
```

则绘出系统的阶跃响应波形，如图 3-49 所示。

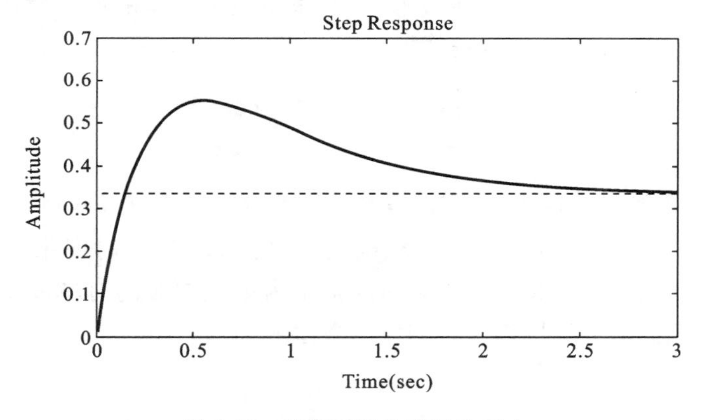

图 3-49　连续系统的阶跃响应 1

(2) step(b,a,t)：绘出系统在 $0\sim t$ 时间范围内阶跃响应的时域波形。对上例，若运行函数 step(b,a,10)，则绘出系统在 0～10 s 范围内阶跃响应的时域波形，如图 3-50 所示。

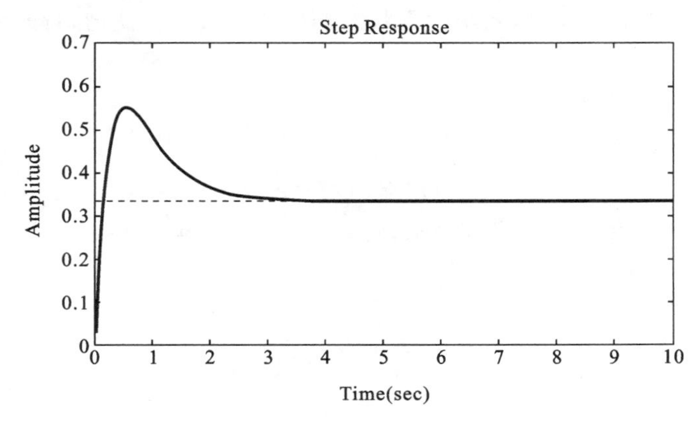

图 3-50　连续系统的阶跃响应 2

(3) step(b,a,t_1:p:t_2):绘出在 t_1～t_2 时间范围内，且以时间间隔 p 均匀取样的阶跃响应波形。对上例，若运行函数 step(b,a,1:0.1:2)，则绘出 1～2 s 内，每隔 0.1 s 取样的阶跃响应的时域波形，如图 3-51 所示。

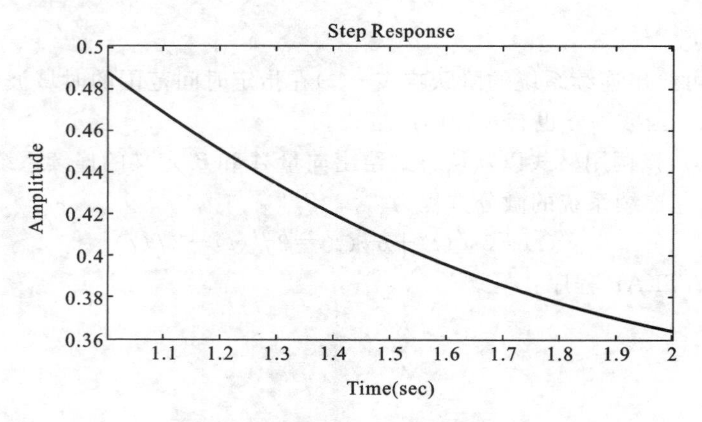

图 3-51　连续系统的阶跃响应 3

(4) y＝step(b,a,t_1:p:t_2):不绘出波形，而是求出系统阶跃响应的数值解。对上例，若运行函数 y＝step(b,a,0:0.2:2)，则运行结果为

```
y= 0     0.393    0.529    0.550    0.525    0.488    0.451    0.420    0.396
   0.377    0.364
```

8. 连续时间系统对正弦信号、实指数信号的零状态响应的仿真波形

MATLAB 中的函数 lsim( )能对微分方程描述的 LTI 连续时间系统的响应进行仿真。该函数能绘制连续时间系统在指定的任意时间范围内系统响应的时域波形图，还能求出连续时间系统在指定的任意时间范围内系统响应的数值解，函数 lsim( )的调用格式如下：

```
lsim(b,a,x,t)
```

在该调用格式中，a 和 b 是由描述系统的微分方程系统决定的表示该系统的两个行向量。x 和 t 则是表示输入信号的行向量，其中 t 为表示输入信号时间范围的向量，x 则是输入信号在向量 t 定义的时间点上的抽样值。该调用格式将绘出向量 b 和 a 所定义的连续系统在输入量为向量 x 和 t 所定义的信号时，系统的零状态响应的时域仿真波形，且时间范围与输入信号相同。

1) 正弦信号的零状态响应

描述某连续时间系统的微分方程为

$$r''(t)+2r'(t)+r(t)=e'(t)+2e(t)$$

当输入信号为 $e(t)=\sin 2\pi t\varepsilon(t)$ 时，求该系统的零状态响应 $r(t)$。

MATLAB 程序如下：

```
clc;
a= [1,2,1];
b= [1,2];
p= 0.5;
```

```
t= 0:p:5;
x= sin(2*pi*t);
lsim(b,a,x,t);
hold on;
p= 0.2;
t= 0:p:5;
x= sin(2*pi*t);
lsim(b,a,x,t);
p= 0.01;
t= 0:p:5;
x= sin(2*pi*t);
lsim(b,a,x,t);
hold off;
```

正弦信号的零状态响应如图 3-52 所示。

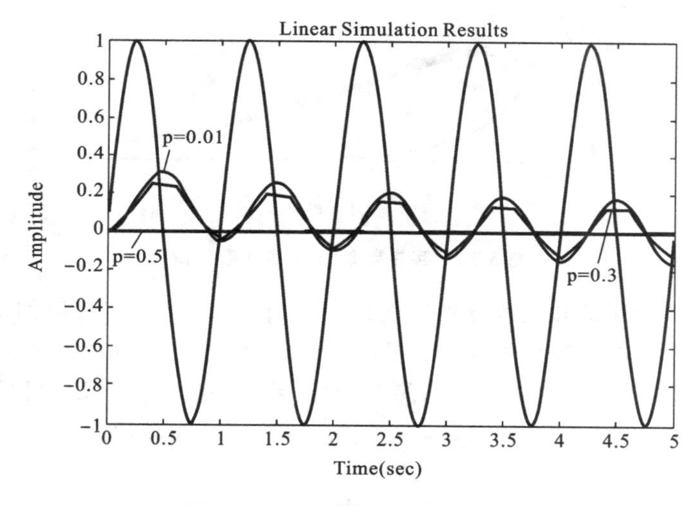

图 3-52 正弦信号的零状态响应

2）实指数信号的零状态响应

描述某连续时间系统的微分方程为

$$r''(t)+2r'(t)+r(t)=e'(t)+2e(t)$$

当输入信号为 $e(t)=e^{-2t}\varepsilon(t)$时，求该系统的零状态响应 $r(t)$。

MATLAB 程序如下：

```
clc;
a= [1,2,1];
b= [1,2];
p= 0.5;
t= 0:p:5;
x= exp(- 2*t);
lsim(b,a,x,t);
hold on;
p= 0.3;
```

```
t= 0:p:5;
x= exp(- 2*t);
lsim(b,a,x,t);
p= 0.01;
t= 0:p:5;
x= exp(- 2*t);
lsim(b,a,x,t);
hold off;
```

实指数信号的零状态响应如图 3-53 所示。

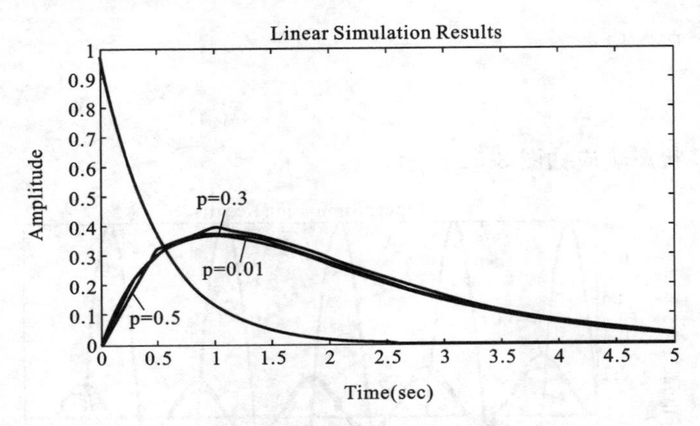

图 3-53　实指数信号的零状态响应

图 3-52、图 3-53 所示的几条线分别代表 p＝0.5、p＝0.3、p＝0.01 时的情形。显然可以看出，函数 lsim( )对系统响应进行仿真的效果取决于向量 t 的时间间隔的密集程度。图3-52、图 3-53 绘出了上述系统在不同抽样时间间隔时函数 lsim( )仿真的情况，可见抽样时间间隔越小，仿真效果越好。

思　考　题

1. 为什么将信号进行正交分解？
2. 周期信号频谱有什么特点？
3. 周期方波和周期三角波信号频谱收敛速度哪个快，为什么？
4. 信号频谱函数包含的冲激分量代表了何种信号分量？
5. 为什么一个有始有终(时限)的信号不是带限信号？
6. 非周期信号的频谱都是连续的吗？为什么？

习　题　3

1. 已知一个信号在时间$(0,2\pi)$上的方波信号为

$$f(t)=\begin{cases}1, & 0<t<\pi \\ -1, & \pi<t<2\pi\end{cases}$$

(1) 如果用同在这一区间上的正弦信号来近似表示此方波信号，要求此信号与方波信号的均方误差最小，求该正弦信号。

(2) 证明此信号与同一区间上的余弦信号 $\cos nt$(n 为整数)正交。

2. 如图题2所示的周期三角波信号的一个周期$(0,2\pi)$，将其展开为三角傅里叶级数，并画出其频谱。

3. 已知：$f_1(t)$的傅里叶变换为$F_1(\mathrm{j}\omega)$，如图题3(a)所示；$f_2(t)$为$f_1(t)$经反褶之后再沿时间轴右移t_0所构成的，如图题3(b)所示。试用$f_1(t)$的傅里叶变换$F_1(\mathrm{j}\omega)$来表示$f_2(t)$的傅里叶变换$F_2(\mathrm{j}\omega)$。

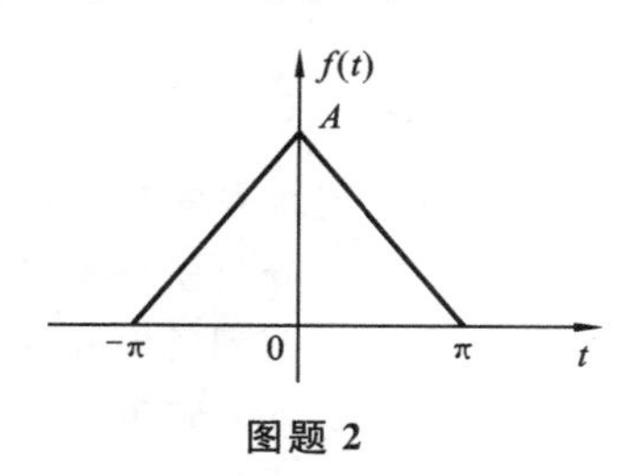

图题2

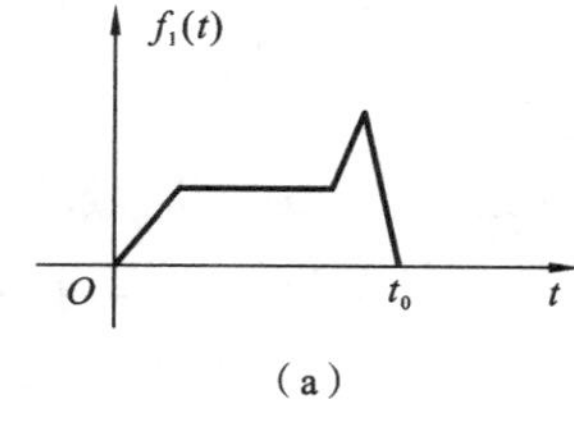

(a)

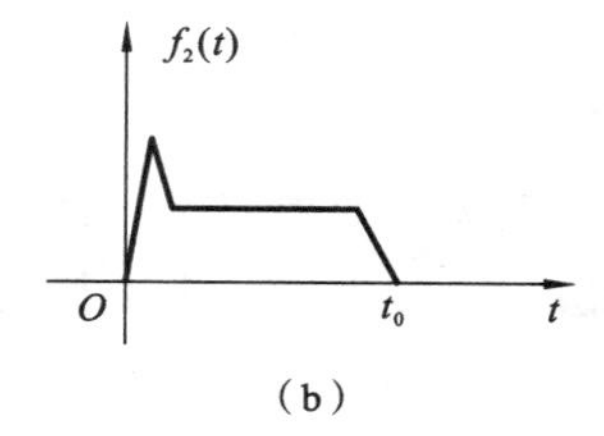

(b)

图题3

4. 求如图题4所示信号的傅里叶变换。

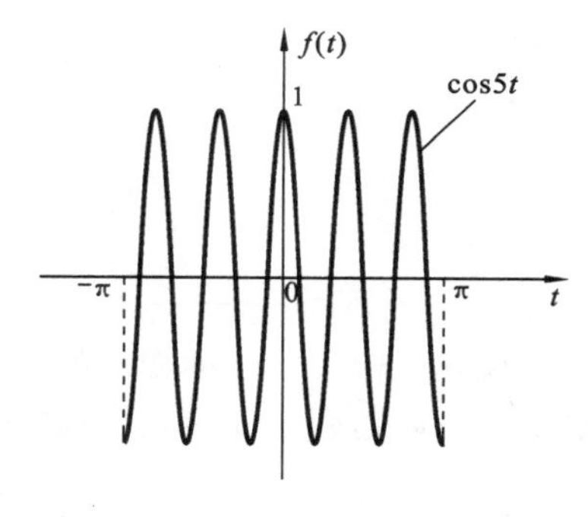

图题4

5. 如果实信号$f(t)$的频谱函数$F(\mathrm{j}\omega)=R(\omega)+\mathrm{j}X(\omega)$，试证明$f(t)$的偶分量的频谱函数为$R(\omega)$，奇分量的频谱函数为$\mathrm{j}X(\omega)$。

6. 求下列函数的傅里叶变换。

(1) $f(t)=\dfrac{\sin 2\pi(t-2)}{\pi(t-2)}$； (2) $f(t)=\dfrac{2\alpha}{\alpha^2+t^2}$。

7. 利用频域的卷积定理，由$\cos\omega_c t$的傅里叶变换及$\varepsilon(t)$的傅里叶变换导出$\cos\omega_c t\cdot\varepsilon(t)$的傅里叶变换。

8. 已知信号$f_1(t)$的傅里叶变换为$F_1(\mathrm{j}\omega)$，将$f_1(t)$按照图题8方式进行延拓，构成信号$f_2(t)$，求此周期信号的傅里叶变换。

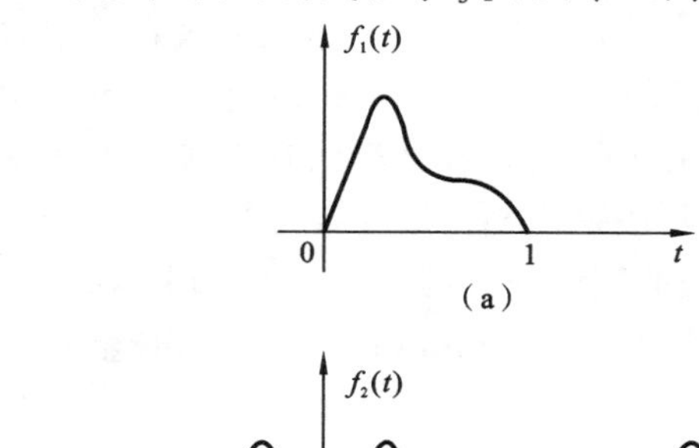

(a)

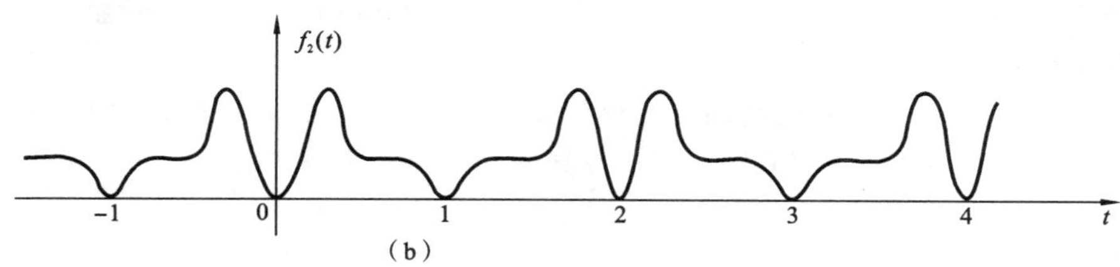

(b)

图题8

9. 已知$f(t)$的傅里叶变换为$F_1(\mathrm{j}\omega)$，求下列信号的傅里叶变换。

(1) $tf(2t)$； (2) $(t-2)f(t)$； (3) $t\dfrac{\mathrm{d}f(t)}{\mathrm{d}t}$； (4) $f(1-t)$。

第 4 章　连续时间系统的频域分析

4.1　引言

在第 2 章中，我们已经讨论过连续系统响应的时域求解法，本章将讨论连续系统的频域分析法。一般时域分析法与频域分析法的区别可简单地由表 4-1 来表述。频域分析法依然建立在线性系统具有叠加性和齐次性的基础之上，具体步骤为：先把信号分解为一系列等幅正弦函数单元，然后通过求取对每一单元激励产生的响应，并将响应叠加，最后变换到时域得到系统的总响应。

表 4-1　一般时域分析法与频域分析法的区别

	时域分析法	频域分析法
作用域	时间	频率
分解单元	冲激函数	正弦函数

频域分析法是一种变换的方法，它把时域中求解响应的问题通过傅里叶级数或者傅里叶变换转换成频域中的问题（以频率为变量），在频域中求解后再逆变换到时域，从而得到时域响应，图 4-1 所示图形表述了频域分析法与时域分析法的关系。

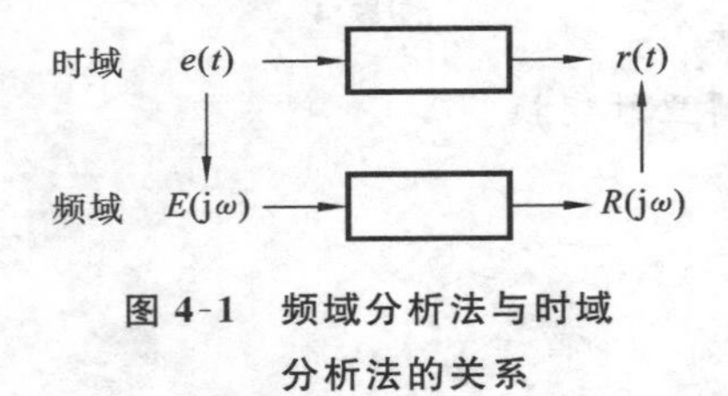

图 4-1　频域分析法与时域分析法的关系

用频域分析法分析系统也有一些不足之处：一是傅里叶变换的运用一般要受到绝对可积条件的约束，能适用的信号有限；二是傅里叶逆变换往往不太容易求解。尽管在分析连续系统时多使用复频域分析法，即拉普拉斯变换分析法，但这并不影响频域分析法在系统中的重要性。一方面，频域分析法是拉普拉斯变换分析法的基础；另一方面，信号和系统的频域分析具有明确的物理意义。信号与系统的频域分析广泛地应用于信号处理及信号传输系统设计和分析中，如信号传输过程中的调制与解调、信号的抽样及重建等。

本章将在第 3 章信号分析的基础上，介绍系统的频域分析法，并在此基础上介绍几类常用的模拟滤波器及希尔伯特变换、无失真传输等基本理论和方法。

4.2　信号通过系统的频域分析方法

在第 3 章中我们已经讨论了信号的分解。对于一个周期信号 $f(t)$（其周期为 T），我们可

以将其展开为傅里叶级数，即

$$f(t)=\frac{1}{2}\sum_{n=-\infty}^{\infty}\dot{A}_n e^{jn\Omega t}=\frac{a_0}{2}+\sum_{n=1}^{\infty}A_n\cos(n\Omega t+\varphi_n)$$

其中 $\Omega=\frac{2\pi}{T}$。对于一个非周期信号 $f(t)$，我们可以通过傅里叶变换得到

$$f(t)=\frac{1}{2\pi}\int_{-\infty}^{\infty}F(j\omega)e^{j\omega t}d\omega$$

因此，只要符合狄利克雷条件的信号都可以通过傅里叶级数或者傅里叶变换分解为一系列不同频率的正弦分量。

频域分析法就是把信号分解为一系列的等幅正弦函数（或虚幂指数函数），在求取系统对每一单元信号的响应后，将响应叠加，就可求得系统对复杂信号的响应。因此，频域分析法主要是研究信号频谱通过系统以后产生的变化。由于系统对不同频率的等幅正弦信号呈现的特性不同，因而对信号中各个频率分量的相对大小将产生不同的影响，同时各个频率分量也将产生不同的相移，使得各频率分量在时间轴上相对位置产生变化。叠加所得的信号波形也就不同于输入信号的波形，从而达到对信号处理的目的。

由所学知识可知，零状态响应为

$$r(t)=e(t)*h(t) \tag{4-1}$$

运用时域卷积定理，对等式两边取傅里叶变换可得

$$R(j\omega)=E(j\omega)H(j\omega) \tag{4-2}$$

由此可见，$H(j\omega)$与单位冲击响应 $h(t)$是一组傅里叶变换对，即有

$$h(t)\leftrightarrow H(j\omega) \tag{4-3}$$

$$H(j\omega)=\int_{-\infty}^{\infty}h(t)e^{-j\omega t}dt \tag{4-4}$$

联系频域中零状态响应 $R(j\omega)$与激励 $E(j\omega)$的函数 $H(j\omega)$称为频域的系统函数。

$$H(j\omega)=\frac{R(j\omega)}{E(j\omega)} \tag{4-5}$$

式中：$R(j\omega)$为零状态响应的频谱函数；$E(j\omega)$为激励信号的频谱函数。频域中的系统函数是频率的函数，故又称为频率响应函数，简称频响。

$$H(j\omega)=|H(j\omega)|e^{j\varphi(\omega)} \tag{4-6}$$

式中：$|H(j\omega)|$为 $H(j\omega)$的幅值，其随频率 ω 的变化关系称为幅频响应；$\varphi(j\omega)$为 $H(j\omega)$的相位，其随频率 ω 的变化关系称为相频响应。引入了频域系统函数的概念后，系统的频域分析方法可按如下步骤进行。

(1) 求激励信号的频谱函数 $E(j\omega)$：

$$E(j\omega)=\int_{-\infty}^{\infty}e(t)e^{-j\omega t}dt$$

(2) 求系统函数 $H(j\omega)$：

$$H(j\omega)=\frac{R(j\omega)}{E(j\omega)}$$

(3) 求取每一频率分量的响应：

$$R(j\omega)=E(j\omega)H(j\omega)$$

(4) 求 $R(j\omega)$的傅里叶逆变换：

$$r(t)=\frac{1}{2\pi}\int_{-\infty}^{\infty}E(\mathrm{j}\omega)H(\mathrm{j}\omega)\mathrm{e}^{\mathrm{j}\omega t}\,\mathrm{d}\omega$$

例 4-1 已知系统函数 $H(\mathrm{j}\omega)=\frac{\mathrm{j}\omega+3}{(\mathrm{j}\omega+1)(\mathrm{j}\omega+2)}$，求该系统在激励下的零状态响应 $y(t)$。

解 (1) 求输入激励 $x(t)$ 的频谱，即

$$X(\mathrm{j}\omega)=\frac{1}{\mathrm{j}\omega+3}$$

(2) 系统函数 $H(\mathrm{j}\omega)$ 已知。

(3) 求响应的频谱，即

$$Y(\mathrm{j}\omega)=X(\mathrm{j}\omega)H(\mathrm{j}\omega)=\frac{1}{(\mathrm{j}\omega+1)(\mathrm{j}\omega+2)}=\frac{1}{\mathrm{j}\omega+1}-\frac{1}{\mathrm{j}\omega+2}$$

(4) 由输出响应的频谱经傅里叶逆变换求取时域响应，即

$$y(t)=\mathscr{F}^{-1}[Y(\mathrm{j}\omega)]=(\mathrm{e}^{-t}-\mathrm{e}^{-2t})u(t)$$

由例 4-1 可知，利用频域分析法能够对系统的零状态响应求解。该方法的优点是时域的卷积运算变为频域的代数运算，但要求解正反两次傅里叶变换。

例 4-2 单位阶跃电压作用于如图 4-2 所示的 RC 电路，求电容 C 上的响应电压。

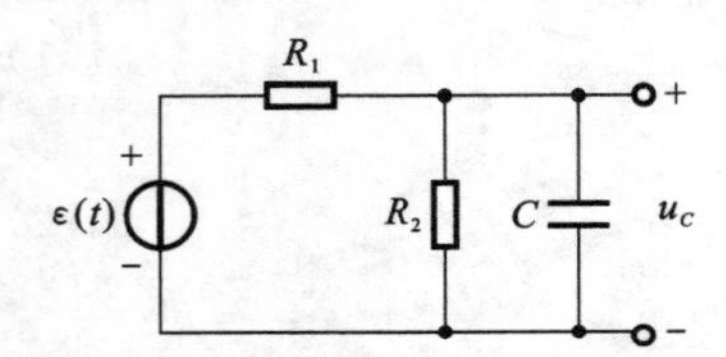

图 4-2 阶跃电压作用于 RC 电路

解 (1) 求输入信号的频谱。

$$E(\mathrm{j}\omega)=\mathscr{F}[\varepsilon(t)]=\pi\delta(\omega)+\frac{1}{\mathrm{j}\omega}$$

(2) 求系统函数 $H(\mathrm{j}\omega)$。

$$H(\mathrm{j}\omega)=\frac{\dfrac{R_2\cdot\dfrac{1}{\mathrm{j}\omega C}}{R_2+\dfrac{1}{\mathrm{j}\omega C}}}{R_1+\dfrac{R_2\cdot\dfrac{1}{\mathrm{j}\omega C}}{R_2+\dfrac{1}{\mathrm{j}\omega C}}}=\frac{R_2}{R_1+R_2+\mathrm{j}\omega R_1R_2C}=\frac{R_2}{R_1+R_2}\cdot\frac{1}{1+\mathrm{j}\omega\tau}$$

其中 $\tau=\frac{R_1R_2}{R_1+R_2}C$ 为电路的时间常数。

(3) 求输出响应的频谱。

$$U_C(\mathrm{j}\omega)=E(\mathrm{j}\omega)\cdot H(\mathrm{j}\omega)=\frac{R_2}{R_1+R_2}\left[\pi\delta(\omega)+\frac{1}{\mathrm{j}\omega}\right]\frac{1}{1+\mathrm{j}\omega\tau}$$

(4) 求输出响应频谱的傅里叶逆变换。

$$\begin{aligned}u_C(t)&=\mathscr{F}^{-1}[U_C(\mathrm{j}\omega)]=\frac{R_2}{R_1+R_2}\mathscr{F}^{-1}\left[\pi\delta(\omega)\frac{1}{1+\mathrm{j}\omega\tau}+\frac{1}{\mathrm{j}\omega(1+\mathrm{j}\omega\tau)}\right]\\&=\frac{R_2}{R_1+R_2}\mathscr{F}^{-1}\left[\pi\delta(\omega)+\frac{1}{\mathrm{j}\omega}-\frac{\tau}{1+\mathrm{j}\omega\tau}\right]\\&=\frac{R_2}{R_1+R_2}\left[\mathscr{F}^{-1}\left[\pi\delta(\omega)+\frac{1}{\mathrm{j}\omega}\right]-\mathscr{F}^{-1}\left[\frac{1}{\dfrac{1}{\tau}+\mathrm{j}\omega}\right]\right]\\&=\frac{R_2}{R_1+R_2}(1-\mathrm{e}^{-\frac{t}{\tau}})\varepsilon(t)\end{aligned}$$

这里为了避免繁杂的积分运算，频谱函数 $U_C(\mathrm{j}\omega)$ 被分解为表 3-1 中具有的形式，利用傅

里叶变换表可简化求解。

4.3 理想低通滤波器的冲激响应与阶跃响应

现在用频域分析法来分析冲激信号与阶跃信号通过理想低通滤波器的问题，以讨论脉冲响应的前沿建立时间与系统带宽的关系，以及系统的可实现性问题。通过分析所引出的结论对于实际工作具有重要意义。

理想低通滤波器是容许低于截止频率的信号通过，但高于截止频率的信号不能通过的电子滤波装置。理想低通滤波器具有如下的特性，它的电压传输系数的模量在通频带内为一常数，在通频带外则为 0，同时它的传输系数的辐角在通频带内与频率成正比，也就是在通频带 0 到 ω_c 内，系统函数可用下式表示：

$$K(j\omega)=|K(j\omega)|e^{j\varphi_K(\omega)}=Ke^{-j\omega t_0},\quad |\omega|<\omega_c \tag{4-7}$$

式中：t_0 为相位特性的斜率。为简便计，可令 $K=1$，即为归一化的电压传输系数。理想低通滤波器的传输特性如图 4-3 所示，即对于激励信号中低于截止频率 ω_c 的各分量，可一致均匀地通过，在时间上延迟同一段时间 t_0；而对于高于截止频率的各分量则一律不能通过，即输出中这些分量为 0。

首先讨论冲激响应。当理想低通滤波器的激励为冲激电压 $\delta(t)$，其频谱函数 $E(j\omega)=1$，根据式(4-2)可知，此时响应的频谱函数即为系统函数 $K(j\omega)$。因此，只要对其取傅里叶逆变换，即可得到理想低通滤波器的冲激响应，即有

$$h(t)=\mathscr{F}^{-1}[K(j\omega)]=\frac{1}{2\pi}\int_{-\omega_c}^{\omega_c}e^{-j\omega t_0}e^{j\omega t}d\omega$$

$$=\frac{1}{2\pi}\int_{-\omega_c}^{\omega_c}e^{-j\omega(t-t_0)}d\omega=\frac{\omega_c}{\pi}\mathrm{Sa}[\omega_c(t-t_0)] \tag{4-8}$$

由此可见，理想低通滤波器的冲激响应是一个延时的取样函数，其波形如图 4-4 所示。

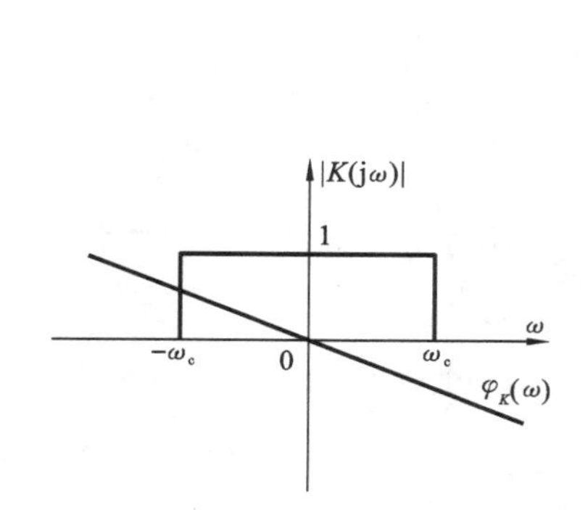

图 4-3 理想低通滤波器的传输特性

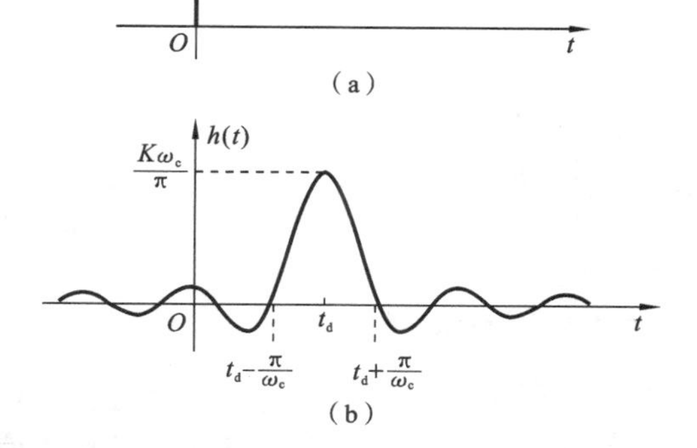

图 4-4 理想低通滤波器的冲激响应

下面讨论理想低通滤波器在阶跃电压作用下的响应。此时激励为阶跃电压 $e(t)=\varepsilon(t)$，即在 $t=0$ 时接入一幅度为 1 的直流电压。该阶跃电压的频谱为

$$E(\mathrm{j}\omega)=\pi\delta(\omega)+\frac{1}{\mathrm{j}\pi}$$

由式(4-2)可得输出电压为

$$U(\mathrm{j}\omega)=E(\mathrm{j}\omega)K(\mathrm{j}\omega)=\begin{cases}\left[\pi\delta(\omega)+\dfrac{1}{\mathrm{j}\omega}\right]\mathrm{e}^{-\mathrm{j}\omega t_0}, & |\omega|<\omega_c\\ 0, & |\omega|\geqslant\omega_c\end{cases}\tag{4-9}$$

再对式(4-9)求傅里叶逆变换即可得到输出电压 $u(t)$，即

$$\begin{aligned}u(t)&=\mathscr{F}^{-1}[U(\mathrm{j}\omega)]=\frac{1}{2\pi}\int_{-\infty}^{\infty}U(\mathrm{j}\omega)\mathrm{e}^{\mathrm{j}\omega t}\mathrm{d}\omega\\&=\frac{1}{2\pi}\left[\int_{-\omega_c}^{\omega_c}\pi\delta(\omega)\mathrm{e}^{\mathrm{j}\omega(t-t_0)}\mathrm{d}\omega+\int_{-\omega_c}^{\omega_c}\frac{\mathrm{e}^{\mathrm{j}\omega(t-t_0)}}{\mathrm{j}\omega}\mathrm{d}\omega\right]\\&=\frac{1}{2}+\frac{1}{2\pi}\int_{-\omega_c}^{\omega_c}\left\{\frac{\cos[\omega(t-t_0)]}{\mathrm{j}\omega}\mathrm{d}\omega+\frac{\sin[\omega(t-t_0)]}{\omega}\right\}\mathrm{d}\omega\\&=\frac{1}{2}+\frac{1}{\pi}\int_0^{\omega_c}\frac{\sin\omega(t-t_0)}{\omega}\mathrm{d}\omega\\&=\frac{1}{2}+\frac{1}{\pi}\int_0^{\omega_c(t-t_0)}\frac{\sin[\omega(t-t_0)]}{\omega(t-t_0)}\mathrm{d}\omega(t-t_0)\\&=\frac{1}{2}+\frac{1}{\pi}\mathrm{Si}[\omega_c(t-t_0)]\end{aligned}\tag{4-10}$$

式中：$\mathrm{Si}\,x=\int_0^x\frac{\sin y}{y}\mathrm{d}y$ 是一个正弦积分函数，其函数值由正弦积分函数表给出，图 4-5 所示的为该函数的曲线。输出响应电压 $u(t)$ 随时间变化的曲线如图 4-6 所示。

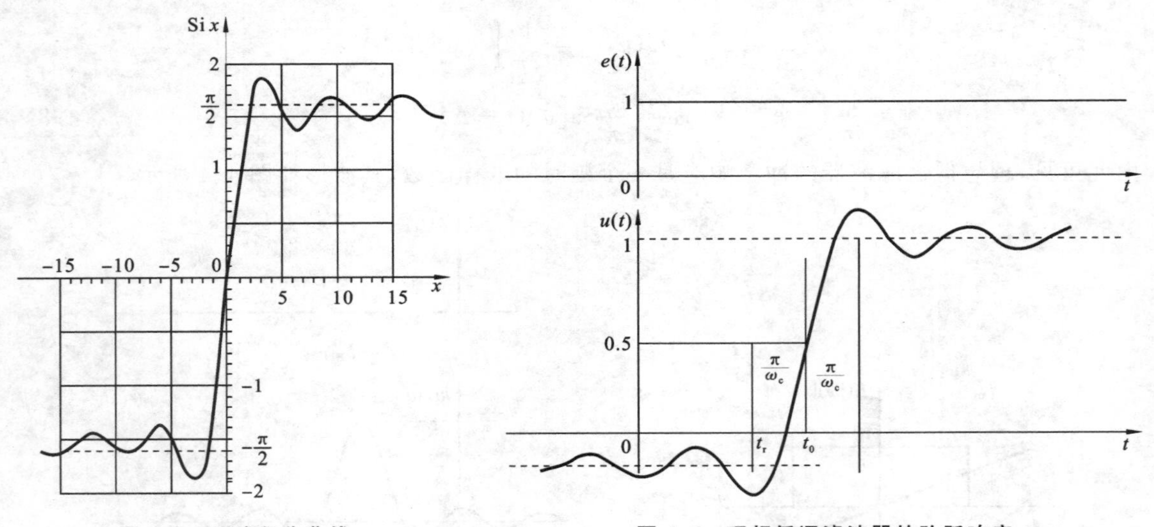

图 4-5　正弦积分曲线

图 4-6　理想低通滤波器的阶跃响应

由图 4-6 可见，理想低通滤波器的截止频率 ω_c 越低，输出 $u(t)$ 上升越缓慢。t_0 为平均延迟时间。上升时间 t_r 定义为从阶跃响应的极小值上升到极大值所经历的时间，它与频带 ω_c 的关系为

$$t_r=\frac{2\pi}{\omega_c}\tag{4-11}$$

即阶跃响应的上升时间与系统的截止频率(带宽)成反比。此结论对各种实际滤波器同样具有指导意义。例如,一个一阶 RC 低通滤波器的阶跃响应呈指数上升波形,上升时间与 RC 时间常数成正比。但从频域特性来看,此低通滤波器的带宽却与 RC 乘积值成反比,这里,阶跃响应上升时间与带宽成反比的现象和理想低通滤波器的分析是一致的。

边沿发生倾斜的原因是信号中较高频率分量被滤除。如果截止频率 ω_c 增加,则输出将保留输入信号中较高的高频成分。此时响应的边沿就比较陡峭,较为接近输入阶跃的情况。若截止频率 ω_c 趋于正无穷,即为全通滤波器时,则响应逼近为一个延时 t_0 的阶跃信号 $u(t-t_0)$。

理想低通滤波器的物理意义是,输入信号经过理想低通滤波器后,高频分量受到衰减,因此输出不能像输入那样陡峭;冲激线谱仍然存在,所以输出中有一个直流分量。还应注意到在图 4-4 和图 4-6 中,响应电压中出现向 $t=\pm\infty$ 伸展的起伏振荡。一方面,在 $t>0$ 区域中存在吉普斯波纹;另一方面,在 $t<0$ 区域中也存在响应,这显然是违反因果律的,因此理想低通滤波器在物理上是无法实现的。

例 4-3 理想低通滤波器的频响 $H(\mathrm{j}\omega)$ 如图 4-7(a)所示,其相位特性为零,输入信号 $f(t)$ 为一矩形脉冲,如图 4-7(b)所示,求输出信号 $Y(t)$。

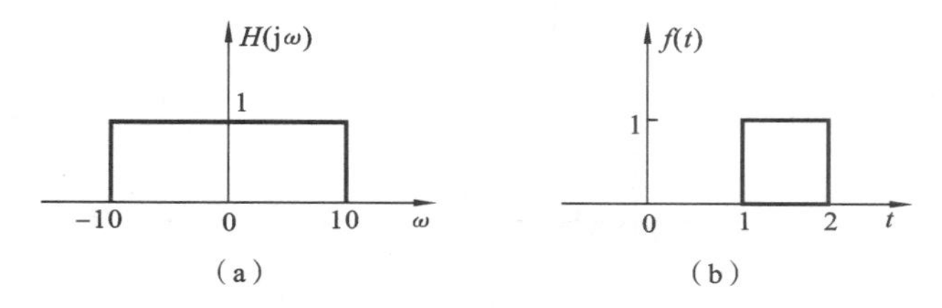

图 4-7 系统的频域分析示例

(a) 系统的频谱特性;(b) 输入信号波形

解 依题意可得

$$f(t)=\varepsilon(t-1)-\varepsilon(t-2)$$

输出响应可以看成是两个阶跃信号依次通过理想低通滤波器叠加而成的结果。

$$\begin{aligned}Y(t)&=\left\{\frac{1}{2}+\frac{1}{\pi}\mathrm{Si}[10(t-1)]\right\}-\left\{\frac{1}{2}+\frac{1}{\pi}\mathrm{Si}[10(t-2)]\right\}\\&=\frac{1}{\pi}\mathrm{Si}[10(t-1)]-\frac{1}{\pi}\mathrm{Si}[10(t-2)]\end{aligned}$$

其波形如图 4-8(a)所示。现在考虑当截止频率为 20 Hz 时,输出信号为

$$Y(t)=\frac{1}{\pi}\mathrm{Si}[20(t-1)]-\frac{1}{\pi}\mathrm{Si}[20(t-2)]$$

其波形如图 4-8(b)所示。

注意这里画出的是$\frac{2\pi}{\omega_c}$远小于矩形脉冲的脉宽 τ 的情形。如果$\frac{2\pi}{\omega_c}$与 τ 接近或大于 τ,$Y(t)$ 的波形失真将更加严重,有些像正弦波。这意味着矩形脉冲经理想低通滤波器时,必须使脉宽 τ 与理想低通滤波器的截止频率相适应,才能得到大体上为矩形的响应脉冲。如果脉宽 τ 过窄或截止频率过小,则响应波形上升与下降时间连在一起,完全丢失了激励信号的脉冲形象。

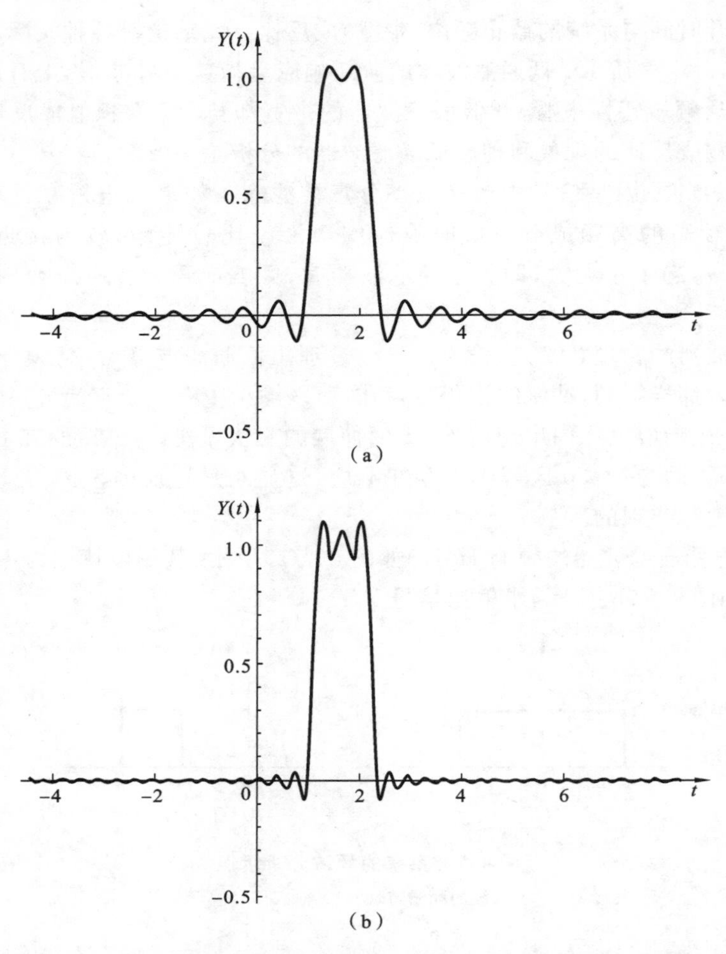

图 4-8　具有不同截止频率的理想低通滤波器对矩形脉冲的响应

(a) 截止频率为 10 Hz 时的输出波形；(b) 截止频率为 20 Hz 时的输出波形

4.4　佩利-维纳准则

就时域特性而言，一个物理可实现的系统，其冲激响应和阶跃响应在 $t<0$ 时必须为零。也就是说，响应不应在激励作用之前出现，这一要求称为因果条件。

就频域特性来说，佩利和维纳证明了物理可实现的系统的幅频特性 $|H(\mathrm{j}\omega)|$ 必须是平方可积的，即

$$\int_{-\infty}^{\infty} |H(\mathrm{j}\omega)|^2 \mathrm{d}\omega < \infty$$

而且满足

$$\int_{-\infty}^{\infty} \frac{|\ln|H(\mathrm{j}\omega)||}{1+\omega^2}\mathrm{d}\omega < \infty \tag{4-12}$$

式(4-12)称为佩利-维纳准则。可以看出，如果系统的幅频特性在某一有限频带内为零，则在此频带范围 $|\ln|H(\mathrm{j}\omega)||\to\infty$，从而不满足式(4-12)，这样的系统就是非因果的。对于物理可

实现的系统，其幅频特性可以在某些孤立的频率点上为零，但不能在某个有限频带内为零。佩利-维纳准则是系统物理可实现的必要条件，而不是充分条件。如果$|H(\mathrm{j}\omega)|$已经被检验满足此准则，就可找到适当的系统函数$|H(\mathrm{j}\omega)|$一起构成一个物理可实现的系统函数。

由于具有理想滤波特性的滤波器都无法实现，因此实际的滤波器的特性只能接近于理想特性。选择不同的系统函数，可以设计出不同的滤波器。实际中常见的有最平坦型特性与通带等起伏型特性，下面对它们分别作简单介绍。

1. 最平坦型滤波器——巴特沃斯滤波器

巴特沃斯滤波器选用下面的有理函数对理想系统函数逼近：

$$|H(\mathrm{j}\omega)|^2=\frac{1}{1+B_n\Omega^{2n}} \tag{4-13}$$

式中：$\Omega=\dfrac{\omega}{\omega_{c0}}$为归一化的频率值；$B_n$ 为由通带边界处的衰减量的要求所确定的常数。一般通带边界处的衰减量常取为 3 dB，此时 $B_n=1$；n 为一正整数，称为滤波器的阶数，不同阶数的巴特沃斯滤波器的响应曲线如图 4-9 所示。由图 4-9 可见，n 越大，近似系统函数的特性曲线越接近于理想情况。由式(4-13)表示的近似系统函数是遵循佩利-维纳准则的，因此物理上有可能实现。

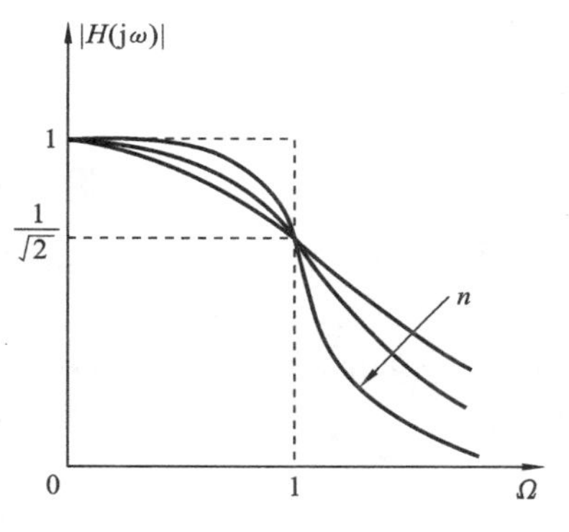

图 4-9　不同阶数的巴特沃斯滤波器的特性

巴特沃斯滤波器又称为最平坦型滤波器的原因，在于这种滤波特性在 $\Omega=0$ 处不仅误差函数值为零，而且误差函数的前 $2n-1$ 阶导数亦为零。这点容易证明，由式(4-13)，令 $B_n=1$，则有

$$H(\mathrm{j}\omega)=\frac{1}{\sqrt{1+\Omega^{2n}}} \tag{4-14}$$

将上式展开为幂级数，则

$$|H(\mathrm{j}\omega)|=1-\frac{1}{2}\Omega^{2n}+\frac{3}{8}\Omega^{4n}-\frac{5}{16}\Omega^{6n}+\cdots$$

在通带内它与理想转移特性$|H_{\mathrm{i}}(\mathrm{j}\omega)|=1$ 的差即为误差函数，即

$$1-|H(\mathrm{j}\omega)|=\frac{1}{2}\Omega^{2n}-\frac{3}{8}\Omega^{4n}+\frac{5}{16}\Omega^{6n}-\cdots$$

可见当 $\Omega=0$ 时，误差函数及其前 $2n-1$ 阶导数都为零。

巴特沃斯滤波器的特点是通频带的频率响应曲线最平滑。其滤波特性是单调下降的，在 $\Omega=0$ 处近似得很好，而随着频率的加大误差逐渐增加，在边界频率附近与理想转移特性逼近的程度则很差。

2. 通带等起伏型滤波器——切比雪夫滤波器

通带等起伏型滤波器选用下面的有理函数对理想函数逼近：

$$|H(\mathrm{j}\omega)|^2=\frac{1}{1+\varepsilon^2T_n^2(\Omega)} \tag{4-15}$$

式中：$T_n(\Omega)$是 n 阶第一切比雪夫多项式，定义为

$$\begin{cases}T_n(\Omega)=\cos(n\arccos\Omega), & |\Omega|\leqslant 1\\ T_n(\Omega)=\cosh(n\,\mathrm{arccosh}\Omega), & |\Omega|>1\end{cases}$$

式中:$\Omega=\frac{\omega}{\omega_c}$仍为归一化频率,$\varepsilon$ 则是控制通带波纹大小的一个因素。利用三角函数及双曲函数等式关系可以得出切比雪夫多项式符合如下递推关系:

$$T_{n+1}(\Omega)=2\Omega T_n(\Omega)-T_{n-1}(\Omega)$$

按式(4-15)作出的特性图如图 4-10 所示。由图 4-10 可以看出,滤波的特性是在通带中有等波纹起伏,在阻带中则是单调衰减的。滤波器的阶数 n 等于$|H(\mathrm{j}\omega)|$在通带中出现极值的数目,n 越大,通带中的起伏越多,通带外衰减曲线越陡。同样 n 越大,综合出的滤波网络元件也越多,结构越复杂。ε 越小,起伏幅度越小,通带特性与理想特性就越接近。切比雪夫滤波器在过渡带比巴特沃斯滤波器衰减快,但频率响应的幅频特性不如后者平坦。

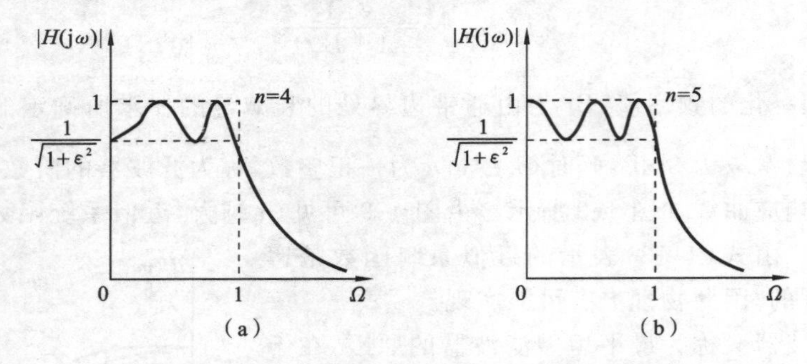

图 4-10　不同阶数切比雪夫滤波器的特性

除巴特沃斯与切比雪夫滤波器外,还有按其他逼近函数构成的滤波器,如反切比雪夫滤波器(通带单调变化和阻带等波纹起伏)、椭圆函数滤波器(通带与阻带具有等起伏波纹)及着眼于逼近线性相位特性的贝塞尔滤波器等。根据逼近函数如何设计出滤波器,还有许多工作要做,读者如有兴趣,可参阅有关滤波器综合的专著,此处不再赘述。

4.5　希尔伯特变换

由第 4.4 节可知,系统可实现性的实质是具有因果性。这里还要说明,由于因果性的限制,系统函数的实部与虚部或模与幅角之间将具备某种相互制约的特性,这种特性以希尔伯特变换的形式表现出来。

对于因果系统,其冲激响应 $h(t)$在 $t<0$ 时等于 0,仅在 $t>0$ 时有

$$h(t)=h(t)\varepsilon(t) \tag{4-16}$$

设 $h(t)$的傅里叶变换即系统函数 $H(\mathrm{j}\omega)$可分解为实部 $R(\omega)$和虚部 $X(\omega)$的线性组合,则

$$H(\mathrm{j}\omega)=\mathscr{F}[h(t)]=R(\omega)+\mathrm{j}X(\omega) \tag{4-17}$$

对式(4-16)运用傅里叶变换的频域卷积定理得到

$$\mathscr{F}[h(t)]=\frac{1}{2\pi}\{\mathscr{F}[h(t)]*\mathscr{F}[\varepsilon(t)]\} \tag{4-18}$$

于是有

$$R(\omega)+\mathrm{j}X(\omega)=\frac{1}{2\pi}\left\{[R(\omega)+\mathrm{j}X(\omega)]*\left[\pi\delta(\omega)+\frac{1}{\mathrm{j}\omega}\right]\right\}$$

$$= \frac{1}{2\pi}\left[R(\omega)*\pi\delta(\omega)+X(\omega)*\frac{1}{\omega}\right]+\frac{1}{2\pi}\left[X(\omega)*\pi\delta(\omega)-R(\omega)*\frac{1}{\omega}\right]$$

$$= \left[\frac{R(\omega)}{2}+\frac{1}{2\pi}\int_{-\infty}^{\infty}\frac{X(\lambda)}{\omega-\lambda}\mathrm{d}\lambda\right]+\mathrm{j}\left[\frac{X(\omega)}{2}-\frac{1}{2\pi}\int_{-\infty}^{\infty}\frac{R(\lambda)}{\omega-\lambda}\mathrm{d}\lambda\right]$$

解得

$$R(\omega)=\hat{X}(\omega)=\frac{1}{\pi}\int_{-\infty}^{\infty}\frac{X(\lambda)}{\omega-\lambda}\mathrm{d}\lambda \tag{4-19a}$$

$$X(\omega)=\hat{R}(\omega)=-\frac{1}{\pi}\int_{-\infty}^{\infty}\frac{R(\lambda)}{\omega-\lambda}\mathrm{d}\lambda \tag{4-19b}$$

式(4-19a)定义实谱 $R(\omega)$ 是虚谱 $X(\omega)$ 的希尔伯特变换,式(4-19b)定义虚谱是实谱的希尔伯特反变换,$R(\omega)$ 和 $X(\omega)$ 称为希尔伯特变换对。它说明了具有因果性的系统函数 $H(\mathrm{j}\omega)$ 的一实部 $R(\omega)$ 被其已知的虚部 $X(\omega)$ 唯一地确定,反之亦然。

例 4-4 求 $f(t)=\cos\omega t$ 的希尔伯特变换。

解 由式(4-19a)有

$$\hat{f}(t)=\frac{1}{\pi}\int_{-\infty}^{\infty}\frac{\cos\omega\tau}{t-\tau}\mathrm{d}\tau=\frac{1}{\pi}\int_{-\infty}^{\infty}\frac{\cos[(t-\tau)+t]}{t-\tau}\mathrm{d}\tau$$

$$=\frac{\cos\omega t}{\pi}\int_{-\infty}^{\infty}\frac{\cos[\omega(t-\tau)]}{t-\tau}\mathrm{d}\tau+\frac{\sin\omega t}{\pi}\int_{-\infty}^{\infty}\frac{\sin[\omega(t-\tau)]}{t-\tau}\mathrm{d}\tau$$

因为式中第一项中积分值为零,第二项中积分值为 π,故可得

$$\hat{f}(t)=\sin\omega t$$

本节利用希尔伯特变换论证了可实现系统 $H(\mathrm{j}\omega)$ 实部与虚部的相互约束关系。希尔伯特变换的证明可以参看其他书籍。希尔伯特变换作为一种数学工具在通信系统或数字信号处理系统中的应用相当广泛,将在后续课程中看到这些应用实例。

4.6 信号的无失真传输

在信号传输系统中,通常要求信号的无失真传输。然而,由于实际系统的传输特性的非线性,其系统的输入和输出波形不相同,信号在传输过程中将产生失真。这种失真是由两方面因素造成的:一方面是系统对信号中各频率分量的幅度产生不同程度的衰减,结果各频率分量幅度的相对比例产生变化,造成幅度失真;另一方面是系统对各频率分量产生的相移不与频率成正比,结果使各频率分量在时间轴上的相对位置产生变化,造成相位失真。在这种失真中,信号并没有产生新的频率分量,所以是一种线性失真。

在实际应用中,常常希望传输过程中使信号失真最小,如何做到信号的无失真传输,是一个有意义的课题,具有深入讨论的必要。

所谓无失真是指响应信号与激励信号相比,只是大小与出现的时间不同,而无波形上的变换。设激励信号为 $e(t)$,响应信号为 $r(t)$,无失真传输的条件是

$$r(t)=Ke(t-t_0) \tag{4-20}$$

式中:K 是一常数;t_0 为滞后时间。满足此条件时,$r(t)$ 波形是 $e(t)$ 波形经 t_0 时间的滞后,虽然,幅度方面有 K 倍的变化,但波形形状不变,如图 4-11 所示。

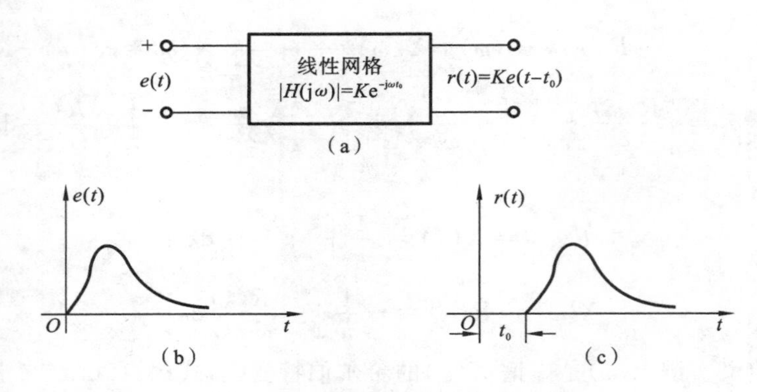

图 4-11　线性系统的无失真传输

为了实现信号的无失真传输，连续系统的传输函数 $H(j\omega)$ 应该具有怎样的特点？

设系统的输入 $e(t)$ 和输出 $r(t)$ 的傅里叶变换式分别为 $E(j\omega)$ 与 $R(j\omega)$。根据傅里叶变换的延时特性，由式(4-20)可以写出

$$R(j\omega)=KE(j\omega)e^{-j\omega t_0} \tag{4-21}$$

根据系统输入与输出关系，为满足无失真传输，可以得到系统函数应有

$$H(j\omega)=Ke^{-j\omega t_0} \tag{4-22}$$

式(4-22)是满足信号无失真传输条件的系统的频率特性。它表明，在信号的全部频带内，系统频率响应的幅度特性是一常数，相位特性是一通过原点的直线，就能够实现信号的无失真传输，如图 4-12 所示，图中幅度特性的常数为 K，相位特性的斜率为 $-t_0$。

在图 4-12 中，由于系统函数的幅度 $|H(j\omega)|$ 为常数 K，响应中各频率分量幅度的相对大小将与激励信号的情况一样，因而没有幅度失真。要保证没有相位失真，必须使响应中各频率分量与激励中各对应分量滞后同样时间，这一要求反映到相位特性是一条通过原点的直线。

在实际的信号传输过程中，存在着各类线性失真问题，这里通过下面的例子进行讨论。

设激励信号 $e(t)$ 波形如图 4-13(a)所示。它由基波与二次谐波两个频率分量组成，表达式为

$$e(t)=E_1\sin(\omega_1 t)+E_2\sin(2\omega_1 t) \tag{4-23}$$

其信号无失真传输的系统响应 $r(t)$ 的表达式为

$$\begin{aligned}r(t)&=KE_1\sin(\omega_1 t-\varphi_1)+KE_2\sin(2\omega_1 t-\varphi_2)\\&=KE_1\sin\left[\omega_1\left(t-\frac{\varphi_1}{\omega_1}\right)\right]+KE_2\sin\left[2\omega_1\left(t-\frac{\varphi_2}{2\omega_1}\right)\right]\end{aligned} \tag{4-24}$$

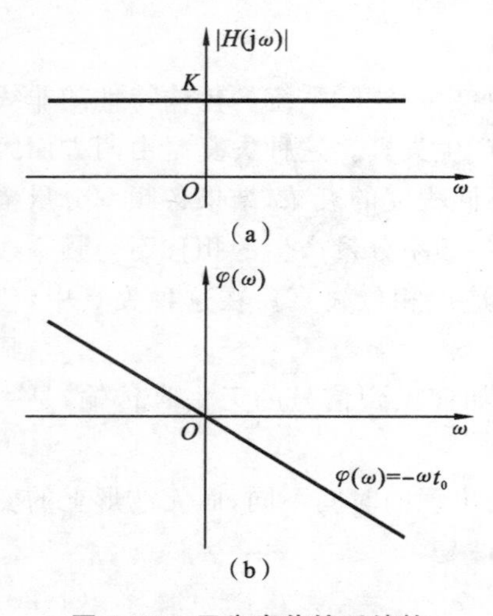

图 4-12　无失真传输系统的幅度和相位特性

为了使基波与二次谐波得到相同的延迟时间，以保证不产生相位失真，应有

$$\frac{\varphi_1}{\omega_1}=\frac{\varphi_2}{2\omega_1}=t_0=\text{常数} \tag{4-25}$$

因此，各谐波分量的相移须满足以下关系：

$$\frac{\varphi_1}{\varphi_2}=\frac{\omega_1}{2\omega_1} \tag{4-26}$$

这个关系很容易推广到其他高次谐波频率，于是可以得出

结论：为使信号传输时不产生相位失真，信号通过线性系统时，谐波的相移必须与其频率成正比，也即系统的相位特性应该是一条经过原点的直线，写作

$$\varphi(\omega)=-\omega t_0 \tag{4-27}$$

在图 4-13(b)中画出了无失真传输的 $r(t)$波形。而图 4-13(c)则是相位失真的情况，可以看到，$r_1(t)$与 $e(t)$或者 $r(t)$的波形是不一样的。

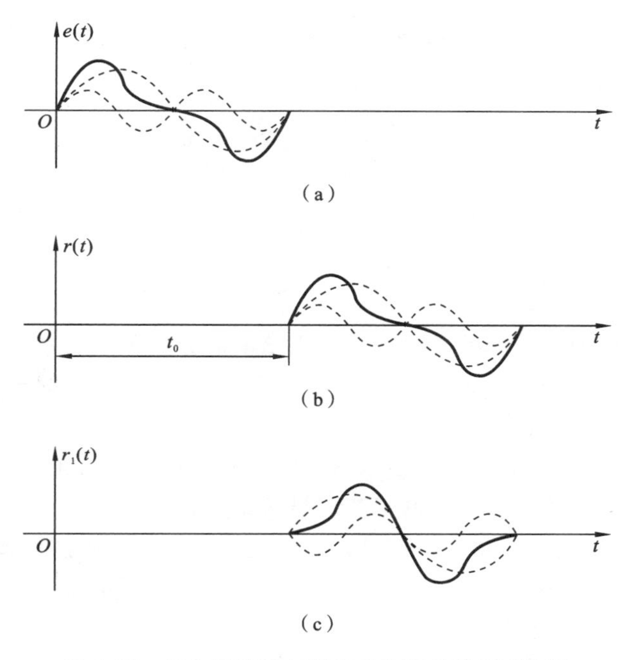

图 4-13　无失真传输与有相位失真传输波形比较

式(4-22)是实现信号无失真传输的系统函数 $H(\mathrm{j}\omega)$的表达式，对式(4-22)作傅里叶逆变换，可以得到系统的冲激响应为

$$h(t)=K\delta(t-t_0) \tag{4-28}$$

式(4-28)表明：当信号通过线性系统时，为了不产生失真，系统的冲激响应也应该是冲激函数，而只是在时间上延后 t_0。

通过上述信号无失真传输的相关分析，可以得知，理想系统是不存在的，在信号传输过程中失真将是不可避免的，如何减小失真是工程上追求的目标。

4.7　连续时间信号的频域分析

1. 实验目的

(1) 掌握连续时间周期信号的傅里叶级数的物理意义和分析方法。

(2) 观察截短傅里叶级数而产生的“吉布斯现象”，了解其特点以及产生的原因。

(3) 掌握连续时间傅里叶变换的分析方法及其物理意义。

(4) 学习利用 MATLAB 语言编写计算连续时间周期信号傅里叶级数(CTFS)和连续时

间信号傅里叶变换(CTFT)的仿真程序。

(5) 基本要求:掌握并深刻理解傅里叶变换的物理意义,掌握信号的傅里叶变换的计算方法,掌握利用 MATLAB 编程完成相关的傅里叶变换的计算。

2. 实验原理及方法

1) CTFS 分析

任何一个周期为 T_1 的正弦周期信号,只要满足狄利克雷条件,就可以展开成傅里叶级数。

其中三角傅里叶级数为

$$x(t)=a_0+\sum_{k=1}^{\infty}[a_k\cos(k\omega_0 t)+b_k\sin(k\omega_0 t)] \tag{4-29}$$

或

$$x(t)=a_0+\sum_{k=1}^{\infty}c_k\cos(k\omega_0 t+\varphi_k) \tag{4-30}$$

式中:$\omega_0=\frac{2\pi}{T_1}$,称为信号的基本频率;$a_0$、$a_k$ 和 b_k 分别是信号 $x(t)$ 的直流分量、余弦分量幅度和正弦分量幅度;c_k、φ_k 为合并同频率项之后各正弦谐波分量的幅度和初相位,它们都是频率 $k\omega_0$ 的函数,绘制出它们与 $k\omega_0$ 之间关系的图像,称为信号的频谱图(简称频谱),c_k-$k\omega_0$ 图像为幅度谱,φ_k-$k\omega_0$ 图像为相位谱。

三角傅里叶级数表明,如果一个周期信号 $x(t)$,满足狄利克雷条件,那么,它就可以被看作是由很多不同频率的互为谐波关系的正弦信号所组成,其中每一个不同频率的正弦信号称为正弦谐波分量,其幅度为 c_k。也可以反过来理解三角傅里叶级数:用无限多个正弦谐波分量可以合成一个任意的非正弦周期信号。

指数形式的傅里叶级数为

$$x(t)=\sum_{k=-\infty}^{\infty}a_k e^{jk\omega_0 t} \tag{4-31}$$

其中,a_k 为指数形式的傅里叶级数的系数,按如下公式计算:

$$a_k=\frac{1}{T_1}\int_{-\frac{T_1}{2}}^{\frac{T_1}{2}}x(t)e^{-jk\omega_0 t}dt \tag{4-32}$$

指数形式的傅里叶级数告诉我们,如果一个周期信号 $x(t)$ 满足狄利克雷条件,那么,它就可以被看作是由很多不同频率的互为谐波关系的周期复指数信号所组成,其中每一个不同频率的周期复指数信号称为基本频率分量,其复幅度为 a_k。这里复幅度 a_k 通常是复数。

上面的傅里叶级数的合成式说明,我们可以用无穷多个不同频率的周期复指数信号来合成任意一个周期信号。然而,用计算机(或任何其他设备)合成一个周期信号,显然不可能做到用无限多个谐波来合成,只能取这些有限个谐波分量来近似合成。

假设谐波项数为 N,则上面的合成式为

$$x(t)=\sum_{k=-N}^{N}a_k e^{jk\omega_0 t} \tag{4-33}$$

显然,N 越大,所选项数越多,有限项级数合成的结果越逼近原信号 $x(t)$。本实验可以比较直观地了解傅里叶级数的物理意义,并观察到级数中各频率分量对波形的影响,包括吉布斯现象,即信号在不连续点附近存在一个幅度大约为 9%的过冲,且所选谐波次数越多,过冲点越向不连续点靠近。这一现象在观察周期矩形波信号和周期锯齿波信号时可以看得很清楚。

2) CTFT

傅里叶变换在信号分析中具有非常重要的意义，它主要用来进行信号的频谱分析。傅里叶变换和其逆变换定义如下：

$$X(\mathrm{j}\omega)=\int_{-\infty}^{\infty}x(t)\mathrm{e}^{-\mathrm{j}\omega t}\mathrm{d}t \tag{4-34}$$

$$x(t)=\frac{1}{2\pi}\int_{-\infty}^{\infty}X(\mathrm{j}\omega)\mathrm{e}^{\mathrm{j}\omega t}\mathrm{d}\omega \tag{4-35}$$

连续时间信号傅里叶变换主要用来描述连续时间非周期信号的频谱。任意非周期信号，如果满足狄利克雷条件，那么，它可以被看作是由无穷多个不同频率（这些频率都是非常接近的）的周期复指数信号 $\mathrm{e}^{\mathrm{j}\omega t}$ 的线性组合构成的，每个频率所对应的周期复指数信号 $\mathrm{e}^{\mathrm{j}\omega t}$ 称为频率分量，其相对幅度为对应频率的 $|X(\mathrm{j}\omega)|$ 之值，是对应频率的复指数信号 $X(\mathrm{j}\omega)$ 的相位 ω。

$X(\mathrm{j}\omega)$ 通常为关于 ω 的复函数，可以按照复数的极坐标表示方法表示为

$$X(\mathrm{j}\omega)=|X(\mathrm{j}\omega)|\mathrm{e}^{\mathrm{j}\angle X(\mathrm{j}\omega)}$$

其中，$|X(\mathrm{j}\omega)|$ 称为 $x(t)$ 的幅度谱，而 $\angle X(\mathrm{j}\omega)$ 则称为 $x(t)$ 的相位谱。

给定一个连续时间非周期信号 $x(t)$，它的频谱也是连续且非周期的。对于连续时间周期信号，也可以用傅里叶变换来表示其频谱，其特点为：连续时间周期信号的傅里叶变换是由冲激序列构成的，是离散的。这是连续时间周期信号的傅里叶变换的基本特征。

3) CTFS 的 MATLAB 实现

(1) 傅里叶级数的 MATLAB 计算。

设周期信号 $x(t)$ 的基本周期为 T_1，且满足狄利克雷条件，则其傅里叶级数的系数可由式(4-32)计算得到。式(4-32)重写如下：

$$a_k=\frac{1}{T_1}\int_{-\frac{T_1}{2}}^{\frac{T_1}{2}}x(t)\mathrm{e}^{-\mathrm{j}k\omega_0 t}\mathrm{d}t$$

基本频率为

$$\omega_0=\frac{2\pi}{T_1}$$

对周期信号进行分析时，我们往往只需对其在一个周期内进行分析即可，通常选择主周期。假定 $x_1(t)$ 是 $x(t)$ 中的主周期，则

$$a_k=\frac{1}{T_1}\int_{-\frac{T_1}{2}}^{\frac{T_1}{2}}x_1(t)\mathrm{e}^{-\mathrm{j}k\omega_0 t}\mathrm{d}t$$

计算机不能计算无穷多个系数，所以我们假设需要计算的谐波次数为 N，则总的系数个数为 $2N+1$ 个。在确定了时间范围和时间变化的步长即 T_1 和 $\mathrm{d}t$ 之后，对某一个系数，上述系数的积分公式可以近似为

$$a_k=\frac{1}{T_1}\int_{-\frac{T_1}{2}}^{\frac{T_1}{2}}x_1(t)\mathrm{e}^{-\mathrm{j}k\omega_0 t}\mathrm{d}t=\frac{\sum_n x(t_n)\mathrm{e}^{-\mathrm{j}k\omega_0 t}\mathrm{d}t}{T_1}$$

$$=[x(t_1),x(t_2),\cdots,x(t_M)]\cdot[\mathrm{e}^{-\mathrm{j}k\omega_0 t_1},\mathrm{e}^{-\mathrm{j}k\omega_0 t_2},\cdots,\mathrm{e}^{-\mathrm{j}k\omega_0 t_M}]\cdot\frac{\mathrm{d}t}{T_1}$$

对于全部需要的 $2N+1$ 个系数，上面的计算可以按照矩阵运算实现。MATLAB 实现系数计算的程序如下：

```
dt= 0.01;
```

```
T= 2;  t= - T/2:dt:T/2;  w0= 2 * pi/T;
x1= input('Type in the periodic signal x(t) over one period x1(t)= ');
N= input('Type in the number N= ');
k= - N:N;    L= 2 * N+ 1;
ak= x1 * exp(- j * k * w0 * t') * dt/T;
```

需要强调的是,时间变量的变化步长 dt 的大小对傅里叶级数系数的计算精度的影响非常大,dt 越小,精度越高,但是,计算机计算所花的时间越长。

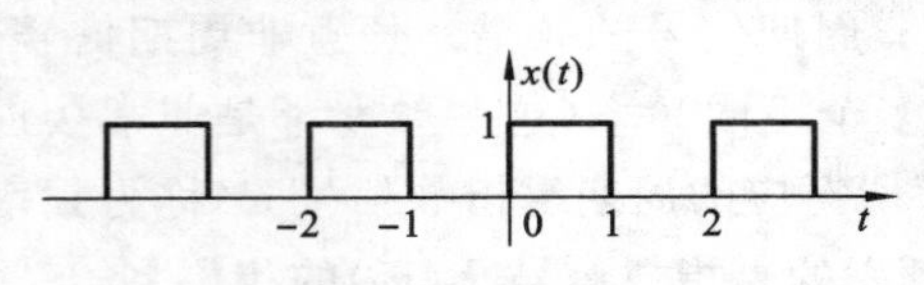

图 4-14　周期方波信号

例 4-5　给定一个周期为 $T_1=2$ s 的连续时间周期方波信号,如图 4-14 所示,其一个周期内的数学表达式为

$$x_1(t)=\begin{cases}1, & 0\leqslant t\leqslant 1\\ 0, & 1<t<2\end{cases}$$

解　首先,我们根据前面所给出的公式,计算该信号的傅里叶级数系数为

$$a_k=\frac{1}{T_1}\int_{-\frac{T_1}{2}}^{\frac{T_1}{2}}x_1(t)\mathrm{e}^{-\mathrm{j}k\omega_0 t}\mathrm{d}t=\frac{1}{2}\int_0^1\mathrm{e}^{-\mathrm{j}k\omega_0 t}\mathrm{d}t=\frac{1}{-\mathrm{j}2k\omega_0}\int_0^1\mathrm{e}^{-\mathrm{j}k\omega_0 t}\mathrm{d}(-\mathrm{j}k\omega_0 t)$$

$$=\frac{\mathrm{e}^{-\mathrm{j}k\omega_0 t}\big|_0^1}{-\mathrm{j}2k\omega_0}=\frac{\mathrm{e}^{-\mathrm{j}k\omega_0}-1}{-\mathrm{j}2k\omega_0}=\mathrm{e}^{-\mathrm{j}\frac{k}{2}\omega_0}\ \frac{\mathrm{e}^{-\mathrm{j}\frac{k}{2}\omega_0}-\mathrm{e}^{\mathrm{j}\frac{k}{2}\omega_0}}{-\mathrm{j}2k\omega_0}=\frac{\sin\left(\frac{k}{2}\omega_0\right)}{k\omega_0}\mathrm{e}^{-\mathrm{j}\frac{k}{2}\omega_0}$$

因为 $\omega_0=\frac{2\pi}{T_1}=\pi$,代入上式得到

$$a_k=(-\mathrm{j})^k\ \frac{\sin\left(\frac{k\pi}{2}\right)}{k\pi}$$

在 MATLAB 命令窗口,依次键入:

```
>> k= - 10:10;
>> ak= ((- j).^k).*(sin((k+ eps)* pi/2)./((k+ eps)* pi))         % ak 的表达式
ak =
  Columns 1 through 4
  - 0.0000              0+ 0.0354i     - 0.0000          0+ 0.0455i
  Columns 5 through 8
  - 0.0000              0+ 0.0637i     - 0.0000          0+ 0.1061i
  Columns 9 through 12
  - 0.0000              0+ 0.3183i     0.5000            0- 0.3183i
  Columns 13 through 16
  - 0.0000              0- 0.1061i     - 0.0000          0- 0.0637i
  Columns 17 through 20
  - 0.0000              0- 0.0455i     - 0.0000          0- 0.0354i
  Column 21
  - 0.0000
```

从 MATLAB 命令窗口,我们得到了该周期信号从 a_{-10} 到 a_{10} 共 21 个系数。

紧接着再键入以下命令:

```
>> subplot(221)
```

```
>> stem(k,abs(ak),'k.')
>> title('The Fourier series coefficients')
>> xlabel('Frequency index k')
```

得到一幅如图 4-15 所示的描述 a_k 与 k 之间关系的图形。

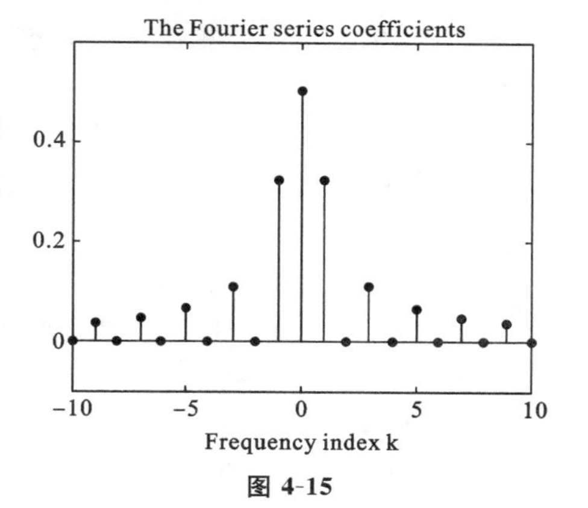

图 4-15

以上是通过手工计算得到的这个周期信号的傅里叶级数表达式及其频谱图，下面给出完成傅里叶级数系数计算的相应 MATLAB 范例程序。

```
% Program2_1
% 该程序用于评估周期方波的傅里叶级数系数
clear, close all
T= 2;  dt= 0.00001;  t= - 2:dt:2;
x1= u(t)- u(t- 1- dt);  x= 0;
for m= - 1:1
                                          % 扩展 x1(t)使之成为一个周期信号
   x= x+ u(t- m*T)- u(t- 1- m*T- dt);
end
w0= 2*pi/T;
N= 10;                                    % 谐波分量的个数
L= 2*N+ 1;
for k= - N: N;                            % 估计傅里叶级数系数 ak
   ak(N+ 1+ k)= (1/T)*x1*exp(- j*k*w0*t')*dt;
end
phi= angle1(ak);                          % 估计傅里叶级数系数 ak 对应的相位
```

执行程序 Program2_1 后，就完成了信号的傅里叶级数系数的计算，在命令窗口键入

```
>> ak
```

命令窗口就可以显示傅里叶级数的 21 个系数，即

```
ak =
  Columns 1 through 4
   0.0000+ 0.0000i   0.0000+ 0.0354i   0.0000- 0.0000i   0.0000+ 0.0455i
  Columns 5 through 8
   0.0000- 0.0000i   0.0000+ 0.0637i   0.0000- 0.0000i   0.0000+ 0.1061i
  Columns 9 through 12
   0.0000- 0.0000i   0.0000+ 0.3183i   0.5000            0.0000- 0.3183i
  Columns 13 through 16
   0.0000+ 0.0000i   0.0000- 0.1061i   0.0000+ 0.0000i   0.0000- 0.0637i
  Columns 17 through 20
   0.0000+ 0.0000i   0.0000- 0.0455i   0.0000+ 0.0000i   0.0000- 0.0354i
  Column 21
   0.0000- 0.0000i
```

将这里的 ak 值同前面手工计算得到的 ak 值比较，可见两者是完全相同的。

再次特别提示:程序中,时间变量的变化步长 dt 的大小对傅里叶级数系数计算精度的影响非常大,dt 越小,精度越高,本程序中的 dt 之所以选择 0.00001 就是为了提高计算精度。但是,计算机所花的计算时间也越长。

在程序 Program2_1 中添加相应的计算|ak|和绘图语句,就可以绘制出信号的幅度谱和相位谱的谱线图。

(2) 周期信号的合成以及吉布斯现象。

从傅里叶级数的合成式

$$x(t)=\sum_{k=-\infty}^{\infty}a_k e^{jk\omega_0 t}$$

可以看出,用无穷多个不同频率和不同振幅的周期复指数信号可以合成一个周期信号。然而,我们无法用计算机实现对无穷多个周期复指数信号的合成。但是,用有限项来合成却是可行的,在实际应用中,多半也是这么做的。然而,这样做的一个必然结果,就是引入了误差。

如果一个周期信号在一个周期内有断点存在,那么,引入的误差除了产生纹波之外,还将在断点处产生幅度大约为 9%的过冲,这种现象称为吉布斯现象。

为了能够观察到合成信号与原信号的不同以及吉布斯现象,我们可以利用前面已经计算出的傅里叶级数系数,计算出截短的傅里叶级数:

$$x(t)=\sum_{k=-N}^{N}a_k e^{jk\omega_0 t}$$

这个计算可用 $L=2N+1$ 次循环来完成,即

$$x_2=x_2+a_k(r)\cdot e^{j(r-1-N)\omega_0 t}$$

其中 r 作为循环次数,x_2 在循环之前应先清零。完成这一计算的 MATLAB 程序为

```
x2= 0;  L= 2*N+ 1;
for r= 1:L;
      x2= x2+ ak(r)*exp(j*(r- 1- N)*w0*t);
end;
```

完成了所有的计算之后,就可以用绘图函数 plot( )和 stem( )将计算结果包括 x1、x2、abs(ak)和 angle(ak)以图形的形式给出,便于我们观察。

观察吉布斯现象最好的周期信号就是如图 4-14 所示的周期方波信号,这种信号在一个周期内有两个断点,用有限项级数合成这个信号时,吉布斯现象的特征非常明显,便于观察。

例 4-6 修改程序 Program2_1,使之能够用有限项级数合成例 4-5 所给的周期方波信号,并绘制出原始周期信号、合成周期信号、信号的幅度谱和相位谱。

为此,只要将前述的 for 循环程序段和绘图程序段添加到程序 Program2_1 中即可,范例程序如下:

```
% Program2_2
% 该程序用于评估周期方波的傅里叶级数系数 ak
clear,close all
T= 2;  dt= 0.00001;  t= - 2:dt:2;
x1= u(t)- u(t- 1- dt);  x= 0;
for m= - 1:1
   x= x+ u(t- m*T)- u(t- 1- m*T- dt);     % 扩展 x1(t)使之成为一个周期信号
```

```
end
w0= 2*pi/T;
N= input('Type in the number of the harmonic components N= :');
L= 2*N+ 1;
for k= - N:1:N;
    ak(N+ 1+ k)= (1/T)*x1*exp(- j*k*w0*t')*dt;
end
phi= angle(ak);
y= 0;
for q= 1:L;                              % 从有限傅里叶级数中合成周期信号 y(t)
    y= y+ ak(q)*exp(j*(- (L- 1)/2+ q- 1)*2*pi*t/T);
end;
subplot(221),
plot(t,x),  title('The original signal x(t)'),  axis([- 2,2,- 0.2,1.2]),
subplot(223),
plot(t,y),  title('The synthesis signal y(t)'),  axis([- 2,2,- 0.2,1.2]),
xlabel('Time t'),
subplot(222)
k= - N:N;  stem(k,abs(ak),'k.'),  title('The amplitude |ak| of x(t)'),
    axis([- N,N,- 0.1,0.6])
    subplot(224)
stem(k,phi,'r.'),  title('The phase phi(k) of x(t)'),  axis([- N,N,- 2,2]),
xlabel('Index k')
```

在用这个程序观察吉布斯现象时，可以反复执行该程序，每次执行时，输入不同的 N 值，比较所得图形的区别，由此可以观察到吉布斯现象的特征。

4）用 MATLAB 实现 CTFT 计算

MATLAB 进行傅里叶变换有两种方法：一种是利用符号运算的方法计算；另一种是利用数值计算，本实验要求采用数值计算的方法来进行傅里叶变换的计算。严格来说，用数值计算的方法计算连续时间信号的傅里叶变换需要有个限定条件，即信号是时限信号，也就是当时间 $|t|$ 大于某个给定时间时，其值衰减为零或接近于零，这个条件与前面提到的为什么不能用无限多个谐波分量来合成周期信号的道理是一样的。计算机只能处理有限大小和有限数量的数。

采用数值计算算法的理论依据是

$$X(\mathrm{j}\omega)=\int_{-\infty}^{\infty}x(t)\mathrm{e}^{-\mathrm{j}\Omega t}\mathrm{d}t=\lim_{T\to 0}\sum_{k=-\infty}^{\infty}x(kT)\mathrm{e}^{-\mathrm{j}k\omega T}T$$

若信号为时限信号，当时间间隔 T 取得足够小时，上式可演变为

$$X(\mathrm{j}\omega)=T\sum_{k=-N}^{N}x(kT)\mathrm{e}^{-\mathrm{j}k\omega T}=[x(t_1),x(t_2),\cdots,x(t_{2N+1})]\cdot[\mathrm{e}^{-\mathrm{j}\omega t_1},\mathrm{e}^{-\mathrm{j}\omega t_2},\cdots,\mathrm{e}^{-\mathrm{j}\omega t_{2N+1}}]T$$

上式用 MATLAB 表示为

```
X= x*exp(j*t'*w)*T
```

其中 X 为信号 $x(t)$ 的傅里叶变换，w 为频率 Ω，T 为时间步长。

相应的 MATLAB 程序如下：

```
T= 0.01; dw= 0.1;                          % 时间和频率变化的步长
t= - 10:T:10;
w= - 4 * pi:dw:4 * pi;
```

$X(j\omega)$可以按照下面的矩阵运算来进行：

```
X= x * exp(- j * t' * ω) * T;              % 傅里叶变换
X1= abs(X);                                % 计算幅度谱
phai= angle(X);                            % 计算相位谱
```

为了使计算结果能够直观地表现出来，还需要用绘图函数将时间信号 $x(t)$、信号的幅度谱$|X(j\omega)|$和相位谱$\angle X(j\omega)$分别以图形的方式表现出来，并对图形加以适当的标注。

3. 实验内容

实验前，首先阅读本实验的原理，读懂所给出的全部范例程序。实验开始时，先在计算机上运行这些范例程序，观察所得到信号的波形图，并结合范例程序所完成的工作，进一步分析程序中各个语句的作用，从而真正理解这些程序。

实验前，一定要针对下面的实验项目做好相应的实验准备工作，包括事先编写好相应的实验程序等事项。

(1) 编写程序，绘制下面信号的波形图：

$$x(t)=\cos(\omega_0 t)-\frac{1}{3}\cos(3\omega_0 t)+\frac{1}{5}\cos(5\omega_0 t)-\cdots=\sum_{n=1}^{\infty}\frac{1}{n}\sin\left(\frac{n\pi}{2}\right)\cos(n\omega_0 t)$$

其中，$\omega_0=0.5\pi$，要求将一个图形窗口分割成四个子图，分别绘制 $\cos(\omega_0 t)$、$\cos(3\omega_0 t)$、$\cos(5\omega_0 t)$ 和 $x(t)$ 的波形图，给图形加 title、网格线和 x 坐标标签，并且程序能够接收从键盘输入的和式中的项数。

(2) 给程序 Program2_1 增加适当的语句并存盘，使之能够计算例 4-5 中的周期方波信号的傅里叶级数系数，并绘制出信号的幅度谱和相位谱的谱线图。

(3) 反复执行程序 Program2_2，每次执行该程序时，输入不同的 N 值，并观察所合成的周期方波信号。通过观察，得出你了解的吉布斯现象的特点。

(4) 给定如下周期信号：

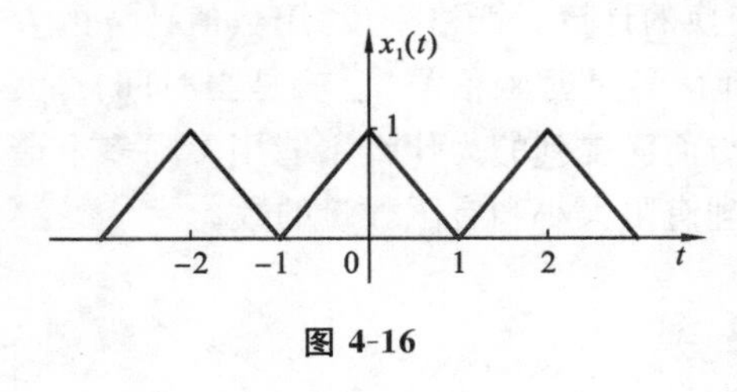

图 4-16

① 仿照程序 Program2_1，编写程序，以计算如图 4-16 所示 $x_1(t)$的傅里叶级数系数。

② 仿照程序 Program2_2，编写程序，计算并绘制出原始信号 $x_1(t)$ 的波形图、用有限项级数合成的 $x_1(t)$ 的波形图，以及 $x_1(t)$ 的幅度频谱和相位频谱的谱线图。

4. 实验报告的要求

(1) 实验报告包括实验目的、实验原理、实验内容、实验结论等部分。

(2) 要求完整书写你所编写的全部 MATLAB 程序。

(3) 详细记录实验过程中的有关信号波形图，图形要有明确的标题。全部的 MATLAB 图形应该打印，附于本实验报告中的相应位置。

(4) 实验原理部分说明信号的几种表示形式、信号的时域表换、MATLAB 表示信号和绘图、以及完成信号时域表示的方法即可。不要把书本中的原理部分全部照抄。

思 考 题

1. 频域分析法的基本思路是什么？该思路与时域分析法有何异同？

2. 为什么说理想低通滤波器是一个物理不可实现的系统？我们研究它的意义是什么？

3. 阶跃信号通过理想低通滤波器后，其响应信号的重建时间与滤波器的频率特性有何关系？如何理解这种关系？

习 题 4

1. 若系统函数 $H(\mathrm{j}\omega)=\dfrac{1}{1+\mathrm{j}\omega}$，求对于下列各个输入信号的系统响应 $y(t)$。

(1) $f(t)=\sin t$；　(2) $f(t)=\mathrm{e}^{-4t}\varepsilon(t)$；　(3) $f(t)=\varepsilon(t)$。

2. 某线性非时变系统的频率响应为

$$H(\mathrm{j}\omega)=\begin{cases}1, & 2\leqslant|\omega|\leqslant 7\\ 0, & \omega \text{ 为其他值}\end{cases}$$

对于图题2所示输入信号 $f(t)$，求系统的响应 $y(t)$。

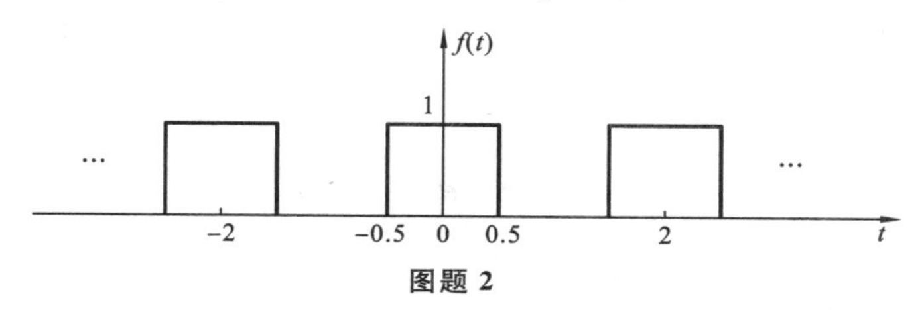

图题2

3. 一个滤波器的频率响应如图题3(a)所示，当输入为图题3(b)时，求该滤波器的响应 $y(t)$。

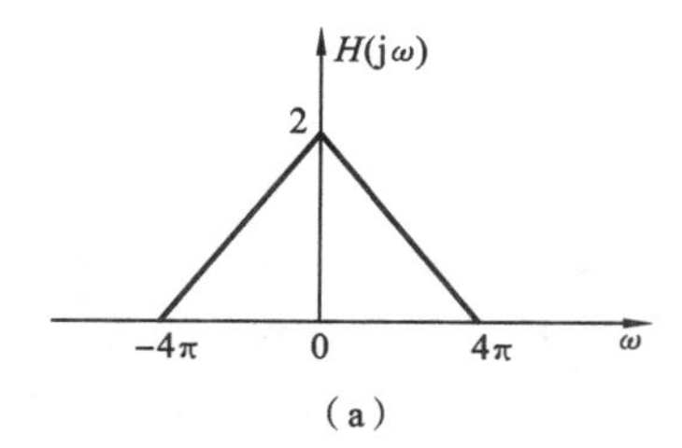

(a)

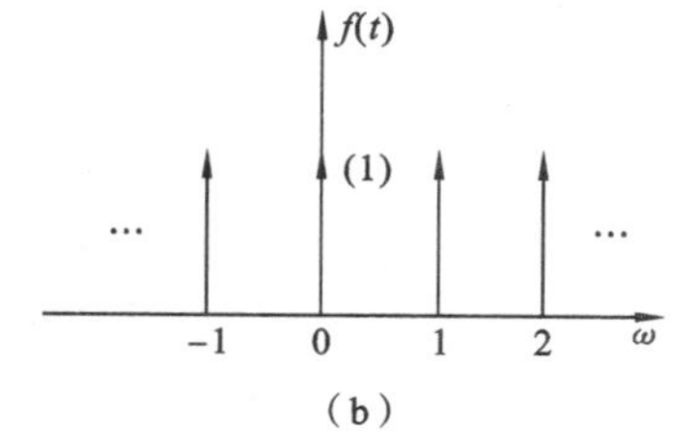

(b)

图题3

4. 图题4所示的是理想高通滤波器的幅频与相频特性，求该滤波器的冲击响应。

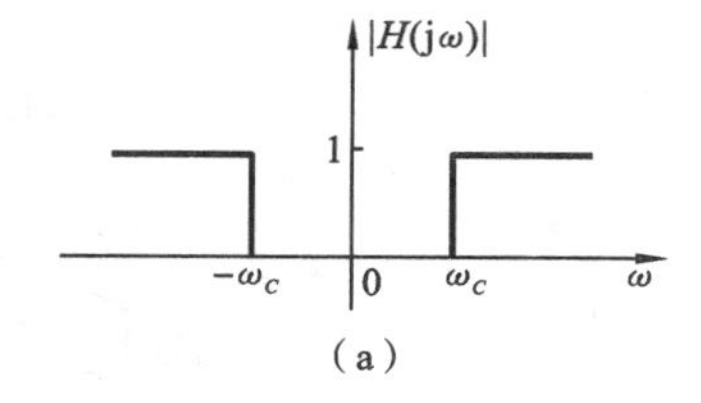

(a)

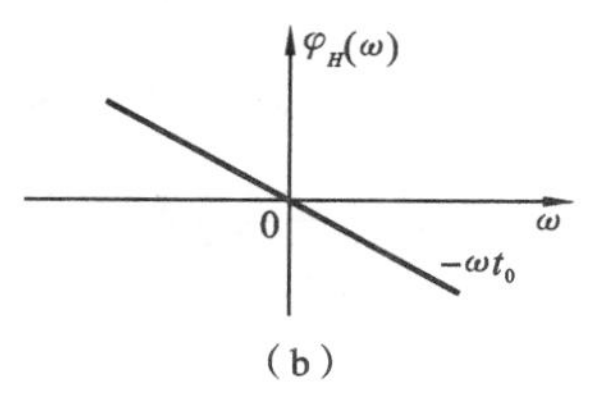

(b)

图题4

5. 带限信号 $f(t)$ 的频谱如图题 5(a)所示，$\varphi(\omega)=0$，滤波器的 $H_1(\mathrm{j}\omega)$ 和 $H_2(\mathrm{j}\omega)$ 的频谱为

$$H_1(\mathrm{j}\omega)=\begin{cases}2, & 3\leqslant|\omega|\leqslant 5\\ 0, & \omega\text{ 为其他值}\end{cases};\qquad H_2(\mathrm{j}\omega)=\begin{cases}2, & |\omega|\leqslant 3\\ 0, & \omega\text{ 为其他值}\end{cases}$$

试画出通过如图题 5(b)所示的系统后，$x(t)$ 及响应 $y(t)$ 的频谱图。

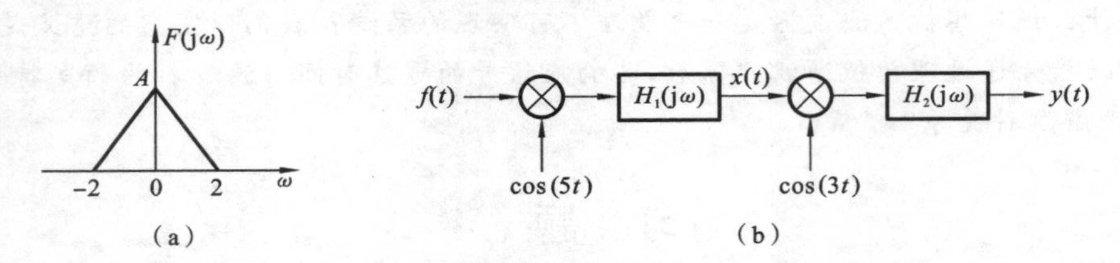

图题 5

6. 求 $e(t)=\dfrac{\sin(2\pi t)}{2\pi t}$ 的信号通过图题 6(a)所示的系统后的输出。系统中理想带通滤波器的传输特性如图题 6(b)所示，其相位特性 $\varphi(\omega)=0$。

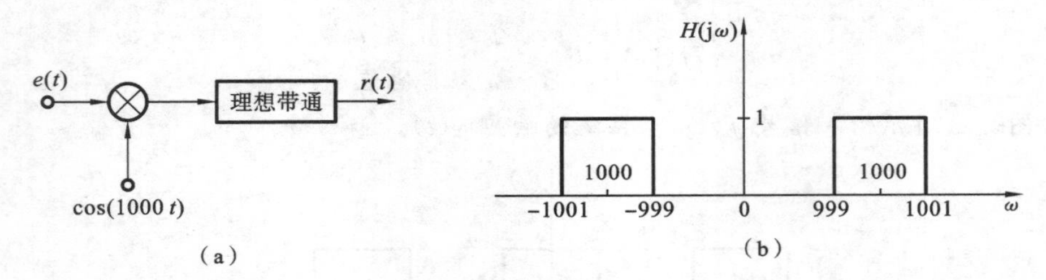

图题 6

7. 证明希尔伯特变换有如下性质。

(1) $f(t)$ 与 $\hat{f}(t)$ 的能量相等，即

$$\int_{-\infty}^{\infty} f^2(t)\,\mathrm{d}t=\int_{-\infty}^{\infty} \hat{f}^2(t)\,\mathrm{d}t$$

(2) $f(t)$ 与 $\hat{f}(t)$ 正交，即

$$\int_{-\infty}^{\infty} f(t)\hat{f}(t)\,\mathrm{d}t=0$$

(3) 若 $f(t)$ 是偶函数，则 $\hat{f}(t)$ 是奇函数；若 $f(t)$ 是奇函数，则 $\hat{f}(t)$ 是偶函数。

8. 试分析信号通过图题 8 所示的斜格型网络有无幅度失真与相位失真。

9. 带宽分压器电路如图题 9 所示。为使电压能无失真地传输，电路元件参数 R_1、C_1、R_2、C_2 应满足何种关系？

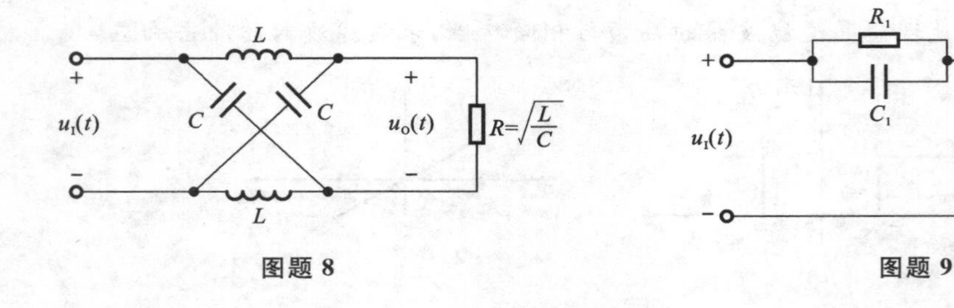

图题 8　　　　图题 9

第 5 章　连续时间系统的复频域分析

5.1　引言

在第 4 章的讨论中，傅里叶变换法将时域中的激励分解为无穷多个正弦分量 $\cos\omega t$ 或虚幂指数信号 $e^{j\omega t}$ 之和，这样就可用求解线性系统对一系列正弦激励或虚幂指数信号的响应之和的方法来讨论线性系统对一般激励的响应，从而使响应的求解得到简化。这种方法在有关信号的分析与处理方面诸如有关谐波成分、频率响应、系统带宽、波形失真等问题上，具有清楚的物理意义，但是它也有不足之处。首先，它一般只能处理符合狄利克雷条件的信号，因此傅里叶变换分析法的运用要受到一定的限制。其次，傅里叶变换分析法只能解决零状态响应问题，不能解决零输入响应问题。另外，在求取时域中的响应时，利用傅里叶反变换要进行对频率从负无穷大到正无穷大的无穷积分，通常这个积分的求解比较麻烦。在这一章中，我们将通过把频域中的傅里叶变换推广到复频域来，以解决这些问题。

运用拉普拉斯变换法，可以把线性时不变系统的时域模型简便地进行变换，经求解再还原为时间函数。从数学角度来看，拉普拉斯变换法是求解常系数线性微分方程的工具，它的优点表现在如下几个方面。

(1) 求解的步骤得到简化，特别是直接对系统微分方程进行变换时，初始条件即自动被计入，可以一举求得全解。

(2) 拉普拉斯变换分别将“微分”与“积分”运算转换为“乘法”和“除法”运算，即把积分、微分方程转换为代数方程，计算更简便。

(3) 指数函数以及有不连续点的函数，经拉普拉斯变换可转换为简单的初等函数，用拉普拉斯变换法计算很简便。

(4) 拉普拉斯变换把时域中两个函数的卷积运算转换为变换域中两个函数的乘法运算，在这些基础上建立了系统函数的概念，这一重要概念的应用为研究信号经线性系统传输问题提供了许多方便。

(5) 利用系统函数零点、极点分布可以简明、直观地表达系统性能的许多规律。系统的时域、频域特性集中地以其系统函数零点、极点特征表现出来，从系统的观点看，对于输入-输出描述情况，往往不关心组成系统内部的结构和参数，只需从外部特性，从零点、极点特性来考察和处理各种问题。

拉普拉斯变换可以从数学中积分变换的观点直接定义，也可以从信号分析的观点把它看成是傅里叶变换在复频域中的推广。应用拉普拉斯变换进行系统分析的方法，同样是建立在线性时不变系统具有叠加性与齐次性基础上的，只是信号分解的基本单元函数不同。在傅里叶变换中，分解的基本单元信号为虚幂指数信号 $e^{j\omega t}$ 或等幅的正弦信号 $\cos\omega t$；而在拉普拉斯变换中，分解的基本单元信号为复幂指数信号 e^{st} 或幅度按指数规律变化的正弦信号 $e^{\sigma t}\cos\omega t$。因此这两种变换，无论在性质上或是在进行系统分析的方法上都有着很多类似的地方。事实上，傅里叶变换常常可看成是拉普拉斯变换在 $\sigma=0$ 时的一种特殊情况。

本章首先由傅里叶变换引出拉普拉斯变换，然后讨论拉普拉斯变换及其逆变换的求取及拉普拉斯变换的性质，进而在上述基础上用拉普拉斯变换法求解系统的响应，最后简要介绍双边拉普拉斯变换及模拟框图与信号流图的概念，至于复频域中系统函数的零点极点分析则主要放在下一章中讨论。

5.2 拉普拉斯变换

一个函数 $f(t)$ 不满足绝对可积条件，往往是在 t 趋于正无穷大或负无穷大的过程中函数 $f(t)$ 不收敛的缘故。如果用一个被称为收敛因子的指数函数 $e^{-\sigma t}$ 去乘以 $f(t)$，而 σ 取足够大的正值，则在时间的正方向上总可以使得 $t\to 0$ 时，$f(t)e^{-\sigma t}$ 减幅较快，当然，这时在时间负方向上将起到增幅作用。然而假使原来的函数在时间的负方向上是衰减的，而且其衰减速率较收敛因子引起的增长更快，则仍可以使得当 $t\to-\infty$ 的过程中，其幅度也是衰减的。如图5-1(a)所示的函数，在 t 的正方向上为单位阶跃函数，在 t 的负方向上为指数衰减函数，即

$$f(t)=\begin{cases}1, & t>0\\ e^{\beta t}, & t<0\end{cases} \tag{5-1a}$$

乘以收敛因子后，有

$$f(t)e^{-\sigma t}=\begin{cases}e^{-\sigma t}, & t>0\\ e^{(\beta-\sigma)t}, & t<0\end{cases} \tag{5-1b}$$

由式(5-1b)不难看出，只要 $\sigma<\beta$，则函数 $f(t)e^{-\sigma t}$ 在时间的正、负方向上都将是减幅的，即函数 $f(t)e^{-\sigma t}$ 满足绝对可积条件，可以进行傅里叶变换。

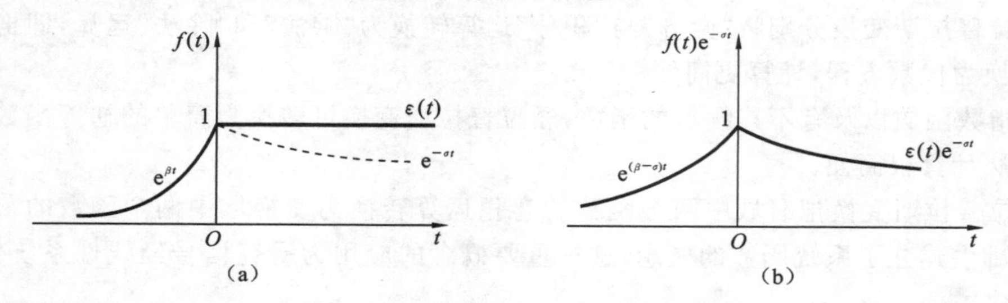

图 5-1　一种存在双边拉普拉斯变换的函数

现在来求 $f(t)e^{-\sigma t}$ 的频谱函数，并以 $F_1(j\omega)$ 表示，有

$$F_1(j\omega)=\int_{-\infty}^{\infty}f(t)e^{-\sigma t}e^{-j\omega t}dt=\int_{-\infty}^{\infty}f(t)e^{-(\sigma+j\omega)t}dt \tag{5-2}$$

将此式与第 3 章中的傅里叶变换式相比较，可以看出 $F_1(j\omega)$ 是将傅里叶变换中的 $j\omega$ 换成 $\sigma+j\omega$ 的结果。如果令 $s=\sigma+j\omega$，再以 $F(s)$ 表示这个频谱函数，则有

$$F(s)=\int_{-\infty}^{\infty}f(t)e^{-st}dt \tag{5-3}$$

对 $F(s)$ 求傅里叶逆变换则有

$$f(t)\mathrm{e}^{-\sigma t}=\frac{1}{2\pi}\int_{-\infty}^{\infty}F(s)\mathrm{e}^{\mathrm{j}\omega t}\mathrm{d}\omega$$

等式两边各乘以 $\mathrm{e}^{\sigma t}$，得

$$f(t)=\frac{1}{2\pi}\mathrm{e}^{\sigma t}\int_{-\infty}^{\infty}F(s)\mathrm{e}^{\mathrm{j}\omega t}\mathrm{d}\omega$$

因为 $\mathrm{e}^{\sigma t}$ 不是 ω 的函数，所以可移至上式右方的积分号内，得

$$f(t)=\frac{1}{2\pi\mathrm{j}}\int_{-\infty}^{\infty}F(s)\mathrm{e}^{(\sigma+\mathrm{j}\omega)t}\mathrm{d}\omega$$

考虑到 $s=\sigma+\mathrm{j}\omega$，所以 $\mathrm{d}s=\mathrm{d}\sigma+\mathrm{j}\mathrm{d}\omega$，若 σ 为选定的常量，则 $\mathrm{d}s=\mathrm{j}\mathrm{d}\omega$，以此代入上式，并相应地改变积分上限、下限，则上式可写为

$$f(t)=\frac{1}{2\pi\mathrm{j}}\int_{\sigma-\mathrm{j}\infty}^{\sigma+\mathrm{j}\infty}F(s)\mathrm{e}^{st}\mathrm{d}s \tag{5-4}$$

这也相当于把第 3 章的傅里叶逆变换式中的 $\mathrm{j}\omega$ 用 s 代替所得到的结果。当然在积分变量经过这样的变换后，相应的积分路径与积分的收敛区都将改变，关于这个问题，将在第 5.3 节中讨论。

式(5-3)及式(5-4)组成了一对新的变换式，称为双边拉普拉斯变换式或广义傅里叶变换式。其中式(5-3)称为双边拉普拉斯正变换式，式(5-4)称为双边拉普拉斯逆变换式；$F(s)$称为 $f(t)$的像函数，$f(t)$称为 $F(s)$的原函数。双边拉普拉斯正、逆变换式可用下列符号分别表示：

$$F_{\mathrm{d}}(s)=\mathscr{L}_{\mathrm{d}}[f(t)]$$

$$f(t)=\mathscr{L}_{\mathrm{d}}^{-1}[F_{\mathrm{d}}(s)]$$

这里的下标 d 表示是对在时间正负方向都存在的双边时间函数的变换。在前面已经指出，工程技术中所遇到的激励信号与系统响应大都为有始函数，因为有始函数在 $t<0$ 范围内函数值为零，式(5-3)的积分在 $-\infty$ 到 0 的区间中为零，因此积分区间变为 0 到 ∞，亦即

$$F(s)=\int_{0}^{\infty}f(t)\mathrm{e}^{-st}\mathrm{d}t \tag{5-5}$$

应该指出的是，为了适应激励与响应中在原点存在冲激函数或其各阶导数的情况，积分区间应包括时间零点在内，即式(5-5)中积分下限应取 0^-。当然，如果函数在时间零点处连续，则 $f(0^+)=f(0^-)$，就不必再区分 0^+ 和 0^- 了。为书写方便，今后一般仍写为 0，但其意义表示为 0^-。

至于式(5-4)，则由于 $F(s)$包含的仍是从 $-\infty$ 到 $+\infty$ 的整个分量，因此其积分区间不变。但因原函数为有始函数，由式(5-4)所求得的 $f(t)$，在 $t<0$ 范围内必然为零。因此对有始函数来说，式(5-4)可写为

$$f(t)=\left[\frac{1}{2\pi\mathrm{j}}\int_{\sigma-\mathrm{j}\infty}^{\sigma+\mathrm{j}\infty}F(s)\mathrm{e}^{st}\mathrm{d}s\right]\varepsilon(t) \tag{5-6}$$

式(5-5)及式(5-6)也是组变换对。因为只对在时间轴一个方向上的函数进行变换，为区别于双边拉普拉斯变换式，将其称之为单边拉普拉斯变换式，并标记如下：

$$F(s)=\mathscr{L}[f(t)]$$

$$f(t)=\mathscr{L}^{-1}[F(s)]$$

或以符号表示为

$$f(t) \longleftrightarrow F(s)$$

由以上分析可以看出，无论双边或单边拉普拉斯变换都可看成是傅里叶变换在复变数域中的推广。从物理意义上说，傅里叶变换是把函数分解成许多形式为 $e^{j\omega t}$ 的分量之和。每一对正、负 ω 分量组成一个等幅的正弦振荡，这些振荡的振幅 $\frac{|F(j\omega)|d\omega}{\pi}$ 均为无穷小量。与此相类似，拉普拉斯变换也是把函数分解成许多形式为 e^{st} 的指数分量之和。比较一下式(5-4)与式(3-34a)，就可以得出与傅里叶变换中相类似的结论，即对于拉普拉斯变换式中每一对正、负的指数分量决定一个幅值改变的正弦振荡，其振幅 $\frac{|F(s)|d\omega}{\pi}e^{\sigma t}$ 也是一无穷小量，且按指数规律随时间变化。与在傅里叶变换中一样，这些振荡的频率是连续的，并且分布趋于无穷。根据这种概念，通常称 s 为复频率，并可把 $F(s)$ 看成是信号的复频谱。

复频率可以方便地表示在一个复平面上，如图 5-2 所示。图中横轴 σ 为实轴，纵轴 $j\omega$ 为虚轴，不同的 s 值对应于复平面上不同位置的点。当 $s=\sigma+j\omega$ 确定时，指数函数随时间的变化关系亦完全确定，所以复平面中的点可以与指数函数 e^{st} 相对应。s 的实部反映指数函数 $e^{st}=e^{\sigma t}e^{j\omega t}$ 幅度变化的速率，虚部 ω 反映指数函数中因子 $e^{j\omega t}$ 作周期变化的频率。

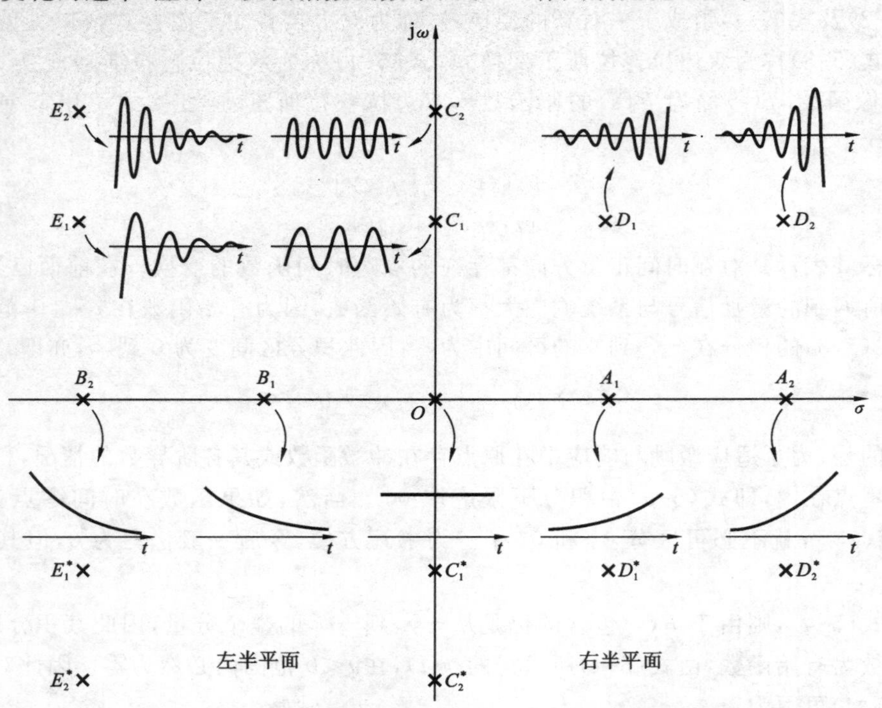

图 5-2 复平面上位置不同的复频率相对应的时间函数模式图，带有*号的点如 C_1^*、D_1^* 等与其共轭点 C_1、D_1 等分别合起来代表一时间函数

在复平面实轴上的点如 A_1、A_2、B_1、B_2 等，由于在这些点处 $\omega=0$，因此每一点对应于一个随时间按指数规律作单调增长或衰减的指数函数。点的位置距虚轴愈远，σ 的绝对值愈大，即意味着所对应的函数增长或衰减的速率愈大。试比较 A_1 与 A_2 及 B_1 与 B_2。A_1、A_2 在正实轴上，相对应的是随时间增长的指数函数，而 B_1、B_2 在负实轴上，相对应的是随时间衰减的指数函数。A_1、B_1 比 A_2、B_2 距虚轴近，所以对应于 A_1、B_1 的指数函数随时间的变化速率较对应于

A_2、B_2 的函数的变化速率慢。坐标原点 O 则对应于不随时间变化的常数。

需要指出的是，在这里也会出现负频率的形式，如 C_1^*、D_1^* 等点的虚部均为负值，这仅是用指数分量来表示信号的数学形式。在第 3 章曾经指出，一对 $\pm \mathrm{j}\omega$ 的指数函数可以合并成一个等幅正弦振荡，即

$$\frac{\mathrm{e}^{\mathrm{j}\omega t}+\mathrm{e}^{-\mathrm{j}\omega t}}{2}=\cos\omega t \tag{5-7a}$$

与此相似，一对共轭复频率的指数函数也可以合并成一个幅度按指数规律变化的正弦振荡，即

$$\frac{\mathrm{e}^{(\sigma+\mathrm{j}\omega)t}+\mathrm{e}^{(\sigma-\mathrm{j}\omega t)}}{2}=\mathrm{e}^{\sigma t}\cos\omega t \tag{5-7b}$$

任一函数表示为指数函数之和时，其复频率一定是共轭成对出现的，所以实际上并不存在具有负频率的变幅正弦分量。

这样，在虚轴上一对互为共轭的点，因为 $\sigma=0$，对应于等幅的正弦振荡，且共轭点离实轴愈远，所以相应的振荡频率亦愈高。试比较图 5-2 中点 C_1、C_1^* 与 C_2、C_2^*。因为 C_1、C_1^* 比 C_2、C_2^* 距实轴近，所以与 C_1、C_1^* 对应的等幅正弦振荡的频率比与 C_2、C_2^* 对应的等幅正弦振荡的频率低。

既不在实轴又不在虚轴上的每一对互为共轭的点，都对应于一个幅度按指数规律变化的正弦振荡。在左半平面的点对应于幅度按指数律衰减的正弦振荡，在右半平面的点对应于幅度按指数律增长的正弦振荡。如在图 5-2 中，D_1、D_1^* 及 E_1、E_1^* 分别为在右半平面中及左半平面中的两对共轭点，它们分别对应于幅度按指数律增长及衰减的正弦振荡。同样，共轭点距离虚轴的远近，决定幅度变化的快慢；共轭点距离实轴的远近，决定振荡频率的高低。如在图 5-2 中，与 D_1、D_1^* 对应的变幅振荡的幅度增长速率比与 D_2、D_2^* 对应的变幅振荡的幅度增长速率慢；而与 E_1、E_1^* 对应的变幅振荡的频率比与 E_2、E_2^* 对应的变幅振荡的频率低。

通过以上讨论可以看出，复平面 s 上的每一对共轭点或实轴上的每一点都分别唯一地对应于一个确定的时间函数模式。

由上面对复频率的说明，还可以清楚地看出，双边或单边拉普拉斯变换都是把函数表示为无穷多个具有复频率 s 的指数函数之和。而傅里叶变换只是双边拉普拉斯变换中 $s=\mathrm{j}\omega$ 的一种特殊情况，即分解是沿复平面中的虚轴进行的。因此在求傅里叶逆变换时，广义积分是沿虚轴求取的。而在双边或单边拉普拉斯逆变换中，积分可在收敛区中沿任意路径进行；通常 σ 取定值，即积分沿与 $\mathrm{j}\omega$ 轴平行且相距 σ 的直线进行（见图 5-3）。由本章后面的分析可以看到，利用复变函数中的留数理论，后者的求取要比前者容易得多。这也是在分析线性系统时经常采用拉普拉斯变换而不常用傅里叶变换的原因。

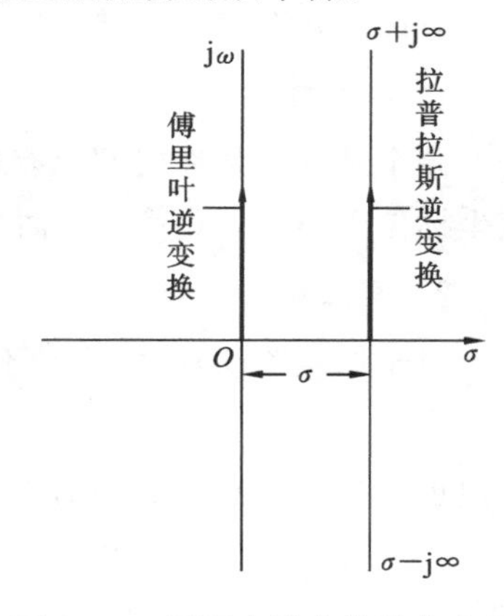

图 5-3　s 平面中逆变换积分途径

5.3　拉普拉斯变换的收敛域

在 5.2 节中已指出，当函数 $f(t)$ 乘以收敛因子 $\mathrm{e}^{-\sigma t}$ 后，就有满足绝对可积条件的可能性，

是否一定能满足,尚要看 $f(t)$ 的性质与 σ 值的大小而定。也就是说,对于某一函数 $f(t)$,通常并不是在所有的 σ 值上,$f(t)e^{-\sigma t}$ 都为有限值,亦即并不是对所有 σ 值而言,函数 $f(t)$ 都存在拉普拉斯变换;而只是在 σ 值一定的范围内,$f(t)e^{-\sigma t}$ 是收敛的,$f(t)$ 存在拉普拉斯变换。通常把满足绝对可积值的 σ 范围称为收敛域(region of convergence,ROC)。显然在收敛域内,函数的拉普拉斯变换是存在的,在收敛域外,函数的拉普拉斯变换是不存在的。

下面就来讨论拉普拉斯变换的收敛域,先讨论单边拉普拉斯变换的情况。由式(5-5)可以看出,要单边拉普拉斯变换存在,$f(t)e^{-\sigma t}$ 必须满足绝对可积的条件。通常要求 $f(t)$ 是指数阶函数且具有分段连续的性质。所谓指数阶函数(function of exponential order)是指存在有一个常数 σ_0,使得 $f(t)e^{-\sigma t}$ 在 $\sigma>\sigma_0$ 范围内,对于所有大于定值 T 的时间 t 均为有界,且当 $t\to\infty$ 时其极限值趋于零。亦即有

$$\lim_{t\to\infty} f(t)e^{-\sigma t}=0,\quad \sigma>\sigma_0 \tag{5-8}$$

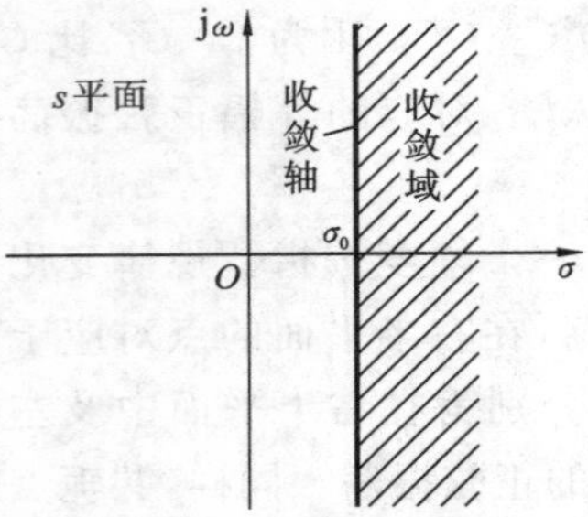

所谓分段连续,是指 $f(t)$ 除有限个间断点外,函数是连续的,而时间由间断点两侧趋于间断点时 $f(t)$ 有有限的极限值。如狄利克雷条件对于傅里叶变换一样,这个条件是单边拉普拉斯变换存在的充分条件而非必要条件。有时 t 从间断点两侧趋于间断点时,$f(t)$ 值不为有限,但只要间断点处函数的积分值有限,则仍可有拉普拉斯变换。式(5-8)中 $\sigma>\sigma_0$ 称为收敛条件。根据 σ_0 的值可将 s 平面划分为两个区域,如图 5-4 所示。通过 σ_0 的垂直线是收敛域的边界,称为收敛边界(boundary of convergence)或收敛轴(axis of convergence)。σ_0 称为收敛坐标(abscissa of convergence),s 平面上收敛轴之右的部分即为收敛域。

图 5-4 拉普拉斯变换的收敛域

下面举几个简单函数为例来说明收敛域的情况。

1. 单个脉冲信号

单个脉冲信号在时间上有始有终,且能量有限。因此,对任何 σ 值,式(5-8)均成立,其收敛坐标位于 $-\infty$。整个 s 平面全属于收敛域,即单个脉冲的单边拉普拉斯变换是一定存在的。

2. 单位阶跃信号

对于单位阶跃信号 $\varepsilon(t)$,不难看出对于 $\sigma>0$ 的任何值,式(5-8)都是满足的,即

$$\lim_{t\to\infty}[\varepsilon(t)e^{-\sigma t}]=0,\quad \sigma>0$$

所以单位阶跃信号的收敛域由 $\sigma>0$ 给出,为 s 平面的右半平面。

3. 指数函数

对于指数函数 e^{at},式(5-8)只有当 $\sigma>a$ 时方能满足,即

$$\lim_{t\to\infty}[e^{at}e^{-\sigma t}]=0,\quad \sigma>a$$

故其收敛域为 $\sigma>a$。

在工程技术中,实际遇到的有始信号都是指数阶信号,且一般也都具有分段连续的性质。因此只要 σ 取得足够大,式(5-8)总是能满足的,即实际上存在的有始信号,其单边拉普拉斯变换一定存在。虽然,也有某些函数随时间的增长较指数函数的快,如 $e^{t^2}\varepsilon(t)$ 或 $t^t\varepsilon(t)$ 等,对这样的函数,不论 σ 取何值,式(5-8)都不能满足,单边拉普拉斯变换就不存在。然而这类函数在实

际应用中不会遇到，因此也就没有讨论的必要。本书主要讨论实际信号的单边拉普拉斯变换，并简称为拉普拉斯变换，又因为其收敛域必定存在，所以在单边拉普拉斯变换的讨论中将不再强调说明函数是否收敛的问题。关于双边拉普拉斯变换则在第 5.9 节中作简要介绍。

5.4 常用函数的拉普拉斯变换

本节将对一些常见的函数求取其拉普拉斯变换。

实际上，如果函数 $f(t)$ 的拉普拉斯变换收敛域包括 $\mathrm{j}\omega$ 轴在内，则只要将其频谱函数中的 $\mathrm{j}\omega$ 换成 s，就可得到函数 $f(t)$ 的拉普拉斯变换；反之，如果将拉普拉斯变换中的 s 换为 $\mathrm{j}\omega$，则亦可由拉普拉斯变换得到频谱函数，即 $F(s)=F(\mathrm{j}\omega)\big|_{\mathrm{j}\omega=s}$ 或 $F(\mathrm{j}\omega)=F(s)\big|_{s=\mathrm{j}\omega}$。如果函数的拉普拉斯收敛域不包括 $\mathrm{j}\omega$ 轴在内，如指数函数 $\mathrm{e}^{\beta t}(\beta>0)$ 等，因其频谱函数不存在，则拉普拉斯变换必须通过式(5-5)的积分来求取。

工程中常见的函数(除少数例外)，通常属于下列两类函数之一：① t 的指数函数；② t 的正整幂函数。以后将会看到，许多常用的函数如阶跃函数、正弦函数、衰减正弦函数等，都可由这两类函数导出。下面就来讨论一些常见函数的拉普拉斯变换。

1. 单边指数函数 $\mathrm{e}^{at}\varepsilon(t)$($a$ 为常数)

由式(5-5)可得其拉普拉斯变换为

$$F(s)=\mathscr{L}[\mathrm{e}^{at}\varepsilon(t)]=\int_{0}^{\infty}\mathrm{e}^{at}\mathrm{e}^{-st}\mathrm{d}t=\int_{0-}^{\infty}\mathrm{e}^{-(s-a)t}\mathrm{d}t=\frac{1}{s-a}\tag{5-9}$$

由此可导出一些常用函数的变换。

(1) 单位阶跃函数 $\varepsilon(t)$。

令式(5-9)中 $a=0$，则

$$\mathscr{L}[\varepsilon(t)]=\frac{1}{s}\tag{5-10}$$

(2) 单边正弦函数 $\sin(\omega t)\varepsilon(t)$。

根据公式

$$\sin(\omega t)=\frac{1}{2\mathrm{j}}(\mathrm{e}^{\mathrm{j}\omega t}-\mathrm{e}^{-\mathrm{j}\omega t})$$

故有

$$\mathscr{L}[\sin(\omega t)\varepsilon(t)]=\frac{1}{2\mathrm{j}}\left(\frac{1}{s-\mathrm{j}\omega}-\frac{1}{s+\mathrm{j}\omega}\right)=\frac{\omega}{s^2+\omega^2}\tag{5-11a}$$

(3) 单边余弦函数 $\cos(\omega t)\varepsilon(t)$。

根据公式

$$\cos(\omega t)=\frac{1}{2}(\mathrm{e}^{\mathrm{j}\omega t}+\mathrm{e}^{-\mathrm{j}\omega t})$$

故得

$$\mathscr{L}[\cos(\omega t)\varepsilon(t)]=\frac{1}{2}\left(\frac{1}{s-\mathrm{j}\omega}+\frac{1}{s+\mathrm{j}\omega}\right)=\frac{s}{s^2+\omega^2}\tag{5-11b}$$

(4) 单边衰减正弦函数 $\mathrm{e}^{-at}\sin(\omega t)\varepsilon(t)$。

因为

$$e^{-at}\sin(\omega t)=\frac{1}{2j}[e^{-(a-j\omega)t}-e^{-(s+j\omega)t}]$$

所以

$$\mathscr{L}[e^{-at}\sin(\omega t)\varepsilon(t)]=\frac{1}{2j}\left[\frac{1}{(s+a)-j\omega}-\frac{1}{(s+a)+j\omega}\right]=\frac{\omega}{(s+a)^2+\omega^2} \tag{5-12a}$$

(5) 单边衰减余弦函数 $e^{-at}\cos(\omega t)\varepsilon(t)$。

与上述(4)相类似可得

$$\mathscr{L}[e^{-at}\cos(\omega t)\varepsilon(t)]=\frac{s+a}{(s+a)^2+\omega^2} \tag{5-12b}$$

(6) 单边双曲正弦函数 $\sinh(\beta t)\varepsilon(t)$。

因为

$$\sinh(\beta t)=\frac{1}{2}(e^{\beta t}-e^{-\beta t})$$

故得

$$\mathscr{L}[\sinh(\beta t)\varepsilon(t)]=\frac{\beta}{s^2-\beta^2} \tag{5-13a}$$

(7) 单边双曲余弦函数 $\cosh(\beta t)\varepsilon(t)$。

与上述(6)相类似可得

$$\mathscr{L}[\cosh(\beta t)\varepsilon(t)]=\frac{s}{s^2-\beta^2} \tag{5-13b}$$

2. t 的正整幂函数 $t^n\varepsilon(t)$(n 为正数)

由式(5-5)有

$$\mathscr{L}[t^n\varepsilon(t)]=\int_0^\infty t^n e^{-st}dt$$

对上式进行分部积分,令

$$u=t^n,\quad dv=e^{-st}dt$$

则

$$\int_0^\infty t^n e^{-st}dt=-t^n e^{-st}\Big|_0^\infty+\frac{n}{s}\int_0^\infty t^{n-1}e^{-st}dt=\frac{n}{s}\int_0^\infty t^{n-1}e^{-st}dt$$

亦即

$$\mathscr{L}[t^n\varepsilon(t)]=\frac{n}{s}\int_0^\infty t^{n-1}e^{-st}dt \tag{5-14}$$

依次类推,则得

$$\mathscr{L}[t^n\varepsilon(t)]=\frac{n}{s}\mathscr{L}[t^{n-1}\varepsilon(t)]=\frac{n}{s}\cdot\frac{n-1}{s}\mathscr{L}[t^{n-2}\varepsilon(t)]$$

$$=\frac{n}{s}\cdot\frac{n-1}{s}\cdot\frac{n-2}{s}\cdot\dots\cdot\frac{2}{s}\cdot\frac{1}{s}\cdot\frac{1}{s}=\frac{n!}{s^{n+1}} \tag{5-15a}$$

特别是当 $n=1$ 时,有

$$\mathscr{L}[t\varepsilon(t)]=\frac{1}{s^2} \tag{5-15b}$$

3. 冲激函数 $\delta(t)$

冲激函数定义如下：

$$\int_{-\infty}^{\infty} \delta(t) f(t) \mathrm{d}t = f(0)$$

由此立即可得

$$\mathscr{L}[\delta(t)] = \int_{0}^{\infty} \delta(t) \mathrm{e}^{-st} \mathrm{d}t = \mathrm{e}^{0} = 1 \tag{5-16}$$

已有较完全的拉普拉斯变换表以备查阅，表 5-1 是一些常用函数拉普拉斯变换简表。

表 5-1　常用函数拉普拉斯变换简表

公式序号	$f(t)=\mathscr{L}^{-1}[F(s)]$	$F(s)=\mathscr{L}[f(t)]$
1	$\delta(t)$	1
2	$\varepsilon(t)$	$\frac{1}{s}$
3	$t\varepsilon(t)$	$\frac{1}{s^2}$
4	$t^n\varepsilon(t)$	$\frac{n!}{s^{n-1}}$
5	$\mathrm{e}^{at}\varepsilon(t)$	$\frac{1}{s-a}$
6	$t\mathrm{e}^{at}\varepsilon(t)$	$\frac{1}{(s-a)^2}$
7	$t^n\mathrm{e}^{at}\varepsilon(t)$	$\frac{n!}{(s-a)^{n+1}}$
8	$\sin(\omega t)\varepsilon(t)$	$\frac{\omega}{s^2+\omega^2}$
9	$\cos(\omega t)\varepsilon(t)$	$\frac{s}{s^2+\omega^2}$
10	$\sinh(\beta t)\varepsilon(t)$	$\frac{\beta}{s^2-\beta^2}$
11	$\cosh(\beta t)\varepsilon(t)$	$\frac{s}{s^2-\beta^2}$
12	$\mathrm{e}^{at}\sin(\omega t)\varepsilon(t)$	$\frac{\omega}{(s+a)^2+\omega^2}$
13	$\mathrm{e}^{at}\cos(\omega t)\varepsilon(t)$	$\frac{s+a}{(s+a)^2+\omega^2}$
14	$2r\mathrm{e}^{at}\cos(\omega t+\varphi)\varepsilon(t)$	$\frac{r\mathrm{e}^{\mathrm{j}\varphi}}{s-a-\mathrm{j}\omega}+\frac{r\mathrm{e}^{-\mathrm{j}\varphi}}{s-a+\mathrm{j}\omega}$
15	$\frac{1}{\omega_n\sqrt{1-\zeta^2}}\mathrm{e}^{-\zeta\omega_n t}\sin(\omega_n\sqrt{1-\zeta^2})t\varepsilon(t)$	$\frac{1}{s^2+2\zeta\omega_n s+\omega_n{}^2}$

从表 5-1 中可以看出，通过拉普拉斯变换，指数函数、三角函数、幂函数等都已变换为复频域中较易处理的函数形式。

5.5 拉普拉斯变换的基本性质

现在介绍拉普拉斯变换的一些基本性质，运用这些性质可以使某些拉普拉斯变换的求解问题得到简化。由于拉普拉斯变换可视为傅里叶变换在复频域中的推广，傅里叶变换建立了时域与频域间的联系，而拉普拉斯变换则建立了时域与复频域间的联系，因此拉普拉斯变换与傅里叶变换相类似部分性质的证明，只要将第 3 章傅里叶变换有关特性的证明中用 s 代替 $j\omega$ 就可以得到，这里就不再证明了。

1. 线性特性

设 $\mathscr{L}[f_1(t)]=F_1(s)$，$\mathscr{L}[f_2(t)]=F_2(s)$，则

$$\mathscr{L}[a_1f_1(t)+a_2f_2(t)]=a_1F_1(s)+a_2F_2(s) \tag{5-17}$$

式中：a_1、a_2 为任意常数。

例 5-1 求单边正弦函数 $\sin\omega t\varepsilon(t)$ 的拉普拉斯变换。

解 已知

$$\sin\omega t=\frac{1}{2j}(e^{j\omega t}-e^{-j\omega t})$$

故有

$$\mathscr{L}[\sin\omega t\varepsilon(t)]=\frac{1}{2j}\left(\frac{1}{s-j\omega}-\frac{1}{s+j\omega}\right)=\frac{\omega}{s^2+\omega^2}$$

同理可求得

$$\mathscr{L}[\cos\omega t\varepsilon(t)]=\frac{1}{2}\left(\frac{1}{s-j\omega}+\frac{1}{s+j\omega}\right)=\frac{s}{s^2+\omega^2}$$

$$\mathscr{L}[\cosh\beta t\varepsilon(t)]=\mathscr{L}\left[\frac{1}{2}(e^{\beta t}+e^{-\beta t})\varepsilon(t)\right]=\frac{1}{2}\left(\frac{1}{s+\beta t}+\frac{1}{s-\beta t}\right)=\frac{s}{s^2-\beta^2}$$

$$\mathscr{L}[\sinh\beta t\varepsilon(t)]=\mathscr{L}\left[\frac{1}{2}(e^{\beta t}-e^{-\beta t})\varepsilon(t)\right]=\frac{1}{2}\left(\frac{1}{s+\beta t}-\frac{1}{s-\beta t}\right)=\frac{\beta}{s^2-\beta^2}$$

2. 时间平移特性

设

$$\mathscr{L}[f(t)]=F(s)$$

则

$$\mathscr{L}[f(t-t_0)\varepsilon(t-t_0)]=F(s)e^{-st_0} \tag{5-18}$$

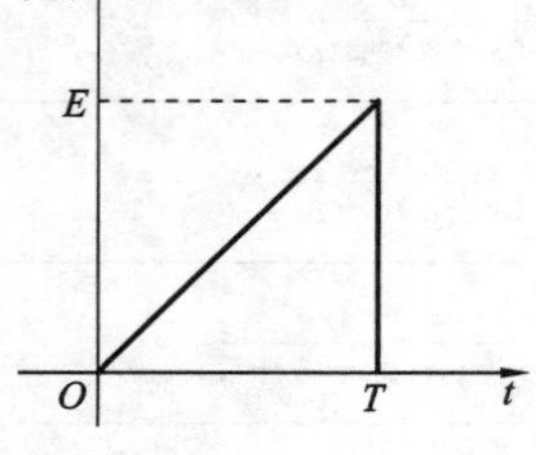

例 5-2 求图 5-5 所示的锯齿波的拉普拉斯变换。

解 图 5-5 所示锯齿波可表示为

$$\begin{aligned}f(t)&=\frac{E}{T}t[\varepsilon(t)-\varepsilon(t-T)]=\frac{E}{T}t\varepsilon(t)-\frac{E}{T}t\varepsilon(t-T)\\&=\frac{E}{T}t\varepsilon(t)-E\varepsilon(t-T)-\frac{E}{T}(t-T)\varepsilon(t-T)\\&=f_a(t)+f_b(t)+f_c(t)\end{aligned}$$

即锯齿波可分解为图 5-6 中所示三个函数之和。

f(t)
E
O
T
t

图 5-5 锯齿波

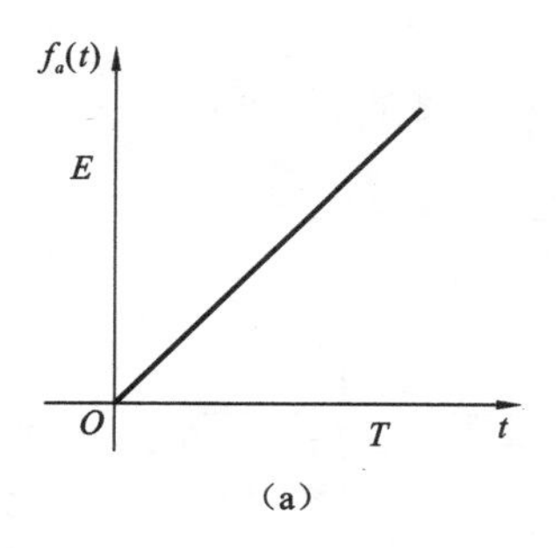

(a)

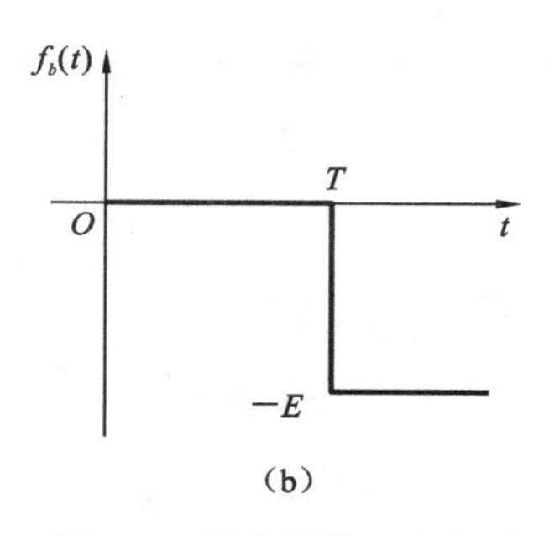

(b)

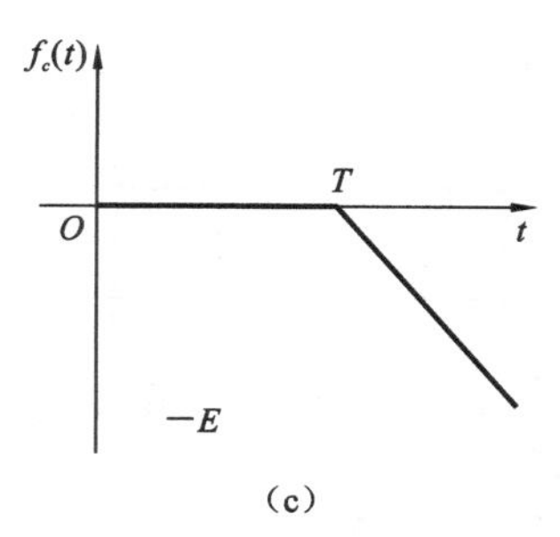

(c)

图 5-6 锯齿波的三个分量

由表 5-1 及式(5-18)可得

$$\mathscr{L}[f_a(t)]=\frac{E}{Ts^2}$$

$$\mathscr{L}[f_b(t)]=-\frac{E}{s}\mathrm{e}^{-sT}$$

$$\mathscr{L}[f_c(t)]=-\frac{E}{Ts^2}\mathrm{e}^{-sT}$$

所以由线性性质，可得

$$\begin{aligned}\mathscr{L}[f(t)]&=\mathscr{L}[f_a(t)]+\mathscr{L}[f_b(t)]+\mathscr{L}[f_c(t)]=\frac{E}{Ts^2}-\frac{E}{s}\mathrm{e}^{-sT}-\frac{E}{Ts^2}\mathrm{e}^{-sT}\\&=\frac{E}{Ts^2}[1-(Ts+1)\mathrm{e}^{-sT}]\end{aligned}$$

时间平移特性还可以用来求取有始周期函数的拉普拉斯变换。这里所说的有始周期函数是指 $t>0$ 时呈现周期性的函数，在 $t<0$ 范围内函数为零。

设 $f(t)$ 为有始周期函数，其周期为 T，而 $f_1(t)$、$f_2(t)$ 等分别表示函数的第一周期、第二周期等的函数，则 $f(t)$ 可写为

$$f(t)=f_1(t)+f_2(t)+f_3(t)+\cdots$$

$f_2(t)$ 可以看成是由 $f_1(t)$ 延时一个周期 T 构成的，$f_3(t)$ 可以看成是由 $f_1(t)$ 延时两个周期 $2T$ 构成的，依次类推则有

$$f(t)=f_1(t)+f_1(t-T)+f_1(t-2T)+\cdots$$

根据时间平移特性，若 $\mathscr{L}[f_1(t)]=F_1(s)$，则

$$\begin{aligned}\mathscr{L}[f(t)]&=F_1(s)+F_1(s)\mathrm{e}^{-sT}+F_1(s)\mathrm{e}^{-2sT}+\cdots\\&=F_1(s)(1+\mathrm{e}^{-sT}+\mathrm{e}^{-2sT}+\cdots)=\frac{F_1(s)}{1-\mathrm{e}^{-sT}}\end{aligned}\tag{5-19}$$

式(5-19)说明，周期为 T 的有始周期函数 $f(t)$ 的拉普拉斯变换等于第一周期单个函数的拉普拉斯变换乘以周期因子 $\frac{1}{1-\mathrm{e}^{-sT}}$。

例 5-3 求图 5-7 所示的周期矩形脉冲的拉普拉斯变换。

解 图 5-7 所示波形的第一周期可表示为

$$f_1(t)=\varepsilon(t)-\varepsilon(t-1)$$

而整个函数可表示为

$$f(t)=f_1(t)+f_1(t-3)+f_1(t-2\times3)+f_1(t-3\times3)+\cdots$$

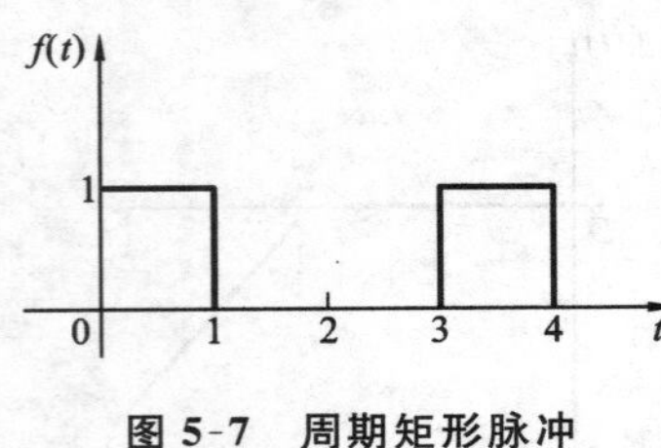

图 5-7 周期矩形脉冲

由表 5-1 及式(5-18)可得

$$\mathscr{L}[f_1(t)]=\mathscr{L}[\varepsilon(t)]-\mathscr{L}[\varepsilon(t-1)]$$

$$=\frac{1}{s}-\frac{1}{s}\cdot e^{-s}=\frac{1-e^{-s}}{s}$$

由式(5-19)可得

$$F(s)=\frac{1-e^{-s}}{s}\cdot\frac{1}{1-e^{-3s}}=\frac{1-e^{-s}}{s(1-e^{-3s})}$$

3. 尺度变换特性

设 $\mathscr{L}[f(t)]=F(s)$,则当 $a>0$ 时

$$\mathscr{L}[f(at)]=\frac{1}{a}F\left(\frac{s}{a}\right) \tag{5-20}$$

例 5-4 已知 $\mathscr{L}[f(t)]=F(s)$,若 $a>0$、$b>0$,求 $\mathscr{L}[f(at-b)\varepsilon(at-b)]$。

解 求解此问题既要用到尺度变换特性,又要用到时间平移特性

先由时间平移特性求得

$$\mathscr{L}[f(t-b)\varepsilon(t-b)]=F(s)e^{-bs}$$

再由尺度变换特性即可求出所需结果,即

$$\mathscr{L}[f(at-b)\varepsilon(at-b)]=\frac{1}{a}F\left(\frac{s}{a}\right)e^{-b\frac{s}{a}}=\frac{1}{a}F\left(\frac{s}{a}\right)e^{-\frac{b}{a}s}$$

另一种做法是先由尺度变换特性求得

$$\mathscr{L}[f(at)\varepsilon(at)]=\frac{1}{a}F\left(\frac{s}{a}\right)$$

再由时间平移特性求得

$$\mathscr{L}[f(at-b)\varepsilon(at-b)]=\mathscr{L}\left\{f\left[a\left(t-\frac{b}{a}\right)\right]\varepsilon\left[a\left(t-\frac{b}{a}\right)\right]\right\}=\frac{1}{a}F\left(\frac{s}{a}\right)e^{-\frac{b}{a}s}$$

两种方法结果一致。

4. 频率平移特性

设 $$\mathscr{L}[f(t)]=F(s)$$

则 $$\mathscr{L}[f(t)e^{s_0t}]=F(s-s_0) \tag{5-21}$$

例 5-5 求 $t\varepsilon(t)$的拉普拉斯变换。

解 由 $\mathscr{L}[t\varepsilon(t)]=\frac{1}{s^2}$,运用频率平移特性立即可得

$$\mathscr{L}[te^{-at}\varepsilon(t)]=\frac{1}{(s+a)^2}$$

同理,由 $\mathscr{L}[t^n\varepsilon(t)]=\frac{n!}{s^{n+1}}$,运用频率平移特性可得

$$\mathscr{L}[t^ne^{-at}\varepsilon(t)]=\frac{n!}{(s+a)^{n+1}}$$

再由 $\mathscr{L}[\cos(\omega t)\varepsilon(t)]=\frac{s}{s^2+\omega^2}$,运用频率平移特性可得

$$\mathscr{L}[e^{at}\cos(\omega t)\varepsilon(t)]=\frac{s-a}{(s-a)^2+\omega^2}$$

由 $\mathscr{L}[\sin(\omega t)\varepsilon(t)]=\dfrac{\omega}{s^2+\omega^2}$，运用频率平移特性可得

$$\mathscr{L}[e^{at}\sin(\omega t)\varepsilon(t)]=\frac{\omega}{(s-a)^2+\omega^2}$$

5. 时域微分特性

设 $\mathscr{L}[f(t)]=F(s)$，则

$$\mathscr{L}\left[\frac{df(t)}{dt}\right]=sf(s)-f(0^-) \tag{5-22a}$$

$$\mathscr{L}\left[\frac{d^n f(t)}{dt^n}\right]=s^n F(s)-s^{n-1}f(0^-)-s^{n-2}f'(0^-)-\cdots-f^{(n-1)}(0^-) \tag{5-22b}$$

式中 $f(0^-)$ 及 $f^{(k)}(0^-)$ 分别为 $t=0^-$ 时 $f(t)$ 及 $\dfrac{d^n f(t)}{dt^n}$ 的值。这些特性可以证明如下：

根据拉普拉斯变换的定义，有

$$\mathscr{L}\left[\frac{df(t)}{dt}\right]=\int_0^\infty \frac{df(t)}{dt}e^{-st}dt \tag{5-23}$$

对式(5-23)运用分部积分法，则有

$$\mathscr{L}\left[\frac{df(t)}{dt}\right]=f(t)e^{-st}\Big|_0^\infty+s\int_0^\infty f(t)e^{-st}dt$$

因为当 $t\to\infty$，$f(t)e^{-st}\to 0$，故得

$$\mathscr{L}\left[\frac{df(t)}{dt}\right]=-f(0^-)+sF(s)=sF(s)-f(0^-)$$

同理可得

$$\mathscr{L}\left[\frac{d^2 f(t)}{dt^2}\right]=\int_0^\infty \frac{d^2 f(t)}{dt^2}e^{-st}dt=\int_0^\infty \frac{d}{dt}\left[\frac{df(t)}{dt}\right]e^{-st}dt$$

引用式(5-22b)的结果，则

$$\begin{aligned}\mathscr{L}\left[\frac{d^2 f(t)}{dt^2}\right]&=s[sF(s)-f(0^-)]-\frac{df(t)}{dt}\Big|_{t=0^-}\\&=s^2F(s)-sf(0^-)-f'(0^-)\end{aligned}$$

依次类推即可得 n 阶导数的拉普拉斯变换式(式(5-22b))。

如函数 $f(t)$ 为有始函数，即 $t<0$ 时 $f(t)=0$，则 $f(0^-)$，$f'(0^-)$，…，$f^{(n-1)}(0^-)$ 俱为零，于是式(5-22a)和式(5-22b)可简化为

$$\mathscr{L}\left[\frac{df(t)}{dt}\right]=sf(s) \tag{5-24a}$$

$$\mathscr{L}\left[\frac{d^n f(t)}{dt^n}\right]=s^n F(s) \tag{5-24b}$$

这里时间的起点均取 0^-（常称为 0^- 系统）。因此在式(5-22a)中，函数值 $f(0^-)$、$f'(0^-)$ 等俱是指函数 $f(t)$ 及其各阶导数在 0^- 时的值。如时间起点取 0^+（常称为 0^+ 系统），则上述各函数值俱应换为 0^+ 时的值。通常如果函数 $f(t)$ 在原点不连续，则其导数 $\dfrac{df(t)}{dt}$ 在原点将有一强度为原点跃变值的冲激。在选用 0^- 系统时要考虑这个冲激，而选用 0^+ 系统时则不考虑此冲激。因此，当时间函数在 $t=0$ 处有冲激或其导数时，在与两种系统中所求得的拉普拉斯变换式将不同。在用拉普拉斯分析法求解系统响应时，可任意选用 0^- 系统或 0^+ 系统。当然由

于在 0^+ 系统中，原点的冲激未被计入，因此冲激项产生的响应要单独计算，并加到总响应中去。这样无论采用 0^- 系统或 0^+ 系统，所求得的系统响应都将是一样的。为简便计，实用中多选用 0^- 系统。

例 5-6 求 $f(t)=\mathrm{e}^{-at}\varepsilon(t)$ 导数的拉普拉斯变换，函数 $f(t)$ 的波形如图 5-8 所示，函数 $f(t)$ 的导数如图 5-9 所示。

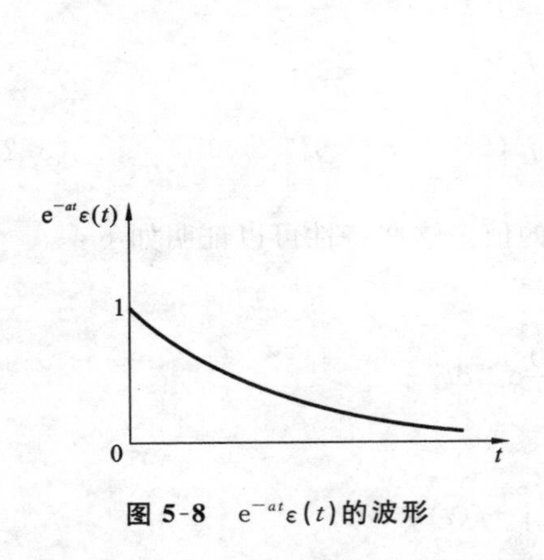

图 5-8 $\mathrm{e}^{-at}\varepsilon(t)$ 的波形

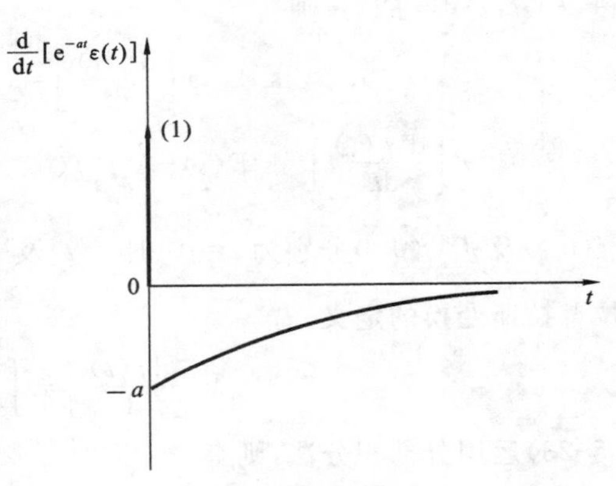

图 5-9 图 5-8 所示函数的导数

解 函数 $f(t)$ 的拉普拉斯变换为

$$F(s)=\mathscr{L}\left[\mathrm{e}^{-at}\varepsilon(t)\right]=\frac{1}{s+a}$$

如果选用 0^- 系统，则

$$\frac{\mathrm{d}f(t)}{\mathrm{d}t}=\frac{\mathrm{d}}{\mathrm{d}t}\left[\mathrm{e}^{-at}\varepsilon(t)\right]=\mathrm{e}^{-at}\delta(t)-a\mathrm{e}^{-at}\varepsilon(t)=\delta(t)-a\mathrm{e}^{-at}\varepsilon(t)$$

对上式求拉普拉斯变换可得

$$\mathscr{L}\left[\frac{\mathrm{d}f(t)}{\mathrm{d}t}\right]=\mathscr{L}\left[\delta(t)-a\mathrm{e}^{-at}\varepsilon(t)\right]=1-\frac{a}{s+a}=\frac{s}{s+a}$$

如果运用拉普拉斯变换的微分性质，并考虑到 $f(0^-)=0$，则有

$$\mathscr{L}\left[\frac{\mathrm{d}f(t)}{\mathrm{d}t}\right]=sF(s)-f(0^-)=\frac{s}{s+a}$$

可见与直接求取所得到的结果是一致的。

如选用 0^+ 系统则

$$\frac{\mathrm{d}f(t)}{\mathrm{d}t}=\frac{\mathrm{d}}{\mathrm{d}t}\left[\mathrm{e}^{-at}\varepsilon(t)\right]=-a\mathrm{e}^{-at}\varepsilon(t)$$

对上式进行拉普拉斯变换则可得

$$\mathscr{L}\left[\frac{\mathrm{d}f(t)}{\mathrm{d}t}\right]=\mathscr{L}\left[-a\mathrm{e}^{-at}\varepsilon(t)\right]=-\frac{a}{s+a}$$

如运用拉普拉斯变换的微分性质，并考虑到 $f(0^+)=1$，则有

$$\mathscr{L}\left[\frac{\mathrm{d}f(t)}{\mathrm{d}t}\right]=sF(s)-f(0^+)=\frac{s}{s+a}-1=-\frac{a}{s+a}$$

所得结果与直接求取所得的结果也是一致的。

从上面的分析中可以看出，由于该函数的导数在时间零点上存在冲激，因此该导数的拉普

拉斯变换在 0^- 系统与 0^+ 系统中的结果是不同的。

例 5-7 用时域微分特性求图 5-5 所示锯齿波的拉普拉斯变换。

解 图 5-5 所示锯齿波信号的导数如图 5-10 所示。

由图 5-10 可知

$$f'(t)=\frac{E}{T}[\varepsilon(t)-\varepsilon(t-T)]-E\delta(t-T)$$

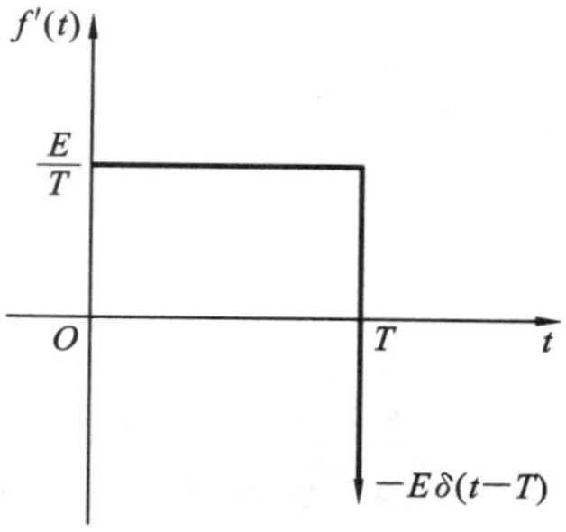

则

$$\mathscr{L}\left[\frac{\mathrm{d}f(t)}{\mathrm{d}t}\right]=sF(s)-f(0^-)=\frac{E}{Ts}(1-\mathrm{e}^{-sT})-E\mathrm{e}^{-sT}$$

又因为 $f(0^-)=0$，则

$$sF(s)=\frac{E}{Ts}(1-\mathrm{e}^{-sT})-E\mathrm{e}^{-sT}$$

即可得

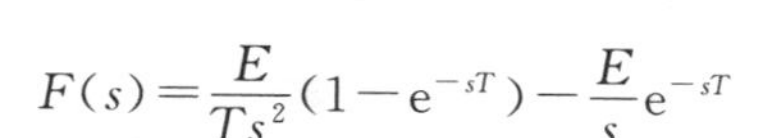

$$F(s)=\frac{E}{Ts^2}(1-\mathrm{e}^{-sT})-\frac{E}{s}\mathrm{e}^{-sT}$$

图 5-10 图 5-5 所示锯齿波信号的导数

6. 时域积分特性

设

$$\mathscr{L}[f(t)]=F(s)$$

则

$$\mathscr{L}\left[\int_0^t f(\tau)\mathrm{d}\tau\right]=\frac{F(s)}{s} \tag{5-25}$$

此式可证明如下：

根据定义有

$$\mathscr{L}\left[\int_0^t f(\tau)\mathrm{d}\tau\right]=\int_0^\infty\left[\int_0^t f(\tau)\mathrm{d}\tau\right]\mathrm{e}^{-st}\mathrm{d}t$$

对上式运用分部积分，得

$$\mathscr{L}\left[\int_0^t f(\tau)\mathrm{d}\tau\right]=\frac{-\mathrm{e}^{-st}}{s}\int_0^t f(\tau)\mathrm{d}\tau\bigg|_0^\infty+\int_0^\infty\frac{1}{s}f(t)\mathrm{e}^{-st}\mathrm{d}t$$

当 $t\to\infty$ 及 $t\to 0$ 时，上式中右边第一项俱为零，故

$$\mathscr{L}\left[\int_0^t f(\tau)\mathrm{d}\tau\right]=\frac{F(s)}{s}$$

如函数的积分区间不由 0 开始而是由 $-\infty$ 开始，则因

$$\int_{-\infty}^t f(\tau)\mathrm{d}\tau=\int_{-\infty}^0 f(\tau)\mathrm{d}\tau+\int_0^t f(\tau)\mathrm{d}\tau$$

故有

$$\mathscr{L}\left[\int_{-\infty}^t f(\tau)\mathrm{d}\tau\right]=\frac{F(s)}{s}+\frac{\int_{-\infty}^0 f(\tau)\mathrm{d}\tau}{s} \tag{5-26}$$

同前面一样，此处的 0 意味着 0^-。

将积分性质推广到多重积分，则有

$$\mathscr{L}\left[\int_0^t\int_0^\tau f(\lambda)\mathrm{d}\lambda\mathrm{d}\tau\right]=\frac{F(s)}{s^2} \tag{5-27}$$

7. 复频域微分与积分特性

设
$$\mathscr{L}[f(t)]=F(s)$$
则
$$\mathscr{L}[tf(t)]=-\frac{\mathrm{d}F(s)}{\mathrm{d}s} \tag{5-28}$$
及
$$\mathscr{L}\left[\frac{f(t)}{t}\right]=\int_s^{\infty}F(s)\mathrm{d}s \tag{5-29}$$
这一特性的证明留待读者自行作出。

例 5-8 求单位斜坡函数 $f(t)=t\varepsilon(t)$ 的拉普拉斯变换 $F(s)$。

解 由表 5-1 知
$$\mathscr{L}[\varepsilon(t)]=\frac{1}{s}$$
由复频域微分特性可得
$$\mathscr{L}[t\varepsilon(t)]=-\left(\frac{1}{s}\right)'=\frac{1}{s^2}$$

8. 参变量微分与积分特性

设
$$\mathscr{L}[f(t,a)]=F(s,a)$$
式中 a 为参变量,则有
$$\mathscr{L}\left[\frac{\partial f(t,a)}{\partial a}\right]=\frac{\partial F(s,a)}{\partial a} \tag{5-30}$$
及
$$\mathscr{L}\left[\int_{a_1}^{a_2}f(t,a)\mathrm{d}a\right]=\int_{a_1}^{a_2}F(s,a)\mathrm{d}a \tag{5-31}$$

9. 初值定理

设函数 $f(t)$ 及其导数 $\frac{\mathrm{d}f(t)}{\mathrm{d}t}$ 存在,并有拉普拉斯变换,则 $f(t)$ 的初值为
$$f(0^+)=\lim_{t\to 0^+}f(t)=\lim_{s\to\infty}sF(s) \tag{5-32}$$
证明:由时域微分特性有
$$\begin{aligned}sF(s)-f(0^-)&=\int_{0^-}^{\infty}\frac{\mathrm{d}f(t)}{\mathrm{d}t}\mathrm{e}^{-st}\mathrm{d}t=\int_{0^-}^{0^+}\frac{\mathrm{d}f(t)}{\mathrm{d}t}\mathrm{e}^{-st}\mathrm{d}t+\int_{0^+}^{\infty}\frac{\mathrm{d}f(t)}{\mathrm{d}t}\mathrm{e}^{-st}\mathrm{d}t\\&=f(t)\Big|_{0^-}^{0^+}+\int_{0^+}^{\infty}\frac{\mathrm{d}f(t)}{\mathrm{d}t}\mathrm{e}^{-st}\mathrm{d}t\\&=f(0^+)-f(0^-)+\int_{0_+}^{\infty}\frac{\mathrm{d}f(t)}{\mathrm{d}t}\mathrm{e}^{-st}\mathrm{d}t\end{aligned}$$
故得
$$sF(s)=f(0^+)+\int_{0^+}^{\infty}\frac{\mathrm{d}f(t)}{\mathrm{d}t}\mathrm{e}^{-st}\mathrm{d}t \tag{5-33}$$
令 $s\to\infty$ 则得
$$\lim_{s\to\infty}sF(s)=f(0^+)+\lim_{s\to\infty}\int_{0^+}^{\infty}\frac{\mathrm{d}f(t)}{\mathrm{d}t}\mathrm{e}^{-st}\mathrm{d}t$$

因为 $f'(t)$存在并有拉普拉斯变换，即上式右边积分项存在，又因 s 不是 t 的函数，即可先令 $s\to\infty$然后再积分，此时积分为零，即可得式(5-32)的结果。

如 $f(t)$在 $t=0$ 处有冲激及其导数，则 $f(t)$的拉普拉斯变换可分解为多项式与真分式之和，即

$$\mathscr{L}[f(t)]=a_0+a_1s+\cdots+a_ps^p+F_p(s)$$

此时初值定理应表示为

$$f(0^+)=\lim_{s\to\infty}sF_p(s)$$

即 $F(s)$必须是真分式，若不是真分式，则应用长除法将 $F(s)$化成一个整式与一个真分式$F_p(s)$之和，而函数 $f(t)$初值 $f(0^+)$应等于 $F_p(s)$的初值 $F_p(0^+)$。

例 5-9 求象函数 $F(s)=\dfrac{s^3+s^2+2s+1}{s^3+6s^2+11s+6}$所对应的原函数 $f(t)$的初值。

解 $F(s)$不是一个真分式，先化为多项式与真分式和的形式：

$$F(s)=\frac{s^3+s^2+2s+1}{s^3+6s^2+11s+6}=1+\frac{-(5s^2+9s+5)}{s^3+6s^2+11s+6}$$

由初值定理可得

$$f(0^+)=\lim_{t\to0^+}f(t)=\lim_{s\to\infty}s\,\frac{-(5s^2+9s+5)}{s^3+6s^2+11s+6}=-5$$

10. 终值定理

设函数 $f(t)$及其导数$\dfrac{\mathrm{d}f(t)}{\mathrm{d}t}$存在，并有拉普拉斯变换，且 $F(s)$的所有极点都位于 s 左半平面内(包括在原点处的单极点)，则 $f(t)$的终值为

$$f(\infty)=\lim_{t\to\infty}f(t)=\lim_{s\to0}sF(s) \tag{5-34}$$

证明 在式(5-33)中令 $s\to0$ 则有

$$\lim_{s\to0}sF(s)=f(0^+)+\lim_{s\to0}\int_{0^+}^{\infty}\frac{\mathrm{d}f(t)}{\mathrm{d}t}\mathrm{e}^{-st}\mathrm{d}t$$

由于 s 不是 t 的函数，上式右边可先令 $s\to0$ 然后再积分，即

$$\lim_{s\to0}sF(s)=f(0^+)+f(\infty)-f(0^+)=f(\infty)$$

即得式(5-34)的结果。

$F(s)$的极点之所以要限制于 s 平面的左半平面内或是在原点处的单极点处，主要是为了保证存在。因为如果有极点落在 s 平面的右半平面内，则 $f(t)$将随 t 无限地增长；如果有极点落在虚轴上，则表示为等幅振荡；在原点处的重阶极点对应的也是随时间增长的函数。在上述的这几种情况下，$f(t)$的终值俱不存在，上述定理也就无法运用。

初值定理与终值定理除了用来确定 $f(t)$的初值与终值(无须经过拉普拉斯逆变换)外，还可用来在求拉普拉斯逆变换前验证拉普拉斯的正确性。

例 5-10 求下列各象函数所对应的原函数的终值。

(1) $F_1(s)=\dfrac{s^3+s^2+2s+1}{s^3+6s^2+11s+6}$； (2) $F_2(s)=\dfrac{s^2+2s+3}{(s+1)(s^2+\omega_0^2)}$。

解 (1) $$F_1(s)=\frac{s^3+s^2+2s+1}{s^3+6s^2+11s+6}=\frac{s^3+s^2+2s+1}{(s+1)(s+2)(s+3)}$$

此象函数的极点全部都在 s 平面的左半平面内，由终值定理可得

$$f_1(\infty)=\lim_{t\to\infty}f_1(t)=\lim_{s\to 0}sF_1(s)=0$$

(2) 由于 $F_2(s)=\dfrac{s^2+2s+3}{(s+1)(s^2+\omega_0^2)}$ 在 $\mathrm{j}\omega$ 轴上有一对共轭极点 $s=\pm\mathrm{j}\omega_0$，故 $f_2(t)$ 的终值不存在。

11. 卷积定理

与傅里叶变换中的卷积定理相类似，拉普拉斯变换也有卷积定理如下。

设
$$\mathscr{L}[f_1(t)]=F_1(s),\quad \mathscr{L}[f_2(t)]=F_2(s)$$

则
$$\mathscr{L}[f_1(t)*f_2(t)]=F_1(s)F_2(s) \tag{5-35a}$$

或
$$\mathscr{L}^{-1}[F_1(s)F_2(s)]=f_1(t)*f_2(t) \tag{5-35b}$$

式(5-35a)与式(5-35b)称为时域卷积定理，有时也称为实卷积定理。它表明对应于时域中的卷积运算，在复频域中为乘法运算，即两函数卷积的拉普拉斯变换等于两函数的拉普拉斯变换的乘积。卷积定理可证明如下。

按卷积定义有

$$f_1(t)*f_2(t)=\int_0^{\infty}f_1(\tau)f_2(t-\tau)\mathrm{d}\tau$$

所以

$$\mathscr{L}[f_1(t)*f_2(t)]=\mathscr{L}\left[\int_0^{\infty}f_1(\tau)f_2(t-\tau)\mathrm{d}\tau\right]=\int_0^{\infty}\left[\int_0^{\infty}f_1(\tau)f_2(t-\tau)\mathrm{d}\tau\right]\mathrm{e}^{-st}\mathrm{d}t$$

先变换积分次序，再考虑到对有始函数而言，$f_2(t-\tau)$ 在 $\tau>t$ 时为 0，因此括号中积分上限 t 可改为∞，得

$$\mathscr{L}[f_1(t)*f_2(t)]=\int_0^{\infty}f_1(\tau)\left[\int_0^{\infty}f_2(t-\tau)\varepsilon(t-\tau)\mathrm{e}^{-st}\mathrm{d}t\right]\mathrm{d}\tau$$

根据拉普拉斯变换的时间平移特性，上式方括号中为 $f_2(t-\tau)\varepsilon(t-\tau)$ 的拉普拉斯变换 $F_2(s)\mathrm{e}^{-s\tau}$，于是

$$\mathscr{L}[f_1(t)*f_2(t)]=\int_0^{t}f_1(\tau)F_2(s)\mathrm{e}^{-s\tau}\mathrm{d}\tau=F_1(s)F_2(s)$$

此即为式(5-35a)。

与时域卷积定理相对应，还有复频域卷积定理，有时也称为复卷积定理。复卷积定理表示如下。

设
$$\mathscr{L}[f_1(t)]=F_1(s),\quad \mathscr{L}[f_2(t)]=F_2(s)$$

则
$$\mathscr{L}[f_1(t)f_2(t)]=\frac{1}{2\pi\mathrm{j}}[F_1(s)*F_2(s)] \tag{5-36a}$$

或
$$\mathscr{L}^{-1}\left\{\frac{1}{2\pi\mathrm{j}}[F_1(s)*F_2(s)]\right\}=f_1(t)f_2(t) \tag{5-36b}$$

复卷积定理说明时域中的乘法运算相对应于复频域中的卷积运算，即两时间函数乘积的拉普拉斯变换等于两时间函数的拉普拉斯变换相卷积并除以常数 $2\pi\mathrm{j}$。以上的证明与时域卷

积定理的证明相类似，留给读者作为练习去做。

例 5-11 已知 $\mathscr{L}[e^{-\alpha t}\varepsilon(t)]=\frac{1}{s+\alpha}$，试用卷积定理求 $F(s)=\frac{1}{(s+\alpha)(s+\beta)}$ 的逆变换式 $f(t)$。

解 令

$$\mathscr{L}[e^{-\alpha t}\varepsilon(t)]=\mathscr{L}[f_1(t)]=\frac{1}{s+\alpha}=F_1(s)$$

$$\mathscr{L}[e^{-\beta t}\varepsilon(t)]=\mathscr{L}[f_2(t)]=\frac{1}{s+\beta}=F_2(s)$$

由卷积定理可知

$$\begin{aligned}\mathscr{L}^{-1}[F(s)]&=\mathscr{L}^{-1}\left[\frac{1}{(s+\alpha)(s+\beta)}\right]=f_1(t)*f_2(t)=\int_0^t e^{-\alpha\tau}e^{-\beta(t-\tau)}d\tau\\&=e^{-\beta t}\int_0^t e^{(\beta-\alpha)\tau}d\tau=\frac{e^{-\beta t}}{\beta-\alpha}(e^{(\beta-\alpha)t}-1)\varepsilon(t)\\&=\frac{1}{\beta-\alpha}(e^{-\alpha t}-e^{-\beta t})\varepsilon(t)\end{aligned}$$

若当 $\alpha=\beta$ 时，求上式的极限，得

$$\mathscr{L}^{-1}\left[\frac{1}{(s+\alpha)^2}\right]=te^{-\alpha t}\varepsilon(t)$$

现将上述拉普拉斯变换的性质列在表 5-2 中，以便检索。

表 5-2 拉普拉斯变换的基本性质

性质名称	时域 $f(t),t\geqslant 0$	复频域 $F(s),\sigma\geqslant\sigma_0$
1. 线性特性	$a_1f_1(t)+a_2f_2(t)$	$a_1F_1(s)+a_2F_2(s)$
2. 尺度变换特性	$f(at)$	$\frac{1}{a}F(\frac{s}{a})$
3. 时间平移特性	$f(t-t_0)$	$F(s)e^{-st_0}$
4. 频率平移特性	$f(t)e^{s_0t}$	$F(s-s_0)$
5. 时域微分特性	$\frac{df(t)}{dt}$	$sf(s)-f(0^-)$
6. 时域积分特性	$\int_{-\infty}^t f(\tau)d\tau$	$\frac{F(s)}{s}+\frac{\int_{-\infty}^0 f(\tau)d\tau}{s}$
7. 复频域微分特性	$tf(t)$	$-\frac{dF(s)}{ds}$
8. 复频域积分特性	$\frac{f(t)}{t}$	$\int_s^\infty F(s)ds$
9. 参变量微分特性	$\frac{\partial f(t,\alpha)}{\partial\alpha}$	$\frac{\partial F(s,\alpha)}{\partial\alpha}$
10. 参变量积分特性	$\int_{\alpha_1}^{\alpha_2} f(t,\alpha)d\alpha$	$\int_{\alpha_1}^{\alpha_2} F(s,\alpha)d\alpha$
11. 时域卷积	$f_1(t)*f_2(t)$	$F_1(s)\cdot F_2(s)$

续表

性质名称	时域 $f(t),t\geqslant 0$	复频域 $F(s),\sigma\geqslant\sigma_0$
12. 复频域卷积	$f_1(t)\cdot f_2(t)$	$\frac{1}{2\pi j}[F_1(s)*F_2(s)]$
13. 初值定理	$f(0^+)=\lim\limits_{t\to 0^+}f(t)=\lim\limits_{s\to\infty}sF(s)$	
14. 终值定理	$f(\infty)=\lim\limits_{t\to\infty}f(t)=\lim\limits_{s\to 0}sF(s)$	

通过本节的讨论可以看到,利用拉普拉斯变换的基本性质与拉普拉斯变换简表,可以求出许多简表上没有的复杂信号的拉普拉斯变换。也就是说拉普拉斯变换的基本性质大大扩展了表 5-1 的运用范围。

5.6 拉普拉斯逆变换

现在讨论由拉普拉斯逆变换求原函数的问题。求取系统在激励下产生的响应,最终要给出时域的解,即响应要写成时间函数的形式。因此用拉普拉斯变换法对系统进行分析,必然会遇到由拉普拉斯逆变换求原函数的问题。对拉普拉斯逆变换的求取方法,可利用复变函数理论中的围线积分和留数定理进行。但当拉普拉斯变换为有理函数时,只要具有部分分式方面的代数知识,也同样能够求取拉普拉斯逆变换。下面分别介绍这两种方法。

1. 部分分式展开法(赫维赛德展开法)

设为有理函数,它可由两个多项式的比来表示,即

$$F(s)=\frac{N(s)}{D(s)}=\frac{b_m s^m+b_{m-1}s^{m-1}+\cdots+b_1 s+b_0}{s^n+a_{n-1}s^{n-1}+\cdots+a_1 s+a_0} \tag{5-37}$$

式中:诸系数 a_k、b_k 俱为实数,m 及 n 俱为正整数。这里令分母多项式首项系数为 1,式(5-37)并不失其一般性。如 $m\geqslant n$ 时,在将上式分解为部分分式前,应先化为真分式,例如:

$$F(s)=\frac{s^3+2s^2-4s+1}{s^2-s-2}$$

经长除后得

$$F(s)=s+3+\frac{s+7}{s^2-s-2}$$

因此,假分式可分解为多项式与真分式之和。多项式的拉普拉斯逆变换为冲激函数及其各阶导数,如上式中 $\mathscr{L}^{-1}[3]=3\delta(t)$,而 $\mathscr{L}^{-1}[s]=\delta'(t)$。因为冲激函数及其各阶导数只在理想情况下才出现,因此一般情况下拉普拉斯变换多为真分式。

现在讨论将真分式分解为部分分式的几种情形。

(1) $m<n$,$D(s)=0$ 的根无重根且全为实数根的情况。

由于 $D(s)$是 s 的 n 次多项式,故可分解因式如下:

$$D(s)=(s-s_1)(s-s_2)\cdots(s-s_k)\cdots(s-s_n)=\prod_{k=1}^{n}(s-s_k) \tag{5-38}$$

又由于 $D(s)=0$ 的根无重根，故上式中，$s_1,s_2,\cdots,s_k,\cdots,s_n$ 彼此都是不相等的。式(5-37)可写为

$$F(s)=\frac{N(s)}{D(s)}=\frac{N(s)}{(s-s_1)(s-s_2)\cdots(s-s_k)\cdots(s-s_n)} \tag{5-39}$$

此式可展开为 n 个简单的部分分式之和，每个部分分式分别以 $D(s)$ 的一个因子作为分母，即

$$F(s)=\frac{K_1}{s-s_1}+\frac{K_2}{s-s_2}+\cdots+\frac{K_i}{s-s_i}+\cdots+\frac{K_n}{s-s_n}=\sum_{i=1}^{n}\frac{K_i}{s-s_i} \tag{5-40}$$

式中：$K_1,K_2,\cdots,K_i,\cdots,K_n$ 为待定系数。

为确定待定系数 K_i，可在式(5-40)两边乘以因子 $s-s_i$，再令 $s=s_i$，这样式(5-40)的右边就仅留下系数 K_i 一项，故

$$K_i=\left[(s-s_i)\frac{N(s)}{D(s)}\right]_{s=s_k} \tag{5-41a}$$

系数 K_i 还可根据另一公式求得。因为 $s=s_i$ 时，$s-s_i$ 及 $D(s)$ 俱为零，所以式(5-41a)将成为不定式。由洛必达法则，可得另一求取的公式：

$$K_i=\lim_{s\to s_i}\left[\frac{(s-s_i)N(s)}{D(s)}\right]=\lim_{s\to s_i}\frac{\frac{\mathrm{d}}{\mathrm{d}s}[(s-s_i)N(s)]}{\frac{\mathrm{d}}{\mathrm{d}s}D(s)}=\left[\frac{N(s)}{D'(s)}\right]_{s=s_i} \tag{5-41b}$$

在确定了各部分分式的 K 值以后，就可以逐项对每个部分分式求拉普拉斯逆变换。由表5-1中的公式5，可得

$$\mathscr{L}^{-1}\left[\frac{K_i}{s-s_i}\right]=K_i\mathrm{e}^{s_it}\varepsilon(t) \tag{5-42}$$

因此从式(5-41a)及式(5-41b)可得

$$\mathscr{L}^{-1}\left[\frac{N(s)}{D(s)}\right]=\mathscr{L}^{-1}\left[\sum_{i=1}^{n}\frac{K_i}{s-s_i}\right]=\sum_{i=1}^{n}K_i\mathrm{e}^{s_it}\varepsilon(t) \tag{5-43}$$

式(5-43)是赫维赛德(Heaviside)展开定理的基本形式。由此可见，有理代数分式的拉普拉斯逆变换可以表示为若干指数函数项之和。应该说明，根据单边拉普拉斯变换的定义，逆变换在 $t<0$ 区域中应恒等于零，故按上两式所求得的逆变换只适用于 $t=0$ 的情况。

例 5-12 求 $F(s)=\dfrac{2s^3+6s^2+3s}{s^2+3s+2}$ 的原函数。

解 首先将 $F(s)$ 化为真分式得

$$F(s)=2+\frac{-s}{s^2+3s+2}=2+F_1(s)$$

将真分式 $F_1(s)$ 展开为部分分式得

$$F_1(s)=\frac{-s}{(s+1)(s+2)}=\frac{K_1}{s+1}+\frac{K_2}{s+2}$$

求各部分分式的系数，由式(5-41a)可得

$$K_1=\left.\frac{-s}{(s+2)}\right|_{s=-1}=\frac{-(-1)}{-1+2}=1$$

$$K_2=\left.\frac{-s}{(s+1)}\right|_{s=-2}=\frac{-(-2)}{-2+1}=-2$$

如果用式(5-41b)求系数，则为

$$K_1=\left[\frac{N(s)}{D'(s)}\right]_{s=s_1}=\left[\frac{-s}{\frac{\mathrm{d}}{\mathrm{d}s}(s^2+3s+2)}\right]_{s=-1}=\left[\frac{-s}{2s+3}\right]_{s=-1}=1$$

$$K_2=\left[\frac{N(s)}{D'(s)}\right]_{s=s_2}=\left[\frac{-s}{2s+3}\right]_{s=-2}=-2$$

可见与用式(5-41a)所求得的结果是相同的。于是 $F(s)$ 可展开为

$$F(s)=2+\frac{1}{s+1}+\frac{-2}{s+2}$$

其原函数为

$$f(t)=2\delta(t)+(\mathrm{e}^{-t}-2\mathrm{e}^{-2t})\varepsilon(t)$$

(2) $m<n$,$D(s)=0$ 的根无重根,存在共轭复数根的情况。

若 $D(s)$ 有一对共轭复数根 $s_{1,2}=\alpha\pm\mathrm{j}\beta$,即

$$D(s)=(s-\alpha-\mathrm{j}\beta)(s-\alpha+\mathrm{j}\beta)$$

$F(s)$ 可展开成

$$F(s)=\frac{K_1}{s-\alpha-\mathrm{j}\beta}+\frac{K_2}{s-\alpha+\mathrm{j}\beta}$$

其中系数

$$K_1=(s-\alpha-\mathrm{j}\beta)F(s)\big|_{s=\alpha+\mathrm{j}\beta}=|K_1|\mathrm{e}^{\mathrm{j}\theta}=A+\mathrm{j}B$$

由于 $F(s)$ 是 s 的实系数有理函数,应有

$$K_2=K_1^*=|K_1|\mathrm{e}^{-\mathrm{j}\theta}=A-\mathrm{j}B$$

原函数为

$$f(t)=[(A+B)\mathrm{e}^{-(\alpha+\mathrm{j}\beta)t}+(A-B)\mathrm{e}^{-(\alpha-\mathrm{j}\beta)t}]\varepsilon(t)=\mathrm{e}^{-\alpha t}[A(\mathrm{e}^{-\mathrm{j}\beta t}+\mathrm{e}^{\mathrm{j}\beta t})+B(\mathrm{e}^{-\mathrm{j}\beta t}-\mathrm{e}^{\mathrm{j}\beta t})]\varepsilon(t)$$

即

$$f(t)=2\mathrm{e}^{-\alpha t}[A\cos(\beta t)-B\sin(\beta t)]\varepsilon(t) \tag{5-44}$$

例 5-13 求 $F(s)=\frac{1}{s(s^2-2s+5)}$ 的原函数。

解 $s^2-2s+5=0$,解得,$s_{1,2}=1\pm\mathrm{j}2$。

将 $F(s)$ 展开为部分分式得

$$F(s)=\frac{1}{s(s-1-\mathrm{j}2)(s-1+\mathrm{j}2)}=\frac{K_1}{s}+\frac{K_2}{s-1-\mathrm{j}2}+\frac{K_2^*}{s-1+\mathrm{j}2}$$

求各部分分式的系数,由式(5-41a)可得

$$K_1=\frac{1}{s^2-2s+5}\bigg|_{s=0}=\frac{1}{5}$$

$$K_2=\frac{1}{s(s-1+\mathrm{j}2)}\bigg|_{s=1+\mathrm{j}2}=\frac{1}{(1+\mathrm{j}2)\cdot\mathrm{j}4}=\frac{1}{-8+\mathrm{j}4}=-\frac{1}{10}-\mathrm{j}\,\frac{1}{20}$$

原函数为

$$f(t)=\left[\frac{1}{5}-\frac{1}{5}\mathrm{e}^{t}\cos(2t)+\frac{1}{10}\mathrm{e}^{t}\sin(2t)\right]\varepsilon(t)$$

当 $D(s)$ 为二次多项式,且方程 $D(s)=0$ 具有共轭复数根时,还可用简便的方法来求取原函数,即将分母配成二项式的平方,将一对共轭复数根作为一个整体来考虑。

例 5-14 求 $F(s)=\frac{2s+1}{s^2+2s+5}$ 的原函数。

解 可先将 $F(s)$ 配方得

$$F(s)=\frac{2s+1}{s^2+2s+5}=\frac{2s+1}{(s^2+2s+1)+4}=\frac{2(s+1)-1}{(s+1)^2+2^2}=2\frac{(s+1)}{(s+1)^2+2^2}-\frac{1}{2}\frac{2}{(s+1)^2+2^2}$$

由表 5-1 中的公式 12 及公式 13 可得

$$\begin{aligned}f(t)&=2\mathscr{L}^{-1}\left[\frac{(s+1)}{(s+1)^2+2^2}\right]-\frac{1}{2}\mathscr{L}^{-1}\left[\frac{2}{(s+1)^2+2^2}\right]\\&=\mathrm{e}^{-t}\left[2\cos(2t)+\frac{1}{2}\sin(2t)\right]\varepsilon(t)\end{aligned}$$

例 5-15 求 $F(s)=\dfrac{1}{s(s^2-2s+5)}$ 的原函数。

解 用待定系数法，将 $F(s)$ 展开得

$$F(s)=\frac{N(s)}{D(s)}=\frac{1}{s(s^2-2s+5)}=\frac{K_1}{s}+\frac{K_2s+K_3}{(s^2-2s+5)}$$

由式(5-41a)可得

$$K_1=\left.\frac{1}{s^2-2s+5}\right|_{s=0}=\frac{1}{5}$$

则

$$F(s)=\frac{N(s)}{D(s)}=\frac{1}{s(s^2-2s+5)}=\frac{\frac{1}{5}}{s}+\frac{K_2s+K_3}{(s^2-2s+5)}$$

方程式两边俱乘以 $D(s)$，得

$$\frac{1}{5}(s^2-2s+5)+s(K_2s+K_3)=1$$

$$\left(\frac{1}{5}+K_2\right)s^2+\left(K_3-\frac{2}{5}\right)s+1=1$$

解得

$$K_2=-\frac{1}{5},\quad K_3=\frac{2}{5}$$

$$\begin{aligned}F(s)&=\frac{\frac{1}{5}}{s}+\frac{-\frac{1}{5}s+\frac{2}{5}}{(s^2-2s+5)}=\frac{\frac{1}{5}}{s}+\frac{-\frac{1}{5}(s-1)+\frac{1}{5}}{(s-1)^2+2^2}\\&=\frac{1}{5}\cdot\frac{1}{s}-\frac{1}{5}\cdot\frac{(s-1)}{(s-1)^2+2^2}+\frac{1}{10}\cdot\frac{2}{(s-1)^2+2^2}\end{aligned}$$

由表 5-1 中的公式 12 及公式 13 可得

$$f(t)=\left[\frac{1}{5}-\frac{1}{5}\mathrm{e}^t\cos(2t)+\frac{1}{10}\mathrm{e}^t\sin(2t)\right]\varepsilon(t)$$

(3) $m<n$，$D(s)=0$ 的根有重根的情况。

假设 $D(s)=0$ 有 p 次重根 s_1，则 $D(s)$ 可写为

$$D(s)=(s-s_1)^p(s-s_{p+1})\cdots(s-s_n)$$

因此在 $D(s)=0$ 具有重根时，部分分式展开应取如下形式：

$$\begin{aligned}F(s)&=\frac{N(s)}{D(s)}\\&=\frac{K_{1p}}{(s-s_1)^p}+\frac{K_{1(p-1)}}{(s-s_1)^{p-1}}+\cdots+\frac{K_{12}}{(s-s_1)^2}+\frac{K_{11}}{s-s_1}+\frac{K_{p+1}}{s-s_{p+1}}+\cdots+\frac{K_n}{s-s_n}\end{aligned}\tag{5-45a}$$

或

$$(s-s_1)^p\frac{N(s)}{D(s)}=K_{1p}+K_{1(p-1)}(s-s_1)+\cdots+K_{12}(s-s_1)^{p-2}+K_{11}(s-s_1)^{p-1}$$

$$+(s-s_1)^p\left(\frac{K_{p+1}}{s-s_{p+1}}+\cdots+\frac{K_n}{s-s_n}\right) \tag{5-45b}$$

确定式中系数如下。令 $s=s_1$，得

$$K_{1p}=\left[(s-s_1)^p\frac{N(s)}{D(s)}\right]_{s=s_1} \tag{5-46}$$

将式(5-45b)两边对 s 取微分得

$$\frac{\mathrm{d}}{\mathrm{d}s}\left[(s-s_1)^p\frac{N(s)}{D(s)}\right]=K_{1(p-1)}+K_{1(p-2)}\cdot 2\cdot(s-s_1)+\cdots+K_{11}(p-1)(s-s_1)^{p-2}$$

$$+\frac{\mathrm{d}}{\mathrm{d}s}\left[(s-s_1)^p\left(\frac{K_{p+1}}{s-s_{p+1}}+\cdots+\frac{K_n}{s-s_n}\right)\right] \tag{5-47}$$

再令 $s=s_1$，由式(5-47)可得

$$K_{1(p-1)}=\frac{\mathrm{d}}{\mathrm{d}s}\left[(s-s_1)^p\frac{N(s)}{D(s)}\right]_{s=s_1}$$

依此类推，可得重根项的部分分式系数的一般公式如下：

$$K_{1r}=\frac{1}{(p-r)!}\frac{\mathrm{d}^{p-r}}{\mathrm{d}s^{p-r}}\left[(s-s_1)^p\frac{N(s)}{D(s)}\right]_{s=s_1}$$

展开式中所有单根项的系数仍可用式(5-41a)或式(5-41b)求取。

一旦确定了系数，就可根据表5-1中公式5及公式7，求取原函数。因为

$$\mathscr{L}^{-1}\left[\frac{K_{1r}}{(s-s_1)^r}\right]=\frac{K_{1r}}{(r-1)!}t^{r-1}\mathrm{e}^{s_1t}\varepsilon(t) \tag{5-48}$$

所以

$$f(t)=\left[\frac{K_{1p}}{(p-1)!}t^{p-1}+\frac{K_{1(p-1)}}{(p-2)!}t^{p-2}+\cdots+K_{12}t+K_{11}\right]\mathrm{e}^{s_1t}\varepsilon(t)+\sum_{q=p+1}^{n}K_q\mathrm{e}^{s_qt}\varepsilon(t) \tag{5-49}$$

例5-16 求 $F(s)=\dfrac{1}{s^3(s^2-1)}$ 的原函数。

解 因分母 $D(s)=0$ 有五个根，一个三重重根 $s_1=0$ 及两个单根 $s_4=-1$、$s_4=+1$。故部分分式展开式为

$$F(s)=\frac{1}{s^3(s+1)(s-1)}=\frac{K_{13}}{s^3}+\frac{K_{12}}{s^2}+\frac{K_{11}}{s}+\frac{K_4}{s+1}+\frac{K_5}{s-1}$$

其待定系数分别确定如下：

$$K_{13}=\left[s^3\frac{N(s)}{D(s)}\right]_{s=0}=\left[\frac{1}{(s+1)(s-1)}\right]_{s=0}=-1$$

$$K_{12}=\frac{\mathrm{d}}{\mathrm{d}s}\left[s^3\frac{N(s)}{D(s)}\right]_{s=0}=\frac{\mathrm{d}}{\mathrm{d}s}\left[\frac{1}{(s+1)(s-1)}\right]_{s=0}=\frac{\mathrm{d}}{\mathrm{d}s}\left[\frac{1}{(s^2-1)}\right]_{s=0}=\left[\frac{-2s}{(s^2-1)^2}\right]_{s=0}=0$$

$$K_{11}=\frac{\mathrm{d}^2}{\mathrm{d}s^2}\left[s^3\frac{N(s)}{D(s)}\right]_{s=0}=\frac{\mathrm{d}}{\mathrm{d}s}\left[\frac{-2s}{(s^2-1)^2}\right]_{s=0}=\left[\frac{1}{2}\cdot\frac{-2(s^2-1)^2+4s(s^2-1)\cdot 2s}{(s^2-1)^4}\right]_{s=0}=-1$$

$$K_4=\left[\frac{1}{s^3(s-1)}\right]_{s=-1}=\frac{1}{2}$$

$$K_5=\left[\frac{1}{s^3(s+1)}\right]_{s=+1}=\frac{1}{2}$$

故得

$$f(t)=\left(-\frac{1}{2}t^2-1+\frac{1}{2}\mathrm{e}^{-t}+\frac{1}{2}\mathrm{e}^{t}\right)\varepsilon(t)$$

例 5-17 求 $F(s)=\dfrac{1}{3s^2(s^2+4)}$的原函数。

解 因分母 $D(s)=0$ 有四个根,一个两重重根 $s_1=0$ 及一对共轭复数根 $s_3=+\mathrm{j}2$、$s_4=-\mathrm{j}2$。故部分分式展开式为

$$F(s)=\frac{K_{12}}{s^2}+\frac{K_{11}}{s}+\frac{K_3}{(s-\mathrm{j}2)}+\frac{K_4}{(s+\mathrm{j}2)}$$

其待定系数分别确定如下:

$$K_{12}=\left[s^2\ \frac{N(s)}{D(s)}\right]_{s=0}=\left[\frac{1}{3(s^2+4)}\right]_{s=0}=\frac{1}{12}$$

$$K_{11}=\frac{\mathrm{d}}{\mathrm{d}s}\left[s^2\ \frac{N(s)}{D(s)}\right]_{s=0}=\frac{\mathrm{d}}{\mathrm{d}s}\left[\frac{1}{3(s^2+4)}\right]_{s=0}=\frac{1}{3}\frac{\mathrm{d}}{\mathrm{d}s}\left[\frac{1}{(s^2+4)}\right]_{s=0}=\frac{1}{3}\left[\frac{-2s}{(s^2+4)^2}\right]_{s=0}=0$$

$$K_3=\left[\frac{1}{3s^2(s+\mathrm{j}2)}\right]_{s=\mathrm{j}2}=\frac{1}{-48\mathrm{j}}=\frac{\mathrm{j}}{48}=0+\mathrm{j}\ \frac{1}{48}$$

$$K_4=K_3^*=0-\mathrm{j}\ \frac{1}{48}$$

故得

$$f(t)=\left[\frac{1}{12}t-\frac{1}{24}\sin(2t)\right]\varepsilon(t)$$

2. 围线积分法(留数法)

因为拉普拉斯逆变换为

$$f(t)=\frac{1}{2\pi\mathrm{j}}\int_{\sigma-\mathrm{j}\infty}^{\sigma+\mathrm{j}\infty}F(s)\mathrm{e}^{st}\mathrm{d}s$$

根据复变函数理论中的留数定理,有

$$f(t)=\frac{1}{2\pi\mathrm{j}}\oint_C F(s)\mathrm{e}^{st}\mathrm{d}s=\sum_{i=1}^{n}\mathrm{Re}(s_i)\tag{5-50}$$

式(5-50)左边的积分是在 s 平面内沿一不通过被积函数极点的封闭曲线 C 进行的,而等式右边则是在此围线 C 中被积函数各极点上留数之和。

为应用留数定理,在求拉普拉斯逆变换的积分路线(由 $\sigma-\mathrm{j}\infty$ 到 $\sigma+\mathrm{j}\infty$)上应补足一条积分路线以构成一个封闭曲线。所加积分路线现取半径为无穷大的圆弧,如图 5-11 所示。当然在积分路线做这样的变换中,必须要求沿此额外路线(见图 5-11 中的弧$\widehat{ACB}$)函数的积分值为零,即

$$\int_{\widehat{ACB}}F(s)\mathrm{e}^{st}\mathrm{d}s=0\quad(R\to\infty)\tag{5-51}$$

根据复变函数理论中的若尔当定理,上式在同时满足下列条件时成立。

(1) 当$|s|=r\to\infty$时,$F(s)$对于 s 一致地趋近于零。

(2) 因子 e^{st} 的指数 st 的实部应小于$\sigma_0 t$,即 $\mathrm{Re}(st)=\sigma t<\sigma_0 t$,其中 σ_0 为一固定常数。

第一个条件，除了极少数例外情况(如单位冲激函数及其各阶导数的象函数为 s 的正幂函数)不满足此条件外，一般都能满足。为了满足第一个条件，当 $t>0$，σ 应小于 σ_0，积分应沿左半圆弧进行，如图 5-11 所示；而当 $t<0$ 时，积分则应沿右半圆弧进行，如图 5-12 所示。由单边拉普拉斯变换式的定义可知，在 $t<0$ 时，$f(t)=0$。因此沿右半圆弧的封闭积分应为零，也就是说被积函数 $F(s)$ 在此封闭曲线中应无极点，即 BA 线应在 $F(s)$ 的所有极点的右边，这也就是上面所说的拉普拉斯变换的收敛条件。因此，当 $t>0$ 时，有

$$f(t)=\frac{1}{2\pi \mathrm{j}}\int_{\sigma-\mathrm{j}\infty}^{\sigma+\mathrm{j}\infty}F(s)\mathrm{e}^{st}\,\mathrm{d}s=\frac{1}{2\pi \mathrm{j}}\oint_{ACBA}F(s)\mathrm{e}^{st}\,\mathrm{d}s=\sum_{i=1}^{n}\mathrm{Re}(s_i) \tag{5-52a}$$

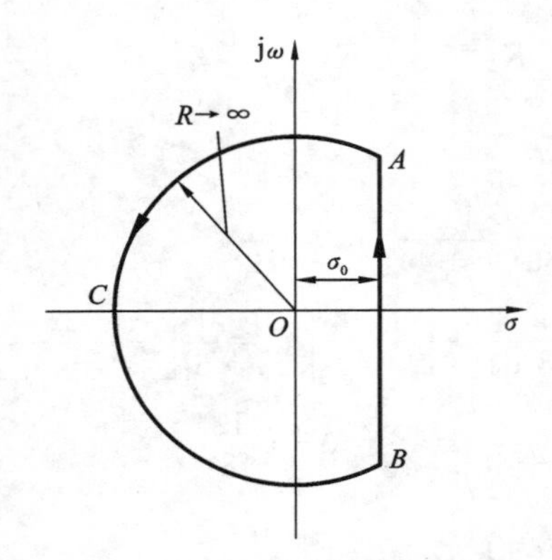

图 5-11　$F(s)$ 的封闭积分路线

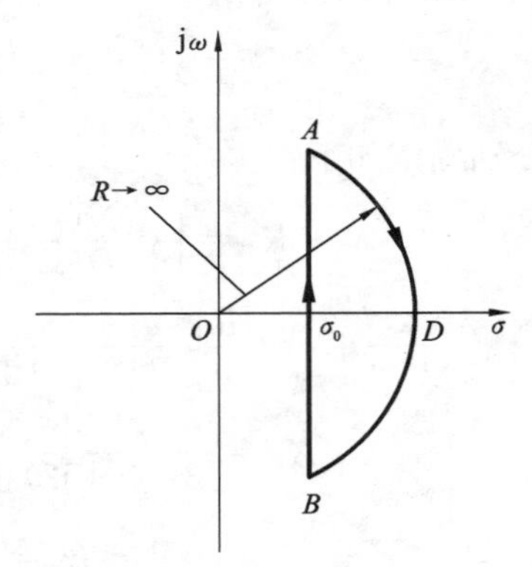

图 5-12　$t<0$ 时的封闭积分路线

当 $t<0$ 时，$f(t)=0$，故可写为

$$f(t)=\sum_{i=1}^{n}\mathrm{Re}(s_i)\varepsilon(t) \tag{5-52b}$$

这样，拉普拉斯逆变换的积分运算就转换为求被积函数各极点上留数的运算，从而使运算得到简化。当 $F(s)$ 为有理函数时，若 s_k 为一阶极点，则其留数为

$$\mathrm{Re}(s_k)=\left[(s-s_k)F(s)\mathrm{e}^{st}\right]_{s=s_k} \tag{5-53a}$$

若 s_k 为 p 阶极点，则其留数为

$$\mathrm{Re}(s_k)=\frac{1}{(p-1)!}\left[\frac{\mathrm{d}^{p-1}}{\mathrm{d}s^{p-1}}(s-s_k)^pF(s)\mathrm{e}^{st}\right]_{s=s_k} \tag{5-53b}$$

比较式(5-53a)和式(5-41a)可见，当拉普拉斯变换式为有理函数时，一阶极点的留数比部分分式的系数只多一个因子 e^{st}，部分分式经反变换后与留数相同。而对于高阶极点，由于式(5-53a)的留数公式中含有因子 e^{st}，在取其导数时，所得结果不止一项，但也与用部分分式展开法所得的结果相同。

留数法不仅能处理有理函数，也能处理无理函数，因此，其适用范围较部分分式展开法更广。但运用留数法反求原函数时应注意到，因为冲激函数及其导数不符合约当引理，因此当原函数 $f(t)$ 中包含有冲激函数或其导数时，需先将 $F(s)$ 分解为多项式与真分式之和，由多项式决定冲激函数及其导数项，再对真分式求留数决定其他各项。

例 5-18　用留数法求 $F(s)=\dfrac{s^3}{(s+1)^3}$ 的原函数。

解　先将 $F(s)$ 分解为多项式与真分式之和：

$$F(s)=\frac{s^3}{(s+1)^3}=1-\frac{3s^2+3s+1}{(s+1)^3}=1-F_1(s)$$

求 $F_1(s)=\frac{3s^2+3s+1}{(s+1)^3}$在 $s=-1$ 上具有三重极点，该极点上的留数为

$$\mathrm{Re}\{s[F_1(s)e^{st}]_{s=-1}\}=\frac{1}{2}\cdot\frac{d^2}{ds^2}[(s+1)^3F_1(s)e^{st}]_{s=-1}=\left(\frac{1}{2}t^2e^{-t}-3te^{-t}+3e^{-t}\right)\varepsilon(t)$$

故有

$$f(t)=\delta(t)-\left(\frac{1}{2}t^2e^{-t}-3te^{-t}+3e^{-t}\right)\varepsilon(t)$$

3. 应用拉普拉斯变换的性质求逆变换

例 5-19 求 $F(s)=\frac{se^{-s}}{s^2+5s+6}$的原函数。

解
$$F(s)=\frac{s}{s^2+5s+6}e^{-s}=\left(\frac{K_1}{s+2}+\frac{K_2}{s+3}\right)e^{-s}=F_1(s)e^{-s}$$

其待定系统确定如下：

$$K_1=[(s+2)F_1(s)]_{s=-2}=-2$$
$$K_2=[(s+3)F_1(s)]_{s=-3}=3$$

可得

$$f_1(t)=\mathscr{L}^{-1}[F_1(s)]=(-2e^{-2t}+3e^{-3t})\varepsilon(t)$$

应用时间平移特性可得

$$f(t)=\mathscr{L}^{-1}[F_1(s)e^{-s}]=f_1(t-1)=[-2e^{-2(t-1)}+3e^{-3(t-1)}]\varepsilon(t-1)$$

例 5-20 求 $F(s)=\frac{1-e^{-(s+1)}}{(s+1)(1-e^{-2s})}$的原函数。

解 令
$$F_1(s)=\frac{1-e^{-(s+1)}}{s+1}$$

已知
$$F_1(s)=\frac{1-e^{-s}}{s}\Leftrightarrow\varepsilon(t)-\varepsilon(t-1)$$

根据频率平移特性，可得

$$f_1(t)=\mathscr{L}^{-1}[F_1(s)]=\mathscr{L}^{-1}\left[\frac{1-e^{-(s+1)}}{s+1}\right]=[\varepsilon(t)-\varepsilon(t-1)]e^{-t}$$

根据周期函数的拉普拉斯变换（见式(5-19)）可得

$$f(t)=e^{-t}[\varepsilon(t)-\varepsilon(t-1)]+e^{-(t-2)}[\varepsilon(t-2)-\varepsilon(t-3)]+\cdots$$

$f(t)$的波形如图 5-13 所示。

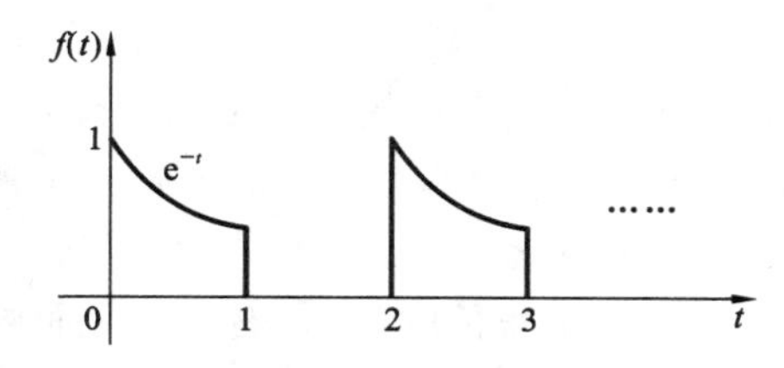

图 5-13 例 5-20$f(t)$的波形

例 5-21 已知 $\mathscr{L}^{-1}\left[\dfrac{1}{s^2+a^2}\right]=\dfrac{1}{a}\sin(at)\varepsilon(t)$，求 $\mathscr{L}^{-1}\left[\dfrac{1}{(s^2+a^2)^2}\right]$。

解 令
$$F_1(s)=F_2(s)=\frac{1}{s^2+a^2}=\mathscr{L}[f_1(t)]=\mathscr{L}[f_2(t)]$$

则

$$\begin{aligned}\mathscr{L}^{-1}\left[\frac{1}{(s^2+a^2)^2}\right]&=f_1(t)*f_2(t)=\int_0^t\left[\frac{1}{a}\sin(a\tau)\right]\left\{\frac{1}{a}\sin[a(t-\tau)]\right\}\mathrm{d}\tau\\&=\frac{1}{a^2}\left[\sin(at)\int_0^t\cos(a\tau)\sin(a\tau)\mathrm{d}\tau-\cos(at)\int_0^t\sin^2(a\tau)\mathrm{d}\tau\right]\\&=\frac{1}{2a^3}[\sin(at)-at\cos(at)]\varepsilon(t)\end{aligned}$$

上面介绍了从原函数求拉普拉斯变换及从拉普拉斯变换反求原函数的方法。可以看出，通过拉普拉斯正变换可将时域函数 $f(t)$ 变换为复频域函数 $F(s)$，而通过拉普拉斯逆变换可将复频域函数 $F(s)$ 变换为时域函数 $f(t)$。$f(t)$、$F(s)$ 是同一信号在不同域中的两种表现形式，因此 $f(t)$ 与 $F(s)$ 间存在一定的对应关系。

拉普拉斯变换 $F(s)$ 的性质可以由其零、极点来决定。使 $F(s)=0$ 的 s 值称为函数 $F(s)$ 的零点；使 $F(s)=\infty$ 的 s 值称为函数 $F(s)$ 的极点。当 $F(s)$ 为有理函数时，其分子与分母都可用 s 的多项式来表示，即

$$F(s)=\frac{N(s)}{D(s)}$$

分子多项式 $N(s)$ 及分母多项式 $D(s)$ 俱可分解为因子形式。令 $N(s)=0$，即可求得函数 $F(s)$ 的零点；令 $D(s)=0$，即可求得函数 $F(s)$ 的极点。例如函数

$$F(s)=\frac{K(s+2)(s+4)}{s(s^2+9)(s+5)^2}$$

在 $s=-2$ 及 $s=-4$ 处各有一个一阶零点；在 $s=0$ 和 $s=\pm\mathrm{j}3$ 处各有一个一阶极点；而在 $s=-5$ 处有一个二阶极点。

显然，$F(s)$ 的零点即为 $\dfrac{1}{F(s)}$ 的极点，$F(s)$ 的极点即为 $\dfrac{1}{F(s)}$ 的零点。如果在 s 平面上，用符号×表示极点位置，用符号○表示零点位置，将 $F(s)$ 的全部零、极点绘出，即得函数 $F(s)$ 的零、极点分布图，或简称为函数 $F(s)$ 的极零图(pole-zero diagram)。极零图表示了 $F(s)$ 的特性，由零、极点在复平面中所处的位置，可确定相应的时间函数及其波形。

由本节分析不难看出，有理函数形式的拉普拉斯变换可展开为部分分式，部分分式的每一项对应于 $F(s)$ 的一个极点，从极点的所在位置(见图 5-2)可得到相应的时间函数 $f(t)$ 的不同模式：

(1) 负实轴上极点对应的时间函数按极点的阶数不同具有 e^{-at}、$t\mathrm{e}^{-at}$、$t^2\mathrm{e}^{-at}$ 等形式。

(2) 左半 s 平面内共轭极点对应于衰减振荡 $\mathrm{e}^{-at}\sin(\omega t)$ 或 $\mathrm{e}^{-at}\cos(\omega t)$。

(3) 虚轴上共轭极点对应于等幅振荡。

(4) 正实轴上极点对应于指数规律增长的波形；右半 s 平面内的共轭极点则对应于增幅振荡。

显然，如果 $F(s)$ 具有若干个部分分式项时，则 $f(t)$ 中应是相应的几个时间函数之和。应该注意到，由极点的分布只能说明 $f(t)$ 所具有时间函数的模式，而不能决定每一时间函数的

大小，其大小要由部分分式的系数来确定。同时，时间函数中所具有的冲激函数或其导数项也不能由极点分布来确定。

$F(s)$与$f(t)$的几种基本对应关系列于表 5-3 中。$F(s)$的零点只与$f(t)$分量的幅度与相位大小有关，不影响时间函数的模式。

表 5-3　$F(s)$与$f(t)$的对应关系

$F(s)$	s 平面上的零、极点	时域中的波形	$f(t)$
$\frac{1}{s}$	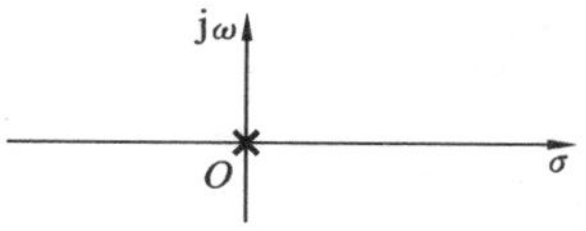	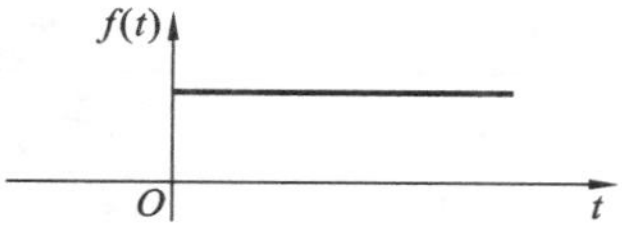	$\varepsilon(t)$
$\frac{1}{s^2}$	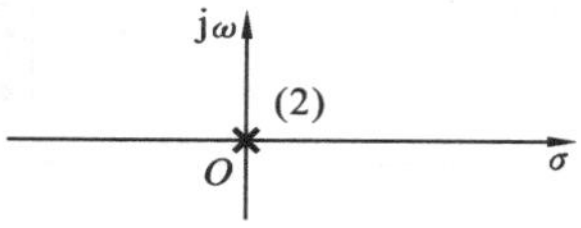	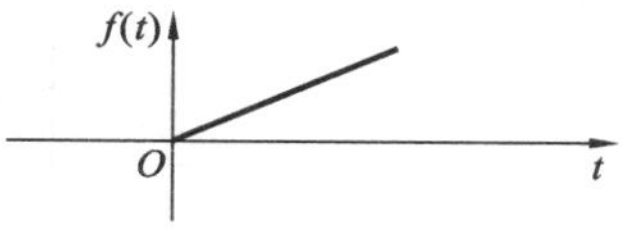	$t\varepsilon(t)$
$\frac{1}{s^3}$	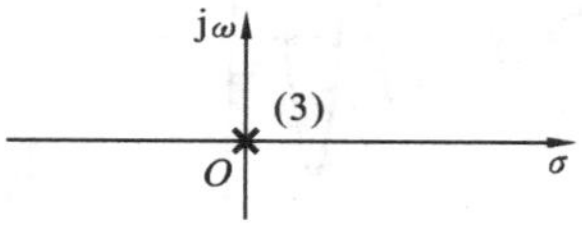		$\frac{t^2}{2}\varepsilon(t)$
$\frac{1}{s+a}$	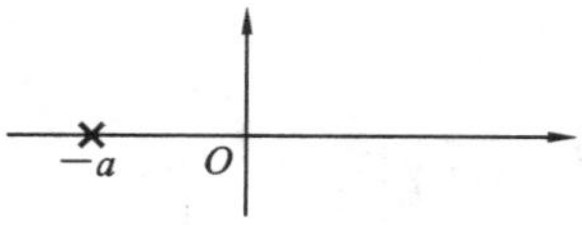	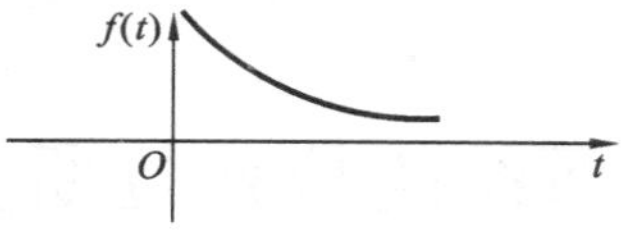	$e^{-at}\varepsilon(t)$
$\frac{1}{(s+a)^2}$	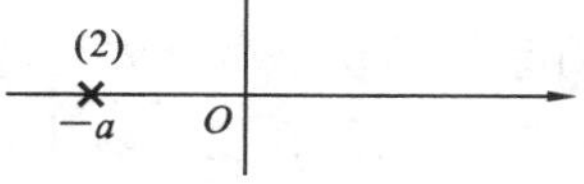	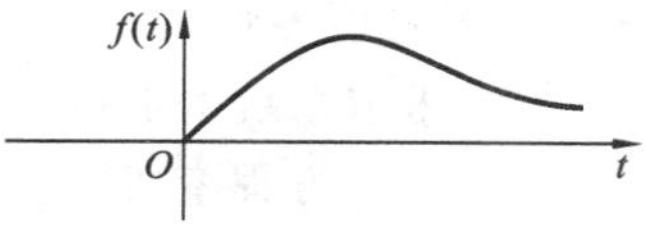	$te^{-at}\varepsilon(t)$
$\frac{\omega}{s^2+\omega^2}$	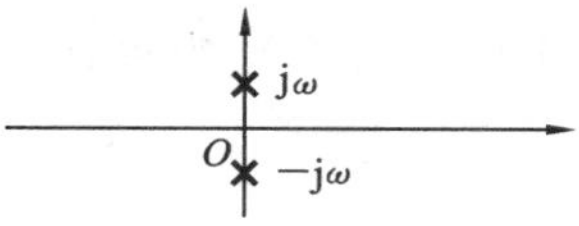	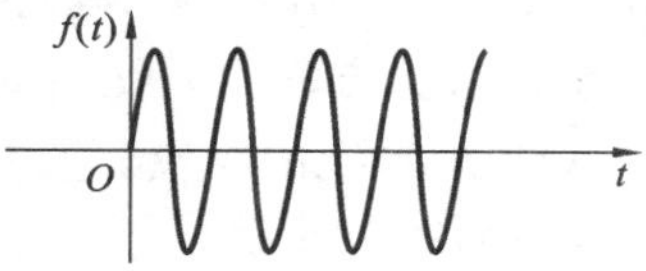	$\sin(\omega t)\varepsilon(t)$
$\frac{s}{s^2+\omega^2}$	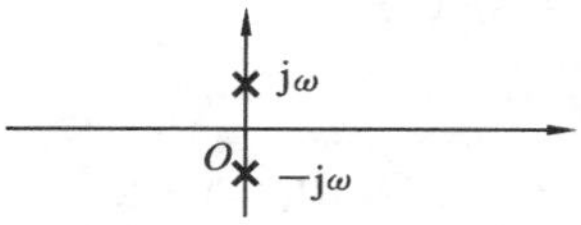	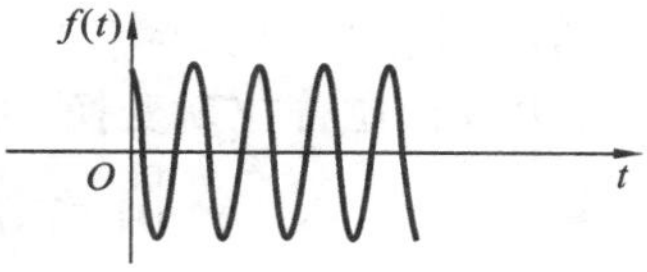	$\cos(\omega t)\varepsilon(t)$

续表

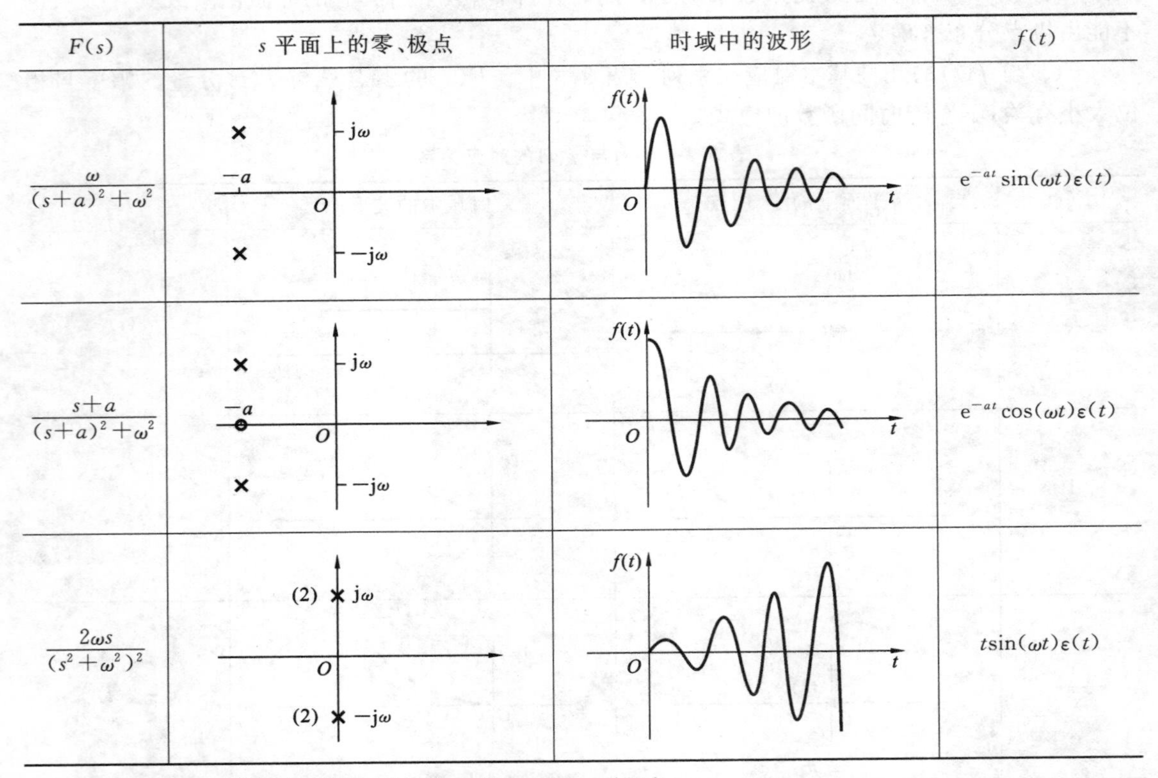

$F(s)$	s 平面上的零、极点	时域中的波形	$f(t)$
$\dfrac{\omega}{(s+a)^2+\omega^2}$	$\mathrm{j}\omega$, $-a$, O, $-\mathrm{j}\omega$	$f(t)$, O, t	$\mathrm{e}^{-at}\sin(\omega t)\varepsilon(t)$
$\dfrac{s+a}{(s+a)^2+\omega^2}$	$\mathrm{j}\omega$, $-a$, O, $-\mathrm{j}\omega$	$f(t)$, O, t	$\mathrm{e}^{-at}\cos(\omega t)\varepsilon(t)$
$\dfrac{2\omega s}{(s^2+\omega^2)^2}$	(2) $\mathrm{j}\omega$, O, (2) $-\mathrm{j}\omega$	$f(t)$, O, t	$t\sin(\omega t)\varepsilon(t)$

注:图中极点(×)旁的数字表示极点的阶数,无数字者为一阶极点。

5.7 线性系统的拉普拉斯变换分析法

1. 积分微分方程的拉普拉斯变换

用拉普拉斯变换分析法求取系统的响应,可通过对系统的积分微分方程进行变换来得到,即通过变换将时域中的积分微分方程变成复频域中的代数方程,在复频域中进行代数运算后则可得到系统响应的复频域解,将此解再经逆变换则得到最终的时域解。在这种变换过程中,反映系统储能的初始条件可自动引入,运算较为简单,所得的响应为系统的全响应。

例 5-22 设某系统的微分方程为 $r''(t)+5r'(t)+6r(t)=3e(t)$,初始值 $r(0^-)=1$,$r'(0^-)=-1$,激励 $e(t)=e^{-t}\varepsilon(t)$,求系统的响应。

解 由拉普拉斯变换的微分性质有

$$\mathscr{L}[r''(t)]=s^2R(s)-sr(0^-)-r'(0^-)=s^2R(s)-s+1$$

$$\mathscr{L}[r'(t)]=sR(s)-r(0^-)=sR(s)-1$$

对系统微分方程两边进行拉普拉斯变换,可得

$$s^2R(s)-sr(0^-)-r'(0^-)+5[sR(s)-r(0^-)]+6R(s)=3\,\frac{1}{s+1}$$

整理得

$$(s^2+5s+6)R(s)=\frac{3}{s+1}+sr(0^-)+r'(0^-)+5r(0^-)$$

系统的响应为

$$R(s)=\frac{\frac{3}{s+1}+sr(0^-)+r'(0^-)+5r(0^-)}{s^2+5s+6}$$

代入初始值可得

$$R(s)=\frac{\frac{3}{s+1}+s+4}{s^2+5s+6}=\frac{3+(s+4)(s+1)}{(s+1)(s^2+5s+6)}=\frac{3+(s+4)(s+1)}{(s+1)(s+2)(s+3)}=\frac{K_1}{s+1}+\frac{K_2}{s+2}+\frac{K_3}{s+3}$$

其待定系数分别确定如下：

$$K_1=\left.\frac{3+(s+4)(s+1)}{(s+2)(s+3)}\right|_{s=-1}=\frac{3}{2}$$

$$K_2=\left.\frac{3+(s+4)(s+1)}{(s+1)(s+3)}\right|_{s=-2}=-1$$

$$K_3=\left.\frac{3+(s+4)(s+1)}{(s+1)(s+2)}\right|_{s=-3}=\frac{1}{2}$$

故系统的全响应为

$$r(t)=\frac{3}{2}\mathrm{e}^{-t}\varepsilon(t)-\mathrm{e}^{-2t}\varepsilon(t)+\frac{1}{2}\mathrm{e}^{-3t}\varepsilon(t) \tag{5-54}$$

也可以分别求出零输入响应及零状态响应，即

$$R(s)=\frac{\frac{3}{s+1}}{s^2+5s+6}+\frac{sr(0^-)+r'(0^-)+5r(0^-)}{s^2+5s+6}=R_{zs}(s)+R_{zi}(s)$$

系统零状态响应的拉普拉斯变换为

$$R_{zs}(s)=\frac{\frac{3}{s+1}}{s^2+5s+6}=\frac{3}{(s+1)(s+2)(s+3)}=\frac{\frac{3}{2}}{s+1}+\frac{-3}{s+2}+\frac{\frac{3}{2}}{s+3}$$

则系统的零状态响应为

$$r_{zs}(t)=\frac{3}{2}\mathrm{e}^{-t}\varepsilon(t)-3\mathrm{e}^{-2t}\varepsilon(t)+\frac{3}{2}\mathrm{e}^{-3t}\varepsilon(t)$$

系统零输入响应的拉普拉斯变换为

$$R_{zi}(s)=\frac{sr(0^-)+r'(0^-)+5r(0^-)}{s^2+5s+6}=\frac{s+4}{s^2+5s+6}=\frac{2}{s+2}+\frac{-1}{s+3}$$

则系统的零输入响应为

$$r_{zi}(t)=2\mathrm{e}^{-2t}\varepsilon(t)-\mathrm{e}^{-3t}\varepsilon(t)$$

可得系统的全响应为

$$r(t)=r_{zi}(t)+r_{zs}(t)=\frac{3}{2}\mathrm{e}^{-t}\varepsilon(t)-\mathrm{e}^{-2t}\varepsilon(t)+\frac{1}{2}\mathrm{e}^{-3t}\varepsilon(t)$$

其结果跟式(5-54)相同。

从上例中可以看出，由于自动引入了初始条件，因此解题运算比较简单。

对于以电路形式给出的系统，也可先列出微分方程，再用例 5-22 所示的方法来求解。在这里，我们首先分析例题，然后给出 s 域元件模型的根和应用实例，使这一种分析方法进一步

简化。

例如，在图 5-14 所示的 RLC 电路中，设激励电压为 $e(t)$，求响应电流 $i(t)$。

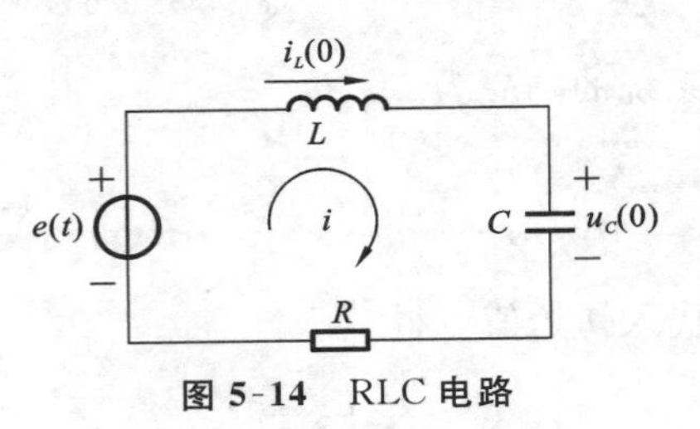

图 5-14　RLC 电路

图 5-14 所示电路相应的积分微分方程为

$$L\frac{\mathrm{d}i(t)}{\mathrm{d}t}+Ri(t)+\frac{1}{C}\int_{-\infty}^{t}i(\tau)\mathrm{d}\tau=e(t) \tag{5-55}$$

对上式两边进行拉普拉斯变换。对于电感元件，由拉普拉斯变换的微分特性有

$$\mathscr{L}[u_L(t)]=\mathscr{L}\left[L\frac{\mathrm{d}i(t)}{\mathrm{d}t}\right]=U_L(s)=LsI(s)-Li_L(0) \tag{5-56a}$$

或写为

$$I(s)=\frac{U_L(s)+Li_L(0)}{Ls}=\frac{U_L(s)}{Ls}+\frac{i_L(0)}{s} \tag{5-56b}$$

式中 $i_L(0)$是反映初始磁场储能的电感中的初始电流。同样，对于电容元件，由拉普拉斯变换的积分性质有

$$\mathscr{L}[u_C(t)]=\mathscr{L}\left[\frac{1}{C}\int_{-\infty}^{t}i_C(t)\mathrm{d}t\right]=U_C(s)=\frac{I_C(s)}{Cs}+\frac{u_C(0)}{s} \tag{5-57a}$$

或写为

$$I_C(s)=Cs\left[U_C(s)+\frac{u_C(0)}{s}\right]=\frac{U_C(s)}{\frac{1}{Cs}}+Cu_C(0) \tag{5-57b}$$

式中 $u_C(0)$是反映初始电场储能的电容上的初始电压。对于电阻元件有

$$\mathscr{L}[u_R(t)]=\mathscr{L}[Ri_R(t)]=U_R(s)=RI_R(s) \tag{5-58a}$$

或写为

$$I_R(s)=\frac{U_R(s)}{R} \tag{5-58b}$$

不难得到式(5-55)的拉普拉斯变换为

$$LsI(s)-Li_L(0)+RI(s)+\frac{1}{Cs}I(s)+\frac{u_C(0)}{s}=E(s)$$

对上述代数方程求解则得复频域中的响应为

$$I(s)=\frac{E(s)+Li_L(0)-\frac{u_C(0)}{s}}{Ls+R+\frac{1}{Cs}}$$

对 $I(s)$进行拉普拉斯逆变换则可得时域解 $i(t)$。从上式可以看出在变换过程中初始条件已被自动引入，所得的解是响应的全解。

从上面例子可以看出，初始条件可以看成是等效源。具有初始电流 $i_L(0)$及电感量为 L 的电感，可以看成是一起始电流为 0 及电感量为 L 的电感与一强度为 $L\cdot i_L(0)$的冲激电压源相串联。而具有初始电压 $u_C(0)$及电容量为 C 的电容，则可看成是一初始电压为 0 及电容量为 C 的电容与一幅度为 $u_C(0)$的阶跃电压源相串联。通过电压源与电流源的转换，电感中的初始电流也可看成是与电感并联的阶跃电流源，其幅度为 $i_L(0)$；电容上的初始电压也可看成是与电容并联的冲激电流源，冲激强度为 $C \cdot u_C(0)$。以上结果分别示于图 5-15 和图5-16中。

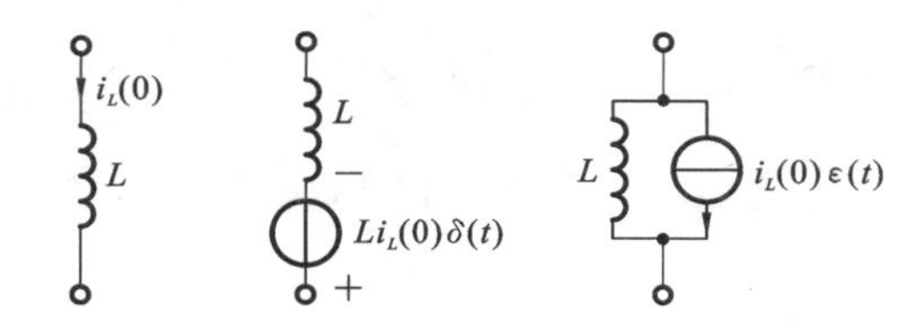

图 5-15 初始条件的等效源(电感)

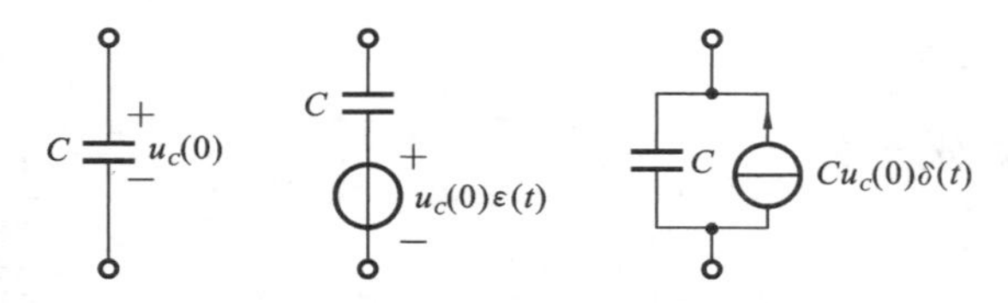

图 5-16 初始条件的等效源(电容)

直接对积分微分方程进行变换的求解方法可以推广至复杂电路，对由基尔霍夫定律列出的回路积分微分方程及节点积分微分方程进行拉普拉斯变换(这时已将初始状态折合为等效电源)，则不难得出复频域中的运算方程。由 m 个支路汇集的节点，其电流方程为

$$\sum_{k=1}^{m} i_k = i_1 + i_2 + \cdots + i_m = 0$$

由 n 个串联支路组成的回路，其电压方程为

$$\sum_{k=1}^{n}\left[L_k \frac{\mathrm{d}i_k}{\mathrm{d}t} + R_k i_k + \frac{1}{C_k}\int_{-\infty}^{t} i_k \mathrm{d}\tau\right] = \sum_{k=1}^{n} e_k$$

对上面两式的两边各取拉普拉斯变换并经整理，则有

$$\sum_{k=1}^{m} I_k(s) = I_1(s) + I_2(s) + \cdots + I_m(s) = 0$$

及

$$\sum_{k=1}^{n}\left[L_k s + R_k + \frac{1}{C_k s}\right] I_k(s) = \sum_{k=1}^{n}\left[E_k(s) + L_k i_{L_k}(0) + \frac{u_{C_k}(0)}{s}\right]$$

对一个复杂电路，可以利用以上关系列出一组运算方程，由此即可求解电路的响应。

例 5-23 图 5-17 中，已知 $e(t)=10\varepsilon(t)$，电路参量为 $C=1$ F、$R_{12}=\frac{1}{5}$ Ω、$R_2=1$ Ω、$L=\frac{1}{2}$ H，初始条件为 $u_C(0)=5$ V、$i_L(0)=4$ A，方向如图 5-17 所示。试求响应电流 $i_1(t)$。

解 由图 5-17，列出回路积分微分方程如下：

$$\begin{cases} R_{12}(i_1 - i_2) + \dfrac{1}{C}\displaystyle\int_{-\infty}^{t} i_1 \mathrm{d}\tau = e(t) \\ R_{12}(i_2 - i_1) + R_2 i_2 + L\dfrac{\mathrm{d}i_2}{\mathrm{d}t} = 0 \end{cases}$$

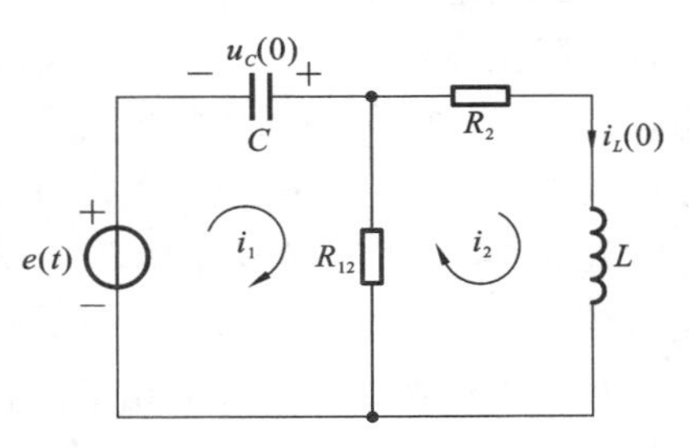

图 5-17 例 5-23 的电路

两边取拉普拉斯变换并经整理，则有

$$\begin{cases} \left(R_{12} + \dfrac{1}{Cs}\right) I_1(s) - R_{12} I_2(s) = E(s) - \dfrac{u_C(0)}{s} \\ -R_{12} I_1(s) + (Ls + R_{12} + R_2) I_2(s) = L i_L(0) \end{cases}$$

代入电路参数则有

$$\begin{cases}\left(\dfrac{1}{5}+\dfrac{1}{s}\right)I_1(s)-\dfrac{1}{5}I_2(s)=\dfrac{10}{s}+\dfrac{5}{s}=\dfrac{15}{s}\\ -\dfrac{1}{5}I_1(s)+\left(\dfrac{s}{2}+\dfrac{6}{5}\right)I_2(s)=2\end{cases}$$

运用行列式求解 $I_1(s)$，可得

$$I_1(s)=\frac{79s+180}{s^2+7s+12}$$

取拉普拉斯逆变换得

$$i_1(t)=\mathscr{L}^{-1}\left[\frac{79s+180}{s^2+7s+12}\right]=\mathscr{L}^{-1}\left[\frac{79s+180}{(s+3)(s+4)}\right]$$

$$=\mathscr{L}^{-1}\left[\frac{-57}{s+3}+\frac{136}{s+4}\right]=(-57\mathrm{e}^{-3t}+136\mathrm{e}^{-4t})\varepsilon(t)$$

从上例可以看出，由于自动引入了初始条件，因此解题运算比较简单。然而这时响应中零状态分量与零输入分量是混在一起的，在解题过程中对信号与系统间的相互作用也缺乏物理的解释。因此，在这里拉普拉斯变换只是作为一个解积分微分方程的数学工具来考虑，可以说这是从变换的观点来看拉普拉斯变换。

2. 网络的 s 域等效模型

在正弦稳态分析中常通过电路的相量模型，即所有同频率的电量用其相量表示，所有元件的约束用复数阻抗表示。由基尔霍夫定律的相量形式可以直接列写相量方程，无须先列写电路微分方程再转换为相量方程。与之相类似，在复频率分析时也常建立电路的 s 域模型，即所有电量用其拉普拉斯变换表示；元件的约束用其运算阻抗表示；储能元件的初始储能用等效源的拉普拉斯变换表示。这样由基尔霍夫定律的运算形式，对节点有 $\sum I(s)=0$，对回路有 $\sum U(s)=0$。也可以由 s 域电路模型直接列写出 s 域的方程来求解。

由式(5-56)至式(5-58)可以得出网络元件的时域及 s 域等效模型，如图 5-18 所示。

图 5-18 中 sL 为电感的运算阻抗、$\dfrac{1}{sC}$为电容的运算阻抗、R 为电阻的运算阻抗。电感、电容所呈现的运算阻抗与等幅正弦信号作用下的复数阻抗 $\mathrm{j}\omega L$ 及$\dfrac{1}{\mathrm{j}\omega C}$具有相同的形式，只不过是在运算阻抗中用 s 代替了复数阻抗中的 $\mathrm{j}\omega$ 而已。将电路中的元件用 s 域等效模型代替，这样就可画出电路的 s 域等效模型。由电阻、电感、电容组成的电路系统，其所呈现的运算形式的输入阻抗、输入导纳、传输系数等，必然也可以通过用 s 代替 $\mathrm{j}\omega$ 从相应的正弦激励下的输入阻抗、输入导纳、传输系数等中得到。相应地在正弦稳态分析中所用到的各种分析方法，如回路电流法、节点电压法、戴维南定理等均可扩展至复频域。

例 5-24 图 5-19 所示电路中，$R_1=1\ \Omega$，$R_2=3\ \Omega$，$R_3=6\ \Omega$，$R_4=1\ \Omega$，$L=1$ H，$C=1$ F，开关 S 闭合已久，在 $t=0$ 时 S 断开，试求电容电压 $u_C(t)$。

解 先计算储能元件初始值。在开关 S 断开之前，电路达到稳态。可计算出电感上初始电流为 $i_L(0^-)=4$ A，电容上初始电压为 $u_C(0^-)=8$ V。

绘出电路的 s 域等效模型，如图 5-20 所示。

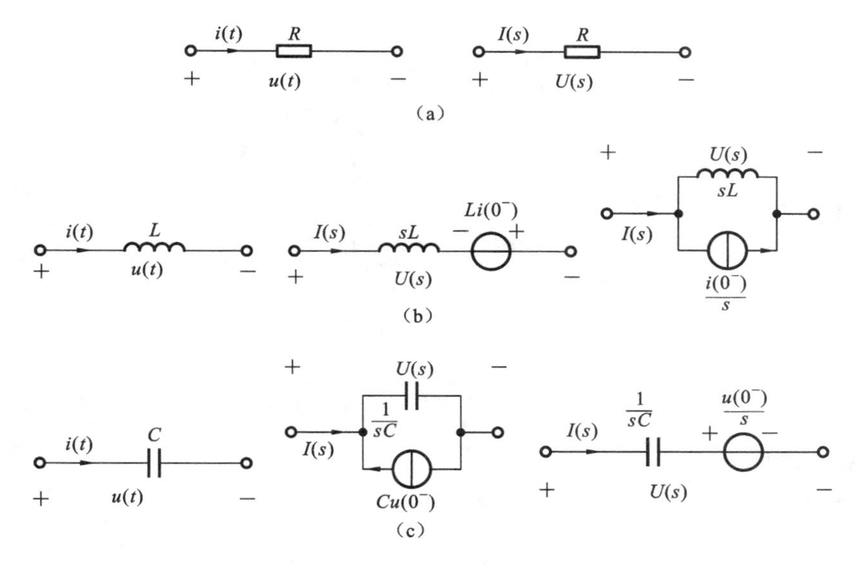

图 5-18　网络元件的时域及 s 域等效模型

(a) 电阻元件的时域及 s 域等效模型；(b) 电感元件的时域及 s 域等效模型；(c) 电容元件的时域及 s 域等效模型

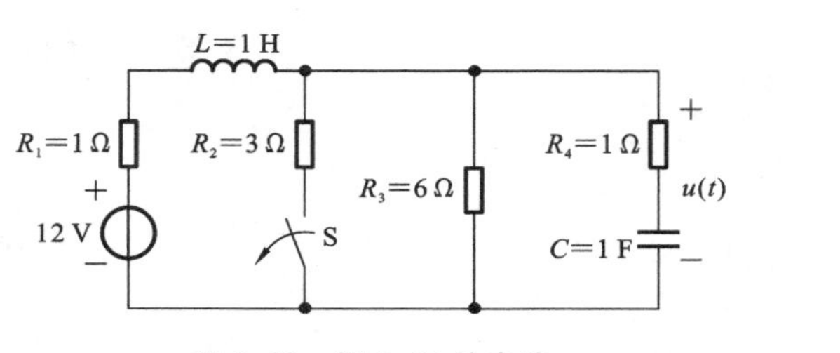

图 5-19　例 5-24 的电路

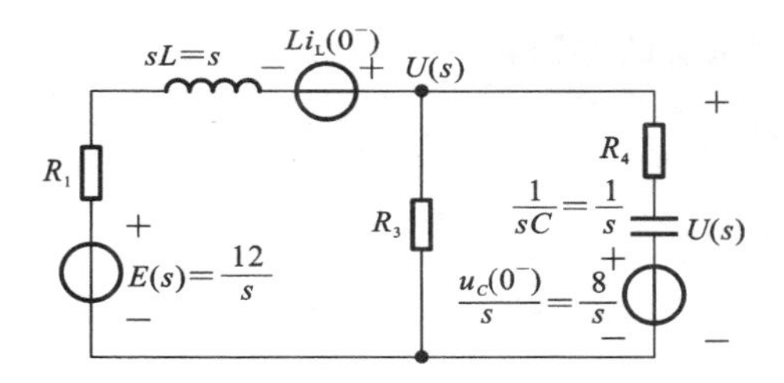

图 5-20　图 5-19 所示电路的 s 域等效模型

其中，初始条件中等效源电压为 $U_{\mathrm{LS}}(s)=Li_L(0^-)=4\ \mathrm{V}$，$U_{\mathrm{CS}}(s)=\dfrac{u_C(0^-)}{s}=\dfrac{8}{s}$。

用节点电流法，可直接列出运算方程如下：

$$\frac{U(s)-U_{\mathrm{LS}}(s)-E(s)}{R_1+sL}+\frac{U(s)}{R_3}+\frac{U(s)-U_{\mathrm{CS}}(s)}{R_4+\dfrac{1}{sC}}=0$$

代入元件参数得

$$\frac{U(s)-U_{\mathrm{LS}}(s)-E(s)}{1+s}+\frac{U(s)}{6}+\frac{U(s)-U_{\mathrm{CS}}(s)}{1+\dfrac{1}{s}}=0$$

整理可得

$$\left(\frac{1}{1+s}+\frac{1}{6}+\frac{1}{1+\dfrac{1}{s}}\right)U(s)=\frac{U_{\mathrm{LS}}(s)+E(s)}{1+s}+\frac{U_{\mathrm{CS}}(s)}{1+\dfrac{1}{s}}$$

等式两边同乘以 $s+1$，并整理可得

$$\frac{7}{6}(s+1)U(s)=U_{\mathrm{LS}}(s)+E(s)+sU_{\mathrm{CS}}(s)$$

则

$$U(s)=\frac{E(s)}{\frac{7}{6}(s+1)}+\frac{U_{LS}(s)+sU_{CS}(s)}{\frac{7}{6}(s+1)}$$

(1) 零状态响应。

令初始条件为零,上式成为

$$U_{zs}(s)=\frac{E(s)}{\frac{7}{6}(s+1)}=\frac{72}{7}\cdot\frac{1}{s}-\frac{72}{7}\cdot\frac{1}{s+1}$$

则系统的零状态响应为

$$u_{zs}(t)=\frac{72}{7}(1-e^{-t})\varepsilon(t)$$

(2) 零输入响应。

令激励源为零,即可求得零输入响应为

$$U_{zi}(s)=\frac{U_{LS}(s)+sU_{CS}(s)}{\frac{7}{6}(s+1)}=\frac{4+s\cdot\frac{8}{s}}{\frac{7}{6}(s+1)}=\frac{72}{7}\cdot\frac{1}{s+1}$$

则系统的零输入响应为

$$u_{zi}(t)=\frac{72}{7}e^{-t}\varepsilon(t)$$

全响应为

$$u(t)=u_{zi}(t)+u_{zs}(t)=\frac{72}{7}\varepsilon(t)$$

3. 系统函数 $H(s)$

与傅里叶变换法中相似,联系 s 域中零状态响应与激励间的运算关系称为 s 域系统函数,简称为系统函数或系统转移函数 $H(s)$。$H(s)$的定义如下:

$$H(s)=\frac{R(s)}{E(s)} \tag{5-59}$$

或

$$R(s)=H(s)E(s) \tag{5-60}$$

式中 $R(s)$为 s 域中的零状态响应,即零状态响应的拉普拉斯变换;$E(s)$为 s 域中的激励,即激励信号的拉普拉斯变换。

$H(s)$可以通过电路的 s 域模型求得,也可以由对系统的单位冲激响应求拉普拉斯变换来得到。因为系统的单位冲激响应 $h(t)$与转移函数 $H(s)$是一组拉普拉斯变换对,即 $h(t)\leftrightarrow H(s)$,也就是

$$H(s)=\mathscr{L}[h(t)] \tag{5-61}$$

或

$$h(t)=\mathscr{L}^{-1}[H(s)] \tag{5-62}$$

以上关系很容易通过卷积定理来得到证明。因为由转移函数的定义可知复频域中的响应为

$$R(s)=H(s)E(s)$$

而根据卷积定理则有相应的时域响应为

$$r(t)=h(t)*e(t)$$

当 $e(t)$ 为单位冲激函数 $\delta(t)$ 时，它与 $h(t)$ 的卷积仍为 $h(t)$，此时时域中的响应 $r(t)$ 即为单位冲激响应 $h(t)$；而在复频域中，当 $e(t)$ 为单位冲激函数 $\delta(t)$ 时，相应的拉普拉斯变换为 1，它与 $H(s)$ 的乘积仍为 $H(s)$，此时复频域中的响应 $R(s)$ 即为 $H(s)$。时域响应与复频域响应为一组拉普拉斯变换对，因此就得到如式(5-62)所示的关系。

在线性系统分析中，通常复频域中的转移函数 $H(s)$ 比较容易求到，因此单位冲激响应 $h(t)$ 也常利用式(5-62)的关系，由对 $H(s)$ 取拉普拉斯逆变换来得到。

例 5-25 图 5-21(a)所示电路中，电感原无储能，$u(t)$ 为响应。

(1) 求电路中的冲激响应和阶跃响应；

(2) 若激励信号 $e(t)$ 如图 5-21(b)所示，求电路的零状态响应。

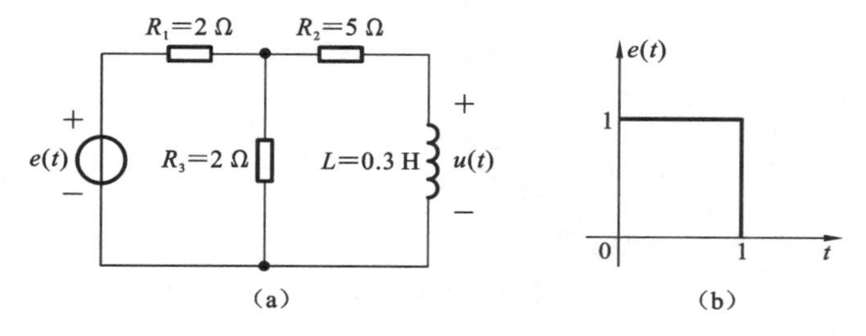

图 5-21 例 5-25 的电路及激励信号

(a) 例 5-25 的电路；(b) 激励信号

解 由于初始储能为零，电路的 s 域等效模型如图 5-22(a)所示。

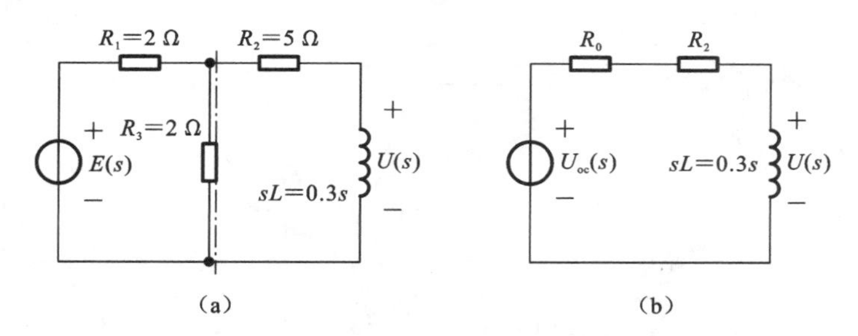

图 5-22 图 5-21(a)所示电路的等效电路

(a) 例 5-25 电路的 s 域等效模型；(b) 戴维南等效电路

采用戴维南定理求解，图 5-22(a)所示电路可等效为图 5-22(b)，其中 $U_{oc}(s)=\dfrac{E(s)}{2}$，$R_0=R_1//R_3=1\ \Omega$。由图 5-22(b)直接列出运算方程如下：

$$U(s)=\frac{sL}{R_0+R_2+sL}\cdot U_{oc}(s)=\frac{0.3s}{1+5+0.3s}\cdot\frac{1}{2}E(s)=\frac{0.15s}{6+0.3s}\cdot E(s)=H(s)E(s)$$

即电路的系统函数为

$$H(s)=\frac{0.15s}{6+0.3s}=\frac{0.5s}{s+20}=0.5-\frac{10}{s+20}$$

(1) 系统的冲激响应为

$$h(t)=\mathscr{L}^{-1}[H(s)]=0.5\delta(t)-10\mathrm{e}^{-20t}\varepsilon(t)$$

系统的阶跃响应的拉普拉斯变换为

$$R_\varepsilon(s)=H(s)\frac{1}{s}=\frac{0.5}{s+20}$$

则系统的阶跃响应为

$$r_\varepsilon(t)=\mathscr{L}^{-1}[R_\varepsilon(s)]=0.5\mathrm{e}^{-20t}\varepsilon(t)$$

(2) 图 5-21(b)所示激励函数可表示为

$$e(t)=\varepsilon(t)-\varepsilon(t-1)$$

由线性时不变系统的性质,可得系统的零状态响应为

$$r_{zs}(t)=r_\varepsilon(t)-r_\varepsilon(t-1)=0.5\mathrm{e}^{-20t}\varepsilon(t)-0.5\mathrm{e}^{-20(t-1)}\varepsilon(t-1)$$

例 5-26 已知输入 $e(t)=\mathrm{e}^{-t}\varepsilon(t)$,初始条件为 $r(0^-)=2,r'(0^-)=2$,系统响应对激励源的转移函数 $H(s)=\dfrac{s+5}{s^2+5s+6}$,求系统的响应 $r(t)$,并标出受迫分量与自然分量、瞬态分量与稳态分量。

解 先求零输入响应 $r_{zi}(t)$,因为

$$H(s)=\frac{s+5}{s^2+5s+6}=\frac{s+5}{(s+2)(s+3)}$$

在 $\lambda_1=-2$ 及 $\lambda_2=-3$ 处各有一单阶极点,故

$$r_{zi}(t)=C_1\mathrm{e}^{\lambda_1 t}+C_2\mathrm{e}^{\lambda_2 t}=C_1\mathrm{e}^{-2t}+C_2\mathrm{e}^{-3t},\quad t>0$$

由初始条件确定常数 C_1、C_2,即

$$r(0)=C_1+C_2=2$$

$$r'(0)=-2C_1-3C_2=1$$

解得 $C_1=7,C_2=-5$。所以

$$r_{zi}(t)=\underbrace{(7\mathrm{e}^{-2t}-5\mathrm{e}^{-3t})\varepsilon(t)}_{\text{自然分量}}$$

再求零状态响应 $r_{zs}(t)$,因为

$$E(s)=\mathscr{L}[\mathrm{e}^{-t}\varepsilon(t)]=\frac{1}{s+1}$$

故

$$R_{zs}(s)=E(s)H(s)=\frac{1}{s+1}\cdot\frac{s+5}{(s+2)(s+3)}=\frac{2}{s+1}+\frac{-3}{s+2}+\frac{1}{s+3}$$

零状态响应 $r_{zs}(t)$ 为

$$r_{zs}(t)=\underbrace{2\mathrm{e}^{-t}\varepsilon(t)}_{\text{受迫分量}}+\underbrace{(-3\mathrm{e}^{-2t}+\mathrm{e}^{-3t})\varepsilon(t)}_{\text{自然分量}}$$

将零输入分量与零状态分量相加,得全响应为

$$r(t)=r_{zi}(t)+r_{zs}(t)=\underbrace{2\mathrm{e}^{-t}\varepsilon(t)}_{\text{受迫分量}}+\underbrace{4\mathrm{e}^{-2t}\varepsilon(t)-4\mathrm{e}^{-3t}\varepsilon(t)}_{\text{自然分量}}$$

由于 $r(t)$ 中所有分量都是随时间衰减的,故 $r(t)$ 中只有瞬态分量,而稳态分量为零。

例 5-27 已知系统的微分方程为 $r'''(t)+5r'(t)+6r(t)=e''(t)+3e'(t)+2e(t)$,激励 $e(t)=\varepsilon(t)+\mathrm{e}^{-t}\varepsilon(t)$,系统的全响应为 $r(t)=\left(4\mathrm{e}^{-2t}-\dfrac{4}{3}\mathrm{e}^{-3t}+\dfrac{1}{3}\right)\varepsilon(t)$,求系统的零状态响应、零输入响应。

解 由系统的微分方程可得系统函数为

$$H(s)=\frac{s^2+3s+2}{s^2+5s+6}=\frac{(s+1)(s+2)}{(s+2)(s+3)}=\frac{s+1}{s+3}$$

因为

$$E(s)=\mathscr{L}[\varepsilon(t)+\mathrm{e}^{-t}\varepsilon(t)]=\frac{1}{s}+\frac{1}{s+1}=\frac{2s+1}{s(s+1)}$$

故

$$R_{zs}(s)=E(s)H(s)=\frac{2s+1}{s(s+3)}=\frac{\frac{1}{3}}{s}+\frac{\frac{5}{3}}{s+3}$$

零状态响应 $r_{zs}(t)$ 为

$$r_{zs}(t)=\left(\frac{1}{3}+\frac{5}{3}\mathrm{e}^{-3t}\right)\varepsilon(t)$$

零输入响应 $r_{zi}(t)$ 为

$$r_{zi}(t)=r(t)-r_{zs}(t)=(4\mathrm{e}^{-2t}-3\mathrm{e}^{-3t})\varepsilon(t)$$

5.8 阶跃信号作用于RLC串联电路的响应

现以阶跃信号作用于RLC串联电路为例来讨论系统参数对响应的影响。图5-23中设激励为阶跃电压 $e(t)=\varepsilon(t)$，响应为回路电流 $i(t)$。电路初始状态为零，即 $t=0$ 时的 $i(0)=0$，$u_C(0)=0$。显然这时响应将仅有零状态分量。

为求取响应 $i(t)$，先找出联系激励与响应的系统转移函数 $H(s)$，这里为RLC串联电路的输入导纳

$$H(s)=Y(s)=\frac{1}{Ls+R+\frac{1}{Cs}}=\frac{1}{L}\left(\frac{s}{s^2+\frac{R}{L}s+\frac{1}{LC}}\right) \tag{5-63}$$

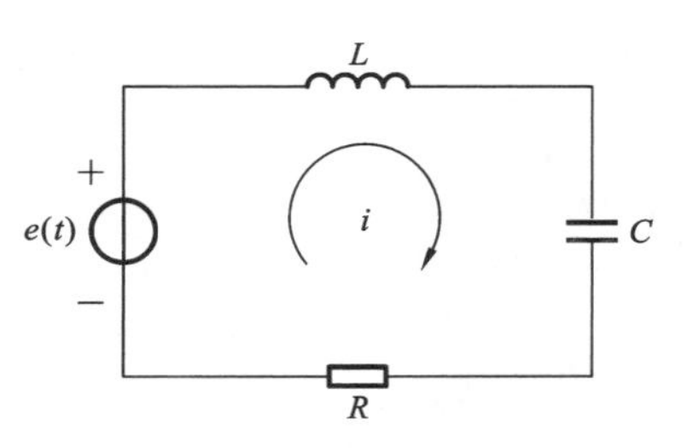

图5-23 阶跃电压作用于RLC串联电路

可见 $H(s)$ 有两个极点，即

$$s_{1,2}=-\frac{R}{2L}\pm\sqrt{\frac{R^2}{4L^2}-\frac{1}{LC}} \tag{5-64a}$$

在这里，电路衰减系数是 $a=\frac{R}{2L}$，回路谐振频率是 $\omega_0=\frac{1}{\sqrt{LC}}$，故 $s_{1,2}$ 可写为

$$s_{1,2}=-a\pm\sqrt{a^2-\omega_0^2} \tag{5-64b}$$

响应电流 $I(s)$ 应为

$$\begin{aligned}I(s)=H(s)E(s)&=\frac{1}{L}\left[\frac{s}{(s-s_1)(s-s_2)}\right]\frac{E}{s}\\&=\frac{E}{L}\left[\frac{1}{(s-s_1)(s-s_2)}\right]\end{aligned} \tag{5-65}$$

可见此时响应电流的拉普拉斯变换与 $H(s)$ 具有相同的极点 s_1、s_2。下面分三种情况分别讨论。

(1) $a>\omega_0$,即 $R>2\sqrt{\dfrac{L}{C}}$的情况。

由式(5-64b)可见此时极点 s_1、s_2 为不等实根,函数 $I(s)$在两个极点 s_1、s_2 处的留数分别为

$$\mathrm{Re}(s_1)=[(s-s_1)I(s)\mathrm{e}^{st}]_{s=s_1}=\frac{E}{L}\cdot\frac{\mathrm{e}^{s_1t}}{s_1-s_2}$$

$$\mathrm{Re}(s_2)=[(s-s_2)I(s)\mathrm{e}^{st}]_{s=s_2}=\frac{E}{L}\cdot\frac{\mathrm{e}^{s_2t}}{s_2-s_1}$$

所以

$$i(t)=\mathscr{L}^{-1}[I(s)]=[\mathrm{Re}(s_1)+\mathrm{Re}(s_2)]\varepsilon(t)=\frac{E}{L}\cdot\frac{\mathrm{e}^{s_1t}-\mathrm{e}^{s_2t}}{s_1-s_2}\varepsilon(t)$$

将式(5-64b)的 s_1、s_2 代入上式,则得

$$i(t)=\frac{E}{L}\cdot\frac{\mathrm{e}^{(-a+\sqrt{a^2-\omega_0^2})t}-\mathrm{e}^{(-a-\sqrt{a^2-\omega_0^2})t}}{2\sqrt{a^2-\omega_0^2}}\varepsilon(t)=\frac{E}{L}\frac{\sinh\sqrt{a^2-\omega_0^2}t}{\sqrt{a^2-\omega_0^2}}\mathrm{e}^{-at}\varepsilon(t)$$

可见电流随时间的变化规律取决于指数项 e^{-at} 与双曲线正弦项 $\sinh\sqrt{a^2-\omega_0^2}t$ 的乘积。前者随时间衰减,后者随时间增长,响应电流先随时间由零逐步增加,到最大值后再随时间下降,响应电流的波形示于图 5-24。

(2) $a=\omega_0$,即 $R=2\sqrt{\dfrac{L}{C}}$的情况。

由式(5-64b)可见,此时 $s_1=s_2=s_0=-a$,即在 $-a$ 处有个一阶极点,极点上留数为

$$\mathrm{Re}(s_0)=\left[\frac{\mathrm{d}}{\mathrm{d}s}(s-s_0)^2I(s)\mathrm{e}^{st}\right]_{s=s_0}=\frac{E}{L}t\,\mathrm{e}^{-at}$$

所以

$$i(t)=\mathrm{Re}(s_0)\varepsilon(t)=\frac{E}{L}t\,\mathrm{e}^{-at}\varepsilon(t)$$

其波形示于图 5-25。

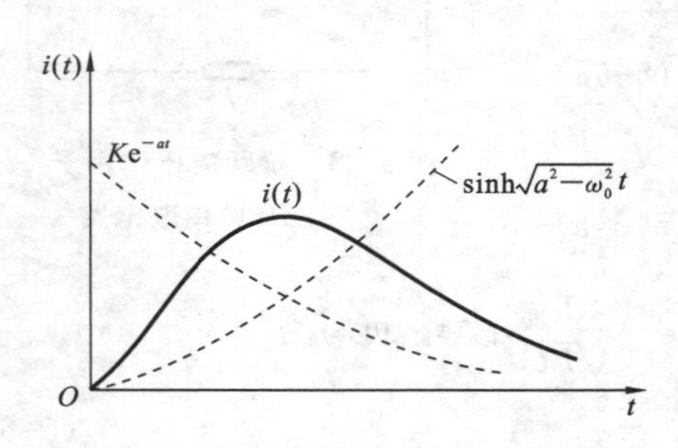

图 5-24 阶跃信号作用下 RLC 电路中的响应电流波形,$a>\omega_0$

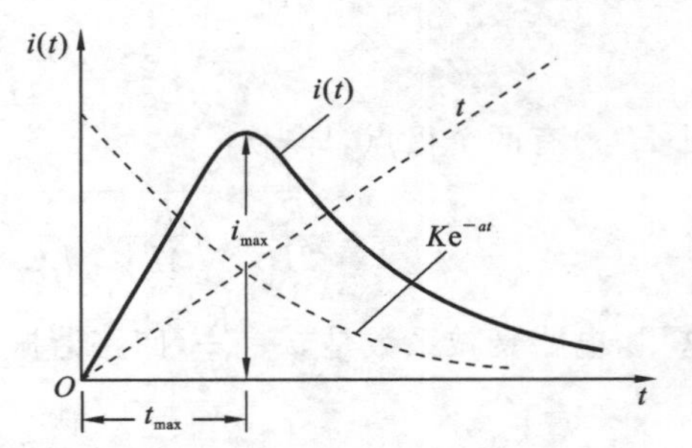

图 5-25 阶跃信号作用下 RLC 电路中的响应电流波形,$a=\omega_0$

由图 5-25 可见,电流 $i(t)$也是先随时间增加而后随时间下降的函数。可以证明,此时电流由零增加到最大值所需的时间 $t_{i_{\max}}=\dfrac{1}{a}$,而电流最大值则为 $i_{\max}=0.736\dfrac{E}{R}$。

(3) $a<\omega_0$,即 $R<2\sqrt{\dfrac{L}{C}}$的情况。

由式(5-64b)可见，此时 s_1、s_2 为一对共轭极点，可表示为

$$s_{1,2}=-a\pm \mathrm{j}\omega_{\mathrm{n}}$$

式中 $\omega_{\mathrm{n}}=\sqrt{\omega_0^2-a^2}$，称为电路的有阻尼自然频率(damped natural frequency)。此时 $I(s)$ 可写为

$$\begin{aligned}I(s)&=\frac{E}{L}\left[\frac{1}{(s+a-\mathrm{j}\omega_{\mathrm{n}})(s+a+\mathrm{j}\omega_{\mathrm{n}})}\right]\\&=\frac{E}{L}\left[\frac{1}{(s+a)^2+\omega_{\mathrm{n}}^2}\right]\end{aligned}$$

由常用拉普拉斯变换简表可得

$$i(t)=\frac{E}{\omega_{\mathrm{n}}L}\mathrm{e}^{-at}\sin(\omega_{\mathrm{n}}t)\varepsilon(t) \tag{5-66}$$

$i(t)$ 随时间的变化呈振幅按指数规律衰减的正弦振荡波形。当回路具有正常的 Q 值，即损耗较小时，$R\ll\sqrt{\frac{L}{C}}$，$\omega_{\mathrm{n}}\approx\omega_0$。此时式(5-66)可简化为

$$i(t)=\frac{E}{\omega_0 L}\mathrm{e}^{-at}\sin(\omega_0 t)\varepsilon(t)$$

上述三种情况中取何种情况取决于回路中的损耗。当回路中损耗能量过大时，不能产生振荡。如果回路没有损耗，即 $R=0$，则 $a=0$，将得到等幅正弦振荡，且其频率即为 ω_0。所以回路的谐振频率就是回路的无阻尼自然频率(un-damped natural frequency)。为便于比较起见，将这三种情况下响应电流的波形都绘于图 5-26 中。通常称 R 大于、等于、小于 $2\sqrt{\frac{L}{C}}$ 的情况分别为过阻尼(over damping)、临界阻尼(critical damping)、欠阻尼(under damping)情况，图中分别用曲线 1、2、3 表示。

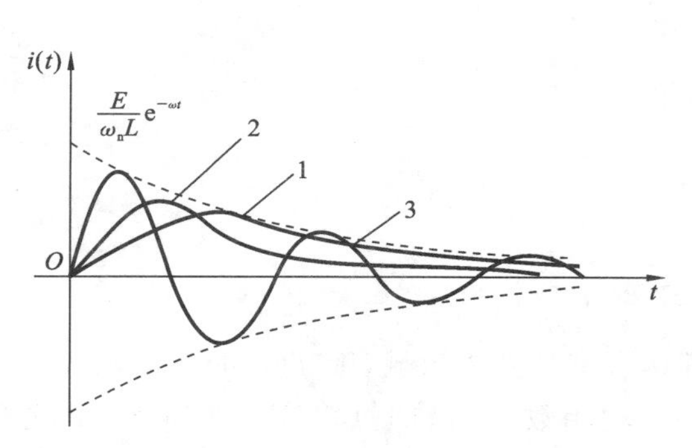

图 5-26 阶跃信号作用下 RLC 电路中的响应电流波形

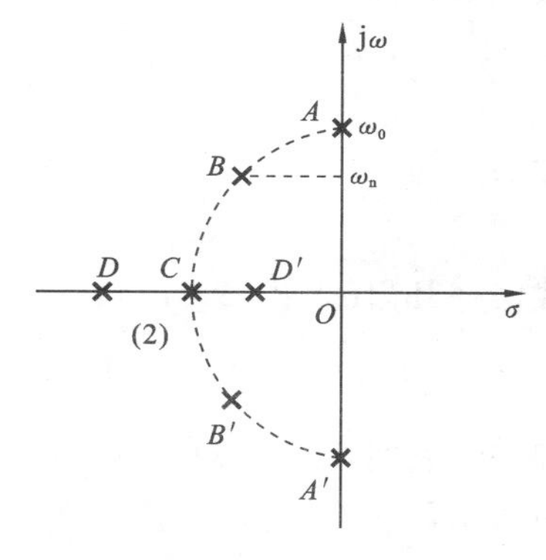

图5-27 响应电流 $I(s)$ 的极点分布图

以上三种情况下的响应电流也可由 $I(s)$ 的极点分布来定性说明，如图 5-27 所示。由式(5-64a)及式(5-64b)不难证明，当回路电阻在 $0\sim2\sqrt{\frac{L}{C}}$ 内变动时，极点 s_1、s_2 将沿着图 5-27 中的圆周移动。$R=0$ 时，s_1、s_2 的位置分别在 A、A' 点，与此对应的时间函数为等幅正弦振荡函数。随着 R 的增加，极点的位置将由 A、A' 点沿圆周向 C 点移动，如移动到 B、B'，则相应的时间函数为幅度按指数规律衰减的正弦振荡函数。B 点与 B' 点的横坐标表示衰减速率 a 的大小，纵坐标表示振荡的频率。R 愈大，则 B、B' 点愈接近于 C，表示正弦振荡的衰减速率比较

大,也就是衰减较快,同时其有阻尼与无阻尼自然频率即 ω_0 与 ω_n 相比较,相差也愈大。当 R 增加到满足临界阻尼条件 $R=2\sqrt{\frac{L}{C}}$ 时,两极点分别移动至同一 C 点而重合,形成一个二阶极点。由表 5-2 可见,其相应的时间函数为 $t\mathrm{e}^{-\alpha t}$,是一个非振荡函数。如 R 继续增加,$R>2\sqrt{\frac{L}{C}}$ 为过阻尼状态,此时两极点分别位于实轴上 C 点的两边,如图 5-27 中 D 及 D' 所示。因此相应的时间函数为两指数函数之差,也是非振荡函数。

5.9 双边拉普拉斯变换

以上讨论的都是单边拉普拉斯变换。对于符合因果律的系统,如果感兴趣的只是时间 $t\geqslant0$ 部分的响应,用单边拉普拉斯变换来讨论是很方便的。但有时要考虑的是双边时间函数,如周期信号、平稳随机过程等,或是不符合因果律的理想系统,这时用双边拉普拉斯变换来分析常常较为方便。下面简单地对双边拉普拉斯变换作出讨论。

1. 双边拉普拉斯变换

在本章开头已经给出,双边拉普拉斯变换定义如下:

$$F_{\mathrm{d}}(s)=\mathscr{L}_{\mathrm{d}}[f(t)]=\int_{-\infty}^{\infty}f(t)\mathrm{e}^{-st}\mathrm{d}t \tag{5-67}$$

这里对拉普拉斯变换的符号加上了下标 d,以示与单边拉普拉斯变换的区别。现在,时间信号 $f(t)$ 是一个双边函数,可将其分解为正时间部分的右边函数 $f_a(t)$ 及负时间部分的左边函数 $f_b(t)$,即

$$f(t)=\begin{cases}f_a(t), & t\geqslant0\\ f_b(t), & t<0\end{cases} \tag{5-68a}$$

或写为

$$f(t)=f_a(t)\varepsilon(t)+f_b(t)\varepsilon(-t) \tag{5-68b}$$

将式(5-68b)代入式(5-67)则有

$$F_{\mathrm{d}}(s)=\mathscr{L}_{\mathrm{d}}[f(t)]=\int_{-\infty}^{0}f_b(t)\mathrm{e}^{-st}\mathrm{d}t+\int_{0}^{\infty}f_a(t)\mathrm{e}^{-st}\mathrm{d}t=F_b(s)+F_a(s) \tag{5-69}$$

式(5-69)表明,如 $F_a(s)$、$F_b(s)$ 同时存在,即两者有公共收敛域,则 $f(t)$ 的双边拉普拉斯变换为右边函数 $f_a(t)$ 的拉普拉斯变换 $F_a(s)$ 与左边函数 $f_b(t)$ 的拉普拉斯变换 $F_b(s)$ 之和。如 $F_a(s)$ 与 $F_b(s)$ 没有公共收敛域,则 $f(t)$ 的双边拉普拉斯变换将不存在。

右边函数 $f_a(t)$ 的拉普拉斯变换就是前面已讨论过的单边拉普拉斯变换。现在讨论如何求左边函数的拉普拉斯变换 $F_b(s)$。

由式(5-69)有

$$F_b(s)=\int_{-\infty}^{0}f_b(t)\mathrm{e}^{-st}\mathrm{d}t \tag{5-70}$$

令 $t=-\tau$,即将左边函数对称于坐标纵轴反褶使其成为右边函数,则式(5-70) 成为

$$F_b(s)=\int_{0}^{\infty}f_b(-\tau)\mathrm{e}^{-(-s)\tau}\mathrm{d}\tau$$

再令 $-s=p$ 则上式成为

$$F_b(p)=\int_0^{\infty}f_b(-\tau)\mathrm{e}^{-p\tau}\mathrm{d}\tau \tag{5-71}$$

与单边拉普拉斯变换的定义(式(5-5))对比，即可看出，式(5-71)就是右边函数 $f_b(-\tau)$ 的单边拉普拉斯变换，仅积分中的时间变量用 τ 表示，复频率变量用 p 表示而已。这样 $F_b(p)$ 仍可用前述的单边拉普拉斯变换的方法来求取。

综上所述，求取左边函数的拉普拉斯变换 $F_b(s)$ 可按下列步骤进行：

(1) 对时间取反，即令 $t=-\tau$，构成右边函数 $f_b(-\tau)$；

(2) 对 $f_b(-\tau)$ 求单边拉普拉斯变换得 $F_b(p)$；

(3) 对复频率变量 p 求反，即用 $-s$ 代替 p，从而求得 $F_b(s)$。

在求得 $F_a(s)$ 及 $F_b(s)$ 后，再看它们是否有公共收敛域，即可判定 $f(t)$ 的双边拉普拉斯变换是否存在。如有，则可按式(5-69)求出 $F_\mathrm{d}(s)$。其收敛域亦可同时给出。

例 5-28 求图 5-28 所示的双边指数函数 $f(t)=\mathrm{e}^{a|t|}$，$a<0$时的双边拉普拉斯变换。

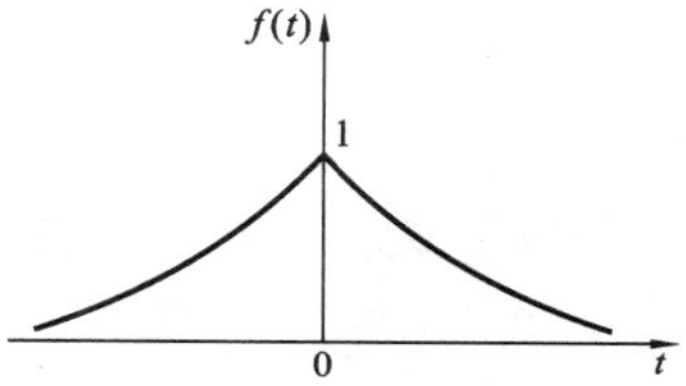

解 将图 5-28 所示的双边指数函数分解为左边函数与右边函数，有

$$f(t)=\begin{cases}f_a(t)=\mathrm{e}^{at}, & t\geqslant 0\\ f_b(t)=\mathrm{e}^{-at}, & t<0\end{cases}$$

图 5-28 信号波形

右边函数的拉普拉斯变换之前已求得，即

$$F_a(s)=\frac{1}{s-a}$$

其收敛域为 $\sigma_a>a$，如图 5-29(a)所示。

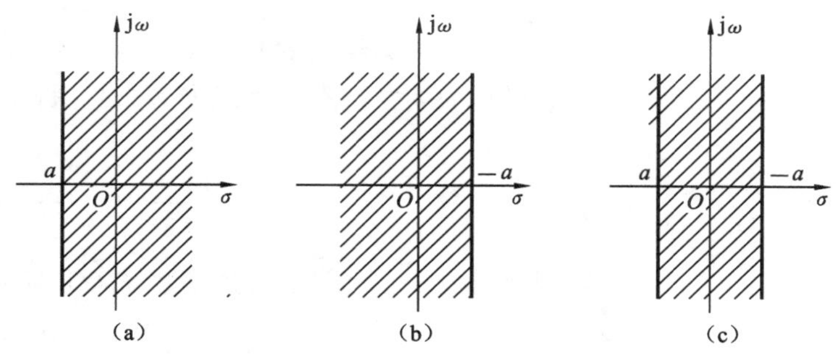

图 5-29 双边指数函数 $f(t)=\mathrm{e}^{a|t|}$，$a<0$ 的拉普拉斯变换的收敛域

(a) $F_a(s)$收敛域；(b) $F_b(s)$收敛域；(c) 公共收敛域

左边函数 $F_b(s)$的求取过程如下：

(1) $f_b(-\tau)=f_b(t)\big|_{t=-\tau}=\mathrm{e}^{a\tau}$，$\tau>0$；

(2) $F_b(p)=\mathscr{L}[f_b(-\tau)]=\mathscr{L}[\mathrm{e}^{a\tau}\varepsilon(\tau)]=\dfrac{1}{p-a}$；

(3) $F_b(s)=F_b(p)\big|_{p=-s}=\dfrac{-1}{s+a}$。

其收敛域为 $\sigma_b<-a$，如图 5-29(b)所示。因为 $-a>a$，因此 $F_a(s)$ 与 $F_b(s)$ 有公共收敛域，即 $a<\sigma<-a$，故 $F(s)$存在并为

$$F_{\mathrm{d}}(s)=F_a(s)+F_b(s)=\frac{1}{s-a}-\frac{1}{s+a}=\frac{2a}{s^2-a^2},\quad a<\sigma<-a$$

如双边指数函数 $\mathrm{e}^{a|t|}$ 的 $a>0$，则因 $\sigma_b=-a<\sigma_a=a$，$F_a(s)$ 与 $F_b(s)$ 无公共收敛域，其双边拉普拉斯变换不存在。$a>0$ 时的情况示于图 5-30。

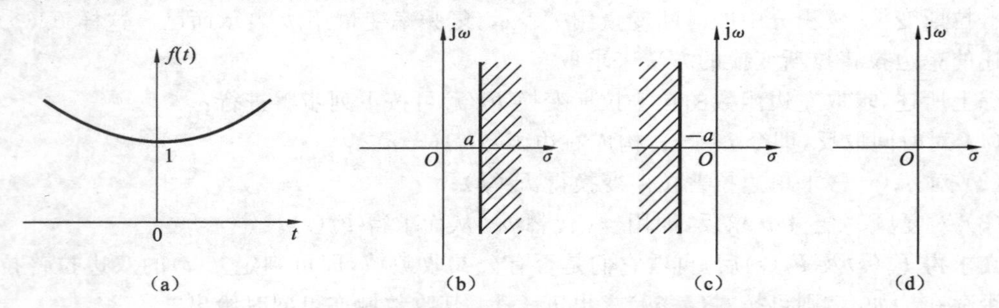

图 5-30　$a>0$ 时双边指数函数 $\mathrm{e}^{a|t|}$ 及其拉普拉斯变换的收敛域

(a) 信号波形；(b) $F_a(s)$ 收敛域；(c) $F_b(s)$ 收敛域；(d) 公共收敛域

2. 双边拉普拉斯逆变换

在求解双边拉普拉斯逆变换时，首先要区分开哪些极点是由左边函数形成的，哪些极点是由右边函数形成的，即极点的归属问题。$F_{\mathrm{d}}(s)$ 的极点应分布于收敛域的两侧。如在收敛域中取一任意的反演积分路径，则路径左侧的极点应对应于 $t\geqslant0$ 时的时间函数 $f_a(t)$，右侧的极点则对应于 $t<0$ 时的时间函数 $f_b(t)$。$f_a(t)$ 可由对应极点的部分分式项经单边拉普拉斯逆变换直接得到，而求 $f_b(t)$ 则可将上述求左边函数拉普拉斯变换的步骤倒过来进行。具体过程可见下例。

例 5-29　求 $F_{\mathrm{d}}(s)=\dfrac{-3}{(s-1)(s-4)}$，收敛域为 $1<\sigma<4$ 的时间原函数。

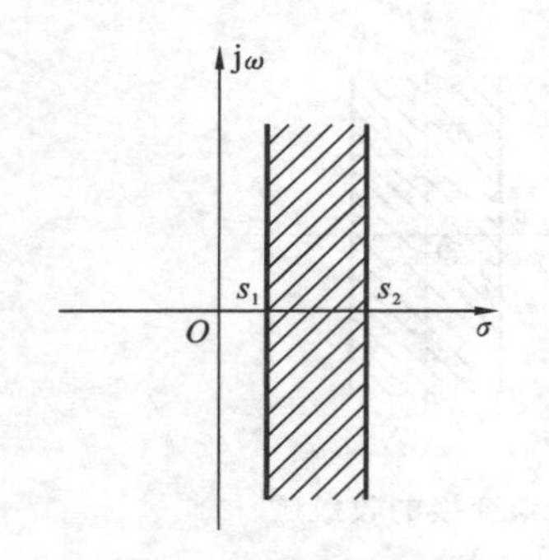

图 5-31　例 5-29 中 $F_{\mathrm{d}}(s)$ 的收敛域及其极点分布

解　根据给定的收敛域与极点分布(见图 5-31)，左侧极点为 $s_1=1$，右侧极点为 $s_2=4$。将 $F_{\mathrm{d}}(s)$ 展开为部分分式有

$$F_{\mathrm{d}}(s)=\frac{1}{s-1}+\frac{-1}{s-4}$$

因此对应于 $\dfrac{1}{s-1}$ 的是右边函数 $f_a(t)$，即

$$f_a(t)=\mathscr{L}^{-1}\left[\frac{1}{s-1}\right]=\mathrm{e}^t,\quad t>0$$

对应于 $\dfrac{-1}{s-4}$ 的是左边函数 $f_b(t)$，$f_b(t)$ 的求取过程如下：

(1) 对 s 求反，即

$$F(p)=\left.\frac{-1}{s-4}\right|_{s=-p}=\frac{1}{p+4}$$

(2) 对 $F(p)$ 求单边拉普拉斯逆变换得

$$f_b(\tau)=\mathscr{L}^{-1}[F(p)]=\mathrm{e}^{-4\tau},\quad \tau>0$$

(3) 对 τ 求反，即

$$f_b(t)=f_b(t)\big|_{\tau=-t}=\mathrm{e}^{4t},\quad t<0$$

最后得其解为

$$f(t)=\begin{cases}e^{t}, & t\geqslant 0\\ e^{4t}, & t<0\end{cases}$$

或写为

$$f(t)=e^{t}\varepsilon(t)+e^{4t}\varepsilon(-t)$$

在这里应指出，在给出双边拉普拉斯变换时必须同时给出收敛域，这样才能保证拉普拉斯逆变换解的唯一性。如在本例中，设给定的收敛域为 $a>4$，则两极点俱为左侧极点，对应的时间函数为右边函数，即

$$f(t)=\begin{cases}e^{t}-e^{4t}, & t\geqslant 0\\ 0, & t<0\end{cases}$$

如收敛域为 $a<1$，则两极点俱为右侧极点，对应的是左边函数，即

$$f(t)=\begin{cases}0, & t\geqslant 0\\ e^{4t}-e^{t}, & t<0\end{cases}$$

可见同一 $F_{d}(s)$，当给定的收敛域不同时，将对应于不同的时间函数。

从 $F_{b}(s)$反求左边函数，除按上述求拉普拉斯变换的步骤倒过来进行外，也可用留数法来确定。在本章第 5.6 节中已讨论过，为用留数定理来确定反演积分

$$f(t)=\frac{1}{2\pi j}\int_{c-j\infty}^{c+j\infty}F_{d}(s)e^{st}\,ds$$

对 $t>0$ 的信号，应在积分路径左方加上半径为无穷大的圆弧，使积分路径成为闭合回路。沿此回路逆时针方向的积分，即为回路包围的极点，亦即 $F_{d}(s)$的所有左侧极点上的留数之和，有

$$f_{a}(t)=\sum \mathrm{Re}(s_{l}),\quad t>0 \tag{5-72}$$

式中 $\mathrm{Re}(s_{l})$表示左侧极点的留数。同理对 $t<0$ 的信号，应在积分路径右方补充半径为无穷大的圆弧，此时沿回路的积分是顺时针方向进行的，因此，此回路的积分应为其所围极点，即 $F_{d}(s)$所有右侧极点上留数之和的负值，即有

$$f_{b}(t)=-\sum \mathrm{Re}(s_{r}),\quad t<0 \tag{5-73}$$

式中 $\mathrm{Re}(s_{r})$为右侧极点的留数。

现在来讨论同一个 $F_{d}(s)$对应的左边函数与右边函数的关系。因为 $F_{d}(s)$所有极点上的留数俱为确定的时间函数，因此，如果收敛域给出为 $\sigma>\sigma_{0}$ 时，$F_{d}(s)$对应的右边函数为$f(t)$，则当 $\sigma<\sigma_{0}$ 时，$F_{d}(s)$对应的左边函数必为$-f(t)$，即

如果

$$\mathscr{L}^{-1}[F_{d}(s),\sigma>\sigma_{0}]=f(t),\quad t>0 \tag{5-74a}$$

则有

$$\mathscr{L}_{d}^{-1}[F_{d}(s),\sigma<\sigma_{0}]=-f(t),\quad t<0 \tag{5-74b}$$

这样，左边函数 $f_{b}(t)$的拉普拉斯变换也可以由先对 $F_{b}(s)$求单边拉普拉斯逆变换后再乘以-1 来得到。如在上例中有

$$\mathscr{L}^{-1}\left[\frac{-1}{s-3},\sigma>3\right]=-e^{-3t},\quad t>0$$

因此

$$\mathscr{L}_{d}^{-1}\left[\frac{-1}{s-3},\sigma<3\right]=e^{-3t},\quad t<0$$

3. 双边信号作用下线性系统的响应

设激励为双边信号 $f(t)$，它存在有双边拉普拉斯变换 $F_d(s)$，收敛域为 $\sigma_a<\sigma<\sigma_b$。系统符合因果律，其冲激响应为 $h(t)$。系统函数 $H(s)$ 的收敛域为 $\sigma>\sigma_1$。由卷积定理有

$$r(t)=f(t)*h(t) \tag{5-75}$$

$$R(s)=F_d(s)H(s) \tag{5-76}$$

显然，如果 $F_d(s)$ 与 $H(s)$ 有公共收敛域，$r(t)$ 即为对应于 $R(s)$ 的时间原函数；如无公共收敛域，则 $R(s)$ 不存在。

例 5-30 已知激励信号

$$f(t)=\begin{cases}e^{-3t}, & t\geqslant 0\\ e^{-t}, & t<0\end{cases}$$

系统冲激响应为 $h(t)=e^{-2t}, t>0$，求系统的响应。

解 按双边拉普拉斯变换有

$$F_d(s)=\mathscr{L}^{-1}[f(t)]=F_a(s)+F_b(s)=\frac{1}{s+3}+\frac{-1}{s+1},\quad -3<\sigma<-1$$

由此可见 $F_d(s)$ 与 $H(s)$ 有公共收敛域 $(-2<\sigma<-1)$，故 $R(s)$ 存在且为

$$R(s)=F_d(s)H(s)=\frac{-2}{(s+1)(s+2)(s+3)}=\frac{-1}{s+1}+\frac{2}{s+2}+\frac{-1}{s+3},\quad -2<\sigma<-1$$

由收敛域可判别，对应于右侧极点 -1 的左边时间信号为

$$r_b(t)=\mathscr{L}_d^{-1}[R_b(s)]=\mathscr{L}^{-1}\left[\frac{-1}{s+1}\right]=e^{-t},\quad t<0$$

对应于左侧极点 -2、-3 的右边时间信号为

$$r_a(t)=\mathscr{L}^{-1}[R_a(s)]=\mathscr{L}^{-1}\left[\frac{2}{s+2}+\frac{-1}{s+3}\right]=2e^{-2t}-e^{-3t},\quad t>0$$

即有

$$r(t)=\begin{cases}e^{-t}, & t<0\\ 2e^{-2t}-e^{-3t}, & t>0\end{cases}$$

从本例中可以看出，在 $t<0$ 时，激励信号强迫系统作出与激励同模式的响应。而在 $t>0$ 时，响应则由激励与系统的特性共同确定。读者还可自行证明，本例中如 $h(t)$ 不变而 $f(t)$ 改为

$$f(t)=\begin{cases}e^{-4t}, & t\geqslant 0\\ e^{-3t}, & t<0\end{cases}$$

或 $f(t)$ 不变而 $h(t)$ 改为 $h(t)=e^{-\frac{1}{2}t}, t>0$，则 $F_d(s)$ 与 $H(s)$ 无公共收敛域，$R(s)$ 将不存在。

5.10 连续时间系统的复频域分析仿真实验

1. 实验目的

(1) 加深对连续时间系统的复频率响应基本概念的掌握和理解。

(2) 学习和掌握线性时不变系统(LTI)复频率特性的分析方法。

2. 实验原理

1) 拉普拉斯变换

拉普拉斯变换法是一种数学积分变换法，其核心是把时间函数 $f(t)$ 与复变函数 $F(s)$ 联

系起来，把时域问题通过数学变换转化为复频域问题，把时间域的高阶微分方程变换为复频域的代数方程，在求出待求的复变函数后，再作相反的变换得到待求的时间函数。

2）拉普拉斯变换简介

一个定义在$[0,+\infty)$区间的函数$f(t)$，它的拉普拉斯变换式$F(s)$定义为

$$F(s)=\mathscr{L}[f(t)]=\int_{0^-}^{+\infty}f(t)e^{-st}\mathrm{d}t$$

式中：复数$s=\sigma+\mathrm{j}\omega$称为复频率；$F(s)$为$f(t)$的象函数，$f(t)$为$F(s)$的原函数。由$F(s)$到$f(t)$的变换称为拉普拉斯逆变换，它定义为

$$f(t)=\mathscr{L}^{-1}[F(s)]=\frac{1}{2\pi\mathrm{j}}\int_{c-\mathrm{j}\omega}^{c+\mathrm{j}\omega}F(s)\mathrm{e}^{st}\mathrm{d}s$$

式中c为正的有限常数。

注意：

（1）定义中拉普拉斯变换的积分从$t=0^-$开始，即

$$F(s)=\mathscr{L}[f(t)]=\int_{0^-}^{+\infty}f(t)\mathrm{e}^{-st}\mathrm{d}t=\int_{0^-}^{0^+}f(t)\mathrm{e}^{-st}\mathrm{d}t+\int_{0^+}^{+\infty}f(t)\mathrm{e}^{-st}\mathrm{d}t$$

它包含从t为0^-至0^+ $f(t)$包含的冲激和电路动态变量的初始值。

（2）象函数$F(s)$一般用大写字母表示，原函数$f(t)$一般用小写字母表示。

（3）象函数$F(s)$存在的条件：$\int_{0^-}^{+\infty}|f(t)\mathrm{e}^{-st}|\mathrm{d}t<\infty$。

3）典型函数的拉普拉斯变换

（1）单位阶跃函数$\varepsilon(t)$的象函数为

$$F(s)=\mathscr{L}[\varepsilon(t)]=\int_{0^-}^{+\infty}\varepsilon(t)\mathrm{e}^{-st}\mathrm{d}t=\int_{0^+}^{+\infty}\mathrm{e}^{-st}\mathrm{d}t=-\frac{1}{s}\mathrm{e}^{-st}\Big|_0^{\infty}=\frac{1}{s}$$

（2）单位冲激函数$\delta(t)$的象函数为

$$F(s)=\mathscr{L}[\delta(t)]=\int_{0^-}^{+\infty}\delta(t)\mathrm{e}^{-st}\mathrm{d}t=\int_{0^-}^{0^+}\delta(t)\mathrm{e}^{-st}\mathrm{d}t=1$$

（3）指数函数$\mathrm{e}^{\pm at}$的象函数为

$$F(s)=\mathscr{L}[\mathrm{e}^{\pm at}]=\int_{0^-}^{+\infty}\mathrm{e}^{\pm at}\mathrm{e}^{-st}\mathrm{d}t=\frac{1}{s\mp a}$$

4）拉普拉斯变换的性质

（1）线性组合定理：$\mathscr{L}[af_1(t)\pm bf_2(t)]=a\mathscr{L}[f_1(t)]\pm b\mathscr{L}[f_2(t)]$，其中$a$和$b$为任意常数。

（2）微分定理：$\mathscr{L}\left[\frac{\mathrm{d}}{\mathrm{d}t}f(t)\right]=s\mathscr{L}[f(t)]-f(0^-)$。

（3）积分定理：$\mathscr{L}\left[\int_{0^-}^{t}f(t)\mathrm{d}t\right]=\frac{1}{s}\mathscr{L}[f(t)]$。

（4）时域位移定理。

设时间函数$f(t)\varepsilon(t)$的拉普拉斯变换为$\mathscr{L}[f(t)\varepsilon(t)]=F(s)$，当此时间函数推迟$t_0$出现而成为$f(t-t_0)\varepsilon(t-t_0)$时，其拉普拉斯变换为

$$\mathscr{L}[f(t-t_0)\varepsilon(t-t_0)]=\mathrm{e}^{-st_0}F(s)$$

（5）时域卷积分定理。

设$\mathscr{L}[f_1(t)]=F_1(s)$，$\mathscr{L}[f_2(t)]=F_2(s)$，则$f_1(t)$与$f_2(t)$的卷积的象函数等于$f_1(t)$的

象函数与 $f_2(t)$ 的象函数的乘积，即 $\mathscr{L}[f_1(t)*f_2(t)]=F_1(s)F_2(s)$。

(6) 初值定理。

设 $\mathscr{L}[f(t)]=F(s)$，且 $\lim\limits_{s\to\infty}sF(s)$ 存在，则初值定理为

$$f(0^+)=\lim_{s\to\infty}sF(s)$$

(7) 终值定理。

设 $\mathscr{L}[f(t)]=F(s)$，且 $\lim\limits_{t\to\infty}f(t)$ 存在，则终值定理为

$$\lim_{t\to\infty}f(t)=\lim_{s\to 0}sF(s)$$

3. 用 MATLAB 绘制拉普拉斯变换的曲面图

一个定义在 $[0,+\infty)$ 区间的函数 $f(t)$，它的拉普拉斯变换式 $F(s)$ 定义为

$$F(s)=\mathscr{L}[f(t)]=\int_{0_-}^{+\infty}f(t)\mathrm{e}^{-st}\mathrm{d}t$$

式中复数 $s=\sigma+\mathrm{j}\omega$ 称为复频率；若以 σ 为实轴，$\mathrm{j}\omega$ 为虚轴，复变量 s 就构成一个复平面。我们可以把 $F(s)$ 写成 $F(s)=|F(s)|\exp(\mathrm{j}\Phi(s))$，其中 $|F(s)|$ 是模，$\Phi(s)$ 是相角，从三维几何空间的角度来看，$|F(s)|$ 和 $\Phi(s)$ 对应着复平面上的两个曲面，如果能绘出它们的三维曲面图，就可以直观地分析连续信号 $F(s)$ 随 s 的变化。可以用 MATLAB 的三维绘图功能来实现。现在考虑如何用 MATLAB 来绘制 s 平面的有限区域上连续信号的拉普拉斯变换 $F(s)$ 的曲面图。以单位阶跃信号 $U(t)$ 为例来说明实现过程。

我们知道，$F(U(t))=1/s$。

首先，用两个向量来确定 s 平面的横纵坐标的范围。例如：x1＝－0.5：0.03：0.5，y1＝－0.5：0.03：0.5，然后用 meshgrid 函数产生矩阵 s，用该矩阵表示绘制曲面图的复平面区域，即[x,y]＝meshgrid(x1,y1)；s＝x＋i＊y，最后计算出信号的拉普拉斯变换在这些样点的值，用 mesh 函数绘出其曲面，图形如图 5-32 所示。

这是比单位阶跃信号复杂一点的 $f(t)=u(t)-u(t-2)$ 的拉普拉斯变换的曲面图，如图 5-33 所示。

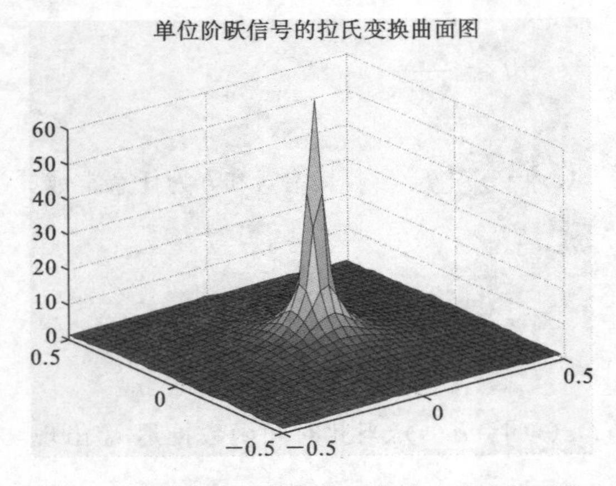

图 5-32　单位阶跃信号的拉普拉斯变换曲面图

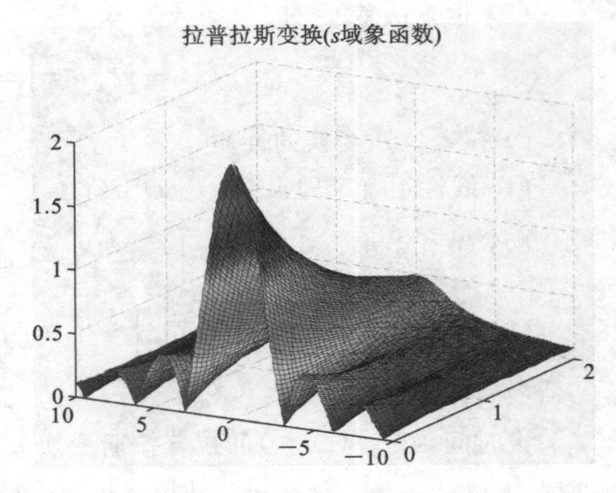

图 5-33　$f(t)$ 的拉普拉斯变换曲面图

4. 用 MATLAB 绘制出已知零、极点的幅频响应曲线

MATLAB 强大的图形功能为进行信号的分析提供了强有力的工具。下面以低通、高通、

带通、全通滤波器为例，绘制已知零、极点分布函数的幅频响应曲线。

MATLAB绘制幅频响应曲线实例如下。

(1) 高通滤波器的幅频响应曲线绘制：零点为0，极点为100和200，可得该系统的冲激响应为 $H(s)=\dfrac{as^2}{as^2+bs+c}$。

高通滤波器幅频响应曲线如图5-34所示。

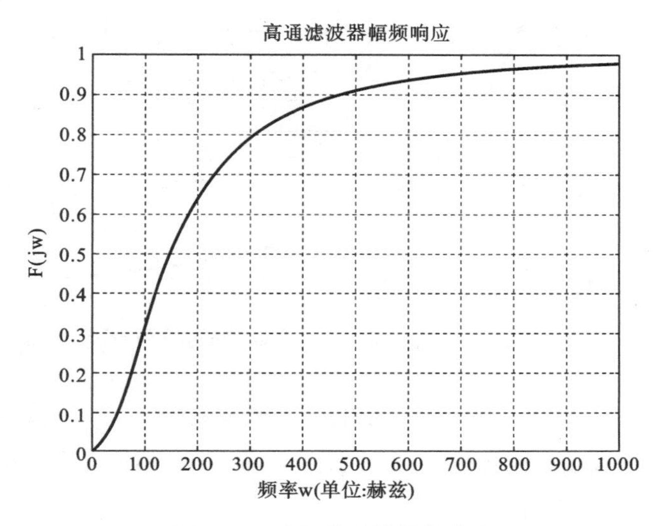

图5-34 高通滤波器幅频响应

(2) 低通滤波器的幅频响应曲线绘制：无零点，极点为-500和-1000，可得该系统的冲激响应为 $H(s)=\dfrac{c}{c+as^2+bs}$。

低通滤波器幅频响应曲线如图5-35所示。

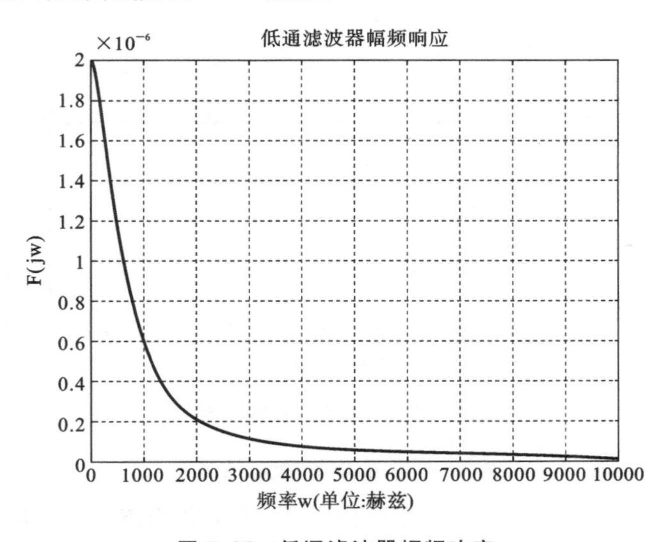

图5-35 低通滤波器幅频响应

(3) 带通滤波器的幅频响应曲线绘制：零点为0，极点为-500和-1000，可得该系统的冲

激响应为 $H(s)=\dfrac{bs}{c+as^2+bs}$。

带通滤波器幅频响应曲线如图 5-36 所示。

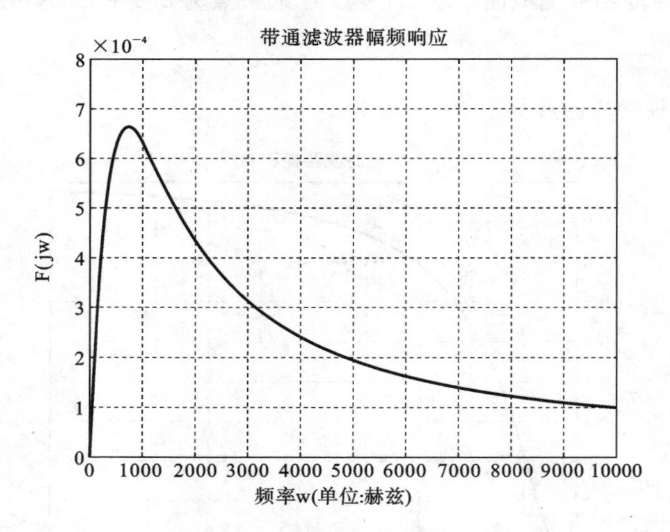

图 5-36　带通滤波器幅频响应

(4) 全通滤波器幅频响应曲线绘制:零点为 500 和 1000,极点为 −500 和 −1000。可得该系统的冲激响应为 $H(s)=\dfrac{b-as}{b+as}$。

全通滤波器幅频响应曲线如图 5-37 所示。

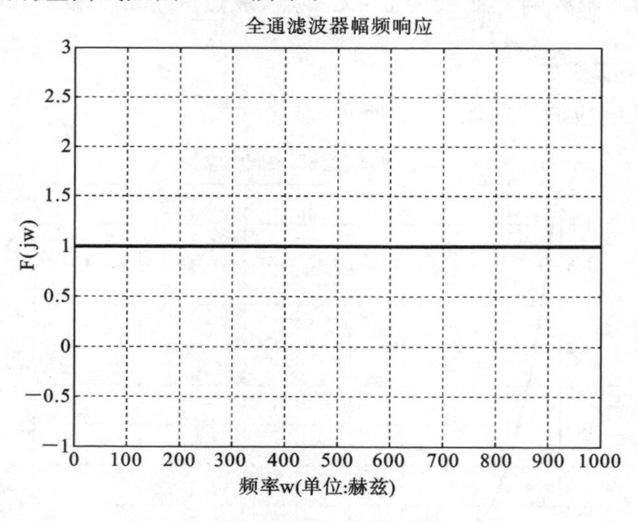

图 5-37　全通滤波器幅频响应

5. MATLAB 绘制连续系统零极点图并分析稳定性

在实际应用中常利用 $H(s)$ 与 $h(t)$ 的关系,通过 $H(s)$ 的极点分布来确定系统的稳定性。从系统稳定性考虑,一个系统可划分为稳定、临界稳定和不稳定三种情况。

(1) 稳定:若 $H(s)$ 的全部极点位于 s 的左半平面,则系统是稳定的。

(2) 临界稳定：若 $H(s)$ 在原点处或虚轴上有单阶极点，其余极点全在 s 的左半平面，则系统是临界稳定的。

(3) 不稳定：若 $H(s)$ 只要有一个极点位于 s 的右半平面，或在虚轴上和原点处有二阶或二阶以上的重极点，则系统是不稳定的。

1）MATLAB 绘制零极点图流程

系统函数的零点和极点位置可以用 MATLAB 的多项式求根函数 roots( )来求得。

用 roots( )函数求得系统函数 $H(s)$ 的零极点后，就可以用 plot 命令在复平面上绘制出系统函数的零极点图。用 residue 命令可以得出其冲激响应 $h(t)$。

2）实例列举

(1) 已知 $H(s)=\dfrac{s^2-4}{s^4+10s^3+35s^2+50s+24}$，绘出其零极点图如图 5-38 所示。

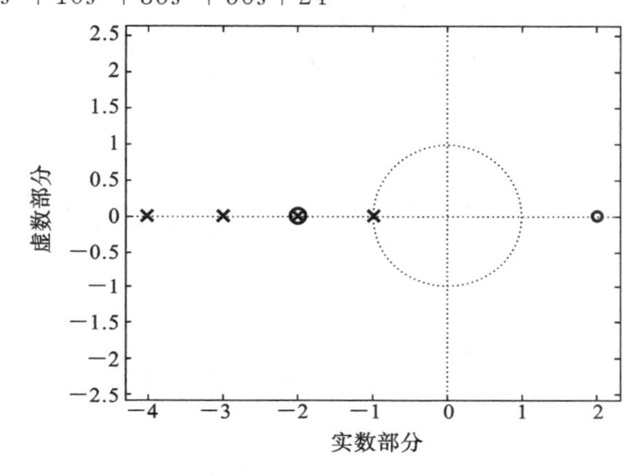

图 5-38 连续时间系统的零极点图 1

其冲激响应曲线如图 5-39 所示，由极点分布在实轴的左半边判断系统稳定。

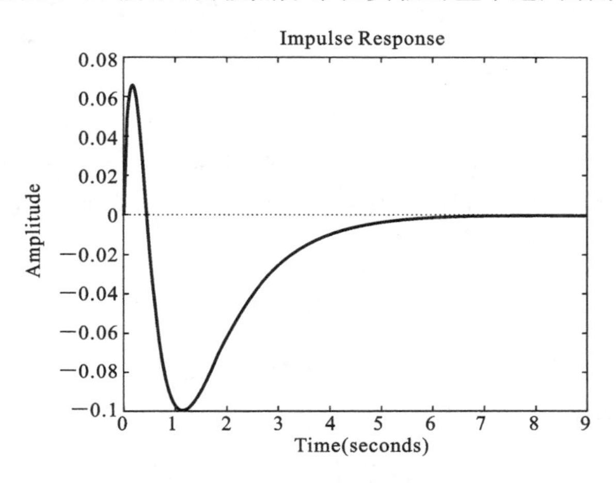

图 5-39 冲激响应曲线 1

实现图 5-38 和图 5-39 所示图的代码如下：

```
b=[1,0,-4]; a=[1,10,35,50,24];
```

```
P_J= roots(a);
z= roots(b);
figure(1)
zplane(z,P_J);
xlabel('实数部分');
ylabel('虚数部分');

[r,p,k]= residue(b,a);
G= tf(b,a);
figure(2)
impulse(G);
```

(2) 已知 $H(s)=\frac{s+4}{s^3+5s^2+6s}$,绘出其零极点图如图 5-40 所示。

其冲激响应曲线如图 5-41 所示。

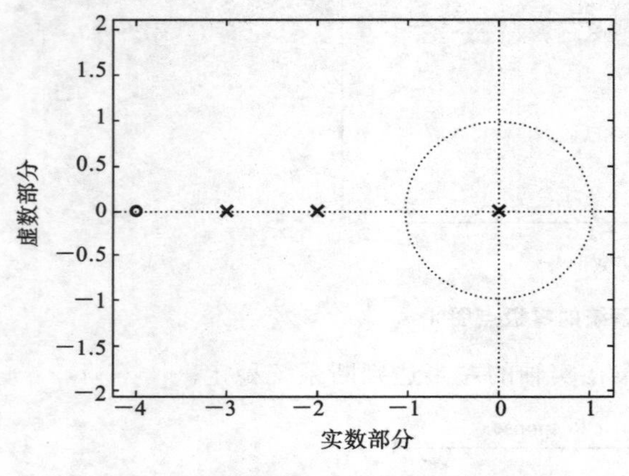

图 5-40　连续时间系统的零极点图 2

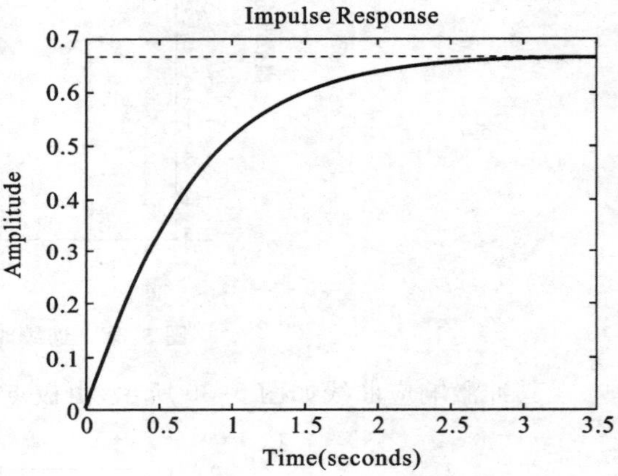

图 5-41　冲激响应曲线 2

由时域波形可以看出,当时间 t 趋于无穷大时,冲激响应曲线并不趋于零而是趋于一个有限值,故该系统是临界稳定的。另外,系统有极点位于 s 平面的原点处,这也可以判断该系统是临界稳定的。

(3) 已知 $H(s)=\frac{s}{s^2+3s+8}$,绘出其零极点图如图 5-42 所示。

两极点都在 s 的左半平面内,故可确定该系统是稳定的。

其冲激响应曲线如图 5-43 所示。

(4) 已知 $H(s)=\frac{s+5}{s^2-2s-3}$,绘出其零极点图如图 5-44 所示。

有极点在 s 的右半平面,所以该系统不稳定。

图 5-45 为其冲激响应曲线。

(5) 已知 $H(s)=\frac{5}{s^2+2s}$,绘出其零极点图如图 5-46 所示。

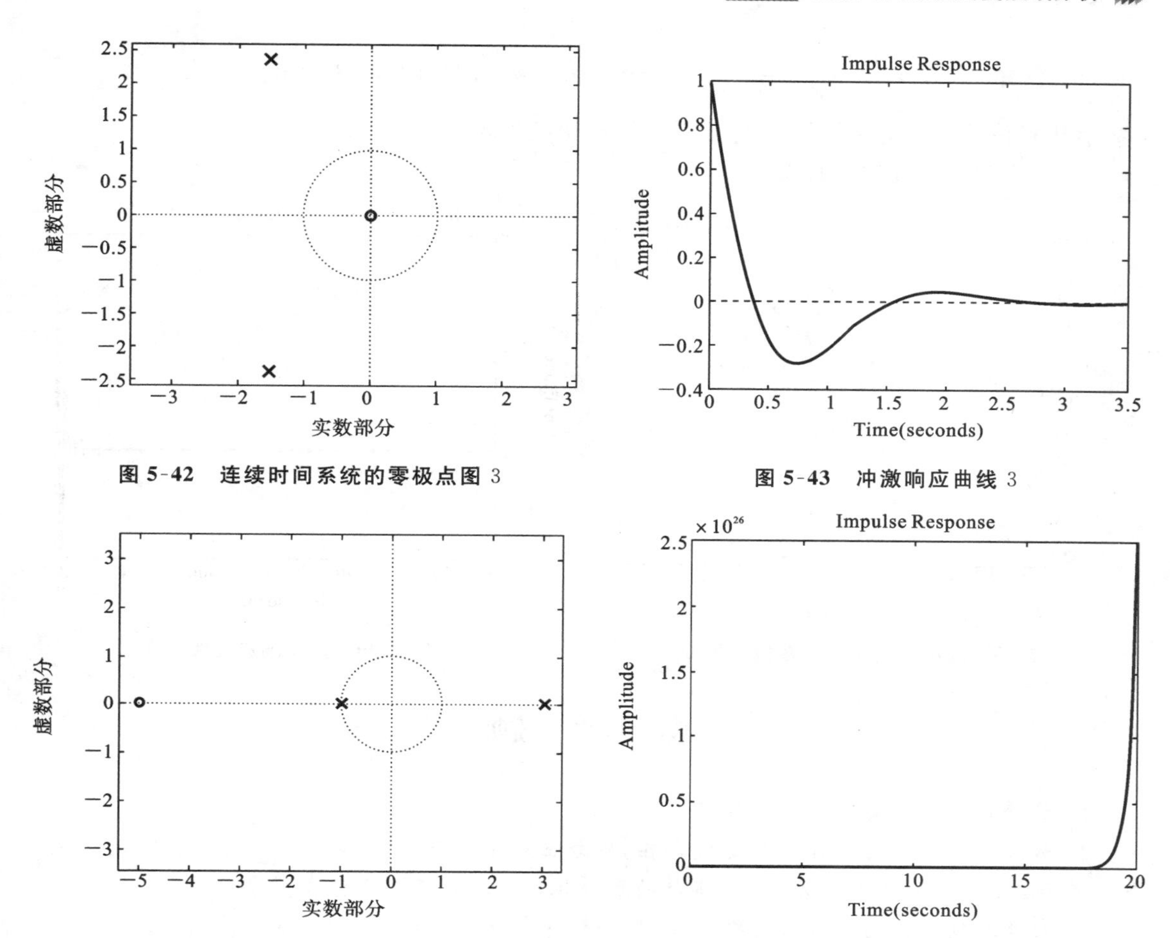

图 5-42　连续时间系统的零极点图 3

图 5-43　冲激响应曲线 3

图 5-44　连续时间系统的零极点图 4

图 5-45　冲激响应曲线 4

由零极点分布情况判断该系统为临界稳定系统。

图 5-47 为其冲激响应曲线。

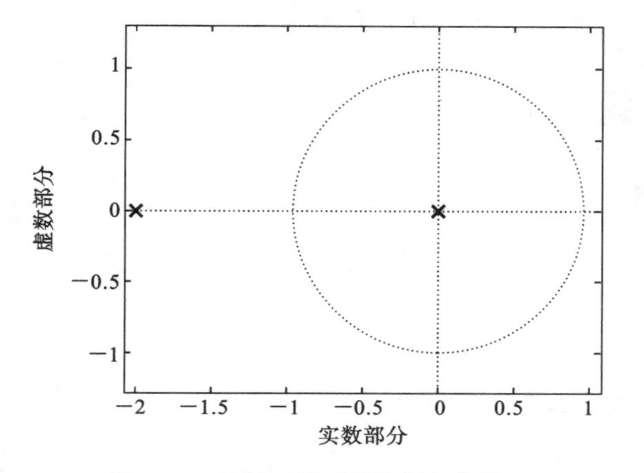

图 5-46　连续时间系统的零极点图 5

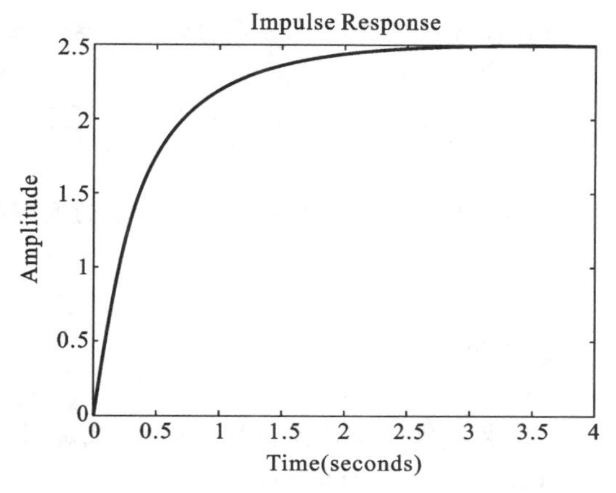

图 5-47　冲激响应曲线 5

(6) 已知 $H(s)=\dfrac{s^2+4}{s^4+3s^3+2s^2+s+1}$,绘出其零极点图如图 5-48 所示。

有极点位于 s 的左半平面,所以该系统为不稳定系统。

图 5-49 为其冲激响应曲线。

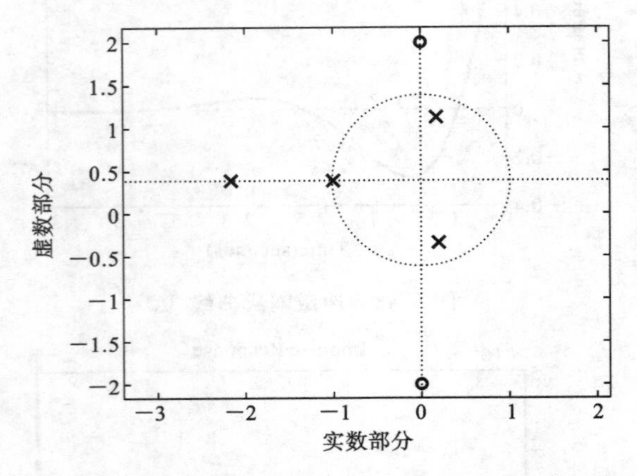

图 5-48 连续时间系统的零极点图 6

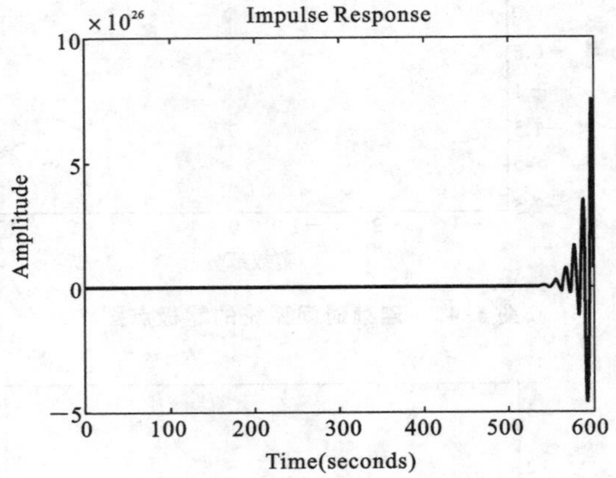

图 5-49 冲激响应曲线 6

思 考 题

1. 拉普拉斯变换与傅里叶变换有什么关系?

2. 如果一个函数的拉普拉斯变换存在,则该函数的傅里叶变换是否一定存在?反之,如果一个函数的傅里叶变换存在,则该函数的拉普拉斯变换是否一定存在?

3. 拉普拉斯变换的收敛域与象函数、原函数存在什么关系?

4. 拉普拉斯逆变换与傅里叶逆变换有什么关系?

5. 在复频域对线性非时变系统进行分析时,可以将其描述系统的微分方程变为代数方程求解,在求解过程中应注意哪些问题?

6. 拉普拉斯变换具有哪些性质?这些性质分别具有哪些物理属性?

习 题 5

1. 标出下列信号对应于 s 平面中的复频率。

(1) e^{2t};

(2) $\cos(2t)$;

(3) te^{-t};

(4) $e^{-t}\sin(-5t)$。

2. 求下列函数的拉普拉斯变换,且注明其收敛域。

(1) $2e^{-5t}\cos(3t)\varepsilon(t)$;

(2) $\sin(t)\sin(2t)\varepsilon(t)$;

(3) $\dfrac{1}{\alpha}(1-e^{-\alpha t})\varepsilon(t)$;

(4) $\frac{1}{s_2-s_1}(e^{s_1 t}-e^{s_2 t})\varepsilon(t)$；

(5) $(t^3-2t^2+1)\varepsilon(t)$；

(6) $e^{-at}\cos(\omega t+\theta)\varepsilon(t)$；

(7) $\delta(t)-e^{-2t}\varepsilon(t)$；

(8) $te^{-2t}\varepsilon(t)$。

3. 用拉普拉斯变换的性质求图题 3 各波形函数的拉普拉斯变换。

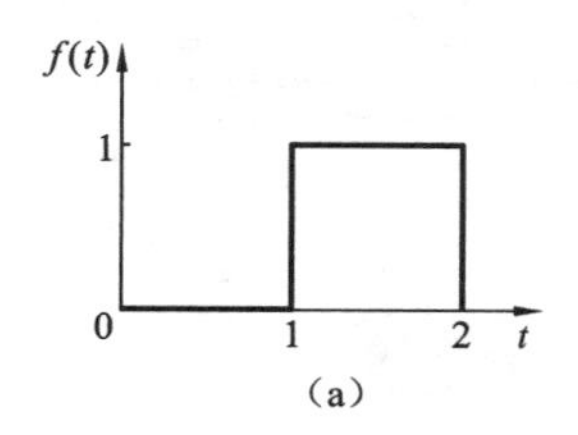

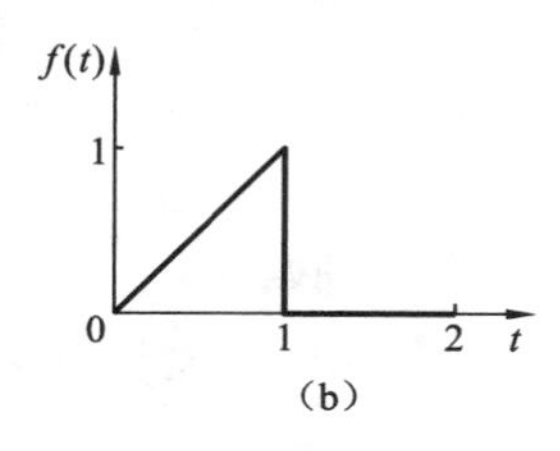

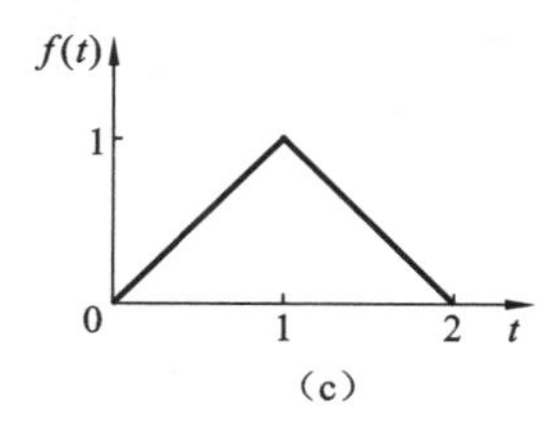

图题 3

4. 求下列(见图题 4)波形的单边周期函数的拉普拉斯变换。

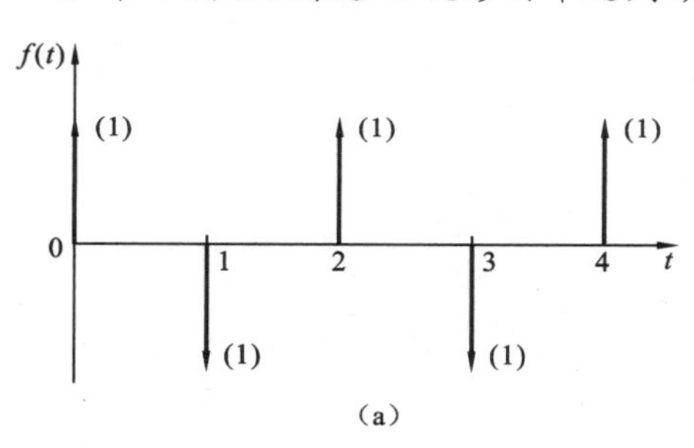

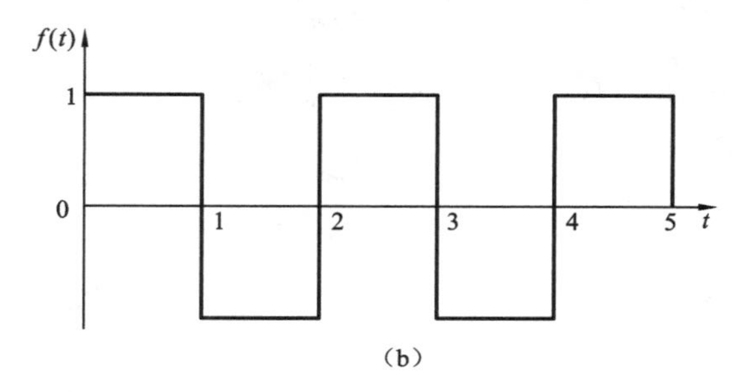

图题 4

5. 求微分方程是$\frac{dr(t)}{dt}+2r(t)=\frac{de(t)}{dt}+e(t)$的系统，在如下激励信号时的零状态响应。

(1) $e(t)=\delta(t)$；

(2) $e(t)=\varepsilon(t)$；

(3) $e(t)=e^{-t}\varepsilon(t)$；

(4) $e(t)=e^{-2t}\varepsilon(t)$；

(5) $e(t)=5\cos(t)\varepsilon(t)$。

6. 电路如图题 6 所示，激励为 $e(t)$，响应为 $i(t)$，求冲激响应与阶跃响应。

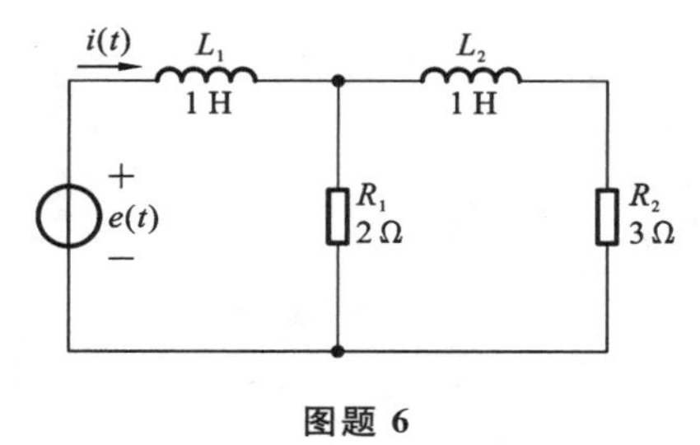

图题 6

7. 已知两系统框图如图题7(a)和图题7(b)所示，试求其系统函数，并解释说明这两个系统框图对应的是一个系统。

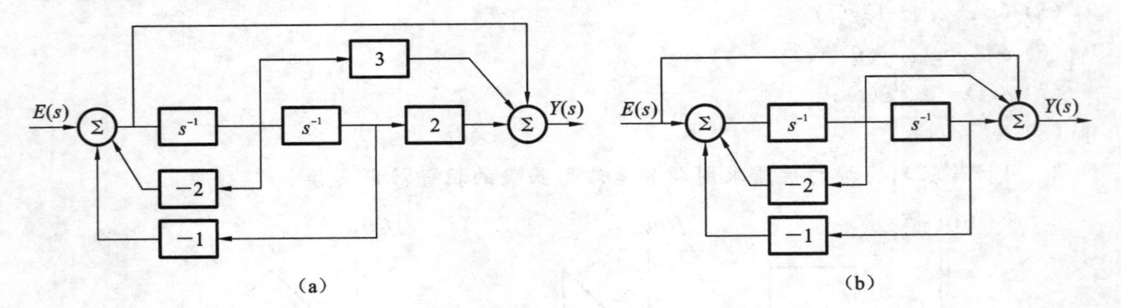

图题 7

8. 已知系统函数如下，试绘其直接式、并联式和级联式流图。

(1) $H(s)=\dfrac{2s^2+14s+24}{s^2+2s+3}$；

(2) $H(s)=\dfrac{2s+3}{s(s+2)^2(s+3)}$；

(3) $H(s)=\dfrac{(s+1)(s+3)}{(s+2)(s^2-2s+5)}$。

第 6 章　连续时间系统的系统函数及模拟

6.1　引言

系统函数(system function)是描述线性非时变单输入、单输出系统本身特性的函数，它在系统理论中占有重要地位。系统函数 $H(s)$定义为零状态响应 $r_{zs}(t)$的拉普拉斯变换式 $R_{zs}(s)$与激励函数 $e(t)$的拉普拉斯变换式 $E(s)$之比，即

$$H(s)=\frac{R_{zs}(s)}{E(s)} \tag{6-1a}$$

$H(s)$是系统特性在复频域中的表述形式。当 $s=\mathrm{j}\omega$ 时，$R(\mathrm{j}\omega)$和 $E(\mathrm{j}\omega)$分别是零状态响应 $r_{zs}(t)$和激励 $e(t)$的傅里叶变换式，$H(\mathrm{j}\omega)$是系统特性在频域中的表述形式。

对于一个已知的线性无源系统，它的响应完全由激励确定。这里激励是原因，响应是结果，系统函数则表示两者间的因果关系。一个具体的系统函数，就代表了一对具体的因果之间关系的系统的特性。这种因果关系，在复频域中，通过系统函数表示为一个代数方程，即

$$R(s)=H(s)E(s) \tag{6-1b}$$

在第 2 章时域分析法中曾经讨论过，线性系统的这种因果关系，在时域中可以通过转移算子 $H(p)$表示为一个线性微分方程，即

$$r(t)=H(p)e(t) \tag{6-2}$$

这里 $H(p)$与 $H(s)$具有相同的形式，只是将复变量 s 用算符 p 代替。但是式(6-2)是一个微分方程，其中 $H(p)$并不是一个代数因子，而是对时间函数进行一定运算的算子符号。

由第 5.7 节可知，系统函数 $H(s)$是系统单位冲激响应 $h(t)$的拉普拉斯变换式，$h(t)$则为 $H(s)$的逆变换式，即

$$h(t)\leftrightarrow H(s) \tag{6-3}$$

所以，系统函数和系统冲激响应的这种变换关系，是系统复频域特性和时域特性间联系的桥梁。

另外，当系统的激励为 e^{st} 的形式时，系统的零状态响应为

$$r_{zs}(t)=h(t)*e(t)=h(t)*\mathrm{e}^{st}=\int_{-\infty}^{\infty}h(\tau)\mathrm{e}^{s(t-\tau)}\mathrm{d}\tau=\mathrm{e}^{st}\int_{-\infty}^{\infty}h(\tau)\mathrm{e}^{-s\tau}\mathrm{d}\tau=H(s)\mathrm{e}^{st} \tag{6-4}$$

可见，系统函数可视为系统对复指数信号的加权系数，它与输入无关，反映系统本身的特性。只不过 $h(t)$是对系统在时域的描述，$H(s)$是对系统在复频域的描述。

本章首先讨论有关系统函数的基本理论，包括函数的表示法、函数的极点和零点分布，以及其与时域特性和频域特性的关系，然后进一步讨论系统的稳定性和根轨迹。

6.2 系统函数的表示法

由第 6.1 节可知，一个系统有若干个系统函数，且分别代表系统的各种特性。但系统函数都表现为两变换式之比，因此系统函数的一般形式是一个分式，其分子、分母都是复变量 s 的多项式，即

$$H(s)=\frac{N(s)}{D(s)}=\frac{b_m s^m+b_{m-1}s^{m-1}+\cdots+b_1 s+b_0}{a_n s^n+a_{n-1}s^{n-1}+\cdots+a_1 s+a_0} \tag{6-5}$$

从这样的函数形式中，往往不能直观地看出系统的特性。所以，对于同一系统函数，又可以根据不同的需要，用不同的图示方法来加以表示。下面介绍常见的几种图示法。

1. 频率特性

以频率为变量来描述系统特性是最为人们所熟悉的图示方法。系统的频率特性是系统在正弦信号激励下的某种稳态特性。对于一个系统，往往没有必要去研究函数对于复变量 $s=\sigma+\mathrm{j}\omega$ 一切数值的变化情况，而只需要考察函数对于 s 沿 $\mathrm{j}\omega$ 轴变化的情况。如果系统函数 $H(s)$ 的收敛域包含 $\mathrm{j}\omega$ 轴在内，亦即 $H(s)$ 在 s 的右半平面及虚轴上均无极点。这时令 $\sigma=0$，以 $\mathrm{j}\omega$ 代替系统函数中的变量 s，就得到系统频率响应的表示式 $H(\mathrm{j}\omega)$。如果把 $H(\mathrm{j}\omega)$ 分写为实部 $U(\omega)$ 和虚部 $V(\omega)$ 的形式，或模量 $|H(\mathrm{j}\omega)|$ 和相角 $\varphi(\omega)$ 的形式，可得

$$H(\mathrm{j}\omega)=U(\omega)+\mathrm{j}V(\omega)=|H(\mathrm{j}\omega)|\mathrm{e}^{\mathrm{j}\varphi(\omega)} \tag{6-6}$$

上式中实部、虚部和模量、相角间的关系为

$$\left.\begin{aligned}U(\omega)&=|H(\mathrm{j}\omega)|\cos\varphi(\omega)\\U(\omega)&=|H(\mathrm{j}\omega)|\sin\varphi(\omega)\end{aligned}\right\} \tag{6-7}$$

其中实部、模量是频率 ω 的偶函数，虚部、相角则是频率 ω 的奇函数。系统特性可以用反映幅度随频率变化规律的幅频特性曲线和反映相位特性随频率变化规律的相频特性曲线来描述。由于模量和相角的对称性，在画幅频特性曲线和相频特性曲线时，只要画出 $\omega>0$ 的部分即可。

例 6-1 画出如图 6-1 所示的 RLC 并联电路的输入阻抗 $Z(\mathrm{j}\omega)$ 的频率特性。

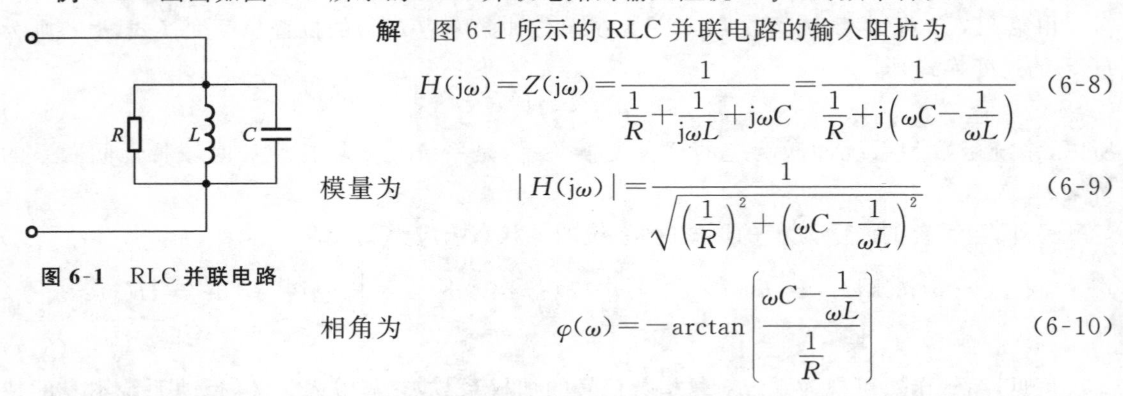

图 6-1 RLC 并联电路

解 图 6-1 所示的 RLC 并联电路的输入阻抗为

$$H(\mathrm{j}\omega)=Z(\mathrm{j}\omega)=\frac{1}{\frac{1}{R}+\frac{1}{\mathrm{j}\omega L}+\mathrm{j}\omega C}=\frac{1}{\frac{1}{R}+\mathrm{j}\left(\omega C-\frac{1}{\omega L}\right)} \tag{6-8}$$

模量为

$$|H(\mathrm{j}\omega)|=\frac{1}{\sqrt{\left(\frac{1}{R}\right)^2+\left(\omega C-\frac{1}{\omega L}\right)^2}} \tag{6-9}$$

相角为

$$\varphi(\omega)=-\arctan\left(\frac{\omega C-\frac{1}{\omega L}}{\frac{1}{R}}\right) \tag{6-10}$$

图 6-2 所示即为这种并联电路在低损耗情况下阻抗模量和相角随频率变化的曲线，图中 $\omega_0=\frac{1}{\sqrt{LC}}$。因为这些表示系统特性的有关公式和曲线已为大家所熟知，所以这里不作推演。系统

函数的频率特性曲线，有时在对数尺度的坐标轴中作出，称为波特图(Bode plot)，这将在第6.5节中讨论。

2. 复轨迹

系统函数的模量(即幅度)和相角都是复频率 s 的函数，所以两者是对以 s 为参变量的参数方程。有一个 s 值，即有一对相应的模量(幅度)和相角值。在复变函数理论中，表现为在 s 平面中有一点时，即可决定在 $H(s)$ 平面中的一个相应点；当复频率中 σ 值给定而改变 ω 时，就可以在 H 平面中得到一条幅度-相角特性曲线(magnitude-phase characteristic curve)。一系列的 σ 值，对应于一族幅度-相角特性曲线。但是，人们所关心的常常是正弦信号激励，即 $\sigma=0$ 时的情况。此时，复变量 s 在 s 平面中沿 jω 轴变化，映射到 H 平面中得到的一条曲线称为系统函数的复轨迹(complex locus)。图 6-3 所示的即为图 6-1 所示电路的阻抗函数的复轨迹，它是一个圆。此曲线可以根据图 6-2 作出，它的方程不难由模量和相角的参数方程中消去频率参数得到。

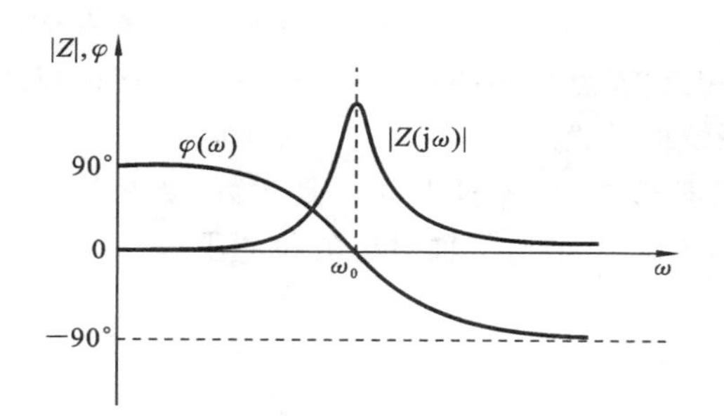

图 6-2 图 6-1 所示电路阻抗的模量和相角的频率特性

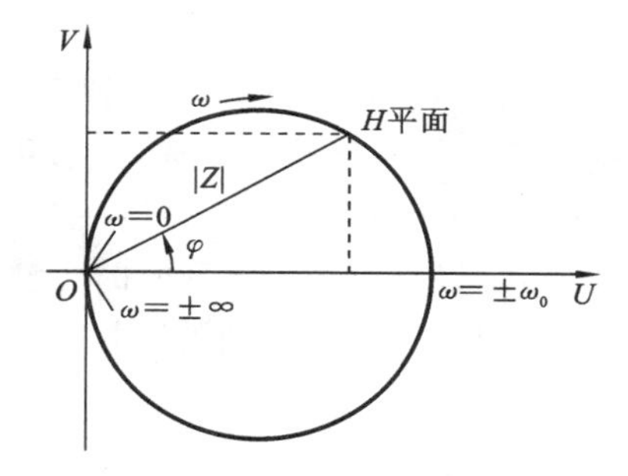

图 6-3 图 6-1 所示电路的阻抗函数的复轨迹

由式(6-9)及式(6-10)可知，当 $\omega\to-\infty$ 时，$|H(\mathrm{j}\omega)|\to0$，$\varphi(\omega)\to\frac{\pi}{2}$，则 $U(\omega)\to0$，$V(\omega)\to0$，复轨迹在 H 平面中映射为原点；当 ω 从 $-\infty$ 逐步增加，$|H(\mathrm{j}\omega)|$ 逐步增加，$\varphi(\omega)$ 逐步减小，直到 $\omega\to-\omega_0$ 时，$|H(\mathrm{j}\omega)|\to R$，$\varphi(\omega)\to0$，则 $U(\omega)\to R$，$V(\omega)\to0$，复轨迹顺时针方向画了个半圆；当 s 由 $-\infty$ 变到 $+\infty$，则复轨迹顺时针方向沿着圆重画两次。

系统函数的幅度-相角特性给出了该函数模量(幅度)和相角间的关系，也给出了实部和虚部间的关系。

3. 零极点图

系统函数的一般形式，如式(6-5)所示，是一个分式。

对于一个由集总参数元件构成的线性电网络，这个分式的分母多项式和分子多项式，都是通过将 Ls、R、$\frac{1}{Cs}$ 等有理项进行四则运算得到的。因此，两个多项式都必定是 s 的有理函数，系统函数 $H(s)$ 也必为 s 的有理函数。又因为所有实际系统的参数 L、R、C 等必为实数，所以通过将这些参数进行四则运算后所得的两个多项式的系数 a_n 和 b_m 亦必为实数。这种具有实系数的有理函数称为实有理函数(real rational function)。一个实际系统的系统函数必定是复变量 s 的实有理函数。这是系统函数的最基本的性质。

分母、分子多项式既然都是实系数的有理函数，那么令它们为零所分别形成的方程的根一定是实数根，或者是成共轭对的复数根，而虚数根则是 $\sigma=0$ 这一特殊情况下的复数根。于是

式(6-5)所示的系统函数可以表示为

$$H(s)=\frac{N(s)}{D(s)}=H_0\frac{(s-z_1)(s-z_2)\cdots(s-z_m)}{(s-p_1)(s-p_2)\cdots(s-p_n)}=H_0\frac{\prod_{i=1}^{m}(s-z_i)}{\prod_{j=1}^{n}(s-p_j)} \tag{6-11}$$

其中 $H_0=\frac{b_m}{a_n}$。如上一章所述,上式中,分母多项式为 0 时方程的根 $p_1,p_2,\cdots,p_n$ 称为函数 $H(s)$的极点(pole);分子多项式为 0 时方程的根 $z_1,z_2,\cdots,z_m$ 称为函数 $H(s)$的零点(zero)。所以,极点和零点可位于 s 平面的实轴上,或者成对地位于与实轴对称的位置上。有时,上述方程可能具有 r 阶的重根,相应地,就称函数 $H(s)$有 r 阶极点或 r 阶零点。当复变量 s 等于极点或零点时,系统函数 $H(s)$的值分别等于无穷大或零。

由式(6-10)可以看出,当一个系统函数的极点、零点以及因数 H_0 全部确定后,这个系统函数也就确定了。因为 H_0 仅仅是一个代表比例尺度的常数,它的作用对于变量 s 的一切值都是相同的,所以一个系统随着变量 s 而变化的特性可以完全由它的极点和零点来表示。把系统函数的极点和零点标绘在 s 平面中,就成为极点零点分布图,简称零极点图。零极点图也和前述频率特性和复轨迹一样,能够用以表示系统的特性。

一般在实际应用中,$H(s)$是一个实系数的有理分式,其零极点要么是实数,要么是共轭复数。所以,零极点可位于 s 平面的实轴上,或者成对地位于与实轴对称的位置上 。

例如,图 6-1 所示电路的阻抗函数为

$$Z(s)=\frac{1}{\frac{1}{R}+\frac{1}{Ls}+Cs}=\frac{1}{C}\cdot\frac{s}{(s-p_1)(s-p_2)} \tag{6-12}$$

这里,$H_0=\frac{1}{C}$,系统函数的零点是 $z=0$,极点在 $a<\omega_0$ 时是成共轭对的复数,即

$$p_{1,2}=-a\pm \mathrm{j}\sqrt{\omega_0^2-a^2} \tag{6-13}$$

其中 $a=\frac{1}{2RC},\omega_0=\frac{1}{LC}$。图 6-4(a)表示这些极点和零点的分布,其中用小叉(×)表示极点,用小圈(○)表示零点。在极点处,阻抗模量$|Z|$为无穷大;在零点处,$|Z|$为零。阻抗模量$|Z|$ 是 s 的函数,也同时是 σ 和 ω 两个变量的函数,所以可以在三维空间中把它表示为随 σ 和 ω 变化的

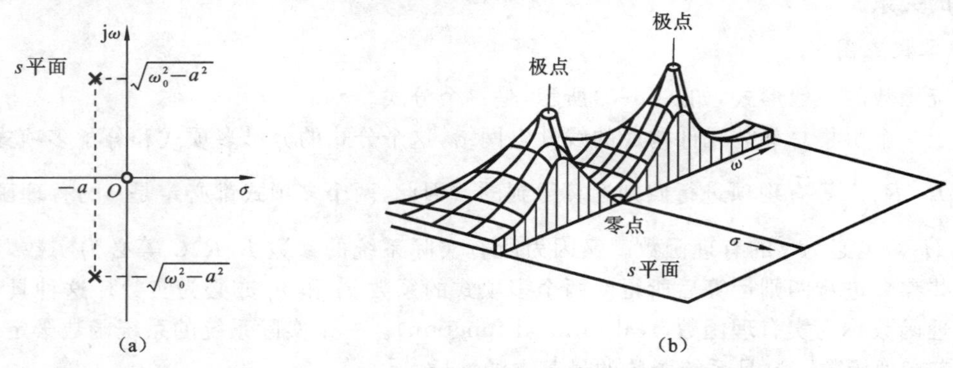

图 6-4　图 6-1 所示电路阻抗函数的极点和零点分布

(a) 零极点图;(b) s 平面之上的$|Z|$曲面

曲面，如图 6-4 (b)所示。这里可以看出在极点处 $|Z|\to\infty$ 和在零点处 $|Z|\to 0$，以及在极点、零点附近 $|Z|$ 的变化情况，由此，我们对极点和零点的意义可以有比较形象的了解。

例 6-2 已知系统函数的零点和极点分布如图 6-5 所示，已知 $h(0^+)=1$，若激励 $f(t)=\varepsilon(t)$，求系统的零状态响应 $y(t)$。

解 由零极点图知系统函数为

$$H(s)=H_0\frac{(s+\mathrm{j}2)(s-\mathrm{j}2)}{s(s+\mathrm{j}4)(s-\mathrm{j}4)}=H_0\frac{s^2+4}{s(s^2+16)}$$

又由 $h(0^+)=\lim\limits_{t\to 0}h(t)=\lim\limits_{s\to\infty}sH(s)=1$，可得 $H_0=1$，故

$$H(s)=\frac{s^2+4}{s(s^2+16)}$$

又因为 $E(s)=\mathscr{L}[\varepsilon(t)]=\frac{1}{s}$，则

$$Y(s)=H(s)F(s)=\frac{s^2+4}{s^2(s^2+16)}=\frac{\frac{1}{4}}{s^2}+\frac{3}{16}\cdot\frac{4}{s^2+16}$$

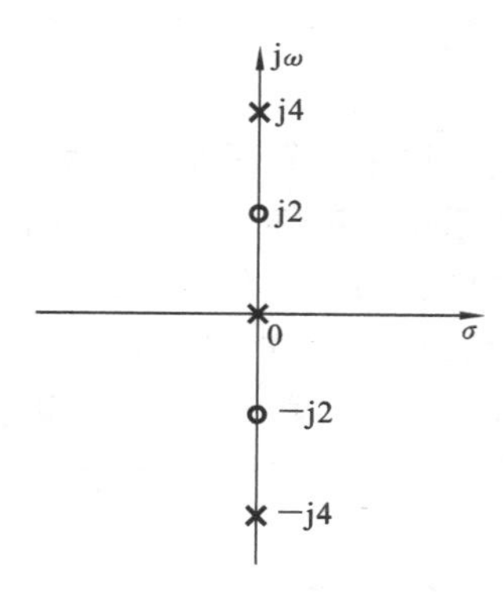

图 6-5　例 6-2 系统的零极点图

所以系统的零状态响应为

$$y(t)=\left(\frac{1}{4}t+\frac{3}{16}\sin 4t\right)\varepsilon(t)$$

4. 波特图

频率特性曲线是实际中应用最多的系统特性的表示形式，但从系统函数(特别是复杂的函数)中，要得到频率特性就十分费事。如将式(6-11)取对数，并且应用对数尺度来作出频率特性，则可化乘除运算为加减运算，从而减轻运算工作量。这种以系统函数模量的对数值和相位大小，相对于对数尺度频率所作出的频率特性曲线就称为波特图。

系统函数 $H(\mathrm{j}\omega)$ 可以分写成其模量和相位的形式，即

$$H(\mathrm{j}\omega)=|H(\mathrm{j}\omega)|\mathrm{e}^{\mathrm{j}\varphi(\omega)}\tag{6-14}$$

对该式两边取对数，则有

$$\ln H(\mathrm{j}\omega)=\ln|H(\mathrm{j}\omega)|+\mathrm{j}\varphi(\omega)=G(\omega)+\mathrm{j}\varphi(\omega)\tag{6-15}$$

其中 $G(\omega)=\ln|H(\mathrm{j}\omega)|$ 称为对数增益(logarithmic gain)，简称增益，单位为奈培(Neper)，记以符号 Np。$\varphi(\omega)$ 为相位，单位为弧度或度。增益更常用的单位是分贝(deci-Bel)，记以符号 dB。以分贝为增益的单位时，增益取模量的常用对数还要乘以 20，而不取自然对数，即

$$G(\omega)=20\ln|H(\mathrm{j}\omega)|\ \mathrm{dB}\tag{6-16}$$

奈培和分贝的换算关系为

$$1\ \mathrm{Np}=8.686\ \mathrm{dB}\tag{6-17}$$

这个关系，读者可以利用自然对数和常用对数的换算自行推得。

现在，把式(6-16)代入系统的频率特性函数的幅度中，就可得到系统函数对数增益的一般表示式为

$$G(\omega)=20\ln H_0+20\sum_{i=1}^{m}\log|\mathrm{j}\omega-z_i|-20\sum_{k=1}^{n}\log|\mathrm{j}\omega-p_k|\tag{6-18}$$

至于相位则为

$$\varphi(\omega)=\sum_{i=1}^{m}\beta_i-\sum_{k=1}^{n}\alpha_k \tag{6-19}$$

其中 β_i 和 α_k 分别为零点因式 $\mathrm{j}\omega-z_i$ 和极点因式 $\mathrm{j}\omega-p_k$ 的相角。

式(6-18)是以对数增益表示的频率特性，在作特性曲线时，也常常把频率坐标采用对数尺度，即以 $\log\omega$ 代替 ω 作为坐标横轴。

以上介绍了系统函数的几种图示方法，这些表示法往往比单用一个函数式更能直观地表明系统的特性。因为这几种表示法都来源于同一系统函数，所以它们之间必然存在着相互转换的关系。例如，从模频率特性和相频率特性上，取一个频率可以得到一对相应的幅度和相角值，取若干个频率就可以得到若干对这样的值，由此便可作出复轨迹。又如，在第 6.4 节中将要讨论，从零极点图也可以作出频率特性曲线。此外，在滤波器综合理论中，常常要根据所给的网络函数模频率特性去求出函数的极点、零点，从而求得该网络函数。

6.3　系统函数极点和零点的分布与系统时域特性的关系

上一节中已经指出，系统函数是个具有实系数的复变量 s 的有理函数，即实有理函数，所以它的极点和零点或者是实数位于实轴上，或者是成共轭对的复数位于与实轴对称的位置上。也就是说，系统函数的极点和零点的分布必定对实轴呈镜像对称。图 6-6 表示的是这种分布的一个典型例子。

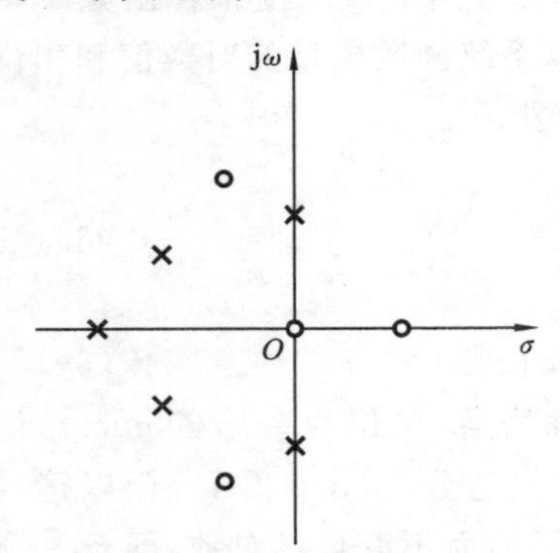

图 6-6　极点和零点典型的分布图

由式(6-5)或式(6-10)可以看出，系统函数一般有 n 个有限的极点和 m 个有限的零点。如果 $n>m$，则当 s 为无穷大时，函数值 $\lim\limits_{s\to\infty}H(s)=\lim\limits_{s\to\infty}\dfrac{b_m s^m}{a_n s^n}$ 为零，所以 $H(s)$ 在无穷大处有一个 $n-m$ 阶的零点；如果 $n<m$，则当 s 为无穷大时，函数值 $\lim\limits_{s\to\infty}H(s)=\lim\limits_{s\to\infty}\dfrac{b_m s^m}{a_n s^n}$ 亦为无穷大，所以 $H(s)$ 在无穷大处有一个 $m-n$ 阶的极点。根据函数分子和分母幂次的高低，可以有若干零点在无穷大处，或者有若干极点在无穷大处，即从广义上来说，系统函数极点和零点的数目应该相等。

以上关于极点、零点的分布规律，是从系统函数为实有理函数得出的。只要系统是集总参数的和线性时不变的，它的各个系统函数都符合这规律。如果对系统再加以某种条件限制，则极点、零点的分布也将有相应的进一步的限制。现在来考虑稳定系统的情况。

所谓系统的稳定性(stability)是指一种特性，即当激励是有限时，系统的响应亦是有限的而不可能随时间无限增长。对于一个无独立激励源的系统，如果因为外部或内部的原因，其中存在某种随时间变化的电流或电压，则此电流、电压值终将趋向于零值。无源系统必定是稳定的，否则就不符合能量守恒。如果一个系统函数表明了系统中存在随时间不断增长的电流、电压，那么这个函数就不能用无源系统来加以实现。振荡器的起振过程属于不稳定的状态，因此这种系统必须是自源的。

现在通过讨论系统函数零极点的分布与系统时域特性的关系，来讨论系统稳定性对系统极点分布的要求。从第 5.7 节分析可知，系统函数是系统单位冲激响应 $h(t)$ 的拉普拉斯变换式，$h(t)$ 则为 $H(s)$ 的拉普拉斯逆变换式，即

$$h(t) \leftrightarrow H(s)$$

如设式(6-5)分子多项式 $N(s)$ 中 s 的最高幂次 m 小于分母多项式 $D(s)$ 的最高幂次 n，且具有单阶极点 $p_1, p_2, \cdots, p_n$，则用第 5.5 节的方法将 $H(s)$ 分解为部分分式之和，并对每一部分分式求拉普拉斯逆变换，可得系统在时域中对单位冲激源的响应为

$$h(t) = \mathscr{L}^{-1}[H(s)] = \mathscr{L}^{-1}\left[\sum_{i=1}^{n} \frac{K_i}{s - p_i}\right] = \sum_{i=1}^{n} K_i e^{p_i t} \tag{6-20}$$

式中系数 $K_1, K_2, \cdots, K_n$ 用第 5.6 节的方法来决定。由式(6-20)可见，系统对单位冲激源的响应为一系列指数函数之和，每一指数函数对应于系统转移函数的一个极点，系统对单位冲激源的响应的模式仅由系统转移函数 $H(s)$ 的极点所决定。

从上一章的分析中可知，每一初始状态，无论是电容上的初始电压还是电感中的初始电流，都可看成是冲激电流源或冲激电压源。虽然这些等效源作用于不同的端口上，它们对应的系统转移函数是不同的。但根据网络分析理论可知，同一电网络的这些不同的转移函数在一般情况下具有相同的分母多项式 $D(s)$。因此可以用与激励源相对应的转移函数的分母多项式去代替其等效源对应的转移函数的分母多项式。这样每一初始状态引起的响应分量也应为具有式(6-14)的若干指数分量之和。将所有初始条件分别引起的响应叠加，则可得由于总的初始状态引起的响应分量，即零输入分量。显然零输入分量也应具有与式(6-20)所包含的指数分量相同的形式，即零输入响应分量应为

$$r_{zi}(t) = C_1 e^{\lambda_1 t} + C_2 e^{\lambda_2 t} + \cdots + C_n e^{\lambda_n t} = \sum_{k=1}^{n} C_k e^{\lambda_k t} \tag{6-21}$$

式中特征根 $\lambda_1, \lambda_2, \cdots, \lambda_n$ 即为系统转移函数 $H(s)$ 的极点。

$C_1, C_2, \cdots, C_n$ 为待定常数，由系统的初始状态决定。如给定初始状态为$\{r_{zi}(0), r'_{zi}(0), \cdots, r_{zi}^{(n-1)}(0)\}$，则有

$$\begin{cases} r(0) = C_1 + C_2 + \cdots + C_n \\ r'(0) = \lambda_1 C_1 + \lambda_2 C_2 + \cdots + \lambda_n C_n \\ r''(0) = \lambda_1^2 C_1 + \lambda_2^2 C_2 + \cdots + \lambda_n^2 C_n \\ \quad \vdots \\ r^{(n-1)}(0) = \lambda_1^{n-1} C_1 + \lambda_2^{n-1} C_2 + \cdots + \lambda_n^{n-1} C_n \end{cases}$$

由 n 个方程即可求得 n 个待定常数 C_k。

系统的零输入响应分量的模式仅取决于系统自身的特性，与外加激励无关，因此是系统的自然响应。自然响应 $r_n(t)$ 的模式也仅由 $H(s)$ 的极点所确定。由系统函数 $H(s)$ 的极点所确定的复数频率 $p_1, p_2, \cdots, p_n$，称为系统的自然频率(natural frequency)。自然频率可由令 $H(s)$ 的分母 $D(s)=0$ 后解方程得到。方程 $D(s)=0$ 通常称为系统的特征方程(characteristic equation)。自然频率也常称为特征根(characteristic root)。

在这里还需要顺便加以说明的是在某种特定的情况下，对应于激励源的系统函数可能有某对相同的零极点，即 $H(s)$ 的分母多项式 $D(s)$ 与分子多项式 $N(s)$ 有一相同的因式 $s-\lambda_k$。

假如此共同因子相消,则系统将失去一自然频率,零输入响应中则少一相应的指数项。因此以消去分子、分母共同因子后的系统函数的分母等于零来作为系统的特征方程是错误的。由于该方程的根只反映了系统的部分极点而不是系统极点的全貌,因此该方程也就不再是系统的特征方程了。

系统自然响应的模式,仅由系统函数的极点,亦即特征根所确定。其时间函数的模式,随极点在 s 平面上的位置及极点的阶数不同而有所不同,其对应关系在前面的表 5-2 中已有说明。

仍以图 6-1 所示电路为例,该电路阻抗函数的极点已求得,如式(6-13)所示,即

$$p_{1,2}=\sigma+\mathrm{j}\omega=-a\pm\mathrm{j}\sqrt{\omega_0^2-a^2}=-a\pm\mathrm{j}\omega_n$$

其中 $\omega_n=\sqrt{\omega_0^2-a^2}$ 为此电路的自由振荡频率,则电路的自然响应将具有如下形式:

$$r_n(t)=A\mathrm{e}^{-at}\cos(\omega_n t+\varphi)\varepsilon(t) \tag{6-22}$$

式中衰减系数 a 和振荡频率 ω_n 仅由电路参数决定,幅度 A 和相角 φ 取决于电路参数和初始条件。电路中的参数 R、L、C 都是正值,$\sigma=-a$ 即为一负值。显然,这个电路是一个稳定系统。σ 为负值的极点位于 s 平面的左半面内,如图 6-4(a)所示。若 σ 为正值,极点的位置将在 s 平面的右半面内,这代表一个增幅的自由振荡,其相应的系统也将是不稳定的。如果 $\omega_0<a$,原来的一对呈复共轭的极点变成两个实数值,这是非振荡的情况,相应地,系统的自然响应是按指数规律随时间作单调增减的函数。这样的系统是否稳定,同样取决于极点位置是在 s 平面的左半面还是在右半面内。

当系统函数有一个 r 阶的极点 $p=\sigma+\mathrm{j}\omega$ 时,此函数的分母中将有一个因子$(s-p)^r$。与此相应,根据第 5.6 节的知识,系统的自然响应中将含有$(A_r t^{r-1}+A_{r-1}t^{r-2}+\cdots+A_2 t+A_1)\mathrm{e}^{pt}\varepsilon(t)$共 r 项。其中,对 $A_r t^{r-1}\mathrm{e}^{pt}\varepsilon(t)=A_r t^{r-1}\mathrm{e}^{\sigma t}\mathrm{e}^{\mathrm{j}\omega t}\varepsilon(t)$而言,可以用洛必达法则证明:若 σ 为负,则 $t^{r-1}\mathrm{e}^{\sigma t}$ 将随 t 无限增大而趋于零;若 σ 为正,则 $t^{r-1}\mathrm{e}^{\sigma t}$ 将随 t 无限增大而趋于无穷大。这也同样说明了,这种情况下的系统是否稳定,也还要取决于极点位置是在 s 平面的左半面还是在右半面内。

当系统函数极点的实部 $\sigma_1=0$ 时,$p_{1,2}=\pm\mathrm{j}\omega_1$,这对极点位于虚轴上。如果这些极点是单阶的,则相应系统的自然响应是等幅的正弦振荡。这是属于稳定与不稳定之间的临界情况,由于对大多数有界激励而言响应是有限的,因此该系统仍然是属于稳定的,常称为临界稳定。实际的无源系统都是有损耗的,其中不存在等幅的自由振荡。但是低耗的无源系统接近这种理想情况,据此来研究系统时,较方便简单。如果位于虚轴上的极点是重阶的,则由前所述,自然响应中将含有 $A_r t^{r-1}\mathrm{e}^{\mathrm{j}\omega_1 t}$这种形式的项,也就是将出现 $A_r t^{r-1}\cos(\omega_1 t+\varphi)$这样的增幅自由振荡。例如,若系统函数为

$$H(s)=\frac{s}{(s^2+\omega_1^2)^2}$$

则由拉普拉斯逆变换得此系统的单位冲激响应是

$$h(t)=\mathscr{L}^{-1}\left[\frac{s}{(s^2+\omega_1^2)^2}\right]=\frac{t}{2\omega_1}\sin(\omega_1 t)\varepsilon(t)$$

图 6-7 所示为此函数的零极点图及相应的冲激响应。

系统的自然响应也是同样的形式,只是它的振幅和相位将根据不同的初始条件可有不同的值。这里自然响应的包络线是直线。若是虚轴上的极点阶数高于二阶,则此包络线将是 t 的高次曲线。由此可见,当系统函数在虚轴上有重阶极点时,系统是不稳定的。根据复变函数

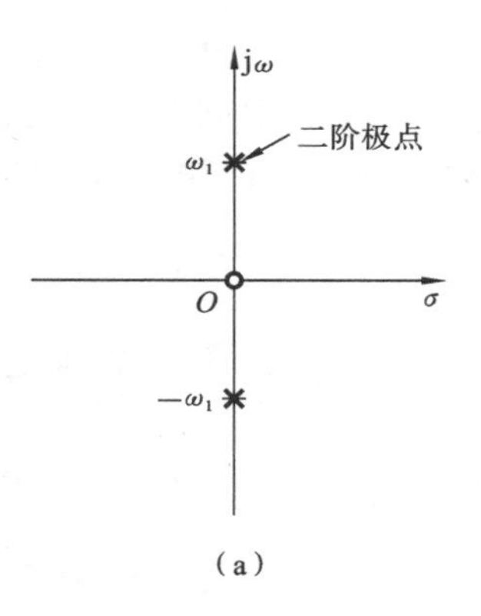

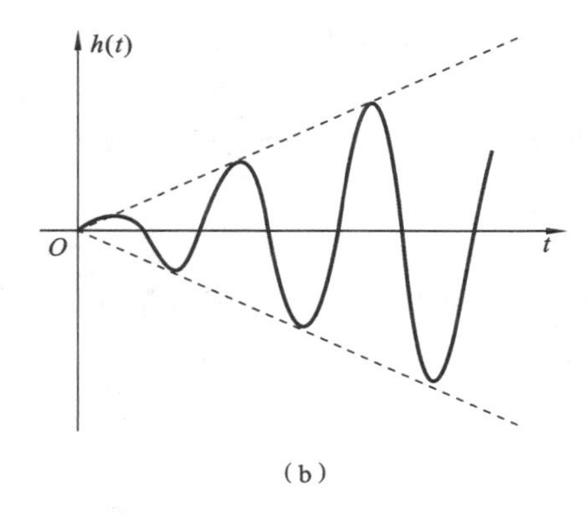

图 6-7 系统函数在虚轴上具有二阶极点及对应的冲激响应

(a) 虚轴上的二阶极点;(b) 增幅自由振荡

理论,$s=0$ 和 $s=\infty$这两点都是在虚轴上的,因此,对于一个稳定系统,在 $s=0$ 和 $s=\infty$处不允许有重阶极点。

综上所述,稳定系统的系统函数的极点不能在 s 平面的右半面内,如果在 jω 轴上(包括 $s=0$和 $s=\infty$)有极点,则只能是单阶的。这里还要顺便指出,如果系统函数分子多项式的幂次 m 高于分母多项式的幂次 n,则函数在无穷大处有 $m-n$ 阶极点,但稳定系统在无穷大处不能有重阶极点,所以对于这种系统,系统函数分子多项式的幂次超过分母多项式幂次的数不能大于1 。应该注意到,以上结论都是对实际的系统,即符合因果律的系统得到的。对于非因果系统的讨论留给读者去自行分析。

以上由系统的稳定性出发,得出了对于系统函数极点位置的限制,但对于零点并无这种限制,只要零点位置对实轴对称即可。零点对系统特性的影响将在下一节中讨论。在网络理论中,策动点阻抗函数和策动点导纳函数互为倒数,前者的极点和零点分别是后者的零点和极点,所以稳定系统策动点函数的零点和极点,都要受不能位于右半面以及如在虚轴上不能是重阶的规律的限制。上述极点、零点的分布规律适用于一般稳定系统的一切系统函数。对于不同的具体系统和不同的具体系统函数,还可有其他的极点、零点分布规律,这将在相关的专业领域中去讨论。

6.4 系统函数极点和零点的分布与系统频率特性的关系

上一节着重讨论了系统函数的极点决定系统自然响应模式的问题,对于零点的作用,没有多作说明。事实上,对于响应中各个频率分量的幅度和相位,零点和极点是同样有影响的,这种影响可从系统函数的极点和零点与系统幅频特性和相频特性的关系看出。

利用矢量的概念计算系统函数有助于说明极点、零点和频率特性的关系,同时也可以较方便地作出粗略的频率特性,所以现在先来研究这种计算法。系统函数的一般式可以写为

$$H(s)=\frac{N(s)}{D(s)}=H_0\,\frac{(s-z_1)(s-z_2)\cdots(s-z_m)}{(s-p_1)(s-p_2)\cdots(s-p_n)}=H_0\,\frac{\prod\limits_{i=1}^{m}(s-z_i)}{\prod\limits_{j=1}^{n}(s-p_j)} \tag{6-23}$$

式中,z、s、p 一般均为复数且可用矢量来表示,于是分子和分母中每一因式也可以用矢量来表示。例如有因式 $s-p$,把复数 s 和 p 分别以矢量表示在 s 平面中,则因式 $s-p$ 是上述两矢量之差,它是从 p 点到 s 点的一个矢量,如图 6-8(a)所示。若把该矢量记作极坐标的形式,可以写成

$$s-p=A\mathrm{e}^{\mathrm{j}\alpha} \tag{6-24}$$

其中 $A=|s-p|$ 为该矢量的模,α 为矢量与实轴间的夹角。当复变数 s 位于虚轴上时,情况完全相似,因式的矢量如图 6-8(b)所示。

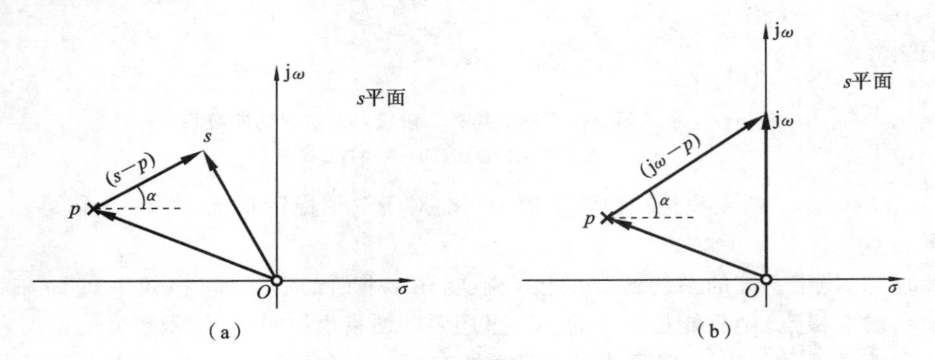

图 6-8　用矢量来表示因式 $s-p$ 和 $\mathrm{j}\omega-p$

(a) $s-p$　(b) $\mathrm{j}\omega-p$

令 $s=\mathrm{j}\omega$,式(6-23)变成系统的频率特性为

$$H(\mathrm{j}\omega)=H(s)\big|_{s=\mathrm{j}\omega}=H_0\frac{(\mathrm{j}\omega-z_1)(\mathrm{j}\omega-z_2)\cdots(\mathrm{j}\omega-z_m)}{(\mathrm{j}\omega-p_1)(\mathrm{j}\omega-p_2)\cdots(\mathrm{j}\omega-p_n)} \tag{6-25}$$

利用式(6-24)的标记形式,把分母因式记为 $A\mathrm{e}^{\mathrm{j}\alpha}$,称为极点矢量,把分子因式记为 $B\mathrm{e}^{\mathrm{j}\beta}$,称为零点矢量,式(6-25)即成为

$$\begin{aligned}H(s)&=H_0\frac{B_1B_2\cdots B_m}{A_1A_2\cdots A_n}\mathrm{e}^{\mathrm{j}(\beta_1+\beta_2+\cdots+\beta_m-\alpha_1-\alpha_2-\cdots-\alpha_n)}\\&=H_0\frac{\prod\limits_{i=1}^{m}B_i}{\prod\limits_{k=1}^{n}A_k}\mathrm{e}^{\mathrm{j}(\sum\limits_{i=1}^{m}\beta_i-\sum\limits_{k=1}^{n}\alpha_k)}=|H(\mathrm{j}\omega)|\,\mathrm{e}^{\mathrm{j}\varphi(\omega)}\end{aligned} \tag{6-26}$$

其中

$$\left.\begin{aligned}|H(\mathrm{j}\omega)|&=H_0\frac{\prod\limits_{i=1}^{m}B_i}{\prod\limits_{k=1}^{n}A_k}\\\varphi(\omega)&=\sum_{i=1}^{m}\beta_i-\sum_{k=1}^{n}\alpha_k\end{aligned}\right\} \tag{6-27}$$

分别为模量频率特性和相位频率特性的表示式。可见,模频特性等于零点矢量模的乘积除以极点矢量模的乘积,再乘以 H_0 的系数。相频特性则等于零点矢量的相角和减去极点矢量的相角和。对于某一个 $\mathrm{j}\omega$ 的值,应用图 6-8 所示的作图法绘出式(6-25)各因式的矢量,各矢量长 A_k 和 B_i 以及矢量的角度 α_k 和 β_i 均可以量得,然后由式(6-27)即可算出在该频率时,系统

函数的模量和相位。指定一系列频率的值，就可算出一系列模量和相位的值，从而分别得到模频特性和相频特性的曲线。

现在，仍用图 6-1 所示并联电路为例来作说明。但这里只作定性解释，读者可自行设定电路参数并用式(6-21)来作计算。此电路阻抗函数的零极点图如图 6-4(a)所示。由式(6-12)及式(6-25)可知，该电路阻抗函数中的比例因子为 $H_0=\dfrac{1}{C}$，函数的模量和相位分别为

$$
\begin{cases}
|Z(\mathrm{j}\omega)|=H_0\dfrac{B}{A_1A_2}\\
\varphi(\omega)=\beta-(\alpha_1+\alpha_2)=90^\circ-(\alpha_1+\alpha_2)
\end{cases}
$$

式中 A、B、α、β 等值的意义如上述，频率不同，A、B、α 的值亦随之而异。但因零点在原点，分子因式 $\mathrm{j}\omega-z=\mathrm{j}\omega=\omega\mathrm{e}^{\mathrm{j}90^\circ}$，故 β 不随频率变化而为 90°。图 6-9 所示为三种不同频率时各零点和极点到 $\mathrm{j}\omega$ 处的诸矢量。其中图 6-9(a)表示 $\omega=0$ 时的情况，这时 $B=0$，故 $|Z(\mathrm{j}\omega)|=0$；$\alpha_1+\alpha_2=0$，故 $\varphi(\omega)=90^\circ$。随着 ω 逐步增大，B 和 A_2 增大而 A_1 减小，总的效果是 $|Z(\mathrm{j}\omega)|$ 逐步增大；同时 $\alpha_1+\alpha_2$ 也逐渐增大，而 $\varphi(\omega)$ 则逐渐减小。等到 ω 增加到极点的虚数值 ω_n 附近，A_1 接近最小值，α_1 接近 0。如图 6-9(b)所示这种情况，其中 $\omega_1<\omega_n$。如果极点很靠近虚轴，则当 ω 从小于 ω_n 的值变到大于 ω_n 的值时，由于 A_1 的最小值很小，$|Z(\mathrm{j}\omega)|$ 就出现一个峰值；同时 α_1 很快由负角变为正角，$\varphi(\omega)$ 亦很快由正角变成负角。当 $\omega_1\geqslant\omega_n$，甚至比图 6-9(c)中所示 ω_2 大得多时，A_1、A_2、B 三值渐趋接近，$|Z(\mathrm{j}\omega)|$ 亦随 ω 不断增大而逐渐减小，最后渐趋于零；同时，α_1 和 α_2 亦均渐趋近于 90°，因而 $\varphi(\omega)$ 趋于 90°。把这个阻抗模量和相位随频率变化的过程绘制成曲线，就成为如图 6-2 所示的频率特性。这样，又回过来说明了系统函数的零极点图与频率特性曲线间的关系。

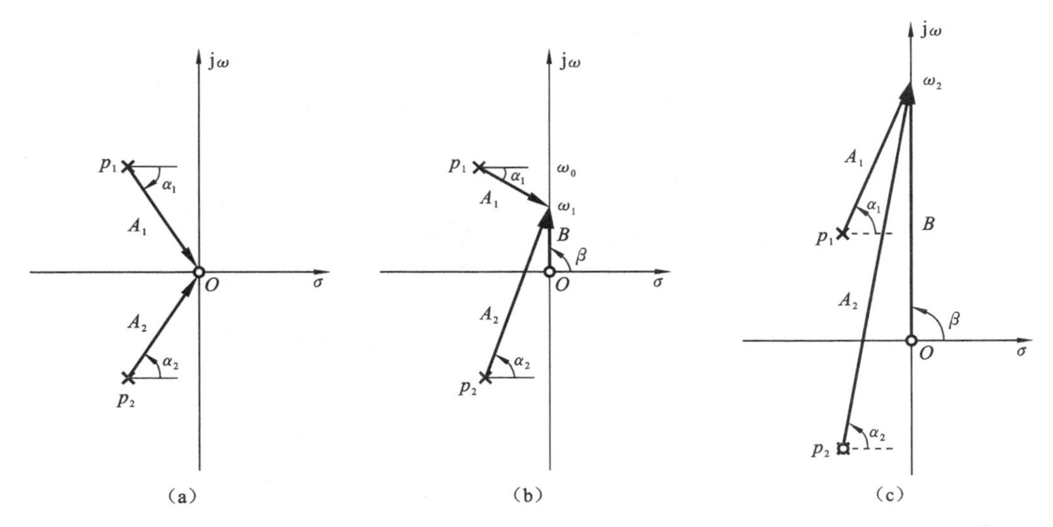

图 6-9 不同频率时系统函数的极点、零点计算幅度和相位

(a) $\omega=0$，在零点；(b) $\omega=\omega_1$，在极点附近；(c) $\omega=\omega_2$，频率较高

从上面的叙述中，读者可以注意到一个事实，就是当有一极点十分靠近虚轴时，在频率为极点的虚数值附近处，模量有一峰值，相位很快减小，两者均有剧烈变化。根据类似的道理，读者可以自行推知，当有零点十分靠近虚轴时，在频率为零点的虚数值附近处，模量有一谷值，相

位很快增大。靠近虚轴的极点和零点对频率特性的这种影响，如图 6-10 所示。事实上，这就是大家所熟悉的谐振特性。当全部极点和零点都位于虚轴上时，此系统就相当于纯电抗网络。这时，幅频特性中将有零值和无穷大值，相频特性中将有 180°的跃变。

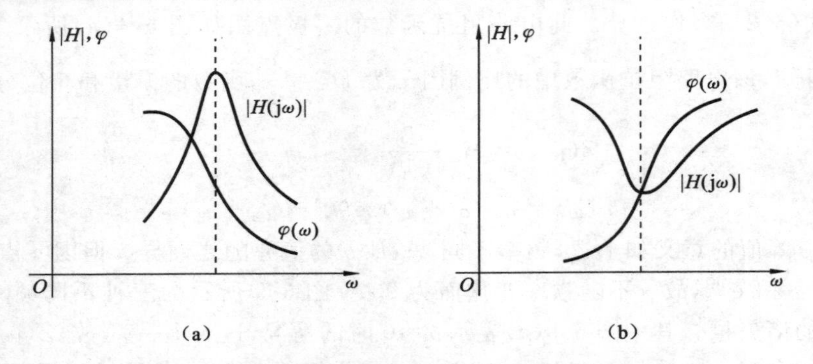

图 6-10　极点、零点靠近虚轴时对频率特性的影响

(a) 极点靠近虚轴的影响　(b) 零点靠近虚轴的影响

再来简单介绍网络理论中常见的几种转移函数。首先来看低通网络。例如，图 6-11 所示 RC 低通网络，其传输函数为

$$H(s)=\frac{\frac{1}{sC}}{R+\frac{1}{sC}}=\frac{\frac{1}{RC}}{s+\frac{1}{RC}}$$

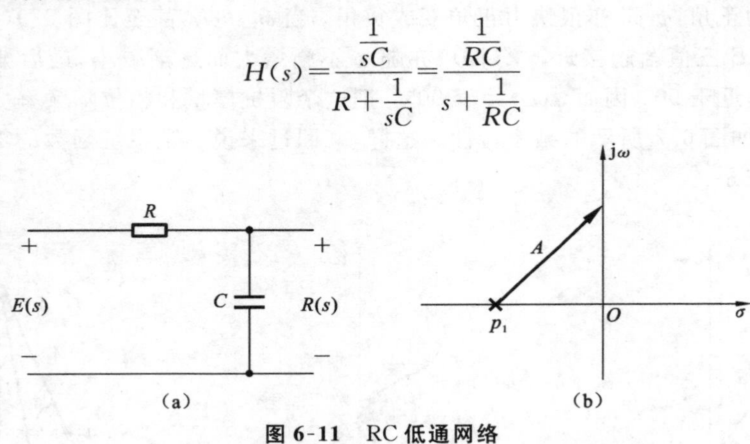

图 6-11　RC 低通网络

(a) RC 低通网络电路图；(b) RC 低通网络的零极点图

该网络只有 $p_1=-\frac{1}{RC}$ 一个极点，没有零点。将 s 用 $\mathrm{j}\omega$ 代替，则其频率特性为

$$H(\mathrm{j}\omega)=\frac{\frac{1}{RC}}{\mathrm{j}\omega+\frac{1}{RC}}$$

函数的模量和相位分别为

$$\begin{cases}|H(\mathrm{j}\omega)|=H_0\cdot\frac{1}{A}=\frac{1}{RC}\cdot\frac{1}{A}\\ \varphi(\omega)=-\alpha\end{cases}$$

把这个模量和相位随频率变化的过程绘制成曲线，就成为如图 6-12 所示的频率特性，其中，$\tau=RC$。

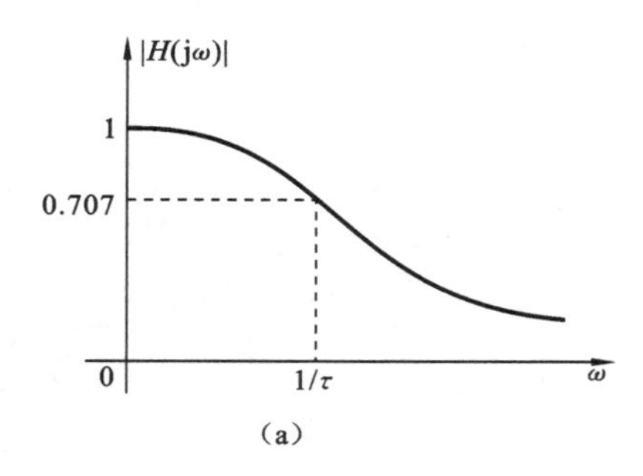

(a)

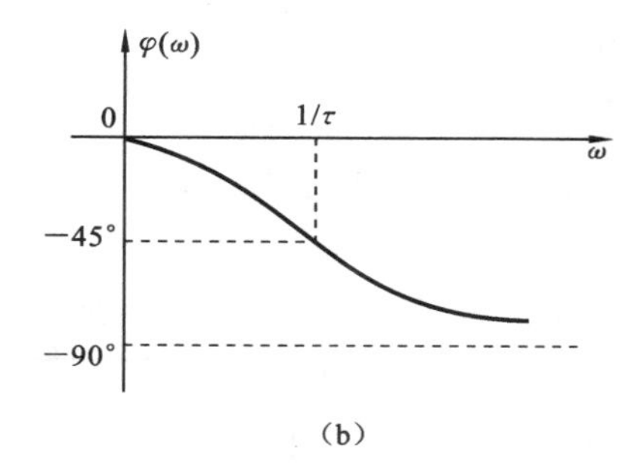

(b)

图 6-12 RC 低通网络的频率特性

(a) 幅频特性;(b) 相频特性

其次来看高通网络。如图 6-13 所示 RC 高通网络,其传输函数为

$$H(s)=\frac{R}{R+\frac{1}{sC}}=\frac{s}{s+\frac{1}{RC}}$$

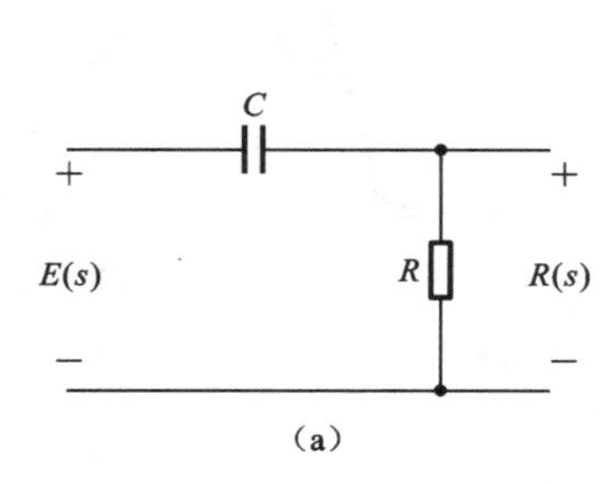

(a)

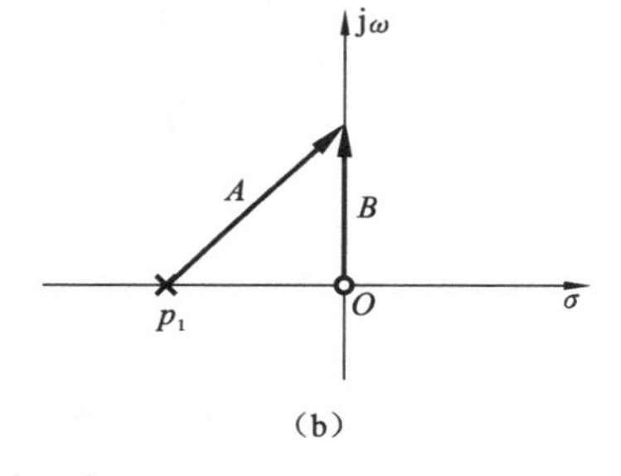

(b)

图 6-13 RC 高通网络

(a) RC 高通网络电路图;(b) RC 高通网络的零极点图

该网络只有 $p_1=-\frac{1}{RC}$一个极点和 $z_1=0$ 一个零点。将 s 用 $j\omega$ 代替,则其频率特性为

$$H(j\omega)=\frac{j\omega}{j\omega+\frac{1}{RC}}$$

函数的模量和相位分别为

$$\begin{cases}|H(j\omega)|=\dfrac{B}{A}\\ \varphi(\omega)=\beta-\alpha=90^\circ-\alpha\end{cases}$$

把这个模量和相位随频率变化的过程绘制成曲线,就成为如图 6-14 所示的频率特性。

例如,如图 6-15 所示 RLC 带通网络,其传输函数为

$$H(s)=\frac{R}{R+sL+\frac{1}{sC}}=\frac{\frac{R}{L}s}{s^2+\frac{R}{L}s+\frac{1}{LC}}=\frac{\frac{R}{L}s}{(s-p_1)(s-p_2)}$$

该网络有 $p_1=\dfrac{-\frac{R}{L}+j\sqrt{\left(\frac{R}{L}\right)^2-\left(\frac{1}{LC}\right)^2}}{2}=\dfrac{-R+j\sqrt{R^2-\left(\frac{1}{C}\right)^2}}{2L}$ 及 $p_2=\dfrac{-R-j\sqrt{R^2-\left(\frac{1}{C}\right)^2}}{2L}$

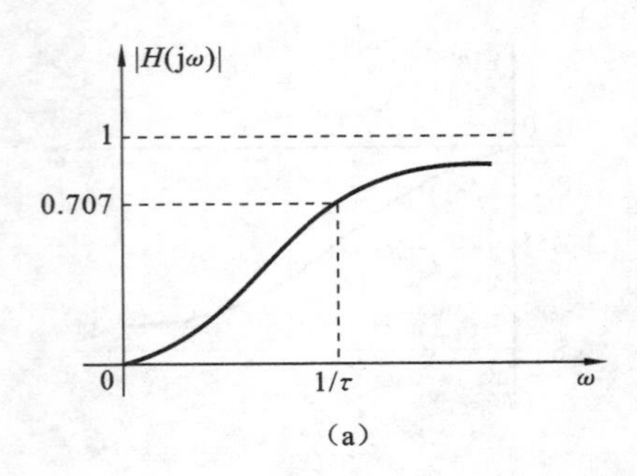

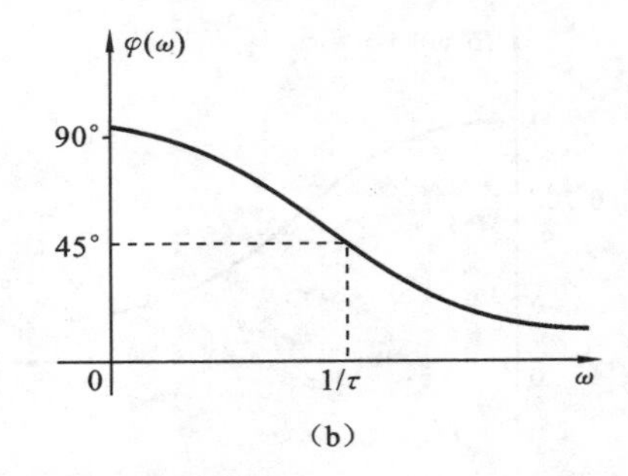

图 6-14 RC 高通网络的频率特性

(a) 幅频特性;(b) 相频特性

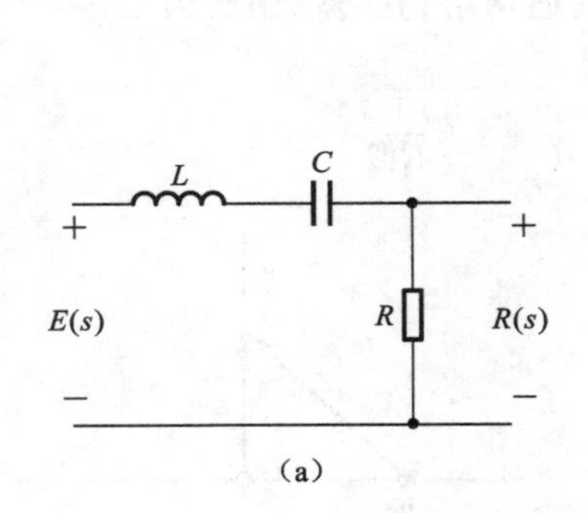

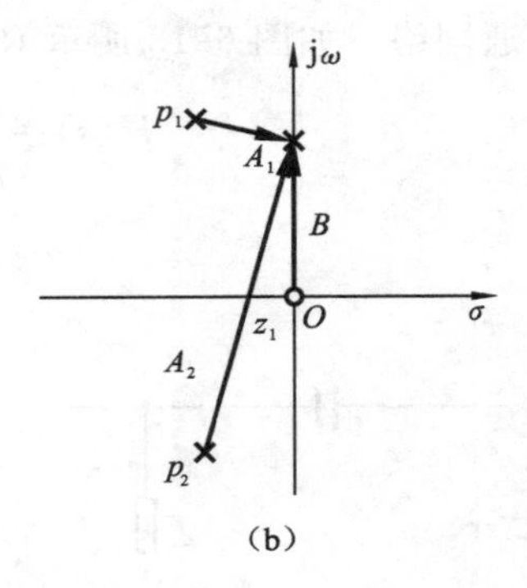

图 6-15 RLC 带通网络

(a) RLC 带通网络电路图;(b) RLC 带通网络的零极点图

两个极点,以及 $z_1=0$ 一个零点。将 s 用 $\mathrm{j}\omega$ 代替,则其频率特性为

$$H(\mathrm{j}\omega)=\frac{\frac{R}{L}\mathrm{j}\omega}{(\mathrm{j}\omega-p_1)(\mathrm{j}\omega-p_2)}$$

函数的模量和相位分别为

$$\begin{cases}|H(\mathrm{j}\omega)|=H_0\dfrac{B}{A_1A_2}=\dfrac{R}{L}\cdot\dfrac{B}{A_1A_2}\\ \varphi(\omega)=\beta-(\alpha_1+\alpha_2)=90°-(\alpha_1+\alpha_2)\end{cases}$$

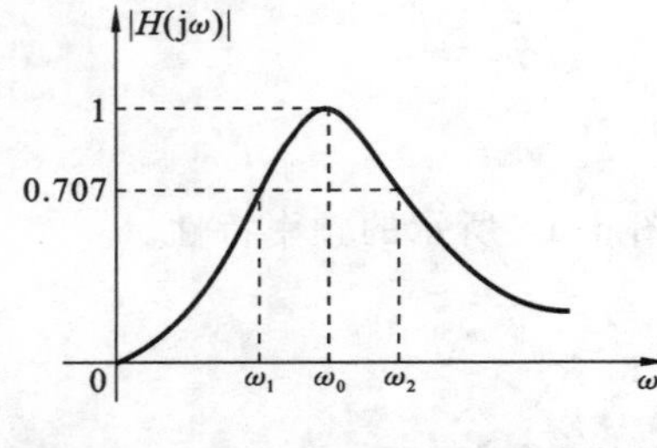

图 6-16 RLC 带通网络的频率特性

把这个模量和相位随频率变化的过程绘制成曲线,就成为如图 6-16 所示的频率特性。其中,$\omega_0=\dfrac{1}{\sqrt{LC}}$。

稳定系统的系统函数的极点不能在 s 平面的右半面,但零点可以在右半面。如果在右半面的零点和在左半面的极点分别对虚轴互呈镜像,这种网络函数称为全通函数(all-pass function)。如图 6-17 所示为全通函数的零极点图,其中极点和零点具有 $p_1=p_2^*=-z_2=-z_1^*$ 的关系。在这样的函数中,分子因式矢量的模量与相对应的分母因式矢量的模量分别相等,所以式(6-26)中各个 B 的乘积与各个 A 的乘积可以消去,结果函数模量等于不随频率变化的常量 H_0。因此,全通网络的幅频特性为常数,全部频率的正弦信号都能按同样的幅度传输系数通过，相频特性不受什么约束。因而，全通网络可以保证不影响待传送信号的幅度频谱特性，只改变信号的相位频谱特性，在传输系统中常用来进行相位校正(或时延校正)。

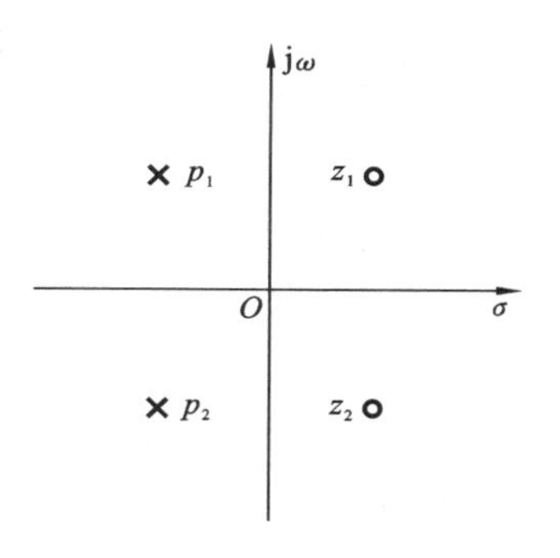

图 6-17 全通函数的零极点图

另一种转移函数是最小相移函数(minimum-phase function)。这种函数除了全部极点在 s 平面的左半面外，全部零点也在左半面，包括可以在 jω 轴上。反之，如果至少有一个零点在右半面内，则此函数称为非最小相移函数(non-minimum-phase function)。图 6-18 是简单的最小相移函数和非最小相移函数的零极点图。两系统的 s 平面零极点图的极点相同，两者的零点却以轴成镜像关系。可见，它们的幅频特性是相同的，但相频特性不同。

如果按式(6-27)计算两者的相位 $\varphi(\omega)=\beta-(\alpha_1+\alpha_2)$，就可看出在频率由 0 变到∞时，前者的相位由 0°变到－90°，后者的相位则由 180°逐步减小到 90°。在频率变化的过程中，最小相移网络的相移比与之幅频响应相同的各种非最小相移网络的相移都要小。这就是这种网络函数名称的由来。

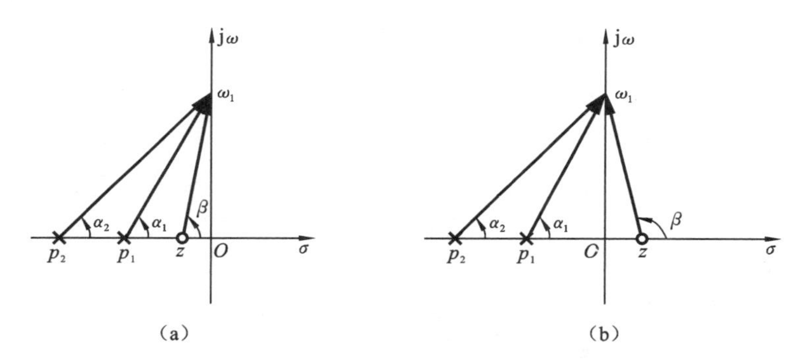

图 6-18 最小相移函数和非最小相移函数的零极点图

(a) 最小相移函数；(b) 非最小相移函数

6.5 系统的稳定性

关于系统稳定性的问题，在第 6.3 节中讨论极点、零点分布规律时曾经论及。无源系统总是稳定的。在控制和通信系统中，广泛地采用着有源的反馈系统(feedback system)，这种系统可能是不稳定的。不稳定的反馈系统不能有效地工作。所以，判别一个系统是否稳定，或者判别它在何种情况下将是稳定或不稳定，就成为设计者必须考虑的问题。本节将进一步讨论系统稳定的条件。但这里仅限于讨论线性时不变系统的稳定性，而不涉及非线性或时变系统。

1. 系统稳定及其条件

如果系统对于有限(有界)的激励(即存在常数 M_e，使得 $|e(t)|<M_e$，在任意 t 的条件下都成立)，有有限响应(即存在常数 M_r，使 $|r(t)|<M_r$，在任意 t 的条件下都成立)，则称该系统为稳定系统。简言之，在有限的激励下，有有限响应的系统为称为稳定系统。

系统稳定的充分必要条件是其冲激函数绝对可积，即

$$\int_{-\infty}^{+\infty}|h(t)|\mathrm{d}t<\infty \tag{6-28a}$$

对于因果系统，有

$$\int_{0}^{+\infty}|h(t)|\mathrm{d}t<\infty \tag{6-28b}$$

现在我们来证明它的充分性和必要性。假设$\int_{-\infty}^{+\infty}|h(t)|\mathrm{d}t<M_h$成立，对于有限激励信号$|e(t)|<M_e$，有

$$r(t)=e(t)*h(t)=\int_{-\infty}^{+\infty}h(\tau)e(t-\tau)\mathrm{d}\tau$$

则

$$\begin{aligned}|r(t)|&=\left|\int_{-\infty}^{+\infty}h(\tau)e(t-\tau)\mathrm{d}\tau\right|\leqslant\int_{-\infty}^{+\infty}|h(\tau)e(t-\tau)|\mathrm{d}\tau\\&=\int_{-\infty}^{+\infty}|h(\tau)|\cdot|e(t-\tau)|\mathrm{d}\tau\leqslant\int_{-\infty}^{+\infty}|h(\tau)|\cdot M_e\mathrm{d}\tau\\&=M_e\int_{-\infty}^{+\infty}|h(\tau)|\cdot\mathrm{d}\tau\leqslant M_eM_h\end{aligned}$$

其响应也有限。充分性得证。

必要性可以通过一个反例证明。假如$\int_{-\infty}^{+\infty}|h(t)|\mathrm{d}t=\infty$，构造一个有界的激励信号为

$$e(t)=\mathrm{sgn}[h(-t)]=\begin{cases}1, & h(-t)>0\\-1, & h(-t)<0\end{cases}$$

则在该激励下的响应为

$$r(t)=\int_{-\infty}^{+\infty}h(t-\tau)e(\tau)\mathrm{d}\tau$$

而

$$r(0)=\int_{-\infty}^{+\infty}h(-\tau)e(\tau)\mathrm{d}\tau=\int_{-\infty}^{+\infty}|h(-\tau)|\mathrm{d}\tau=\int_{-\infty}^{+\infty}|h(\tau)|\mathrm{d}\tau=+\infty$$

因$r(t)$无界，所以该系统不稳定，必要性得证。

为了符合绝对可积条件，在t无限增大时，冲激响应应趋于零，即

$$\lim_{t\to\infty}h(t)=0$$

在t未趋于无限大的一般情况下，冲激响应$h(t)$中，除了在$t=0$处可能有孤立的冲激函数外，其他都应是有限的，即

$$|h(t)|<M,\quad 0<t<\infty$$

其中M是有限的正实数。当系统符合上面各种表述的条件时，称它是渐近稳定(asymptotically stable)的。

$h(t)$的绝对可积条件要求稳定系统的$H(s)$的极点只能分布在s平面的左半面(即各个极点的实部应该小于零)。如果极点出现在右半面，说明有实部大于零的特征根，相应的冲激响应中的分量随时间的增长趋向无穷，$h(t)$无法满足绝对可积条件。

如果系统在虚轴上有一阶极点(如纯LC网络)，其冲激响应中存在无阻尼正弦函数，不满

足稳定性判决条件。这样的系统是否稳定？如果这时激励信号中同样在虚轴上相同位置恰好有一阶极点，这时虽然激励有限，但响应中出现了重极点，$r(t)$为随时间增大的振荡 $t\cos(\omega_0 t+\varphi_0)$，系统应该不满足稳定的定义。但是，这种激励的极点与系统极点恰好重合的可能性是很小的，在除此以外其他所有有限的激励作用下，其响应都是有限的，对比极点出现在虚轴右半面时，无论何种激励都会引发无限响应，所以也常把它看成是稳定的。这种系统称为临界稳定或边界稳定(marginally stable)。这种系统是常见的低耗无源系统的近似，包含临界稳定在内的稳定系统在 jω 轴上可以有一阶极点。临界稳定系统在实际工作中不能确保稳定，系统参数略有变化就可能导致不稳定，而且不能保证在任何激励下都稳定。所以也有人直接将临界稳定系统划归于不稳定系统之列。

综上所述，稳定系统的系统函数的极点不能在 s 平面的右半面内，如果在 jω 轴上(包括 $s=0$和 $s=\infty$)有极点，则只能是单阶的。右半面的极点表示存在着随时间无限增大的响应；左半面内的极点相当于渐近稳定；而在 jω 轴上的单阶极点相当于临界稳定。

2. 罗斯-霍维茨(Routh-Hurwitz)判据

渐近稳定系统的系统函数的极点或者系统特征方程的根，必须全部具有负的实部(即极点全在左半面内)。但是一般情况下，极点或 $h(t)$很难得到。所以希望能有在不求出极点或$h(t)$的条件下，直接判断的简单方法。

系统不论有无反馈，其特征方程都可写成

$$D(s)=a_n s^n+a_{n-1}s^{n-1}+\cdots+a_1 s+a_0=0 \tag{6-29}$$

的形式。在方程的阶数 n 较大的情况下，通过解方程得到各个极点的具体值很困难。要判别这个方程有没有正实部的根，并不需要费力地把方程解出来，而是只要根据方程的根与系数间的关系，考察系数的一些特点。设特征方程的根为 $p_1,p_2,\cdots,p_n$，则式(6-29)可写为

$$\begin{aligned}a_n(s-p_1)(s-p_2)\cdots(s-p_n)=&a_n s^n-a_n(p_1+p_2+\cdots+p_n)s^{n-1}+a_n(p_1p_2+p_2p_3+\cdots)s^{n-2}\\&-a_n(p_1p_2p_3+p_2p_3p_4+\cdots)s^{n-3}+\cdots+a_n(-1)^n(p_1p_2p_3\cdots p_n)=0\end{aligned} \tag{6-30}$$

令此式的各系数与式(6-29)各对应项的系数相等，并考虑 $a_n\neq0$，可得

$$\frac{a_{n-1}}{a_n}=-[\text{各根之和}]$$

$$\frac{a_{n-2}}{a_n}=[\text{所有根每次取二根相乘后各乘积之和}]$$

$$\frac{a_{n-3}}{a_n}=-[\text{所有根每次取三根相乘后各乘积之和}]$$

$$\vdots$$

$$\frac{a_0}{a_n}=(-1)^n[\text{所有根相乘之积}]$$

这些式子，读者不难自行证明，如果所有各根的实况都是负的，则方程的所有系数均应同符号，而且不为零。而当别的系数均不为零时，表示有一个零根，系统属临界稳定。如果全部偶次幂项系数为零或全部奇次幂项系数为零，这是所有各根的实况均为零即系统函数的所有极点都在虚轴上的必要条件(例如纯电抗网络就属于这种情况)，如所有极点都是单阶的，这种系统也是临界稳定的。除了这些少数特殊情况外，通常，只要发现系统的特征方程最高次项系

数为正,而其余项中有负系数或者有缺项,就可断定它有正实部的根,因而系统不稳定。但要注意,特征方程的全部系数为正(或全部为负)且无缺项,这仅是系统稳定的必要条件,而非充分条件。就是说,不满足这个条件的系统是不稳定的;反过来,满足了这个条件的系统却不能保证是稳定的。例如,方程

$$2s^3+s^2+s+6=0 \tag{6-31}$$

符合上述条件,但此方程的三个根为$-\frac{2}{3}$、$\frac{1}{2}\pm \mathrm{j}\frac{\sqrt{7}}{2}$,其中有一对根实部为正。所以对于这样的方程,还要用别的办法来判别它是否具有实部为正的根。罗斯-霍维茨判据(Routh-Hurwitz criterions)就是一种常用的方法。这里对判据只作陈述而不作证明。

设系统的特征方程如式(6-29)所示。首先,把该式的所有系数按奇偶顺序排成两行,即

$$\begin{matrix} a_n & & a_{n-2} & & a_{n-4} & & a_{n-6} & \\ \downarrow & \cdot^{\cdot^{\cdot}} & \downarrow & \cdot^{\cdot^{\cdot}} & \downarrow & \cdot^{\cdot^{\cdot}} & \downarrow & \cdot^{\cdot^{\cdot}} \left(\begin{matrix}\text{依此类推}\\ \text{排到 } a_0 \text{ 为止}\end{matrix}\right) \\ a_{n-1} & & a_{n-3} & & a_{n-5} & & a_{n-7} & \end{matrix} \tag{6-32}$$

然后,以这两行为基础计算下面各行,从而构成如下阵列,称为罗斯-霍维茨阵列(Routh-Hurwitz array)。

A_n	B_n	C_n	D_n	$\cdots$
A_{n-1}	B_{n-1}	C_{n-1}	D_{n-1}	$\cdots$
A_{n-2}	B_{n-2}	C_{n-2}	$\cdots$	
A_{n-3}	B_{n-3}	C_{n-3}	$\cdots$	
$\vdots$	$\vdots$	$\vdots$		$\vdots$
A_2	B_2	0		
A_1	0	0		
A_0	0	0		

在该阵列中,头两行就是前面第一步特征方程的系数所排成的两行,即

$$A_n=a_n,\quad A_{n-1}=a_{n-1},\quad B_n=a_{n-2},\quad B_{n-1}=a_{n-3},\quad C_n=a_{n-4}\cdots$$

下面各行按如下公式计算:

$$A_{i-1}=\frac{A_iB_{i+1}-A_{i+1}B_i}{A_i},\quad B_{i-1}=\frac{A_iC_{i+1}-A_{i+1}C_i}{A_i},\quad C_{i-1}=\frac{A_iD_{i+1}-A_{i+1}D_i}{A_i},\cdots \tag{6-33}$$

这样构成的阵列共有 $n+1$ 行,且最后两行都只有一个非零元素。阵列中的第一列 $A_n,A_{n-1},A_{n-2},A_{n-3},\cdots,A_1,A_0$ 构成的数列称为罗斯-霍维茨数列(Routh-Hurwitz series)。最后,就是由此数列,根据罗斯-霍维茨定理来决定方程是否有实部为正的根,从而判别系统是否稳定。

罗斯-霍维茨定理:在罗斯-霍维茨数列中,顺次计算的符号变化的次数等于方程所具有的实部为正根的数量。由此定理就可得出系统稳定性的判据如下:用系统特性方程的系数并经计算而构成的罗斯-霍维茨数列中,若无符号变化,则系统是稳定的,反之,若有符号变化,则系统不稳定。

现在举例来说明上述判据的应用。

例 6-3 试判别特征方程为式(6-31)所示的系统是否稳定。

解 该系统的特征方程为

$$2s^3+s^2+s+6=0$$

按式(6-32)排列该式系数，并按式(6-33)计算罗斯-霍维茨阵列如下：

2	12
1	6
−11	0
6	0

其中 $A_1=\dfrac{1\times1-2\times6}{1}=-11$

$A_2=\dfrac{-11\times6-1\times0}{-11}=6$

由此得罗斯-霍维茨数列为 2,1,−11,6。该数列在 1 到−11 以及−11 到 6 两次变换符号，故知以上方程有两个根的实部为正。由此可判定与此特征方程对应的系统不稳定。

如果在计算中出现了某一行第一项系数为零，即 $A_i=0$ 的情况，则下面各行的所有元素俱以 A_i 为分母将无法再计算下去。遇到这种情况，可以将原来的 $D(s)$ 乘以 $s+1$，再重新计算。一般这时不会再出现首项为零的情况。这种方法实际上是在原系统上增加了一个 $s=-1$ 的极点，因为这个极点位于 s 平面的左半面，对判定系统是否稳定不产生影响。另外一种处理方法是将 0 用一个正无穷小量 ε 代替，继续计算，然后令 $\varepsilon\to0$，加以判定。

例 6-4 已知系统的特征方程为 $s^3-3s+2=0$，试判别该系统是否稳定。

解 计算罗斯-霍维茨阵列，为清楚计算，陈列左方标注该行首项的 s 幂次，有

s^3	1	−3	
s^2	(0	3)	此行首项为零，用 ε 代替
	ε	2	
s^1	$-3-\dfrac{2}{\varepsilon}$	0	
s^0	2	0	

因为当 $\varepsilon\to0$ 时，$-3-\dfrac{2}{\varepsilon}$ 为负值，罗斯-霍维茨数列变号两次，该系统有两个正实部根，所以该系统不稳定。

在计算罗斯-霍维茨阵列时，如遇到连续两行数字相等或成比例，则下一行元素将全部为零，阵列也无法排下去。这种情况说明系统函数在虚轴上可能有极点。对此情况可作如下处理：由全零行前一行的元素组成一个辅助多项式，用此多项式的导数的系数来代替全零行，则可继续排出罗斯-霍维茨阵列。因为这时辅助多项式必为原系统特征多项式的一个因式，令它等于零，所求得的根必是原系统函数的极点，这时的判据，除要审查罗斯-霍维茨数列看其是否变号外，还要审查虚轴上极点的阶数。罗斯-霍维茨数列如变号，则系统不稳定；而在罗斯-霍维茨数列不变号的情况下，如虚轴上的极点均为单极点，则系统临界稳定，如虚轴上有重极点，则系统不稳定。

例 6-5 已知系统的特征方程为 $s^4+3s^3+4s^2+6s+4=0$，试判别该系统是否稳定。

解 构建罗斯-霍维茨阵列如下：

s^4	1	4	4	
s^3	3	6	0	
s^2	2	4		
s^1	0	0		此时出现全零行，有辅助多项式 $Q(s)=2s^2+4$
	4	0		求导可得 $Q'(s)=4s$，以 4、0 代替全零行系数
s^0	4	0		

由罗斯-霍维茨数列可见，元素符号并不改变，说明 s 平面的右半面无极点。再由

$$Q(s)=2s^2+4$$

可解得

$$s_{1,2}=\sqrt{-2}=\pm\mathrm{j}\sqrt{2}$$

这说明该系统的系统函数在虚轴上有两个单极点，系统为临界稳定。

利用罗斯-霍维茨准则，不仅可以判定系统的稳定性，还可以有助于稳定系统设计。

例 6-6 已知系统的特征方程为 $D(s)=s^3+5s^2+4s+K$，求使系统稳定的 K 值范围。

解 构建罗斯-霍维茨阵列如下：

s^3	1	5	0
s^2	4	K	
s^1	$\frac{20-K}{4}$	0	
s^0	K	0	

要使系统稳定，则罗斯-霍维茨数列不变号，即要求

$$\frac{20-K}{4}>0 \quad 且 \quad K>0$$

所以使系统稳定的 K 值范围为 $0<K<20$。

6.6 反馈系统的稳定性

反馈系统(feedback system)指系统的输出或部分输出反过来馈送到输入端，从而引起输出变化的系统。一种简化了的反馈系统的框图如图 6-19 所示。作为一个反馈放大器，$G(s)$代表放大器的增益，它的输出信号 $Y(s)$通过转移函数为 $H(s)$的反馈网络将输出的一部分与输入信号同时送入放大器的输入端。对于一个控制系统，$G(s)$可以代表控制器、驱动装置等合起来的转移函数(必要时也可分写为 G_1、G_2 等)，$H(s)$则可以是监测装置的转移函数。反馈信号与作为基准的参考信号 $R(s)$相比较(常常是相减，如图 6-19 中符号所示)，得误差信号 $E(s)$，再用该误差信号作用于控制器产生控制信号。如果输出的量正是所需要的，误差信号为零，控制器就不发生作用。由以上可见，反馈系统中至少必有一个闭合回路，称为闭环(close loop)。其中 $G(s)$这一通路称为前向路径(forward path)，$H(s)$这一通路称为反馈路径。只有一个闭合回路的系统称为单环(single loop)系统，复杂的系统可以是多环(multiple loop)的。

由图 6-19 所示的反馈系统，很易看出

$$[R(s)-H(s)Y(s)]G(s)=Y(s)$$

由此可以得到输出信号 $Y(s)$ 与输入信号 $R(s)$ 之比为

$$T(s)=\frac{Y(s)}{R(s)}=\frac{G(s)}{1+G(s)H(s)} \tag{6-34}$$

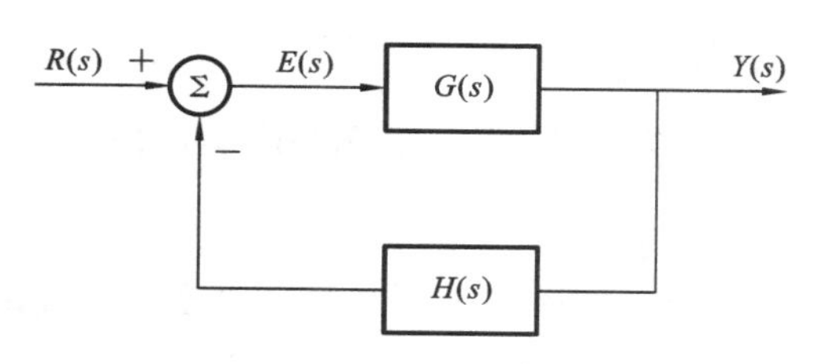

图 6-19 反馈系统

这里 $T(s)$ 是整个反馈系统的系统函数，乘积 $G(s)H(s)$ 是系统中的环开路时的开环转移函数。由式(6-34)可知，反馈系统的系统函数的分子是前向转移函数，分母是 1 加系统中的开环转移函数。这个结论可以引申到多环系统。

要判别一个反馈系统是否渐近稳定，就要看系统函数 $T(s)$ 的极点是否全部在 s 平面的左半面，或者要看系统的特征方程

$$1+G(s)H(s)=0 \tag{6-35}$$

的根的实部是否全部为负。

例 6-7 有一反馈系统如图 6-20 所示，其中

$$G(s)=\frac{K}{s(s+1)(s+4)},\quad H(s)=1$$

(当 $H(s)=1$ 时，称为全反馈)，求其稳定时 K 的取值范围。

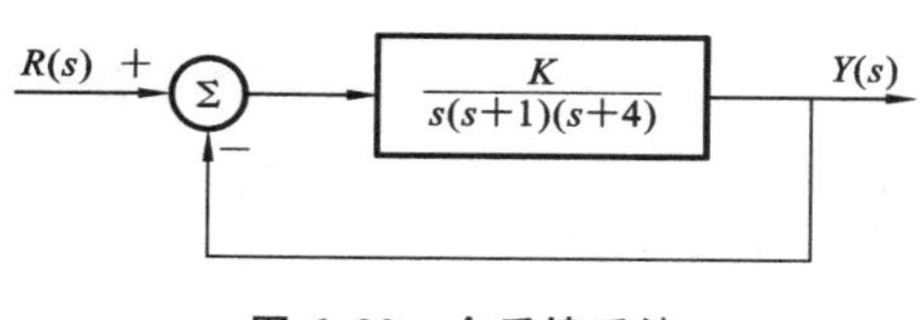

图 6-20 全反馈系统

解 根据式(6-34)，此反馈系统的系统函数为

$$T(s)=\frac{G(s)}{1+G(s)H(s)}=\frac{\frac{K}{s(s+1)(s+4)}}{1+\frac{K}{s(s+1)(s+4)}}$$

$$=\frac{K}{s^3+5s^2+4s+K}$$

故系统的特征方程为

$$s^3+5s^2+4s+K=0$$

构建罗斯-霍维茨阵列如下：

s^3	1	4
s^2	5	K
s^1	$\frac{20-K}{5}$	0
s^0	K	0

由罗斯-霍维茨数列可知，因 1、5 均大于 0，故系统稳定的条件为 $\frac{20-K}{5}>0$ 及 $K>0$，或将两个不等式合并为

$$0<K<20$$

这就是系统稳定时 K 应取值的范围。当 $K<0$ 或 $K>20$ 时，数列分别变号一次或两次，即系统函数分别有一极点或两极点在右半 s 平面，系统都不稳定。

6.7　线性系统的模拟

对于一个系统有时也需要对系统进行模拟实验。这是因为一些高阶的系统数学处理较为困难，而利用模拟实验，则结果很容易用显示设备显示出来。这样，当系统的参数或输入信号改变时，系统的响应将作怎样的改变，就很容易通过实验来进行观察，从而便于确定最适合的系统参数和工作条件。这里所讨论的系统的模拟，并不是指在实验室里仿制该系统，而是指数学意义上的模拟，就是说用来模拟的装置和原系统在输入/输出的关系上可以用同样的微分方程来描写。系统的模拟由几种基本运算器组合起来的图来表示。每一基本运算器代表完成一种运算功能的装置，按照它们代表时域中的运算或复频域中的运算，系统的模拟图也有时域模拟图和复频域模拟图。

模拟图适用的基本运算器有三种，即加法器（pascaline）、标量乘法器（scalar multiplier）、和积分器（integrator）。图 6-21(a)和图 6-21(b)分别表示加法器和标量乘法器的运算关系，前者的输出信号等于若干个输入信号之和，后者的输出信号是输入信号的 a 倍。这里 a 是一标量。在图 6-21 中，输入信号用函数 $x(t)$ 或其变换 $X(s)$ 表示，输出信号用函数 $y(t)$ 或其变换 $Y(s)$ 表示。因为时域中的加法运算对应于复频域中的加法运算，时域中的标量乘法运算对应于复频域中的标量乘法运算，所以加法器和标量乘法器在时域中的模型符号和在复频域中的模型符号相同。

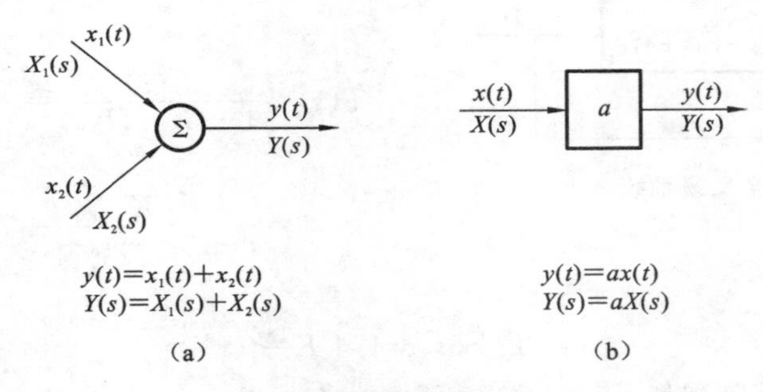

图 6-21　加法器和标量乘法器框图

(a) 加法器；(b) 标量乘法器

积分器的表示法要复杂一点。在初始条件为零时，积分器输出信号和输入信号间的关系为

$$y(t)=\int_{-\infty}^{t}x(\tau)\mathrm{d}\tau=\int_{0}^{t}x(\tau)\mathrm{d}\tau$$

若初始条件不为零，则为

$$y(t)=\int_{-\infty}^{t}x(\tau)\mathrm{d}\tau=\int_{-\infty}^{0}x(\tau)\mathrm{d}\tau+\int_{0}^{t}x(\tau)\mathrm{d}\tau=y(0)+\int_{0}^{t}x(\tau)\mathrm{d}\tau$$

上两式的拉普拉斯变换分别为 $Y(s)=\dfrac{X(s)}{s}$ 和 $Y(s)=\dfrac{y(0)}{s}+\dfrac{X(s)}{s}$。所以积分器在初始条件为零和不为零两种情况下的时域模型和复频域模型共有四种，如图 6-22 所示。注意，这里代表积分运算的方框，它们的积分限都是从 0 到 t。

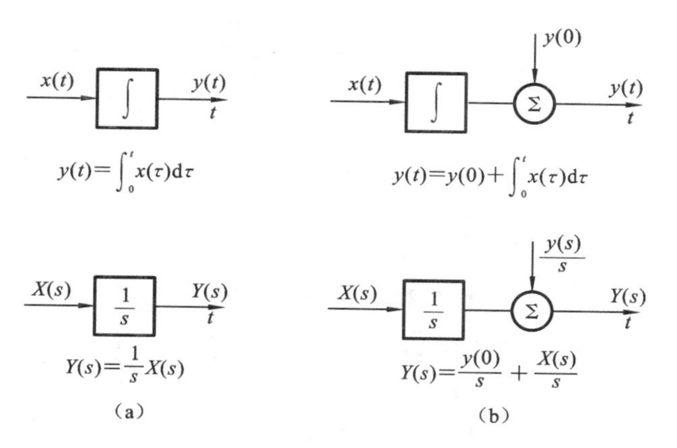

图 6-22 积分器框图

(a) 初始条件为零;(b) 初始条件不为零

模拟一系统的微分方程不用微分器而用积分器,这主要是从便于实现符号要求的模型这方面考虑的,因为在实际工作中积分器的性能比微分器的好。以上几种运算功能都可以在模拟计算机中得到,是利用反馈放大器做成的运算单元,运算性能可做得比较接近理想。

现在先来考虑一阶微分方程的模拟。这种方程可写成 $y'+a_0y=x$ 的形式。此方程可以改写为 $y'=x-a_0y$。设在模拟中已经得到量 y',它经过积分即得 y,y 经过标量乘法器乘以 $-a_0$,得 $-a_0y$,此量与输入函数 x 相加又得 y'。这样一个过程可以用一个积分器、一个标量乘法器和一个加法器连成如图 6-23(a)所示的结构来模拟,这是时域的模拟图。将上述微分方程进行拉普拉斯变换,则所得变换式显然可用图 6-23(b)所示的复频域图来模拟。因为这两种模拟图的结构完全相同,所以以后就只画两者之一,没有必要重复作图。

上面的讨论没有考虑初始条件,所以在输出信号中没有包含零输入响应。如果初始条件不为零,那么就要像图 6-22(b)所示那样,在积分器后紧接一个加法器把初始条件引入,以便在响应中计入零输入分量。在模拟计算机中,积分器都备有专门的引入端,用以引入初始条件。当进行模拟实验时,每一个积分器都要引入它应有的初始条件。有了这样的理解,后面的模拟图中都省去了初始条件,免得模拟图形显得过于拥挤纷乱,在必要时亦可很容易地补充画入。

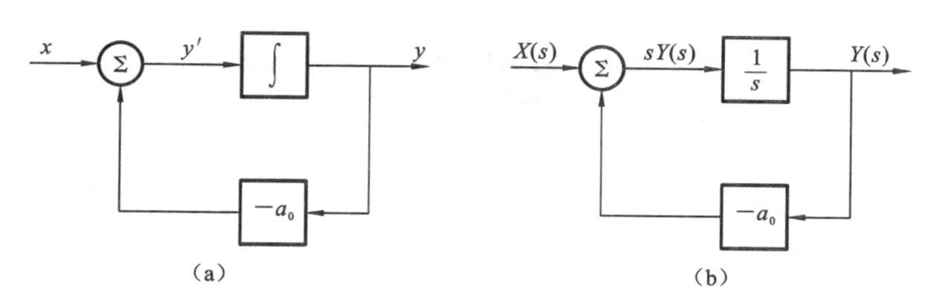

图 6-23 一阶系统的模拟

(a) 时域;(b) 复频域

与一阶系统类似,对于二阶系统的微分方程 $y''+a_1y'+a_0y=x$,也可将它变成 $y''=x-a_1y'-a_0y$,然后用图 6-24 所示的结构来模拟。

由上述一阶系统和二阶系统的模拟,可以得到模拟的规则,就是把微分方程输出函数的最

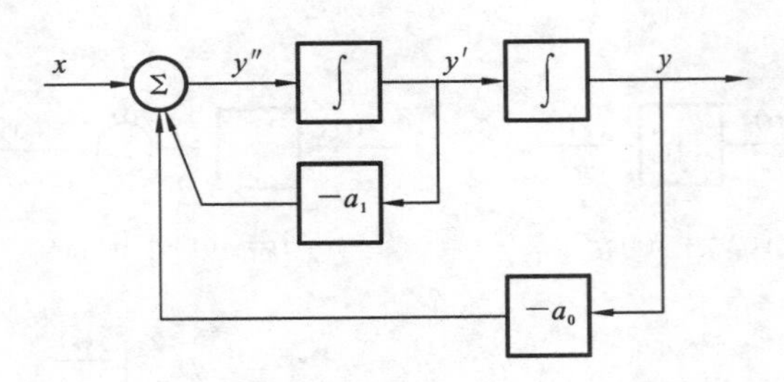

图 6-24　二阶系统的模拟

高阶导数项保留在等式左边,把其他各项一起移到等式右边。这个最高阶导数即作为第一个积分器的输入,以后每经过一个积分器,输出函数的导数阶数就降低一阶直到获得输出函数为止。把各个阶数降低了的导数及输出函数分别通过齐次的标量乘法器,一起送到第一个积分器前的加法器与输入函数相加,加法器的输出就是最高阶导数。这样就构成了一个完整的模拟图。

应用以上规则,可以很容易地把一个用 n 阶微分方程

$$y^{(n)}+a_{n-1}y^{(n-1)}+\cdots+a_1y'+a_0y=x \tag{6-36}$$

描写的 n 阶系统用图 6-25 所示的结构来模拟。

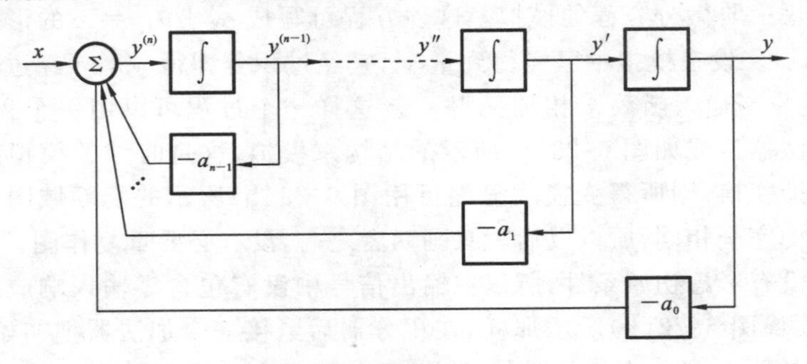

图 6-25　n 阶系统的模拟

到现在为止,在所考虑的系统的微分方程中,只包含输入函数 $x(t)$,而在一般情况下,方程中还可能包含 x 的导数。为研究这个问题,现在来考察二阶微分方程

$$y''+a_1y'+a_0y=b_1x'+b_0x \tag{6-37}$$

这里输入函数 x 的导数的阶数低于输出函数 y 的导数的阶数,一般的实际系统都是这样的。对于这样的系统,可以用不同的方法来模拟,其中之一是引用辅助函数 $q(t)$,使满足条件

$$q''+a_1q'+a_0q=x \tag{6-38}$$

这样,立刻就可用上述方法来模拟这个方程。函数 $q(t)$ 并不是所要求的输出函数 $y(t)$,但可证明它们之间存在下列关系:

$$y=b_1q'+b_0q \tag{6-39}$$

为证明这个结论,只要把此式与式(6-38)共同代入式(6-37)即可,这里不作推演。这样一来,式(6-37)就可以用式(6-38)、式(6-39)两式来等效地表示。于是这个一般二阶系统可用图 6-26所示的结构来模拟。

按照同样的道理,可以对于一般 n 阶系统进行模拟,系统的方程是

$$y^{(n)}+a_{n-1}y^{(n-1)}+\cdots+a_1y'+a_0y=b_mx^{(m)}+b_{m-1}x^{(m-1)}+\cdots+b_1x'+b_0x \tag{6-40}$$

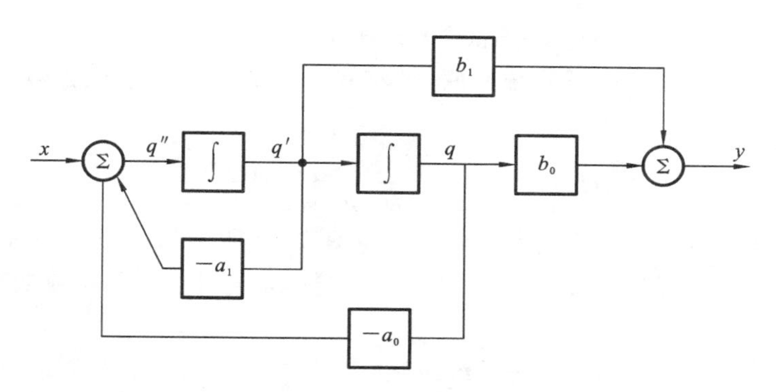

图 6-26 一般二阶系统的模拟

式中 $m<n$。图 6-27 表示这种模拟的结构，其中令 $m=n-1$。如果 m 的阶数更低，或 x 的导数中有若干缺项，只要令有关的系数 b 为零，在模拟图中把相应的标量乘法器去掉就可以了。

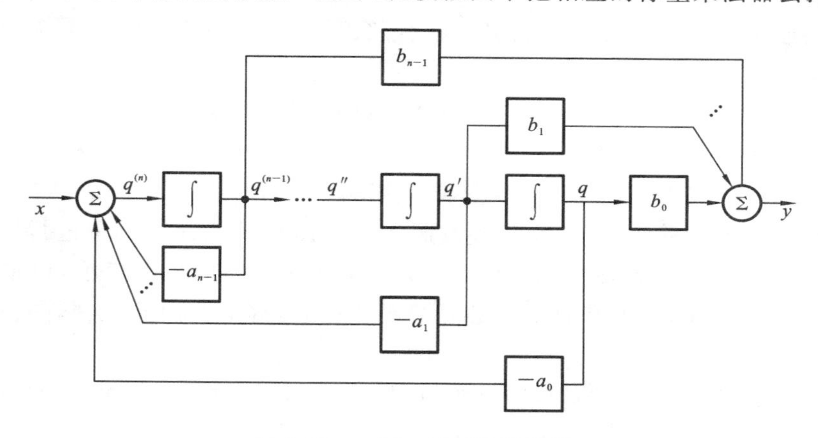

图 6-27 一般 n 阶系统的模拟

以上讨论的框图是直接依据系统的微分方程或系统函数作出的，一般称为直接模拟框图。图 6-27 所示的 n 阶系统的系统函数为

$$H(s)=\frac{b_m s^m+b_{m-1}s^{m-1}+\cdots+b_1 s+b_0}{s^n+a_{n-1}s^{n-1}+\cdots+a_1 s+a_0}=b_m\frac{(s-z_1)(s-z_2)\cdots(s-z_m)}{(s-p_1)(s-p_2)\cdots(s-p_n)} \tag{6-41}$$

式中：$z_1,z_2,\cdots,z_m$ 为 $H(s)$ 的零点；$p_1,p_2,\cdots,p_n$ 为 $H(s)$ 的极点。由式(6-41)可见，如果系统任一参数 a_i(或 b_i)发生变化，则系统函数的所有极点(或零点)在 s 平面上的位置都将重新配置。因此，有时用直接模拟框图来分析系统参数对系统功能的影响就不太方便，特别对大系统尤其如此。实际应用中也常把大系统分解成子系统连接的形式来构成模拟框图，常用的有两种连接方法。一种称为并联模拟框图，即系统由若干个子系统并联构成，如图 6-28 所示。

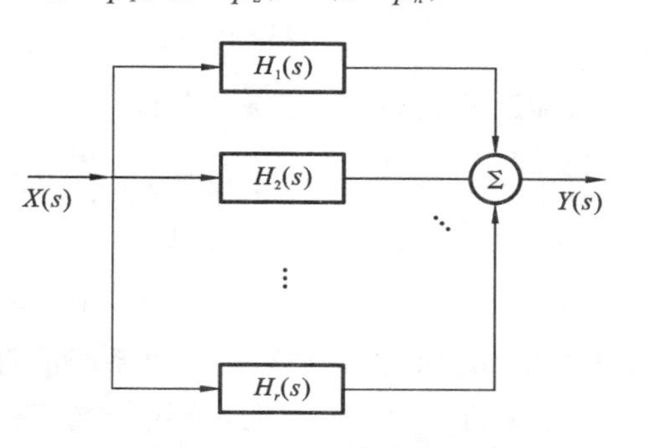

图 6-28 子系统的并联

显然，并联连接时系统函数为各子系统的系统函数之和，即

$$H(s)=H_1(s)+H_2(s)+\cdots+H_r(s) \tag{6-42}$$

为将大系统分解为若干个子系统并联,可将式(6-42)所示的系统函数展开为部分分式。在极点俱为单极点时有

$$H(s)=\frac{K_1}{s-p_1}+\frac{K_2}{s-p_2}+\cdots+\frac{K_n}{s-p_n} \tag{6-43}$$

对应于每一个实数极点的部分分式项构成一个与图6-23所示的相似的一阶子系统。对应于一对共轭复数极点项,为使子系统的系数 a_i、b_i 为实数,常合并在一起组成如图6-26所示的二阶子系统。

系统也可由若干个一阶或二阶子系统级联(串联)构成,如图6-29所示。

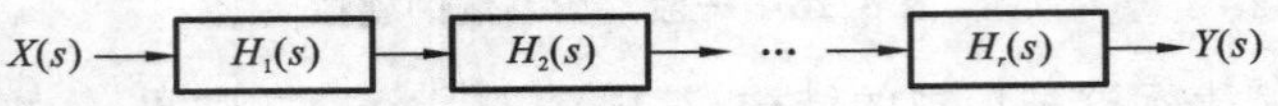

$X(s)\rightarrow$ $H_1(s)$ $\rightarrow$ $H_2(s)$ $\rightarrow \cdots \rightarrow$ $H_r(s)$ $\rightarrow Y(s)$

图6-29 子系统的级联

这种连接形式常称为级联模拟框图。显然,级联时系统函数为各子系统的系统函数之积,即

$$H(s)=H_1(s)\cdot H_2(s)\cdot\cdots\cdot H_r(s) \tag{6-44}$$

在上述两种连接情况下,调整某一子系统的参数仅影响该子系统的极点或零点在 s 平面上的位置,而对其他子系统的零点和极点不产生影响。

在做实际的模拟实验时,也不是直接按照上述各图在模拟计算机中进行模拟。因为实际工作中有许多具体问题需要考虑,例如需要作幅度或时间的尺度变换,以便各种运算单元能在正常条件下工作,又如有时要作必要的改变符号,等等。因此,实际的模拟图会有些不一样。

当系统是用状态方程来描写时,系统方程是一组一阶的微分方程,而不是高阶的微分方程,这时,就特别便于模拟。

例6-8 已知某系统的系统函数为 $H(s)=\dfrac{2s+3}{s(s+3)(s+2)^2}$,试画出:(1) 直接形式的模拟框图;(2) 并联形式的模拟框图;(3) 级联形式的模拟框图。

解 (1) 系统函数可变为

$$H(s)=\frac{N(s)}{D(s)}=\frac{2s+3}{s(s+3)(s+2)^2}=\frac{2s+3}{s^4+7s^3+16s^2+12s}$$

引入辅助函数 $Q(s)$,使满足条件

$$Q(s)=\frac{1}{D(s)}\cdot E(s)=\frac{1}{s^4+7s^3+16s^2+12s}\cdot E(s) \tag{6-45}$$

则

$$R(s)=N(s)Q(s)=(2s+3)Q(s) \tag{6-46}$$

由式(6-45)和式(6-46),可作出系统的直接形式的模拟框图如图6-30所示。

(2) 将 $H(s)$ 进行部分分式分解,得

$$H(s)=\frac{2s+3}{s(s+3)(s+2)^2}=\frac{\frac{1}{4}}{s}+\frac{1}{s+3}+\frac{\frac{1}{2}}{(s+2)^2}+\frac{-\frac{5}{4}}{s+2}$$

由此可得整个系统可分解为四个子系统并联,并联形式的模拟框图如图6-31所示。

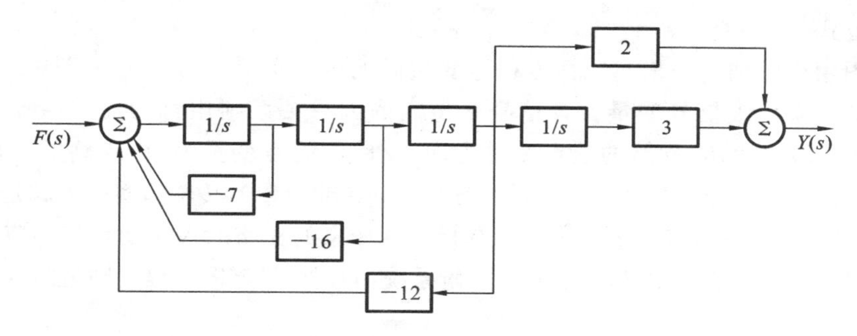

图 6-30 直接形式的模拟框图

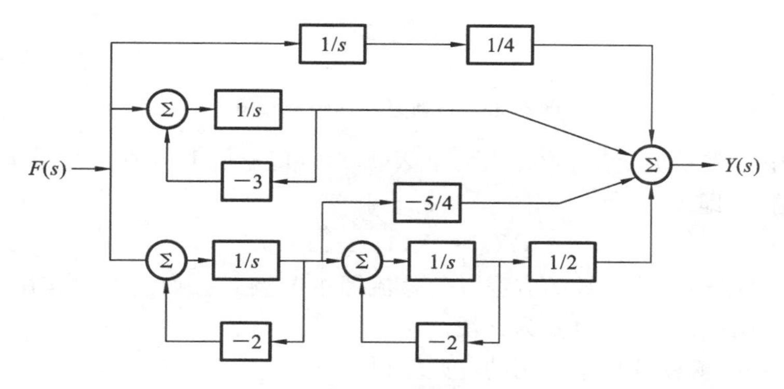

图 6-31 并联形式的模拟框图

(3) 系统函数可变为

$$H(s)=\frac{2s+3}{s(s+3)(s+2)^2}=\frac{1}{s}\cdot\frac{1}{s+2}\cdot\frac{2s+3}{s+2}\cdot\frac{1}{s+3}$$

由此可画出级联形式的模拟框图如图 6-32 所示。

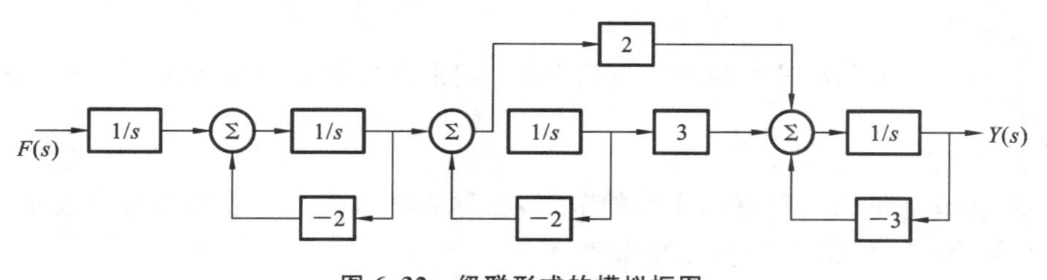

图 6-32 级联形式的模拟框图

6.8 信号流图

为了进一步简化系统的模拟图，出现了线性系统的信号流图(signal flow graph)表示与分析方法。这种方法由美国麻省理工学院的梅森(Mason)于 20 世纪 50 年代首先提出，此后在反馈系统分析、线性方程组求解、线性系统模拟以及数字滤波器设计等方面得到广泛应用。与模拟框图相比，信号流图的主要优点为：系统模型的表示简明清楚；系统函数的计算过程简化。本节将介绍一些有关信号流图的基本知识，包括信号流图的构筑、信号流图的化简及目前广为运用的梅森公式。

信号流图用线图结构来描述线性方程组变量间的因果关系。在信号流图中,用称为节点(node)的小圆点来代表信号变量。各信号变量间的因果关系则用称为支路(branch)或路径(path)的有向线段来表示,支路的起点变量为因,支路的终点变量为果,支路的方向表示信号流动的方向。同时在支路上标注出信号的传输值(transmittance),传输值实际上就是因果变量间的转移函数。这样,每一信号变量就等于所有指向该变量的支路的入端变量与相应的支路传输值的乘积之和。例如用图 6-19 框图表示的一阶系统,如用信号流图来描述则为图 6-33。

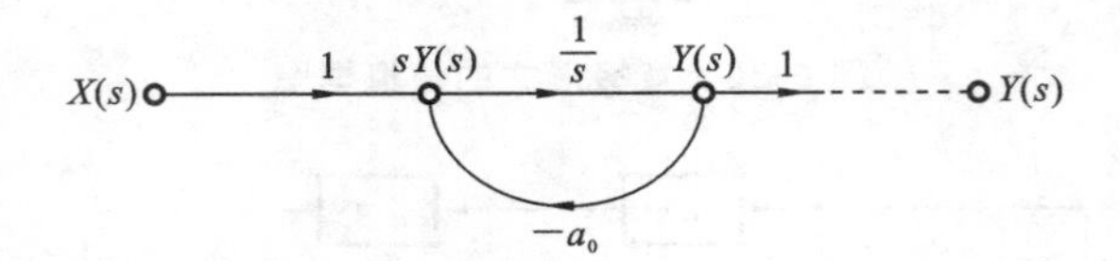

图 6-33　一阶系统的信号流图

从图 6-33 中不难看出变量 $sY(s)$ 为变量 $X(s)$ 乘以传输值 1,再加上变量 $Y(s)$ 乘以传输值 $-a_0$ 所得到的结果,即

$$sY(s)=X(s)-a_0Y(s)$$

这就是在复频域中描述一阶系统的方程。信号流图中节点兼有加法器的作用,同时省去了方框,因此较模拟框图简洁,使用也更为方便。

下面先介绍信号流图分析中常用的一些术语。

节点(node):表示系统中变量或信号的点。如图 6-33 所示中的点 $X(s)$、$sY(s)$、$Y(s)$。

支路(branch):两个节点间的有向线段,表示信号变量间的因果关系。

支路传输值(branch transmittance):支路两端节点间的转移函数,也称为支路增益。如图 6-33 所示中 $X(s)$ 与 $sY(s)$ 变量间的支路传输值为 1 。

入支路(incoming branch):流向节点的支路,如图 6-33 所示中节点 $sY(s)$ 有两条入支路,传输值分别为 1 及 $-a_0$。

出支路(outgoing branch):流出节点的支路,如图 6-33 所示中节点 $sY(s)$ 有一条出支路,传输值为 $\frac{1}{s}$。

源节点(source node):仅有出支路的节点,也称为输入节点。通常源节点表示该信号为输入激励信号 $X(s)$,如图 6-33 所示中节点 $X(s)$。

汇节点(sink node):仅有入支路的节点,也称为输出节点。通常用汇节点表示输出响应信号。为了把输出信号表示为汇节点,有时需要加上一根传输值为 1 的有向线段,如在图6-33 中,若加上如虚线所示的传输值为 1 的有向线段,则 $Y(s)$ 将成为汇节点。

混合节点(mixed node):即有入支路也有出支路的节点,如图 6-33 所示中的 $sY(s)$。

通路(path):沿支路箭头方向通过各相连支路的途径(不允许有相反方向支路存在)。

通路增益(path gain):通路中各支路传输值的乘积。

开通路(opened path):与任一节点相交不多于一次的通路。

闭通路(closed path):终点就是起点,并且与任何其他节点相交不多于一次的通路,闭通路又称为环路(closed loop)。如图 6-33 所示中节点 $sY(s)$ 与 $Y(s)$ 间则为环路。

环路增益(loop gain):环路中各支路传输值的乘积。如图 6-33 所示中节点 $sY(s)$ 与 $Y(s)$

间的环路增益为$-\frac{a_0}{s}$。

自环(self loop):仅包含有一条支路的环路。

前向通路(forward path):由源节点至汇节点不包含有任何环路的信号流通路径,称为前向通路,也称为前向路径。如图 6-33 所示,仅有一条前向路径 $X(s)\rightarrow sY(s)\rightarrow Y(s)$。

在运用信号流图时必须遵循信号流图的以下性质:

(1) 支路表示了一个信号与另一个信号的函数关系,信号只能沿着支路上箭头方向通过;

(2) 节点信号为输入该节点的各支路信号之和,节点可以把所有入支路的信号叠加,并把总和信号传送到所有输出支路;

(3) 对于系统,信号流图的形式并不是唯一的。

现在来讨论信号流图的构筑问题。由模拟框图可以画出信号流图。在转换过程中,信号流动方向、正负都不变,系统的传输特性转换为支路增益。

例 6-9 已知二阶系统的微分方程为

$$r''(t)+a_1r'(t)+a_0r(t)=b_2e''(t)+b_1e'(t)+b_0e(t)$$

画出系统的信号流图。

解 对系统的微分方程取拉普拉斯变换,可得

$$(s^2+a_1s+a_0)R(s)=(b_2s^2+b_1s+b_0)E(s)$$

即

$$R(s)=H(s)E(s)=\frac{b_2s^2+b_1s+b_0}{s^2+a_1s+a_0}E(s)$$

令

$$Q(s)=\frac{E(s)}{s^2+a_1s+a_0}$$

有

$$s^2Q(s)=E(s)-a_1sQ(s)-a_0Q(s)$$

$$R(s)=(b_2s^2+b_1s+b_0)Q(s)$$

则可画出系统的信号流图,如图 6-34 所示。

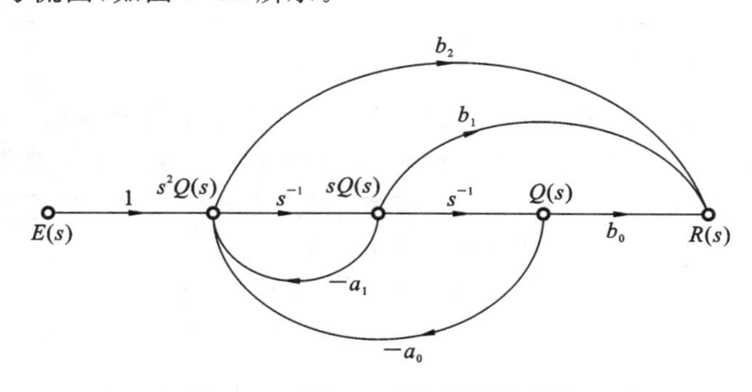

图 6-34 例 6-9 系统的信号流图

现在来介绍信号流图等效化简的基本规则。按照这些规则,将信号流图逐步简化,最终在激励源与输出间可化简为仅有一条支路的简化信号流图。显然此支路的传输值就是原信号流图输入到输出间的总传输值。如在复频域中,其传输值也就是输出信号与激励信号间的转移函数。

几条最基本的信号流图的化简规则已列于表 6-1 中，现分别加以说明。

(1) 支路串联的化简。

支路串联是指各支路顺向串联，即各支路依次首尾相接。若干支路串联可用一等效支路代替，此等效支路的传输值为各串联支路传输值之积。如表 6-1 中之编号 1 所示，传输值分别为 H_1、H_2、H_3 的三条支路串联，可化简成一等效支路，其传输值为 $H_1H_2H_3$。

表 6-1　信号流图的化简规则

编号	化简规则	原信号流图	等效信号流图
1	支路串联	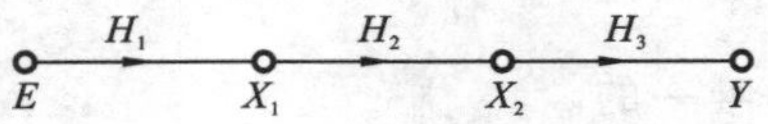 $E \xrightarrow{H_1} X_1 \xrightarrow{H_2} X_2 \xrightarrow{H_3} Y$	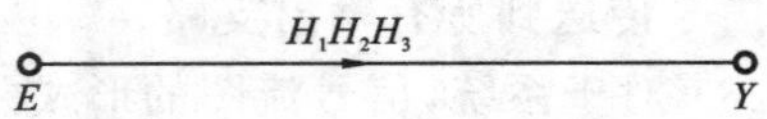 $E \xrightarrow{H_1H_2H_3} Y$
2	支路并联	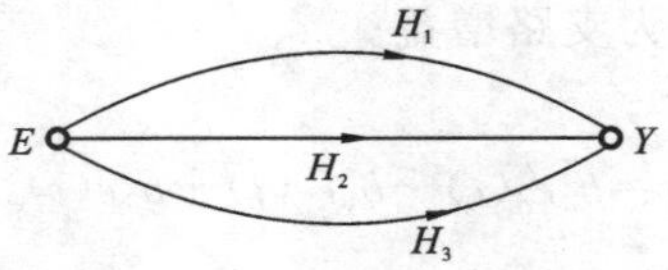 $E \to Y$：H_1，H_2，H_3	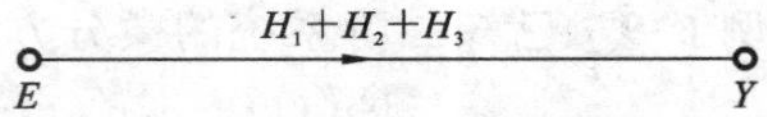 $E \xrightarrow{H_1+H_2+H_3} Y$
3	节点消除	$E_1 \xrightarrow{H_1} X$，$E_2 \xrightarrow{H_2} X$，$X \xrightarrow{H_3} Y_1$，$X \xrightarrow{H_4} Y_2$	$E_1 \xrightarrow{H_1H_3} Y_1$，$E_2 \xrightarrow{H_2H_3} Y_1$，$E_1 \xrightarrow{H_1H_4} Y_2$，$E_2 \xrightarrow{H_2H_4} Y_2$
4	自环消除	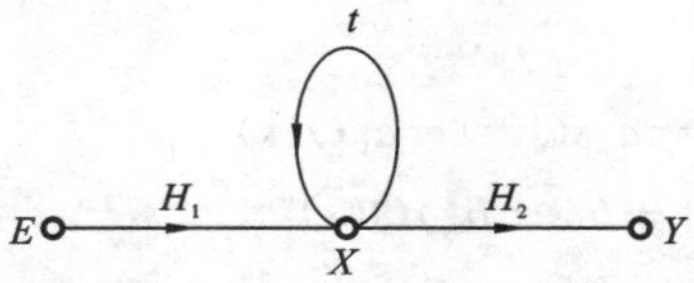 $E \xrightarrow{H_1} X \xrightarrow{H_2} Y$，$X$ 自环 t	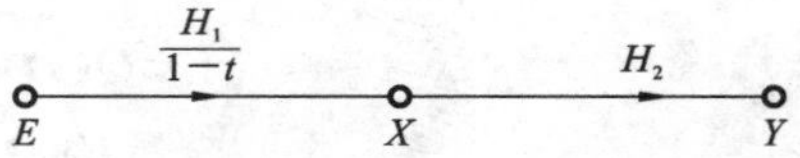 $E \xrightarrow{\frac{H_1}{1-t}} X \xrightarrow{H_2} Y$

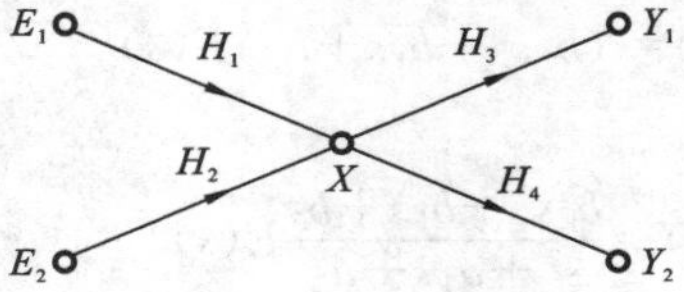

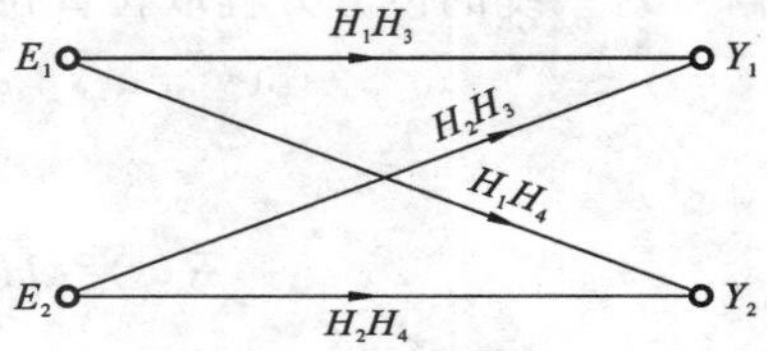

(2) 支路并联的化简。

支路并联时各支路的始端接于同一节点，终端则一起接至另一节点。若干支路并联时也可用一等效支路代替，其传输值为并联各支路传输值之和。如表 6-1 中之编号 2 所示，传输值分别为 H_1、H_2、H_3 的三条支路并联，可用一传输值为 $H_1+H_2+H_3$ 的等效支路来代替。

以上两点的证明只需由节点的定义即可直接得到。对表 6-1 中 1 所示的串联支路有

$$Y=H_3X_2=H_3(H_2X_1)=H_3H_2H_1E \tag{6-47}$$

同理对并联支路有

$$Y=H_1E+H_2E+H_3E=(H_1+H_2+H_3)E \tag{6-48}$$

(3) 节点消除。

在信号流图中消除某一节点，则等效信号流图可按下述方法作出，即在此节点前后各节点间直接构筑新的支路，各新支路的传输值为其前、后节点间通过被消除节点的各顺向支路传输值的乘积。事实上消除某一节点，即意味从系统方程中消去了某一信号变量，根据线性方程组的消元法则不难得出上述的等效关系。如表 6-1 中之编号 3 所示，对原信号流图写出系统方

程有

$$\left.\begin{aligned} X&=H_1E_1+H_2E_2 \\ Y_1&=H_3X \\ Y_2&=H_4X \end{aligned}\right\} \tag{6-49a}$$

从上述方程中消去 X，则可得到输出信号变量与激励信号变量间的直接关系，即

$$\left.\begin{aligned} Y_1&=H_3(H_1E_1+H_2E_2)=H_1H_3E_1+H_2H_3E_2 \\ Y_2&=H_4(H_1E_1+H_2E_2)=H_1H_4E_1+H_2H_4E_2 \end{aligned}\right\} \tag{6-49b}$$

按式(6-49b)构筑的新的信号流图就是表 6-1 中 3 右边的等效(简化)信号流图。因式(6-49b)中不再出现信号变量 X，即意味着信号流图中节点 X 已被消除。

(4) 自环消除。

某节点 X 上存在有传输值为 t 的自环，则消除这些自环后，该节点所有入支路的传输值应俱除以 $1-t$ 的因子，而出支路的传输值不变。当某节点 X 存在有传输值为 t 的自环时，即表示含信号变量 X 的方程等式右方除有与其他信号变量有关的各项外，还存在与自身变量有关的项 tX。如将此项合并到方程左边，并在方程两边俱除以 $1-t$ 的因子，则可得到等式右方不包含与该变量有关项的新方程组。按此新方程组构筑信号流图，则新的信号流图中将不出现自环，即原信号流图中自环已被消除。例如表 6-1 中之编号 4，按原信号流图可列出系统方程为

$$\left.\begin{aligned} X&=H_1E+tX \\ Y&=H_2X \end{aligned}\right\} \tag{6-50a}$$

把上边方程中包含 X 变量的项合并到方程左边并化简则得

$$\left.\begin{aligned} X&=\frac{H_1}{1-t}\cdot E \\ Y&=H_2X \end{aligned}\right\} \tag{6-50b}$$

由式(6-50b)可见，自环消除后，入支路的传输值变为原值的$\dfrac{1}{1-t}$，而出支路的传输值不变。

以上是信号流图的基本化简规则。运用这些规则，就可以将一些复杂的信号流图逐步加以简化，使之只剩下一个入节点和一个出节点，即可求得系统的总传输值，即系统的系统函数。

例 6-10 试化简如图 6-35 所示的信号流图。

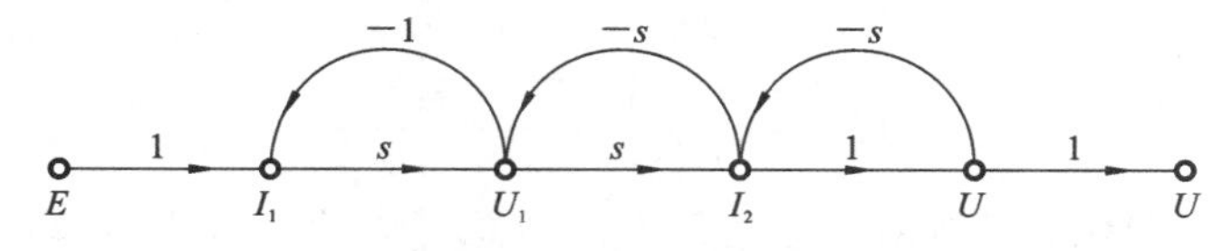

图 6-35 例 6-10 的信号流图

解 化简步骤如下。

(1) 消除节点 I_1，如图 6-36(a)所示。

(2) 消除节点 U_1 上的自环，如图 6-36(b)所示。

(3) 消除节点 U_1，如图 6-36(c)所示。

(4) 消除节点 I_2 上的自环，如图 6-36(d)所示。

(5) 消除节点 I_2，如图 6-36(e)所示。

(6) 消除节点 U 上的自环，如图 6-36(f)所示。

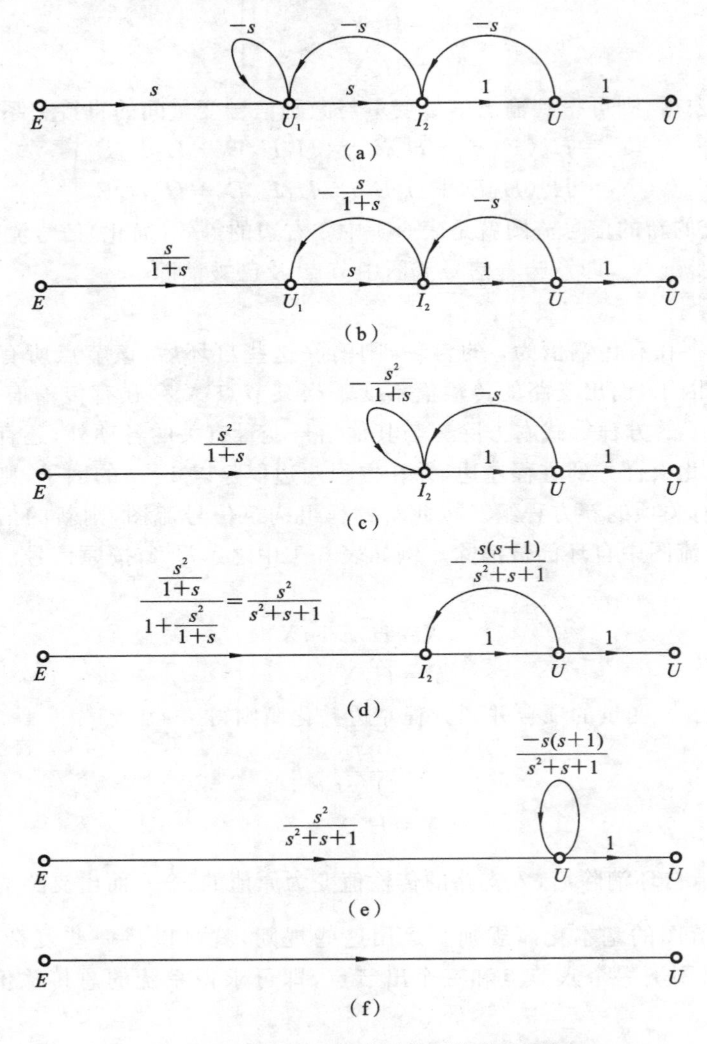

图 6-36　例 6-10 的信号流图化简步骤图

最终可得

$$H(s)=\frac{U(s)}{E(s)}=\frac{s^2}{2s^2+2s+1}$$

虽然运用信号流图化简规则对一般的信号流图总可以化简求得其总传输值，但如果信号流图很复杂，则这种化简过程将变得冗长。这时可运用直接求信号流图总传输值的规则——梅森(Mason)公式，来求总传输值而无须对信号流图进行逐步化简。

梅森公式可表示如下：

$$H=\frac{1}{\Delta}\sum_k G_k\Delta_k \tag{6-51}$$

其中 H 为总传输值。

Δ 为信号流图所表示的方程组的系数矩阵行列式，通常称为图行列式(graph determinant)。

图行列式可表示如下：

$$\Delta = 1 - \sum_i L_i + \sum_{i,j} L_i L_j - \sum_{i,j,k} L_i L_j L_k + \cdots \tag{6-52}$$

式中：L_i 为第 i 个环路的传输值；L_iL_j 为各个可能的互不接触的两环路传输值的乘积；$L_iL_jL_k$ 为各个可能的互不接触的三环路传输值的乘积……G_k 为正向传输路径的传输值；Δ_k 为与传输值是 G_k 的第 k 种正向传输路径不接触部分的子图的 Δ 值，通常称为第 k 种路径的路径因子。

这时所说的互不接触就是指信号流图的两部分间没有公共的节点。有关梅森公式的证明此处省略。现以图 6-37 所示的信号流图为例，来说明梅森公式的运用。

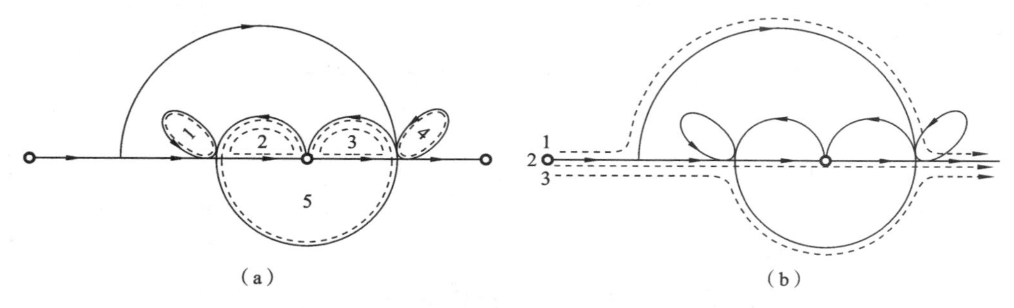

图 6-37 信号流图包含的环路与正向路径

从图 6-37 可见该信号流图具有五个环，共三种正向路径。各环路的传输值分别为

$$L_1 = 2$$

$$L_2 = 2 \times 4 = 8$$

$$L_3 = 1 \times (-1) = -1$$

$$L_4 = 2$$

$$L_5 = -2 \times (-1) \times 2 = 4$$

互不接触的两环计有 L_1 和 L_3、L_1 和 L_4、L_2 和 L_4 三种，其传输值的乘积分别为

$$L_1L_3 = -2$$

$$L_1L_4 = 4$$

$$L_2L_4 = 16$$

三环及三环以上互不接触的情况没有，故可得此图的行列式为

$$\Delta = 1 - \sum_i L_i + \sum_{i,j} L_i L_j = 1 - (2 + 8 - 1 + 2 + 4) + (-2 + 4 + 16) = 4$$

三种正向路径的传输值分别为

$$G_1 = 1 \times 1 \times 1 = 1$$

$$G_2 = 1 \times (-1) \times 4 \times 1 \times 1 = -4$$

$$G_3 = 1 \times (-1) \times (-2) \times 1 = 2$$

与 G_1 路径不接触部分中的环路为 L_1 及 L_2，与 G_2、G_3 不接触部分中的环路没有，故路径因子分别为

$$\Delta_1 = 1 - (2 + 8) = -9$$

$$\Delta_2 = \Delta_3 = 1$$

将以上各项结果代入梅森公式即可得总传输值为

$$H=\frac{1}{\Delta}\sum_{k}C_k\Delta_k=\frac{-9-4+2}{4}=-\frac{11}{4}$$

6.9 连续时间系统函数表示及特性分析

1. 实验目的

(1) 掌握用拉普拉斯变换求解连续时间 LTI 系统的时域响应。

(2) 掌握系统函数的概念，掌握系统函数的零极点分布(零极点图)与系统的稳定性、时域特性等之间的相互关系。

(3) 掌握用 MATLAB 对系统进行变换域分析的常用函数及编程方法。

2. 实验原理

1) 连续时间 LTI 系统的复频域描述

拉普拉斯变换主要用于系统分析。描述系统的另一种数学模型就是建立在拉普拉斯变换基础上的系统函数——$H(s)$：

$$H(s)=\frac{Y(s)\to\text{系统冲激响应的拉普拉斯变换 }\mathscr{L}[y(t)]}{X(s)\to\text{系统激励信号的拉普拉斯变换 }\mathscr{L}[x(t)]} \tag{6-53}$$

系统函数 $H(s)$的实质就是系统单位冲激响应 $h(t)$的拉普拉斯变换。因此，系统函数也可以定义为

$$H(s)=\int_{-\infty}^{+\infty}h(t)\mathrm{e}^{-st}\,\mathrm{d}t \tag{6-54}$$

所以，系统函数 $H(s)$的一些特点是和系统的时域响应 $h(t)$的特点相对应的。在教材中，我们求系统函数的方法，除了利用拉普拉斯变换的定义式的方法之外，更常用的是根据描述系统的线性常系数微分方程，经过拉普拉斯变换之后得到系统函数 $H(s)$。

假设描述一个连续时间 LTI 系统的线性常系数微分方程为

$$\sum_{k=0}^{N}a_k\frac{\mathrm{d}^{(k)}y(t)}{\mathrm{d}t^k}=\sum_{k=0}^{M}b_k\frac{\mathrm{d}^{(k)}x(t)}{\mathrm{d}t^k} \tag{6-55}$$

对式(6-55)两边做拉普拉斯变换，则有

$$\sum_{k=0}^{N}a_ks^kY(s)=\sum_{k=0}^{M}b_ks^kX(s)$$

即

$$H(s)=\frac{Y(s)}{X(s)}=\frac{\sum_{k=0}^{M}b_ks^k}{\sum_{k=0}^{N}a_ks^k} \tag{6-56}$$

式(6-56)表明，对于一个能够用线性常系数微分方程描述的连续时间 LTI 系统，它的系统函数是一个关于复变量 s 的有理多项式的分式，其分子和分母的多项式系数与系统微分方程左右两端的系数是对应的。根据这一特点，可以很容易地按照微分方程写出系统函数表达式，或者根据系统函数表达式写出系统的微分方程。

系统函数 $H(s)$大多数情况下是复变函数，因此，$H(s)$可以有如下多种表示形式。

(1) 直角坐标形式：$H(s)=\mathrm{Re}(s)+\mathrm{jIm}(s)$。

(2) 零极点形式：$H(s)=\dfrac{k\prod\limits_{j=1}^{M}(s-z_j)}{\prod\limits_{i=1}^{N}(s-p_i)}$。

(3) 部分分式和形式：$H(s)=\sum\limits_{k=0}^{N}\dfrac{A_k}{s-s_k}$(假设系统的 $N>M$,且无重极点)。

根据我们所要分析问题的不同,可以采用不同形式的系统函数 $H(s)$表达式。

在 MATLAB 中,表达系统函数 $H(s)$的方法是给出系统函数的分子多项式和分母多项式的系数相量。由于系统函数的分子和分母的多项式系数与系统微分方程左右两端的系数是对应的,因此,用 MATLAB 表示系统函数,就是用系统函数的两个系数相量来表示。

应用拉普拉斯变换分析系统的主要内容有:① 分析系统的稳定性;② 分析系统的频率响应。

分析方法主要是通过绘制出系统函数的零极点分布图,根据零极点分布情况,判断系统的稳定性。

MATLAB 中有相应的复频域分析函数,下面简要介绍。

[z,p,k]=tf2zp(num,den):求系统函数的零极点,返回值 z 为零点行相量,p 为极点行相量,k 为系统传递函数的零极点形式的增益。num 为系统函数分子多项式的系数相量,den 为系统函数分母多项式系数相量。

H=freqs(num,den,w):计算由 num、den 描述的系统的频率响应特性曲线。返回值 H 为频率相量规定范围内的频率响应相量值。如果不带返回值 H,则执行此函数后,将直接在屏幕上给出系统的对数频率响应曲线(包括幅频特性曲线和相频特性曲线)。

[x,y]=meshgrid(x1,y1):用来产生绘制平面图的区域,由 x1、y1 来确定具体的区域范围,由此产生 s 平面区域。

meshgrid(x,y,fs):绘制系统函数的零极点曲面图。

H=impulse(num,den):求系统的单位冲激响应,如不带返回值,则直接绘制响应曲线,带返回值则将冲激响应值存于相量 H 之中。

2) 系统函数的零极点分布图

系统函数的零极点分布图能够直观地表示系统的零点和极点在 s 平面上的位置,从而比较容易分析系统函数的收敛域和稳定性。

下面给出一个用于绘制连续时间 LTI 系统的零极点分布图的扩展函数 splane(num,den)。

```
% splane 函数
% 该函数用于在 s 平面上画零极点分布图
p= roots(den);                          % 确定极点
q= roots(num);                          % 确定零点
p= p'; q= q';
x= max(abs([p q]));                     % 确定实轴的变化区间
x= x+ 1;
y= x;                                   % 确定虚轴的变化区间
plot([- x x],[0 0],':');hold on;        % 画出实轴
plot([0 0],[- y y],':');hold on;        % 画出虚轴
```

```
plot(real(p),imag(p),'x');hold on;    % 画出极点
plot(real(q),imag(q),'o');hold on;    % 画出零点
title('zero- pole plot');
xlabel('Real Part');ylabel('Imaginal Part')
axis([- x x - y y]);                  % 确定需要显示的区间
```

对于一个连续时间 LTI 系统，它的全部特性包括稳定性、因果性和它具有何种滤波特性等完全由它的零极点在 s 平面上的位置所决定。

3）拉普拉斯变换与傅里叶变换之间的关系

根据所学的知识可知，拉普拉斯变换与傅里叶变换之间的关系可表述为：傅里叶变换是信号在虚轴上的拉普拉斯变换。也可用下面的数学表达式表示，即

$$H(\mathrm{j}\omega)=H(s)\big|_{s=\mathrm{j}\omega} \tag{6-57}$$

式(6-57)表明，给定一个信号 $h(t)$，如果它的拉普拉斯变换存在的话，它的傅里叶变换不一定存在，只有当它的拉普拉斯变换的收敛域包括了整个虚轴，才表明其傅里叶变换是存在的。下面的程序可以以图形的方式，表现拉普拉斯变换与傅里叶变换的这种关系。

```
% 程序 Relation_ft_lt
% 这段程序是用来观察傅里叶变换和拉普拉斯变换之间的关系
clear, close all,
a= - 0:0.1:5;
b= - 20:0.1:20;
[a, b]= meshgrid (a, b);
c= a+ i*b;                                     % 确定绘图区域
c= (1- exp (- 2*(c+ eps))) ./ (c+ eps);
c= abs (c);                                    % 计算拉普拉斯变换
subplot (211)
mesh (a,b,c);                                  % 绘制曲面图
surf (a,b,c);
view (- 60,20)                                 % 调整观察视角
axis ([- 0,5,- 20,20,0,2]);
title ('The Laplace transform of the rectangular pulse');
w= - 20:0.1:20;
Fw= (2*sin(w+ eps).*exp(i*(w+ eps)))./(w+ eps);
subplot (212); plot(w,abs(Fw))
title ('The Fourier transform of the rectangular pulse')
xlabel ('frequence w')
```

对上面的程序不要求完全读懂，重点是能够从所得到的图形中，观察和理解拉普拉斯变换与傅里叶变换之间的相互关系就行。

4）系统函数的极点分布与系统的稳定性和因果性之间的关系

一个稳定的 LTI 系统，它的单位冲激响应 $h(t)$ 满足绝对可积条件，即

$$\int_{-\infty}^{+\infty} |\,h(t)\,|\,\mathrm{d}t < \infty \tag{6-58}$$

同时，还应该记得，一个信号的傅里叶变换的存在条件就是这个信号满足绝对可积，所以，如果

系统是稳定的话，那么，该系统的频率响应也必然是存在的。又根据傅里叶变换与拉普拉斯变换之间的关系，可进一步推理出，稳定的系统，其系统函数的收敛域必然包括虚轴。稳定的因果系统，其系统函数的全部极点一定位于 s 平面的左半面。

所以，对于一个给定的 LTI 系统，它的稳定性、因果性完全能够从它的零极点分布图上直观地看出。

例 6-11 已知一个满足因果性的 LTI 系统的微分方程为

$$\frac{d^6y(t)}{dt^6}+10\frac{d^5y(t)}{dt^5}+48\frac{d^4y(t)}{dt^4}+148\frac{d^3y(t)}{dt^3}+306\frac{d^2y(t)}{dt^2}+401\frac{dy(t)}{dt}+262y(t)=262x(t)$$

编写程序，绘制出系统的零极点分布图，并说明它的稳定性如何。

解 这是一个高阶系统，显然手工计算它的极点是很困难的。可以利用扩展函数 splane( )，来绘制系统的零极点分布图。范例程序如下。

```
% Program6_1
% 该程序绘制了由线性常系数微分方程描述的 LTI 系统的零极点分布图
% by the linear constant- coefficient differential equation
clear, close all,
b= 262;
a= [1 10 48 148 306 401 262];
subplot (221)
splane (b,a)
title ('The zero- pole diagram')
```

执行该程序后，得到系统的零极点分布图如图 6-38 所示。由于已知该系统是因果系统，从零极点分布图上看，它的全部极点都位于 s 平面的左半面上，所以该系统是稳定的。

然后，直接在命令窗口键入

```
> > roots(a)
```

回车后，就得到该系统的极点为

```
ans=
  - 0.5707+ 2.4716i
  - 0.5707- 2.4716i
  - 2.7378+ 0.0956i
  - 2.7378- 0.0956i
  - 1.6915+ 1.6014i
  - 1.6915- 1.6014i
```

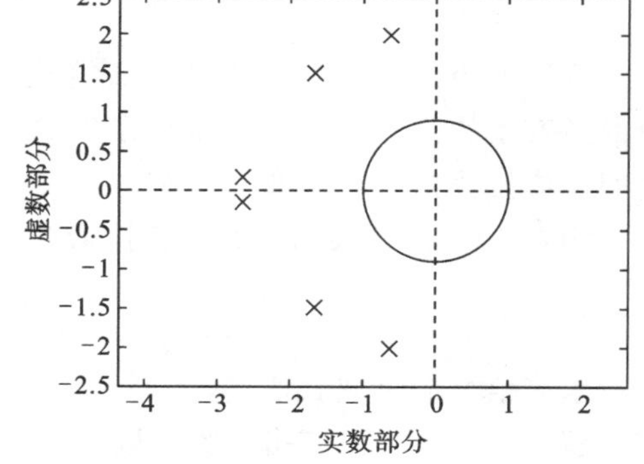

图 6-38 系统函数对应的零极点分布图

若例题中没有说明该系统是否是因果性的，则需要做详细的分析。从零极点分布图上可以看出，该系统的收敛域有四种可能，其中三种可能如下。

第一种情况的收敛域为 $\mathrm{Re}(s)<-2.7378$，此种情况说明，该系统是一个反因果系统，由于收敛域不包含虚轴，故此系统是不稳定的。

第二种情况和第三种情况的收敛域分别为 $-2.7378<\mathrm{Re}(s)<-1.6915$ 和 $-1.6915<\mathrm{Re}(s)<-0.5707$，此两种情况说明该系统是一个单位冲激响应为双边信号的非因果系统，收

敛域仍不包含虚轴，所以，系统是不稳定的。

总之，系统的稳定性主要取决于系统函数的收敛域是否包含整个虚轴，而系统的因果性则取决于系统极点位置的分布。

需要特别强调的是，MATLAB 总是把由分子和分母多项式表示的任何系统都当作是因果系统。所以，利用 impulse( )函数求得的单位冲激响应总是因果信号。

5）系统函数的零极点分布与系统的滤波特性

系统具有何种滤波特性，主要取决于系统的零极点所处的位置。没有零点的系统，通常是一个低通滤波器。

例 6-12　已知一个系统的系统函数为

$$H(s)=\frac{1}{s+1}$$

确定该系统具有何种滤波特性。

解　显然，这是一个一阶系统，无零点。为了确定该系统具有何种滤波特性，需要把系统的频率响应特性曲线绘制出来并加以判断。借助 freqs( )函数，可以绘制系统的频率响应曲线如图 6-39 所示。

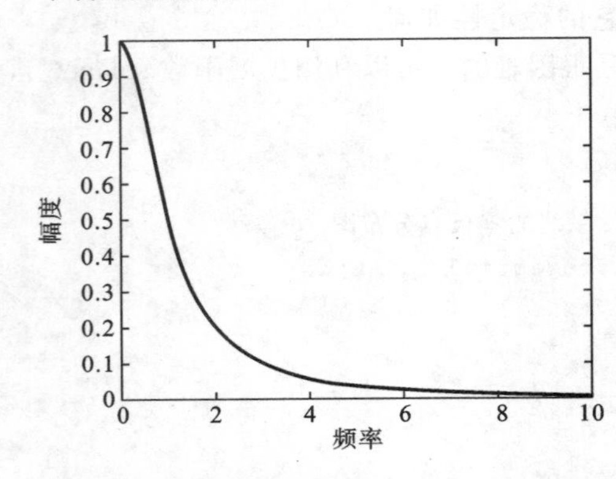

图 6-39　系统的频率响应曲线

通过编程，可以将系统的零极点分布图和系统的频率响应特性以及系统的单位冲激响应特性绘制在一个图形窗口的各个子图中，这样便于观察系统的零极点分布情况与系统的单位冲激响应、幅频响应和相频响应曲线，如图 6-40 所示。

6）拉普拉斯逆变换的计算

我们已经知道，直接用拉普拉斯逆变换的定义公式计算逆变换是很困难的，通常计算拉普拉斯逆变换的方法是长除法和部分分式分解法。MATLAB 的内部函数 residue( )可以帮助我们完成拉普拉斯逆变换的计算。

例 6-13　已知某信号的拉普拉斯变换表达式为

$$X(s)=\frac{1}{s^2+3s+2}$$

求该信号的时域表达式。

解　由于题目没有指定收敛域，所以必须考虑所有可能的情况。为此，可以先计算出该信号的拉普拉斯变换表达式的极点。很显然，$X(s)$有两个极点，分别为 $s=-1$，$s=-2$。零极点分布图如图 6-41 所示。

在 MATLAB 命令窗口键入：

```
> > b= 1;
> > a= [1 3 2];
> > [r, p, k]= residue (b, a)
```

命令窗口立即给出计算结果为

```
r=
    - 1
```

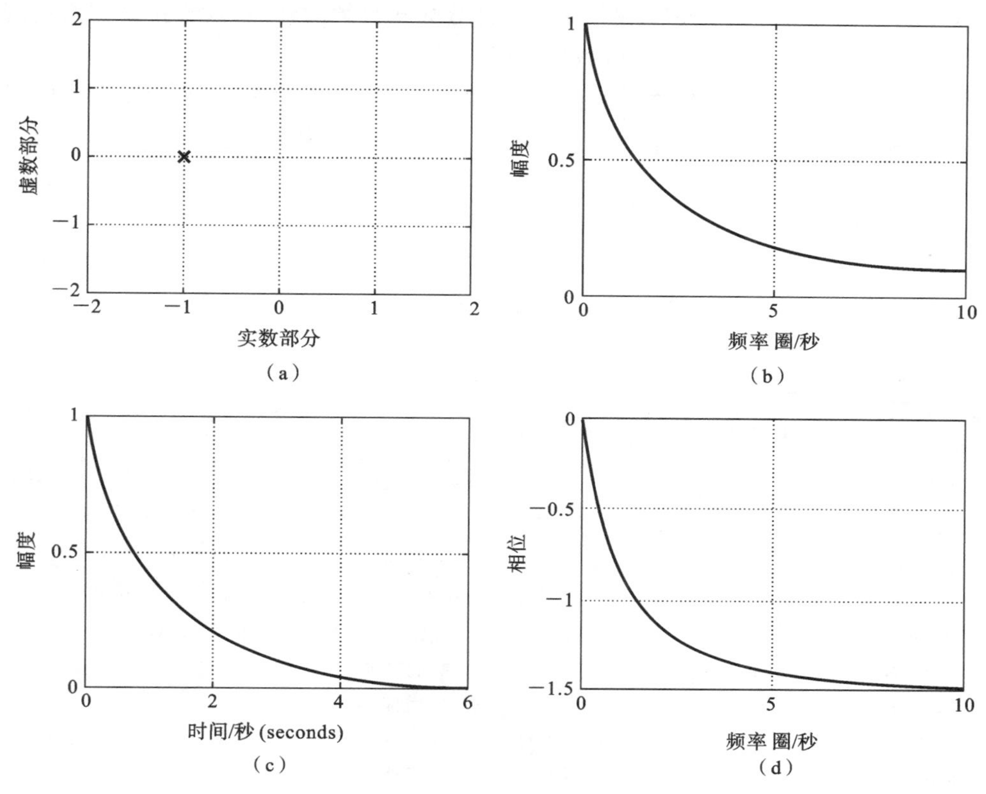

图 6-40 系统的零极点分布情况与系统的单位冲激响应、幅频响应和相频响应曲线

(a) 零极点分布图;(b) 幅频响应曲线;(c) 系统的单位冲激响应;(d) 相频响应曲线

```
    1
p=
    - 2
    - 1
k=
    [ ]
```

根据 r、p、k 之值,可以写出 $X(s)$的部分分式和的表达式为

$$X(s)=-\frac{1}{s+2}+\frac{1}{s+1}$$

然后根据不同的取值空间,可写出 $X(s)$的时域表达式 $x(t)$如下。

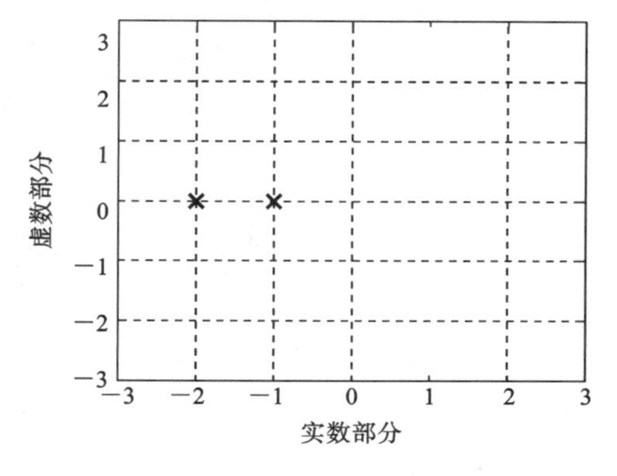

图 6-41 例 6-13 中零极点分布图

第一种情况,取值空间为 $\mathrm{Re}(s)<-2$,则 $x(t)$为反因果信号,其数学表达式为

$$x(t)=\mathrm{e}^{-2t}u(-t)-\mathrm{e}^{-t}u(-t)$$

第二种情况,取值空间为 $-2<\mathrm{Re}(s)<-1$,则 $x(t)$为双边非因果信号,其数学表达式为

$$x(t)=-\mathrm{e}^{-2t}u(t)-\mathrm{e}^{-t}u(-t)$$

第三种情况,取值空间为 $\mathrm{Re}(s)>-1$,则 $x(t)$为因果信号,其数学表达式为

$$x(t)=-\mathrm{e}^{-2t}u(t)+\mathrm{e}^{-t}u(t)$$

在这个例题中,函数 residue( )仅仅完成了部分分式分解的任务,至于拉普拉斯逆变换的数学表达式的结果是什么,还得结合收敛域才能写出。

如果 $X(s)$的分子的阶不小于分母的阶,则 k 将不等于一个空矩阵。例如,当 $X(s)=\frac{s^3}{s^2+3s+2}$时,我们在命令窗口中键入:

```
>> b= [1 0 0 0];
>> a= [1 3 2];
>> [r,p,k]= residue(b,a)
```

则

```
%   splane 函数
%   该函数用于在 s 平面上画零极点分布图
p= roots(den);                              % 确定极点
q= roots(num);                              % 确定零点
p= p'; q= q';
x= max(abs([p q]));                         % 确定实轴的变化区间
x= x+ 1;
y= x;                                       % 确定虚轴的变化区间
plot([- x x],[0 0],':');hold on;            % 画出实轴
plot([0 0],[- y y],':');hold on;            % 画出虚轴
plot(real(p),imag(p),'x');hold on;          % 画出极点
plot(real(q),imag(q),'o');hold on;          % 画出零点
title('zero- pole plot');
xlabel('Real Part');ylabel('Imaginal Part')
axis([- x x - y y]);                        % 确定坐标轴的范围
```

这里的 k=[1 3],实际上是将 $X(s)$做了一个长除法后,得到的商的多项式。所以,根据上面的 r、p、k 之值,可写出 $X(s)$的部分分式和的表达式为

$$X(s)=s-3+\frac{8}{s+2}-\frac{1}{s+1}$$

有关函数 residue( )的详细用法,可通过在线帮助加以了解。

3. 实验内容及步骤

(1) 将绘制零极点分布图的名为 splane 的程序存储为 MATLAB 函数文件,文件名为 splane.m。

程序如下。

```
%   splane 函数
%   该函数用于在 s 平面上画零极点分布图
p= roots(den);                              % 确定极点
q= roots(num);                              % 确定零点
p= p'; q= q';
x= max(abs([p q]));                         % 确定实轴的变化区间
x= x+ 1;
y= x;                                       % 确定虚轴的变化区间
```

```
plot([- x x],[0 0],':');hold on;          % 画出实轴
plot([0 0],[- y y],':');hold on;          % 画出虚轴
plot(real(p),imag(p),'x');hold on;        % 画出极点
plot(real(q),imag(q),'o');hold on;        % 画出零点
title('zero- pole plot');
xlabel('Real Part');ylabel('Imaginal Part')
axis([- x x - y y]);                       % 确定坐标轴的范围
```

(2) 运行程序 Relation_ft_lt,观察拉普拉斯变换与傅里叶变换之间的关系。点击工具条上的旋转按钮,再将鼠标放在曲面图上拖动图形旋转,从各个角度观察拉普拉斯曲面图形,并同傅立叶变换的曲线图比较,加深对拉普拉斯变换与傅里叶变换之间关系的理解与记忆。

(3) 因果系统函数 $H(s)=\dfrac{s}{(s+1)(s+2)}$,分别绘制出系统的零极点分布图、系统的单位冲激响应、系统的幅频响应曲线和相频响应曲线,如图 6-42 所示。

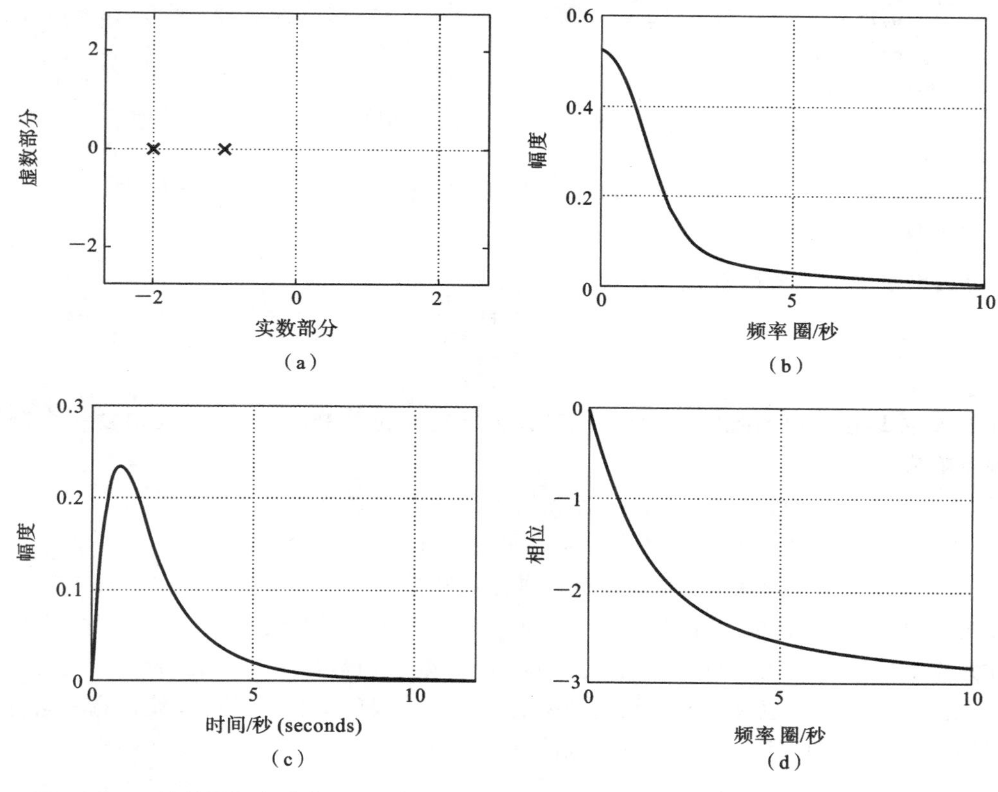

图 6-42 系统的零极点分布图、系统的单位冲激响应、系统的幅频响应曲线和相频响应曲线

(a) 零极点分布图;(b) 幅频响应曲线;(c) 系统的单位冲激响应;(d) 相频响应曲线

① 从图形中可以看出,该系统的零点和极点分别位于哪里?

② 从时域和零极点分布特征两个方面说明该系统是否是稳定的系统?

③ 从频率响应特性上看,该系统具有何种滤波特性?

示例程序如下。

```
% 该程序用于计算系统函数的零点和极点并展示系统函数的幅频特性、系统单位冲激响应和相频
```

特性

```
clear, close all,
b= 1;
a= [1 3 2];

G= tf(b,a);
[H,w]= freqs(b,a);                  % 计算频率响应 H
Hm= abs(H);                         % 计算幅度响应 Hm
phai= angle(H);                     % 计算相位响应 phai
Hr= real(H);                        % 计算频率响应的实数部分
Hi= imag(H);                        % 计算频率响应的虚数部分
subplot(221)
splane (b,a),grid on, title ('零极点分布图'), xlabel('实数部分'),ylabel('虚数部分')
subplot(222)
plot(w,Hm), grid on,  title('幅频响应曲线'),  xlabel('频率 圈/秒'),ylabel('幅度')
subplot(223)
impulse(G);
grid on,  title('系统的单位冲激响应'),  xlabel('时间/秒'),ylabel('幅度')
subplot(224)
plot(w,phai), grid on,  title ('相频响应曲线'),  xlabel ('频率 圈/秒'), ylabel
('相位')
```

(4) 因果系统的系统函数为

$$H(s)=\frac{\frac{1}{a}s^2+1}{s^3+2s^2+2s+1}$$

此处 a 取1,绘制出系统的零极点分布图、系统的单位冲激响应、系统的幅度频率响应和相位频率响应的图形。

① 从图形中可以看出,该系统的零点和极点分别位于哪里?

② 从时域和零极点分布特征两个方面说明该系统是否是稳定的系统?

③ 从频率响应特性上看,该系统具有何种滤波特性?

④ 改变系统函数中的 a 值,分别取0.6、0.8、4、16等不同的值,反复执行程序,观察系统的幅度频率响应特性曲线(带宽、过渡带宽和阻带衰减等),选取 $a=4$ 时的图形。

⑤观察 a 取不同的值时系统的幅度频率响应特性曲线的变化(带宽、过渡带宽和阻带衰减等),请用一段文字说明零点位置对系统滤波特性的影响。

(5) 对于因果系统 $H(s)=\frac{\frac{1}{a}s^2+1}{s^3+2s^2+2s+1}$,已知输入信号为 $x(t)=\sin(t)+\sin(8t)$,要求输出信号 $y(t)=K\sin(t)$,K 为一个不为零的系数,根据(4)所得到的不同 a 值时的幅度频率响应图形,选择一个合适的 a 值从而使本系统能够实现这里的滤波要求。

① 选择的 a 值为多少?

② 选择 a 值的根据是什么?

③ 试编写一个MATLAB程序,仿真这个滤波过程,要求绘制出系统的输入信号、系统的

单位冲激响应和系统的输出信号波形。

(6) 已知一个因果系统的系统函数为 $H(s)=\dfrac{s+5}{s^3+6s^2+11s+6}$，作用于系统的输入信号为 $x(t)=e^{-4t}u(t)$，试用 MATLAB 求系统的响应信号 $y(t)$ 的数学表达式。

4. 实验报告要求

(1) 写出实验目的。

(2) 写出实验内容与步骤。用 MATLAB 语言完成编程，并附上仿真结果。

(3) 简要回答问题。

(4) 记录调试运行情况及所遇问题的解决方法。

思 考 题

1. 什么是系统函数 $H(s)$ 的零点和极点？直接根据系统函数的零点、极点可以画出该系统的模拟框图吗？

2. 连续系统的因果稳定性与其系统函数 $H(s)$ 的收敛域具有什么关系？若连续时间系统满足因果律并且稳定，那么该系统函数 $H(s)$ 的极点有什么特点？

3. 已知某系统的系统函数为 $H(s)$，确定该系统单位冲激响应 $h(t)$ 函数形式的是什么？

4. 低通系统、高通系统、带通系统、无失真传输系统的系统函数 $H(s)$ 的零极点分布各有什么特点？

5. 什么是最小相移函数？最小相移函数的零极点分布各有什么特点？如何设计一个具有因果稳定和最小相移的系统，设计该类系统具有什么样的物理意义？

习 题 6

1. 求图题 1 中电路的系统函数。

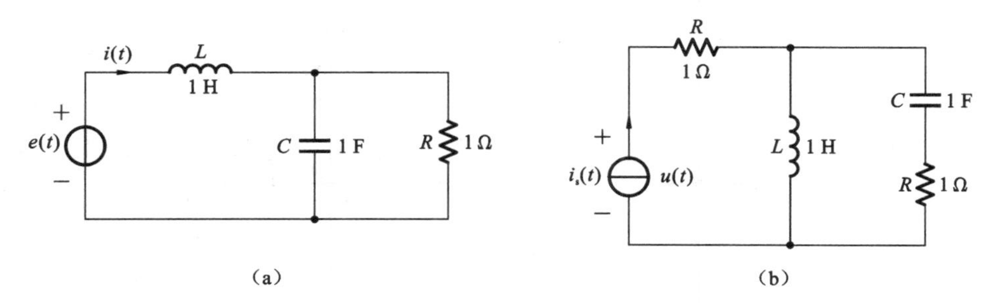

图题 1

2. 已知系统函数零极点分布图如图题 2 所示，且有 $|H(j2)|=7.7$，$\varphi(2)<\pi$，求 $|H(j4)|$ 的值。

3. 求图题 3 所示电路的系统函数，并粗略绘制其频响曲线。

4. 用矢量图解法绘制出图题 1(a) 所示电路输入导纳的频响，如电路中 R 改为无穷大，则频响曲线又如何变化？

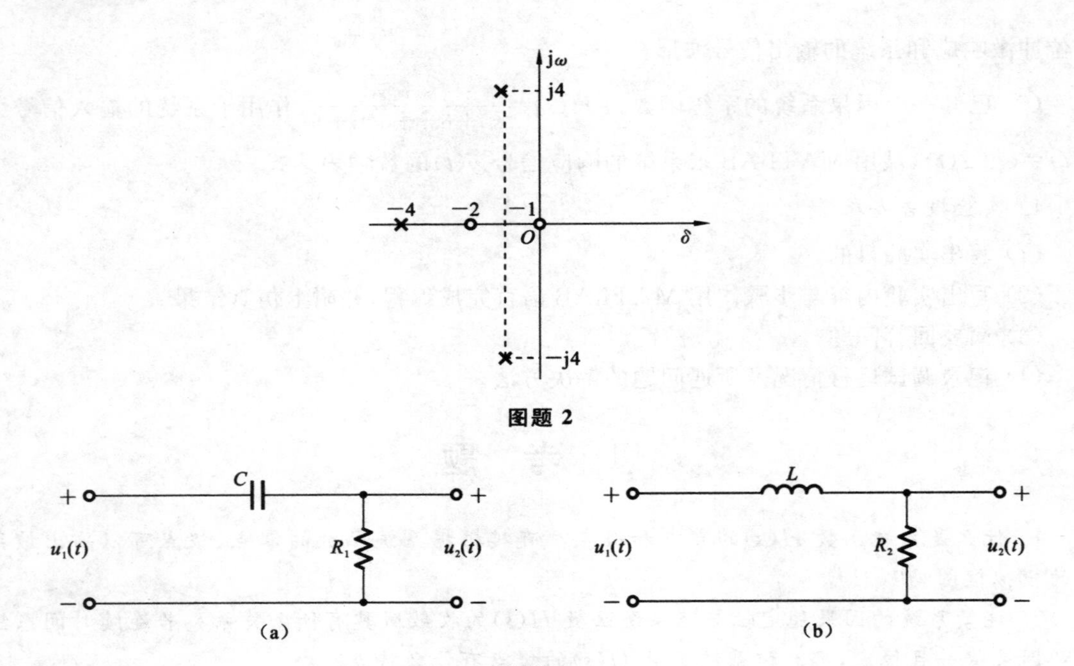

图题 2

(a) (b)

图题 3

5. 系统的零极点分布图如图题 5 所示，如 $H_0=1$，用矢量图解法粗略绘制出该系统的幅频响应曲线。

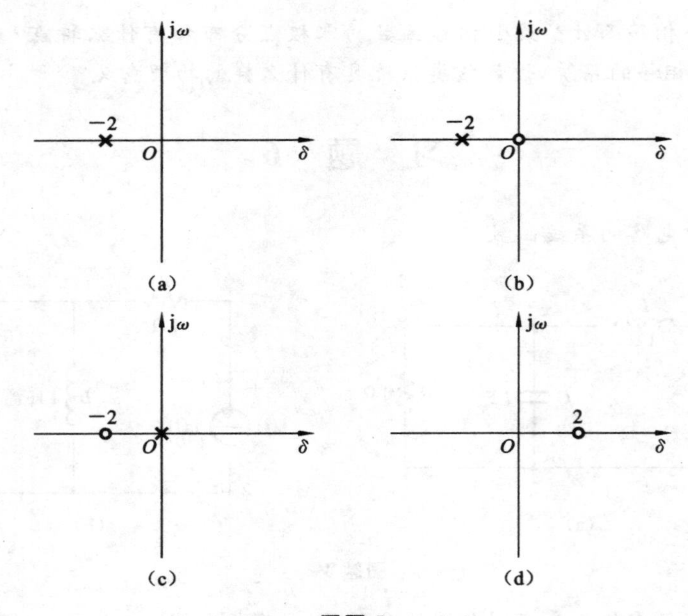

图题 5

6. 已知系统函数的极点为 $p_1=0$、$p_2=-1$，零点为 $z_1=1$，如该系统冲激响应的终值为 -10，试求此系统函数。

7. 系统的特征方程如下，试判断该系统是否稳定，并确定具有正实部的特征根及负实部的特征根的个数。

(1) $s^4+7s^3+17s^2+17s+6=0$;

(2) $s^4+2s^3+7s^2+10s+10=0$;

(3) $s^5+2s^4+2s^3+4s^2+11s+10=0$。

8. 系统的特征方程如下,求使系统稳定的 K 值范围。

(1) $s^3+s^2+4s+K=0$;

(2) $s^4+9s^3+20s^2+Ks+K=0$。

附录 A　信号与系统常用物理量的符号与单位

量的名称和符号	SI 单位名称	SI 单位符号
时间(t)	秒	s
频率(f)	赫[兹]	Hz
角频率(ω)	弧度每秒	rad/s
相[位]差(φ)	弧度	rad
能[量](E)	焦[耳]	J
功率(P)	瓦[特]	W
电压(U)	伏[特]	V
电流(I)	安[培]	A
电阻(R)	欧[姆]	Ω
电导(G)	西[门子]	S
电容(C)	法[拉]	F
电感(L)	亨[利]	H
增益(G)	分贝	dB

参 考 文 献

[1] 梁虹. 信号与系统分析及 MATLAB 实现[M]. 北京:电子工业出版社, 2002.
[2] 吕玉琴. 电路、信号与系统分析程序集[M]. 北京:北京邮电大学出版社, 2000.
[3] 褚秦祥,徐忠祥,吴国平. 信号分析与处理[M]. 武汉:中国地质大学出版社,1995.
[4] 谷源涛. 信号与系统习题解析[M]. 3 版. 北京:高等教育出版社,2011.
[5] 管致中,夏恭恪,孟桥. 信号与线性系统(上、下册)[M]. 4 版. 北京:高等教育出版社,2003.
[6] 侯强,吴国平,黄鹰. 统计信号分析与处理[M]. 武汉:华中科技大学出版社,2009.
[7] 金圣才. 数字信号处理名校考研真题详解[M]. 北京:中国水利水电出版社,2010.
[8] 刘泉,江雪梅. 信号与系统[M]. 北京:高等教育出版社,2006.
[9] 宋琪,陆三兰. 信号与系统辅导与题解[M]. 武汉:华中科技大学出版社,2012.
[10] 王明泉. 信号与系统学习指导及习题全解[M]. 北京:科学出版社,2010.
[11] 王明泉,等. 信号与系统[M]. 北京:科学出版社,2008.
[12] 吴楚,李京清,王雪明. 信号与系统例题精解与考研辅导[M]. 北京:清华大学出版社,2010.
[13] 吴大正,杨林耀,张永瑞. 信号与线性系统分析[M]. 北京:高等教育出版社,1998.
[14] 吴国平. 数字图像处理原理[M]. 武汉:中国地质大学出版社,2007.
[15] 吴国平. 信号与线性系统[M]. 武汉:中国地质大学出版社, 2014.
[16] 邢丽冬,潘双来. 信号与线性系统学习指导与习题精解[M]. 北京:清华大学出版社,2011.
[17] 姚天任,孙洪. 现代数字信号处理[M]. 武汉:华中理工大学出版社,1999.
[18] 郑君里,应启珩,杨为理. 信号与系统(上、下册)[M]. 2 版. 北京:高等教育出版社,2000.
[19] 周利清,苏非,罗仁泽. 数字信号处理基础[M]. 北京:北京邮电大学出版社,2012.
[20] 宗伟,李渤龙,刘熊华. 信号与系统分析习题解答[M]. 北京:中国电力出版社,2011.
[21] 李维真. 电路信号与系统实验指导书[M]. 北京:北京邮电学院出版社, 1994.